图表生物化学
与分子生物学

第 3 版

主　审　药立波

主　编　孙　军　何凤田

副主编　赵　晶　张玉祥　盛德乔　刘　琳

编　者　（按姓氏笔画排序）

王丽影	复旦大学	汪长东	重庆医科大学
王明臣	郑州大学	张玉祥	首都医科大学
田余祥	大连医科大学	林　佳	四川大学
冯　晨	中国医科大学	赵　晶	空军军医大学
朱月春	昆明医科大学	段秋红	华中科技大学
刘　琳	华中科技大学	袁　洁	中山大学
闫　萍	山西医科大学	袁　萍	华中科技大学
汤立军	中南大学	贾竹青	北京大学
孙　军	华中科技大学	高　旭	哈尔滨医科大学
孙　巍	吉林大学	郭　睿	山西医科大学
李　燕	西安交通大学	黄　刚	陆军军医大学
李　霞	空军军医大学	盛德乔	三峡大学
何凤田	陆军军医大学	喻　红	武汉大学
汪　渊	安徽医科大学		

人民卫生出版社

图书在版编目（CIP）数据

图表生物化学与分子生物学/孙军,何凤田主编
. —3 版. —北京:人民卫生出版社,2020
ISBN 978-7-117-30047-6

Ⅰ.①图… Ⅱ.①孙…②何… Ⅲ.①生物化学－医
学院校－教学参考资料②分子生物学－医学院校－教学参
考资料 Ⅳ.①Q5②Q7

中国版本图书馆 CIP 数据核字（2020）第 111212 号

| 人卫智网 | www.ipmph.com | 医学教育、学术、考试、健康,
购书智慧智能综合服务平台 |
| 人卫官网 | www.pmph.com | 人卫官方资讯发布平台 |

图表生物化学与分子生物学

第 3 版

主　　编：孙　军　何凤田
出版发行：人民卫生出版社（中继线 010-59780011）
地　　址：北京市朝阳区潘家园南里 19 号
邮　　编：100021
E - mail：pmph @ pmph.com
购书热线：010-59787592　010-59787584　010-65264830
印　　刷：三河市尚艺印装有限公司
经　　销：新华书店
开　　本：889×1194　1/16　　印张：20　　插页：1
字　　数：634 千字
版　　次：2010 年 9 月第 1 版　　2020 年 7 月第 3 版
　　　　　2020 年 7 月第 3 版第 1 次印刷（总第 4 次印刷）
标准书号：ISBN 978-7-117-30047-6
定　　价：79.00 元
打击盗版举报电话：010-59787491　E-mail：WQ @ pmph.com
质量问题联系电话：010-59787234　E-mail：zhiliang @ pmph.com

前　言　>>>>>>

　　生物化学与分子生物学是医药院校重要的基础理论课，涵盖了两个非常重要的领域：以介绍构成生物体的物质的结构与功能、物质代谢为主要内容的生物化学，以介绍基因、遗传信息的传递过程为主的分子生物学。学生们通常反映本门课程的学习很难。在学习过程中，无论是繁多的代谢反应、复杂的代谢联系，还是各种各样的基因和蛋白质的功能，以及它们在遗传信息传递过程中的相互作用等内容，不容易理解和记忆。在长期的教学实践活动中，我们体会到总结性的图表具有简明扼要、提纲挈领、容易理解、便于记忆等特点。在目前大多数院校使用多媒体手段进行教学时，利用图表可提高教学效果。

　　在人民卫生出版社组织下，我们在《图表生物化学与分子生物学》（第2版）的基础上，参考了国家卫生健康委员会"十三五"规划教材《生物化学与分子生物学》（第9版）和8年制规划教材《生物化学与分子生物学》（第3版），修订编写了《图表生物化学与分子生物学》（第3版）。本书根据医学各专业生物化学与分子生物学教学的要求（本科），通过图、表、直线图、文本框等形式进行表述，使复杂的问题简单化、抽象的问题直观化，希望学生们能较为容易地掌握本学科领域的基本概念、知识要点和核心内容，使本书成为学生学习和复习的好帮手。

　　本书重点明确，脉络分明，基本概念和基本内容一目了然，易于理解和记忆。也可作为医学各专业本科生、专科生和研究生的教学参考书或复习资料。

　　在本书的编写过程中始终得到主审空军军医大学（第四军医大学）药立波教授的精心指导和关心；在编写过程中华中科技大学同济医学院基础医学院生物化学与分子生物学系的袁萍、刘琳等老师协助校稿、修订、部分绘图等编排工作，在此一并致谢。

　　由于我们水平有限，本书难免存在缺点和错误，恳请同行专家、使用本书的广大师生和读者批评指正。

孙　军　何凤田

2020年1月

目 录 >>>>>>

第一章
蛋白质的结构与功能

第一节 蛋白质的分子组成

表 1-1 蛋白质的生物学功能

动态功能	包括化学催化反应、免疫反应、血液凝固、物质代谢调控、基因表达调控和肌肉收缩等功能
结构功能	蛋白质提供结缔组织和骨的基质、形成组织形态等

表 1-2 蛋白质的元素组成

含量	主要有碳（50%～55%）、氢（6%～7%）、氧（19%～24%）、氮（13%～19%）和硫（0～4%）
	少量磷或金属元素铁、铜、锌、锰、钴、钼等，个别蛋白质还含有碘
特点	各种蛋白质的含氮量很接近，平均为16%
应用	100g样品中蛋白质含量（g%）＝每克样品含氮克数 ×6.25×100

一、组成人体蛋白质的20种 *L*-α- 氨基酸

氨基酸是组成蛋白质的基本单位，存在于自然界中的氨基酸有300余种，但组成人体蛋白质的氨基酸仅有20种，且均属 *L*-α- 氨基酸（除甘氨酸外）。

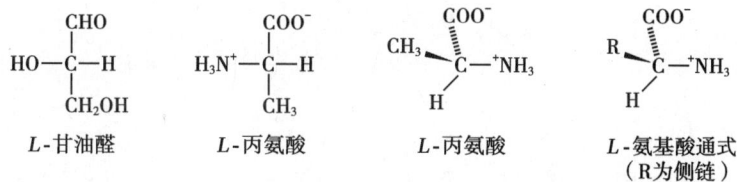

图 1-1 *L*- 氨基酸

除了20种基本的氨基酸外，近年发现硒代半胱氨酸（selenocysteine）在某些情况下也可用于合成蛋白质。硒代半胱氨酸存在于少数天然蛋白质中，包括过氧化物酶和电子传递链中的还原酶等。硒代半胱氨酸参与蛋白质合成时，并不是由目前已知的密码子编码，具体机制尚不完全清楚。

另外在产甲烷菌的甲胺甲基转移酶中发现了吡咯赖氨酸。*D* 型氨基酸至今仅发现于微生物膜内（*D*- 谷氨酸）、个别抗生素中（例如短杆菌肽含有 *D*- 苯丙氨酸）及低等生物体内（例如蚯蚓 *D*- 丝氨酸）。

体内也存在若干不参与蛋白质合成但具有重要生理作用的 *L*-α- 氨基酸，如参与合成尿素的鸟氨酸（ornithine）、瓜氨酸（citrulline）和精氨酸代琥珀酸（argininosuccinate）。

二、氨基酸可根据侧链结构和理化性质进行分类

表 1-3 20 种氨基酸根据其侧链的结构和理化性质可分成五类

分类	种类	特点
非极性脂肪族氨基酸	甘氨酸、丙氨酸、缬氨酸、亮氨酸、异亮氨酸、脯氨酸、甲硫氨酸	侧链含烃链
极性中性氨基酸	丝氨酸、半胱氨酸、苏氨酸、天冬酰胺、谷氨酰胺	侧链基团具有一定的极性
芳香族氨基酸	苯丙氨酸、酪氨酸、色氨酸	侧链含芳香族基团，疏水性较强
酸性氨基酸	天冬氨酸、谷氨酸	侧链含有羧基，可解离而带负电荷
碱性氨基酸	赖氨酸、精氨酸和组氨酸	侧链分别含有氨基、胍基和咪唑基，可以发生质子化而带有正电荷

在蛋白质翻译后的修饰过程中，脯氨酸和赖氨酸可分别被羟化为羟脯氨酸和羟赖氨酸。脯氨酸属亚氨基酸。半胱氨酸通过二硫键相结合形成胱氨酸。

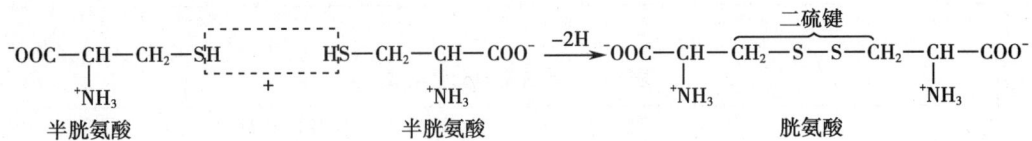

图 1-2 胱氨酸和二硫键

三、氨基酸具有共同或特异的理化性质

（一）氨基酸具有两性解离的性质

氨基酸是一种两性电解质，具有两性解离的特性。在某一 pH 的溶液中，氨基酸解离成阳离子和阴离子的趋势及程度相等，成为兼性离子，呈电中性，此时溶液的 pH 称为该氨基酸的等电点（isoelectric point，pI）。

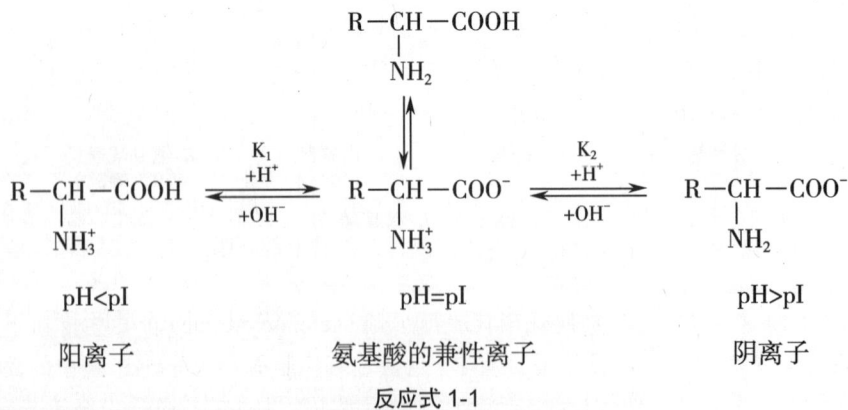

反应式 1-1

（二）含共轭双键的氨基酸具有紫外吸收的性质

含有共轭双键的色氨酸、酪氨酸的最大吸收峰在 280nm 波长附近。由于大多数蛋白质含有酪氨酸和色氨酸残基，所以测定蛋白质溶液在 280nm 处的光吸收值，是分析溶液中蛋白质含量的快速简便的方法。

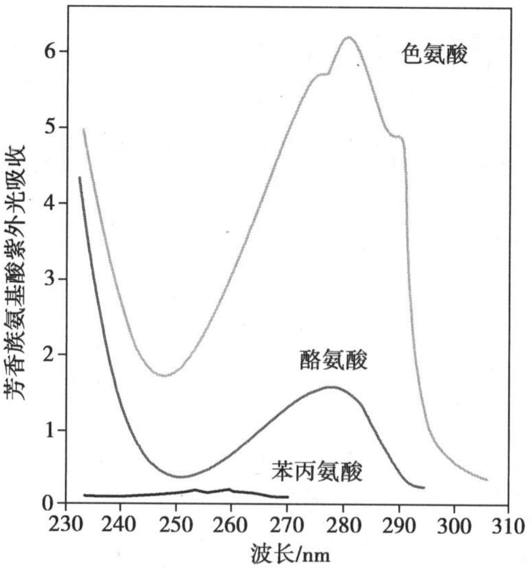

图 1-3　芳香族氨基酸的紫外吸收对比

在 pH6 的环境中,芳香族氨基酸在相等摩尔数(10^{-3}mol/L)时的紫外光吸收对比

(三)氨基酸与茚三酮反应生成蓝紫色化合物

氨基酸与茚三酮可形成蓝紫色化合物,此化合物最大吸收峰在 570nm 波长处。由于此吸收峰值的大小与氨基酸释放出的氨量成正比,因此可作为氨基酸定量分析方法。

四、氨基酸通过肽键连接而形成蛋白质或肽

表 1-4　肽的相关概念

肽键	一个氨基酸的 α- 羧基和另一个氨基酸的 α- 氨基之间通过脱去一个水分子而形成的酰胺键
肽	氨基酸通过肽键而形成的分子
寡肽	由 2~20 个氨基酸相连而成的肽
多肽	由 20 个以上氨基酸相连而成的肽
氨基酸残基	肽链中的氨基酸分子因脱水缩合而基团不全,被称为氨基酸残基
氨基末端	多肽链有两端,其游离 α- 氨基的一端称为氨基末端
羧基末端	多肽链有两端,其游离 α- 羧基的一端称为羧基末端

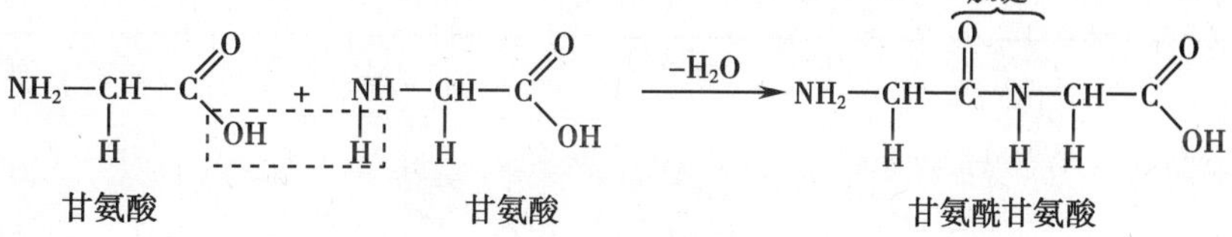

图 1-4　肽与肽键

蛋白质就是由许多氨基酸残基组成的多肽链。一般而论,蛋白质通常指含 50 个氨基酸以上,多肽为 50 个氨基酸以下。例如,胰岛素含有 51 个氨基酸残基被称为蛋白质。

五、生物活性肽具有生理活性及多样性

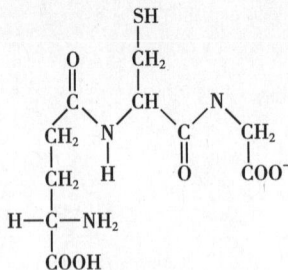

图 1-5　谷胱甘肽

谷胱甘肽（glutathione，GSH）分子中半胱氨酸的巯基是该化合物的主要功能基团，具有还原性，可作为体内重要的还原剂保护体内蛋白质或酶分子中巯基免遭氧化，使蛋白质或酶处在活性状态。此外，GSH 的巯基还有嗜核特性，能与外源的嗜电子毒物如致癌剂或药物等结合，从而阻断这些化合物与 DNA、RNA 或蛋白质结合，以保护机体免遭毒物损害。

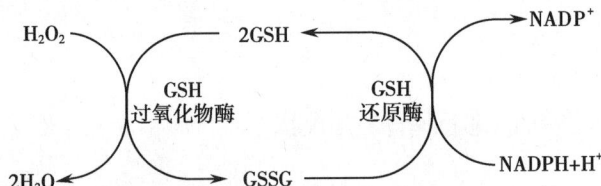

图 1-6　GSH 与 GSSG 间的转换

第二节　蛋白质的分子结构

表 1-5　蛋白质的分子结构

结构类别	定义	构成形式	维持结构的化学键
一级结构	从 N- 端至 C- 端的氨基酸排列顺序	氨基酸	肽键
二级结构	某一段肽链的主链骨架原子的相对空间位置	α- 螺旋、β- 折叠、β- 转角和 Ω 环	氢键
三级结构	整条肽链所有原子在三维空间的排布位置	二级结构、超二级结构、结构域	疏水键、离子键、氢键和范德瓦耳斯力
四级结构	蛋白质分子中各个亚基的空间排布及亚基接触部位的布局和相互作用	亚基	主要是氢键、离子键和疏水键

一、氨基酸的排列顺序决定蛋白质的一级结构

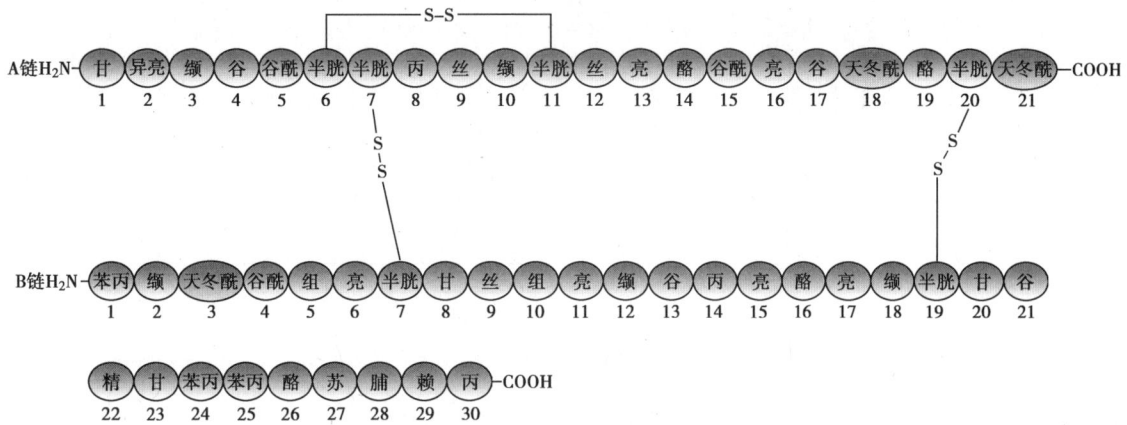

图 1-7 牛胰岛素的一级结构

国际互联网有若干重要的蛋白质数据库(updated protein database),例如 EMBL(European Molecular Biology Laboratory Data Library)、Genbank(Genetic Sequence Databank)和 PIR(Protein Identification Resource Sequence Database)等,收集了大量最新的蛋白质一级结构及其他资料,为蛋白质结构与功能的深入研究提供了便利。

二、多肽链的局部有规则重复的主链构象为蛋白质二级结构

参与肽键的 6 个原子 $C\alpha_1$,C=O,N—H,$C\alpha_2$ 位于同一平面,被称为肽单元(peptide unit)。在平面上 $C\alpha_1$ 和 $C\alpha_2$ 所处的位置为反式(trans)构型。其中肽键(C—N)的键长介于 C—N 单键和双键之间,具有一定程度双键性能,不能自由旋转。

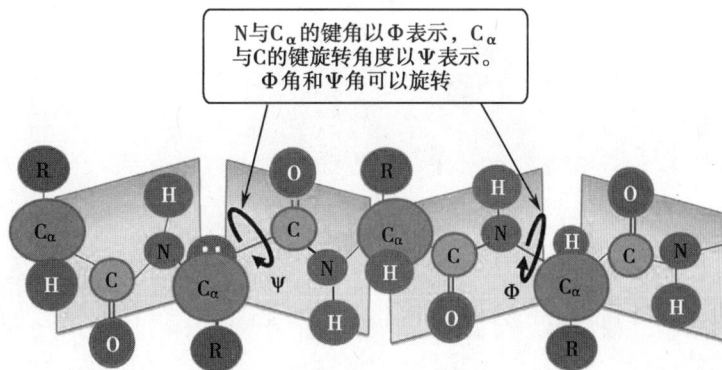

图 1-8 肽键与肽单元

表 1-6 蛋白质二级结构的种类和特点

蛋白质二级结构的种类	特点
α-螺旋	α 螺旋(α-helix)是肽链主链围绕中心轴作有规律的螺旋式上升,螺旋为右手螺旋,氨基酸侧链伸向螺旋外侧。每 3.6 个氨基酸残基螺旋上升一圈,螺距为 0.54nm。α-螺旋中第 n 个肽键的 N—H 和第 n+3 个肽键的羧基氧形成氢键,氢键的方向与螺旋长轴基本平行

蛋白质二级结构的种类	特点
β-折叠	β-折叠（β-pleated sheet），多肽链充分伸展，依次折叠成锯齿状结构，氨基酸残基侧链交替地位于锯齿状结构的上下方。两条以上肽链或一条肽链内的若干肽段的锯齿状结构可平行排列，两条肽链走向可相同，也可相反。通过肽链间的肽键羰基氧和氨基氢形成氢键从而稳固β-折叠结构
β-转角	β-转角（β-turn）常发生于肽链进行 180° 回折时的转角上。通常由 4 个氨基酸残基组成，其第一个残基的羰基氧（O）与第四个残基的氨基氢（H）可形成氢键。第二个残基常为脯氨酸
Ω环	Ω环是存在于球状蛋白质中的一种二级结构。这类肽段形状像希腊字母 Ω。Ω环总是出现在蛋白质分子的表面，而且以亲水残基为主

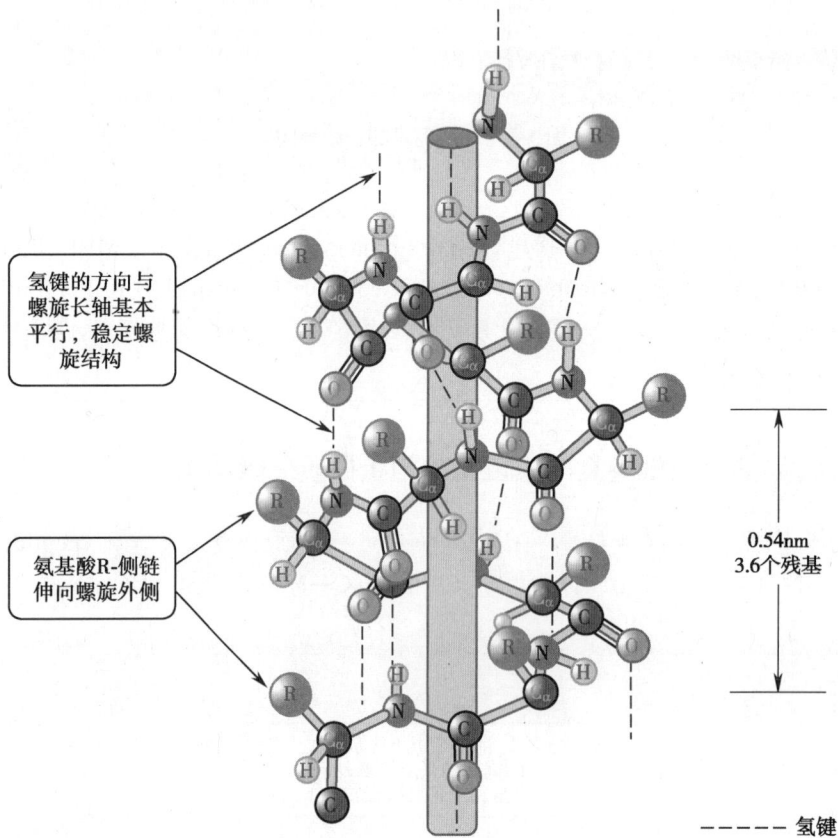

氢键的方向与螺旋长轴基本平行，稳定螺旋结构

氨基酸R-侧链伸向螺旋外侧

0.54nm
3.6个残基

----- 氢键

图 1-9 α-螺旋

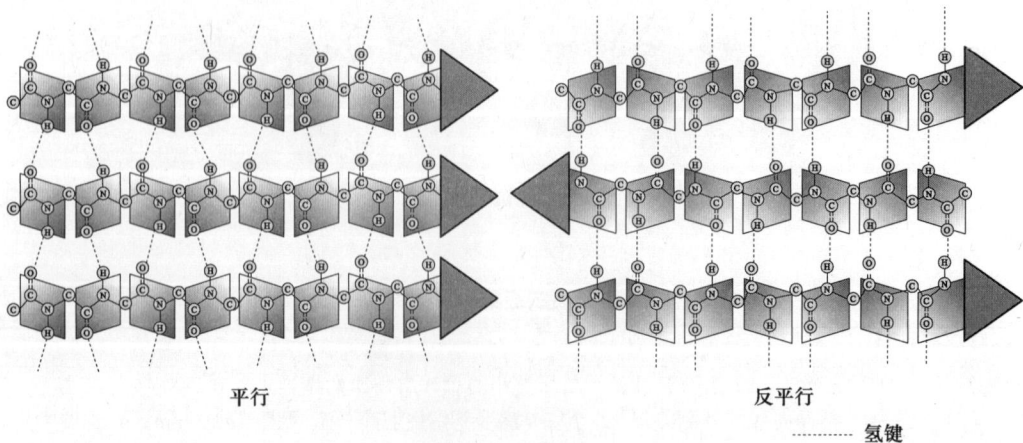

平行

反平行

-------- 氢键

图 1-10 β-折叠

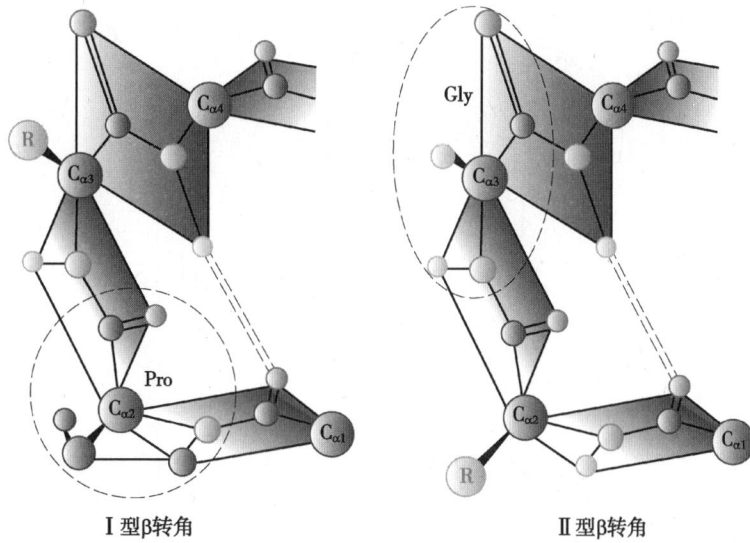

Ⅰ型β转角　　　　　Ⅱ型β转角

图 1-11　β- 转角

三、多肽链进一步折叠成蛋白质三级结构

（一）三级结构是指整条肽链中全部氨基酸残基的相对空间位置

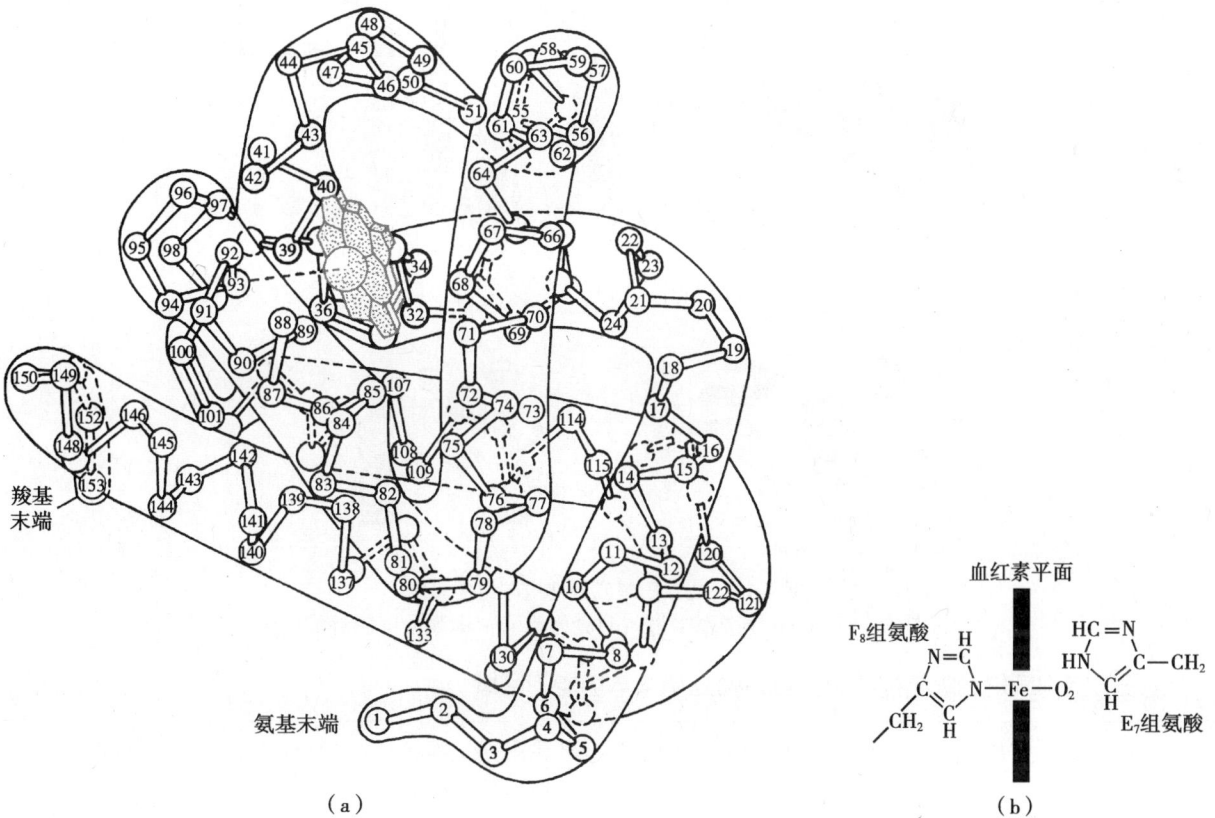

羧基末端

氨基末端

（a）

血红素平面

F₈组氨酸　E₇组氨酸

（b）

图 1-12　肌红蛋白中血红素与肽链的关系

（a）肌红蛋白；（b）结合氧示意图

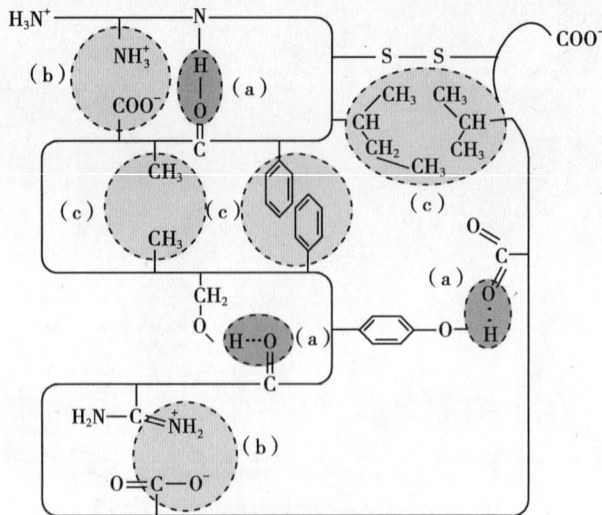

图 1-13　维持蛋白质分子构象的化学键
(a)氢键；(b)离子键；(c)疏水键

（二）结构模体可由 2 个或 2 个以上二级结构的肽段组成

结构模体（structural motif）是蛋白质分子中具有特定空间构象和特点功能的结构成分。一个模体总有其特征性的氨基酸序列，并发挥特殊的功能。

在许多蛋白质分子中，可由 2 个或 2 个以上具有二级结构的肽段在空间上相互接近，形成一个有规则的二级结构组合，被称为超二级结构。目前已知的二级结构组合形式有 αα，βαβ，ββ 等几种形式。

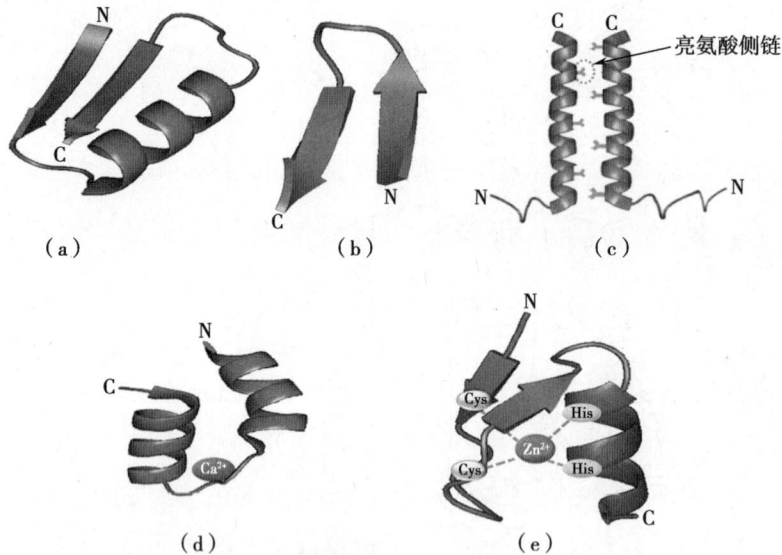

图 1-14　蛋白质超二级结构与结构模体
(a)βαβ；(b)ββ；(c)亮氨酸拉链；(d)α- 螺旋 - 环 -α- 螺旋；(e)锌指结构

（三）结构域是三级结构层次上具有独立结构与功能的区域

分子量较大的蛋白质常可折叠成多个结构较为紧密的区域，并各行其功能，称为结构域（domain）。

蛋白质合成后，只形成一种正确的空间构象。除一级结构为决定因素外，还需要在一类称为分子伴侣（molecular chaperone）的蛋白质辅助下，合成中的蛋白质才能折叠成正确的空间构象（见第十五章）。只有形成正确的空间构象的蛋白质才具有生物学功能。

四、含有两条以上多肽链的蛋白质可具有四级结构

体内许多功能性蛋白质含有两条或两条以上多肽链。每一条多肽链都有其完整的三级结构，称为亚基（subunit），亚基与亚基之间呈特定的三维空间排布，并以非共价键相连接。

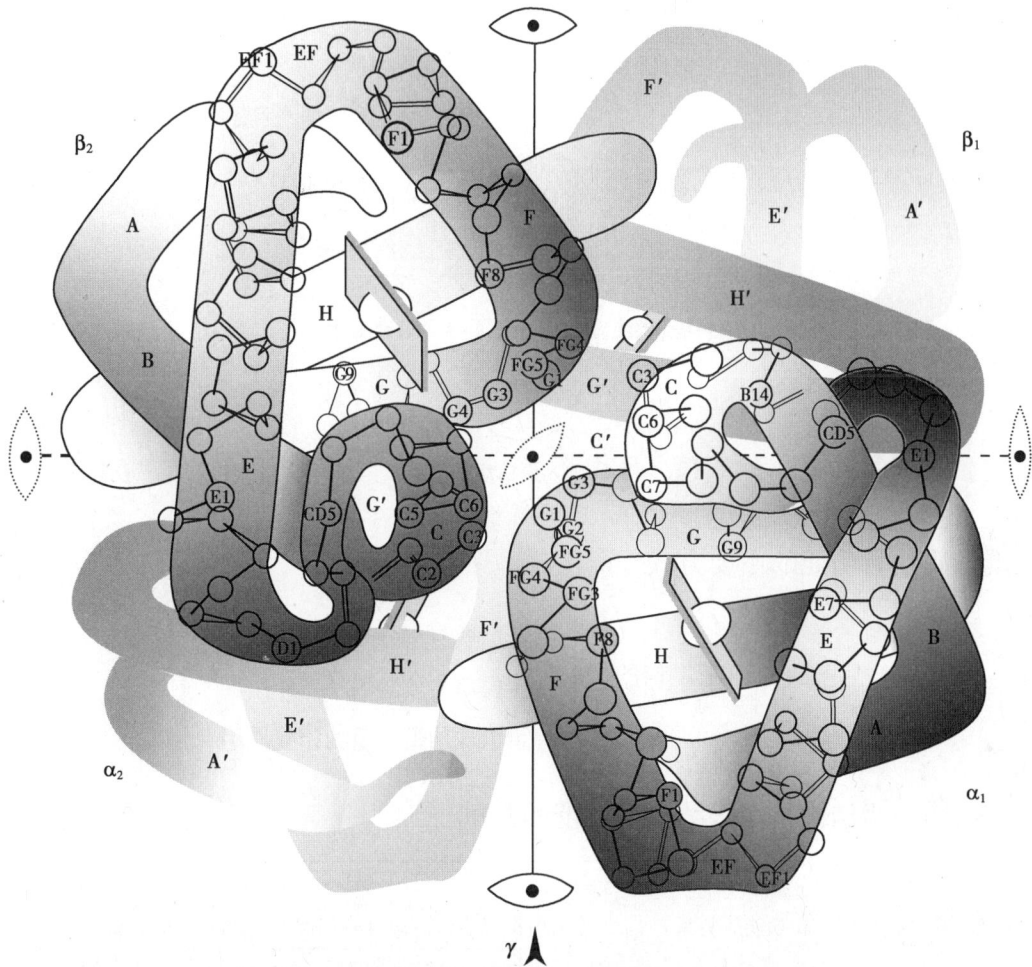

图 1-15　蛋白质的四级结构——血红蛋白结构示意图

五、蛋白质的分类

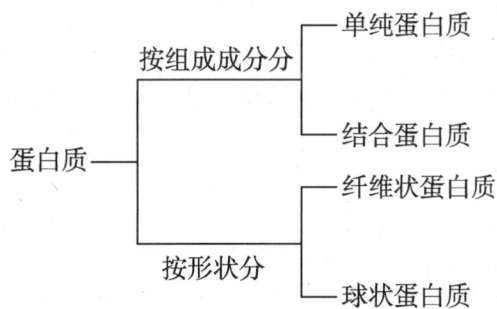

第三节　蛋白质结构与功能的关系

一、蛋白质的主要功能

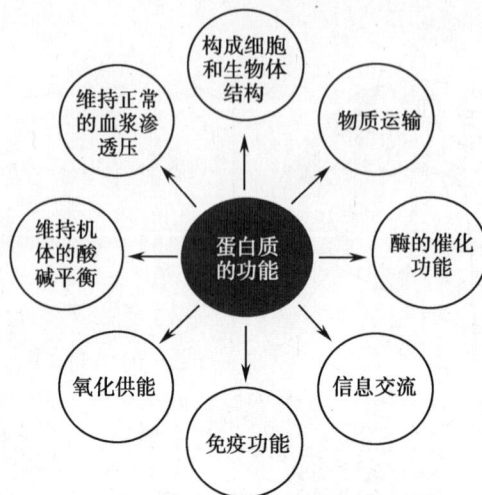

图 1-16　蛋白质的功能

二、蛋白质执行功能的主要方式

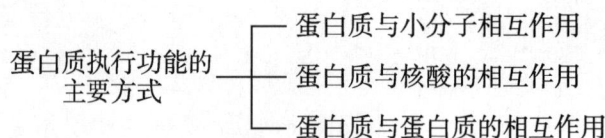

蛋白质执行功能的主要方式
- 蛋白质与小分子相互作用
- 蛋白质与核酸的相互作用
- 蛋白质与蛋白质的相互作用

三、蛋白质一级结构是高级结构与功能的基础

蛋白质一级结构与高级结构和功能的关系	一级结构是空间构象的基础
	一级结构相似的蛋白质具有相似的高级结构与功能
	重要蛋白质的氨基酸序列改变可引起疾病

表 1-7　哺乳动物胰岛素 A 链氨基酸序列的差异

胰岛素	氨基酸残基序号 *			
	A8	A9	A10	B30
人	Thr	Ser	Ile	Thr
猪	Thr	Ser	Ile	Ala
狗	Thr	Ser	Ile	Ala
兔	Thr	Ser	Ile	Ser
牛	Ala	Ser	Val	Ala
羊	Ala	Gly	Val	Ala
马	Thr	Gly	Ile	Ala

*A 为 A 链，B 为 B 链；A8 表示 A 链第 8 位氨基酸，其余类推

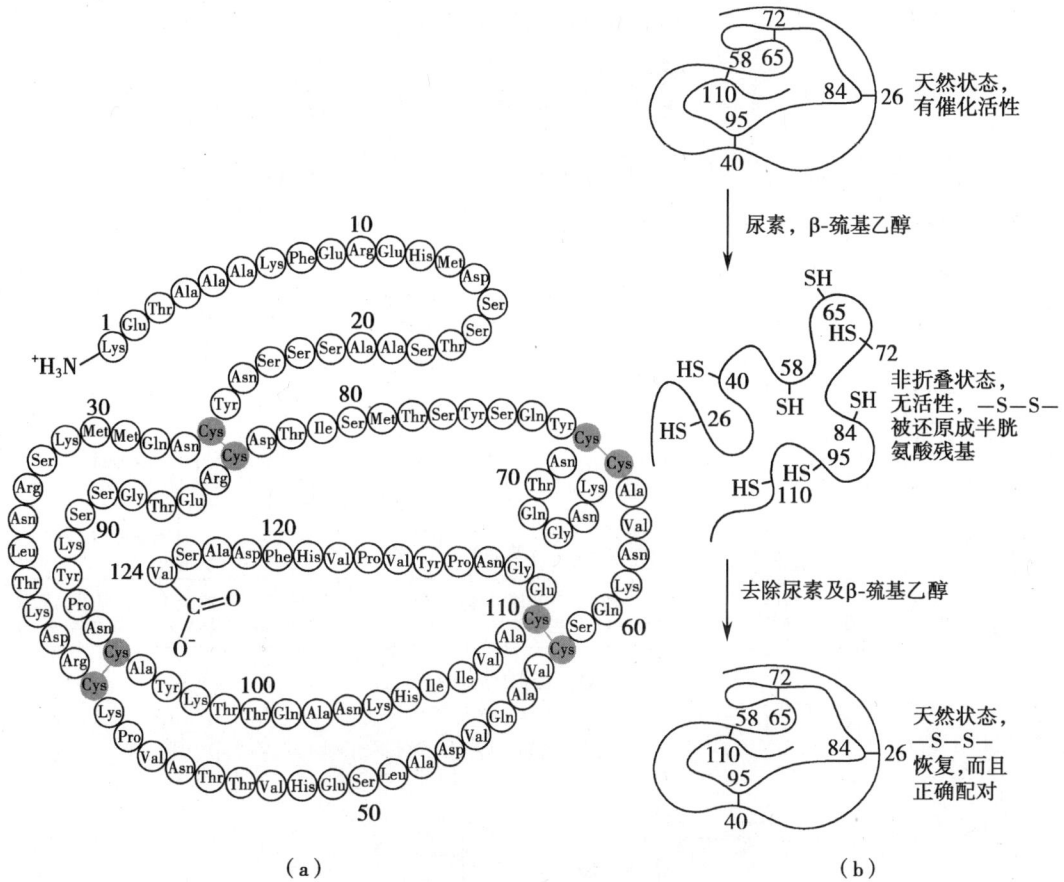

图 1-17 牛核糖核酸酶 A 一级结构与空间结构的关系
(a)牛核糖核酸酶 A 的氨基酸序列;(b)β- 巯基乙醇及尿素对核糖核酸酶 A 的作用

蛋白质分子中起关键作用的氨基酸残基缺失或被替代,都会严重影响空间构象乃至生理功能,甚至导致疾病产生。这种蛋白质分子发生变异所导致的疾病,被称之为"分子病",其病因为基因突变所致。

四、蛋白质的功能依赖特定空间结构

蛋白质高级结构和功能的关系	蛋白质所具有的特定空间构象与其发挥特殊的生理功能密切相关
	空间结构的改变会影响蛋白质的生物学功能
	蛋白质构象改变可引起疾病

协同效应的定义是指一个亚基与其配体(Hb 中的配体为 O_2)结合后,能影响此寡聚体中另一亚基与配体的结合能力。如果是促进作用则称为正协同效应;反之则为负协同效应。

血红蛋白的结构与功能

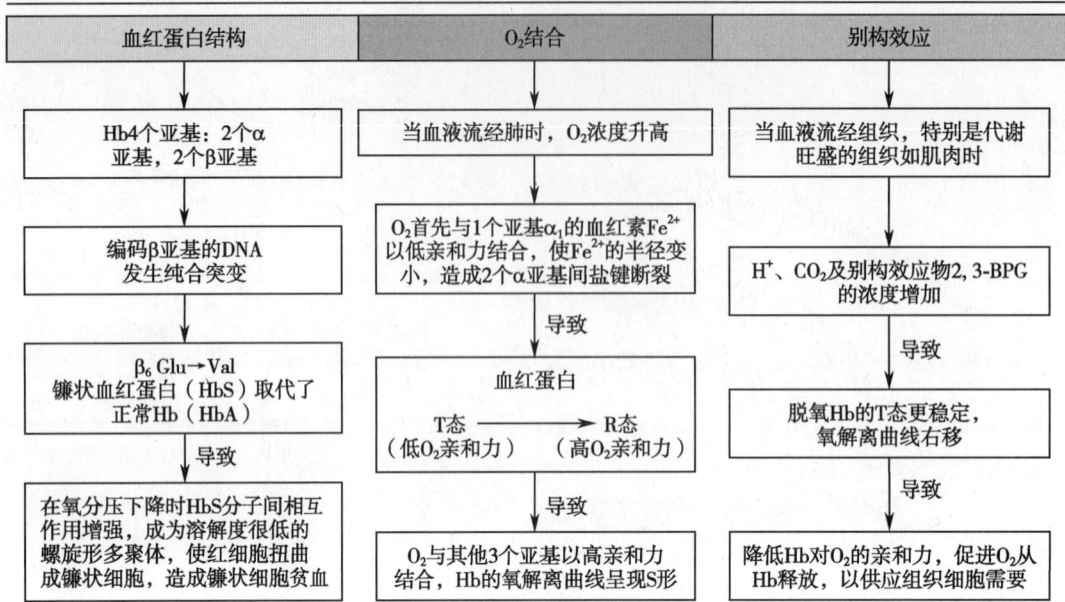

血红蛋白结构	O₂结合	别构效应

血红蛋白结构

Hb4个亚基：2个α亚基，2个β亚基

↓

编码β亚基的DNA发生纯合突变

↓

$β_6$ Glu→Val 镰状血红蛋白（HbS）取代了正常Hb（HbA）

↓ 导致

在氧分压下降时HbS分子间相互作用增强，成为溶解度很低的螺旋形多聚体，使红细胞扭曲成镰状细胞，造成镰状细胞贫血

O₂结合

当血液流经肺时，O_2浓度升高

↓

O_2首先与1个亚基$α_1$的血红素Fe^{2+}以低亲和力结合，使Fe^{2+}的半径变小，造成2个α亚基间盐键断裂

↓ 导致

血红蛋白
T态（低O_2亲和力）→ R态（高O_2亲和力）

↓ 导致

O_2与其他3个亚基以高亲和力结合，Hb的氧解离曲线呈现S形

别构效应

当血液流经组织，特别是代谢旺盛的组织如肌肉时

↓

H^+、CO_2及别构效应物2, 3-BPG的浓度增加

↓ 导致

脱氧Hb的T态更稳定，氧解离曲线右移

↓ 导致

降低Hb对O_2的亲和力，促进O_2从Hb释放，以供应组织细胞需要

图 1-18　血红蛋白的结构与功能

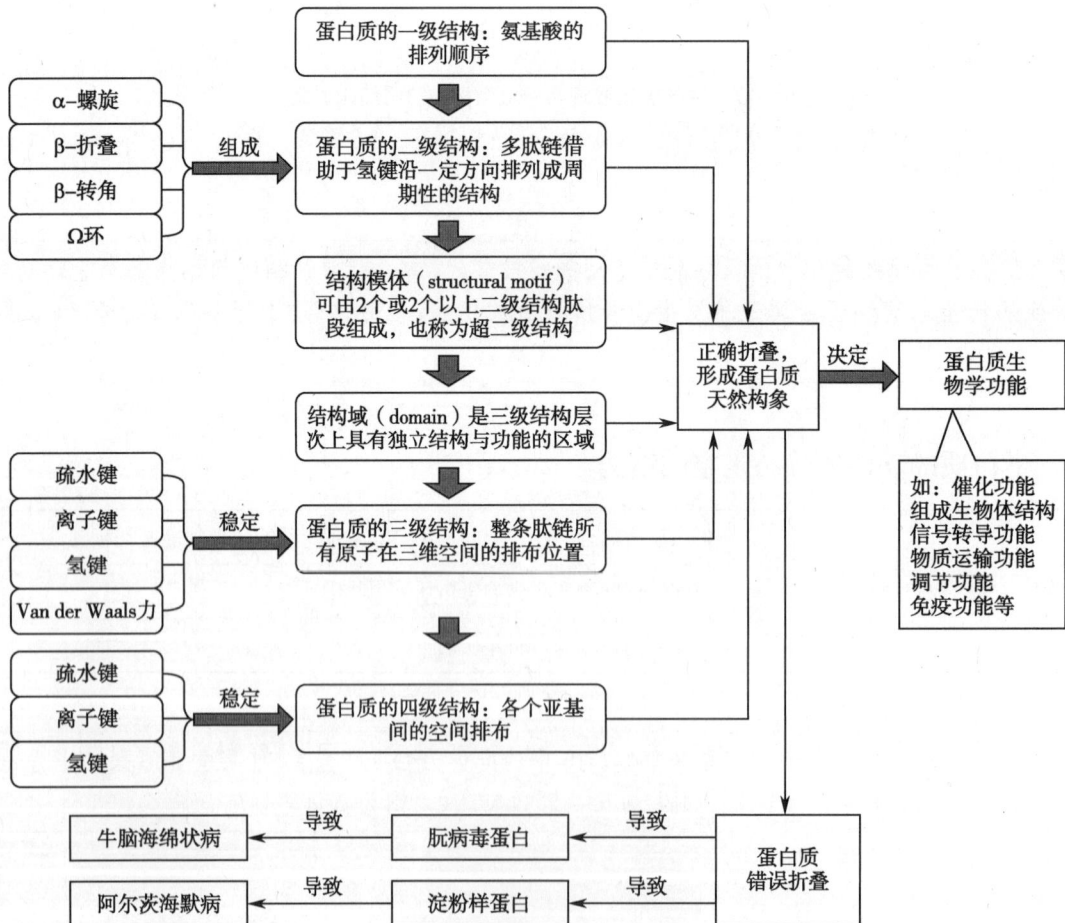

蛋白质的一级结构：氨基酸的排列顺序

↓

（α-螺旋、β-折叠、β-转角、Ω环）组成 → 蛋白质的二级结构：多肽链借助于氢键沿一定方向排列成周期性的结构

↓

结构模体（structural motif）可由2个或2个以上二级结构肽段组成，也称为超二级结构

↓

结构域（domain）是三级结构层次上具有独立结构与功能的区域

↓

（疏水键、离子键、氢键、Van der Waals力）稳定 → 蛋白质的三级结构：整条肽链所有原子在三维空间的排布位置

↓

（疏水键、离子键、氢键）稳定 → 蛋白质的四级结构：各个亚基间的空间排布

→ 正确折叠，形成蛋白质天然构象 —决定→ 蛋白质生物学功能（如：催化功能、组成生物体结构、信号转导功能、物质运输功能、调节功能、免疫功能等）

蛋白质错误折叠 —导致→ 朊病毒蛋白 —导致→ 牛脑海绵状病

蛋白质错误折叠 —导致→ 淀粉样蛋白 —导致→ 阿尔茨海默病

图 1-19　蛋白质结构层次与功能

第四节　蛋白质的理化性质

一、蛋白质具有两性电离性质

当蛋白质溶液处于某一pH时，蛋白质解离成正、负离子的趋势相等，即成为兼性离子，净电荷为零，此时溶液的pH称为蛋白质的等电点（isoelectric point, pI）。蛋白质溶液的pH大于等电点时，该蛋白质颗粒带负电荷，反之则带正电荷。

二、蛋白质具有胶体性质

蛋白质属于生物大分子，其分子直径为胶粒范围之内。蛋白质胶粒在水溶液中其表面可形成一层水化膜，防止其从溶液中沉淀析出。除水化膜外，维持蛋白质胶体稳定的因素还有，蛋白质胶粒表面可带有电荷，也可起胶粒稳定的作用。若去除蛋白质胶粒表面电荷和水化膜两个稳定因素，蛋白质极易从溶液中析出。

三、蛋白质的变性与复性

定义	在某些物理和化学因素作用下，其特定的空间构象被破坏，即有序的空间结构变成无序的空间结构，从而导致其理化性质的改变和生物活性的丧失，称为蛋白质的变性
本质	主要发生二硫键和非共价键的破坏，不涉及一级结构中氨基酸序列的改变
特征	蛋白质变性后，其理化性质及生物学性质发生改变，如溶解度降低、黏度增加、结晶能力消失、生物活性丧失、易被蛋白酶水解等
变性因素	常见的有加热、强酸、强碱、重金属离子及生物碱试剂等
应用	在临床医学上，变性因素常被应用来消毒及灭菌。此外，防止蛋白质变性也是有效保存蛋白质制剂（如疫苗等）的必要条件
程度	若蛋白质变性程度较轻，去除变性因素后，有些蛋白质仍可恢复或部分恢复其原有的构象和功能，称为复性。许多蛋白质变性后，空间构象严重被破坏，不能复原，称为不可逆性变性

四、蛋白质在紫外光谱区有特征性光吸收

由于蛋白质分子中含有共轭双键的酪氨酸和色氨酸，因此在280nm波长处有特征性吸收峰。在此波长范围内，蛋白质的A280与其浓度呈正比关系，因此可作蛋白质定量测定。

五、应用蛋白质呈色反应可测定溶液中蛋白质含量

茚三酮反应	蛋白质经水解后产生的氨基酸也可发生茚三酮反应
双缩脲反应	蛋白质和多肽分子中的肽键在稀碱溶液中与硫酸铜共热，呈现紫色或红色，称为双缩脲反应

（王丽影）

核酸（nucleic acid）是以核苷酸为基本结构单位聚合而成的生物信息大分子。

表 2-1   核酸的分类、细胞分布和生物学功能

名称	细胞分布	生物学功能
脱氧核糖核酸 （deoxyribonucleic acid，DNA）	分布于细胞核和线粒体	储存和携带遗传信息
核糖核酸 （ribonucleic acid，RNA）	分布于细胞质、细胞核和线粒体	参与遗传信息的复制与表达

第一节   核酸的化学组成以及一级结构

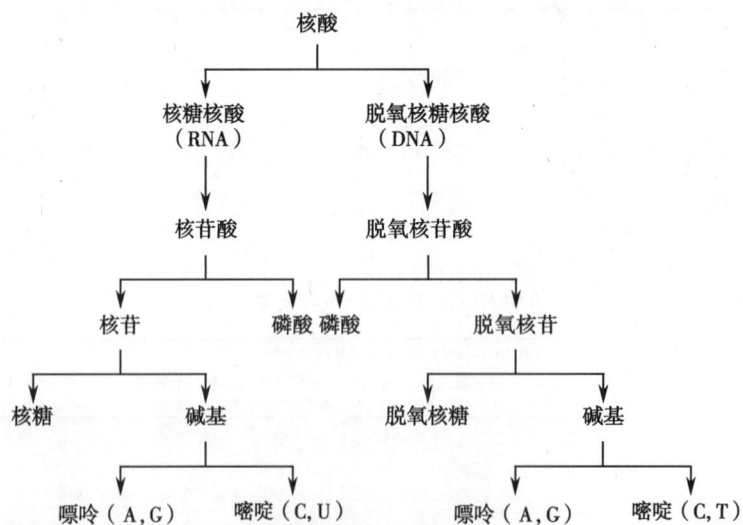

图 2-1   核酸的基本组成

一、核苷酸和脱氧核苷酸是构成核酸的基本组成单位

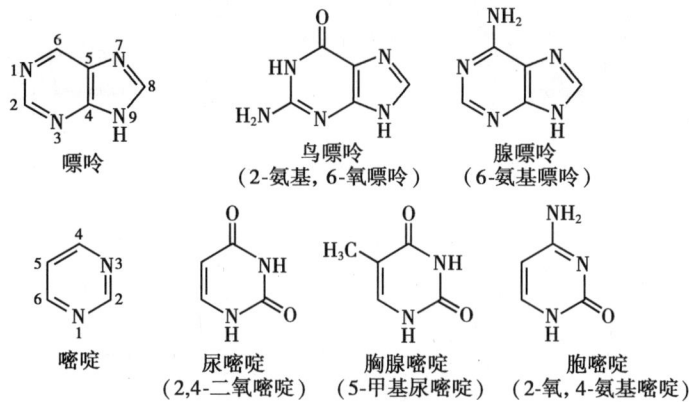

图 2-2　碱基的化学结构式

嘌呤

鸟嘌呤
（2-氨基, 6-氧嘌呤）

腺嘌呤
（6-氨基嘌呤）

嘧啶

尿嘧啶
（2,4-二氧嘧啶）

胸腺嘧啶
（5-甲基尿嘧啶）

胞嘧啶
（2-氧, 4-氨基嘧啶）

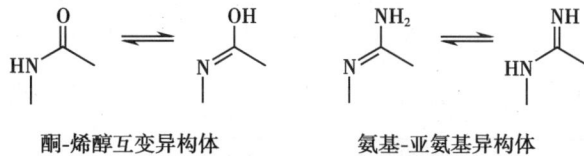

酮-烯醇互变异构体　　　　　氨基-亚氨基异构体

图 2-3　碱基的互变异构体

表 2-2　核酸中部分稀有碱基

	DNA		RNA	
嘌呤	N^6-m^6A	N^6- 甲基腺嘌呤	N^6, N^6-2 m^6A	N^6, N^6- 二甲基腺嘌呤
			N^6-m^6A	N^6- 甲基腺嘌呤
	m^7G	7- 甲基鸟嘌呤	I	次黄嘌呤
			m^1G	1- 甲基鸟嘌呤
嘧啶	m^5C	5- 甲基胞嘧啶	T	胸腺嘧啶
	hm^5U	5- 羟甲基尿嘧啶	5′, 6′-DHU	5′, 6′- 二氢尿嘧啶

核糖上的碳原子分别用 C-1′、C-2′ 等标记以区别于碱基上的原子编号。核糖和脱氧核糖的差别在于连接在 C-2′ 原子上的基团不同（图 2-4）。

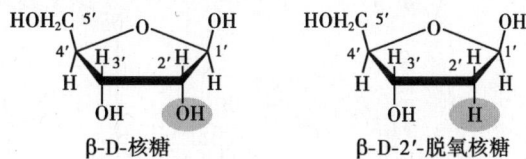

β-D-核糖　　　　　　　β-D-2′-脱氧核糖

图 2-4　核糖和脱氧核糖的化学结构式

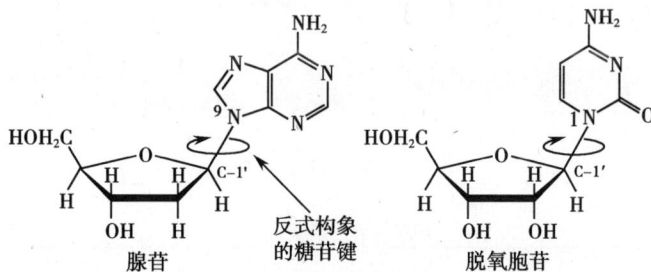

腺苷　　　反式构象的糖苷键　　　脱氧胞苷

图 2-5　核苷和脱氧核苷的化学结构式

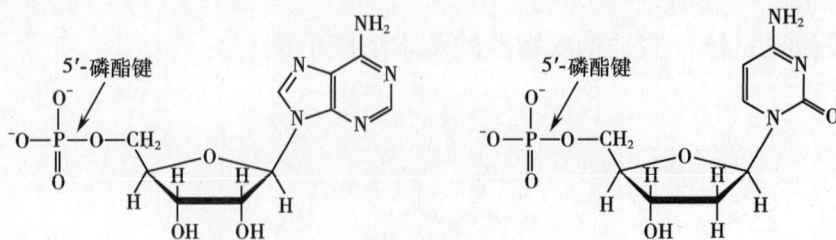

图 2-6　核苷酸和脱氧核苷酸的化学结构式

表 2-3a　构成 RNA 的碱基、核苷以及核苷酸的名称

碱基	核苷	核苷酸
腺嘌呤（adenine，A）	腺苷（adenosine）	腺苷一磷酸 （adenosine monophosphate，AMP）
鸟嘌呤（guanine，G）	鸟苷（guanosine）	鸟苷一磷酸 （guanosine monophosphate，GMP）
胞嘧啶（cytosine，C）	胞苷（cytidine）	胞苷一磷酸 （cytidine monophosphate，CMP）
尿嘧啶（uracil，U）	尿苷（uridine）	尿苷一磷酸 （uridine monophosphate，UMP）
		NTP

表 2-3b　构成 DNA 的碱基、脱氧核苷以及脱氧核苷酸的名称

碱基	脱氧核苷	脱氧核苷酸
腺嘌呤（adenine，A）	脱氧腺苷（deoxyadenosine）	脱氧腺苷一磷酸 （deoxyadenosine monophosphate，dAMP）
鸟嘌呤（guanine，G）	脱氧鸟苷（deoxyguanosine）	脱氧鸟苷一磷酸 （deoxyguanosine monophosphate，dGMP）
胞嘧啶（cytosine，C）	脱氧胞苷（deoxycytidine）	脱氧胞苷一磷酸 （deoxycytidine monophosphate，dCMP）
胸腺嘧啶（thymine，T）	脱氧胸苷（deoxythymidine）	脱氧胸苷一磷酸 （deoxythymidine monophosphate，dTMP）
		dNTP

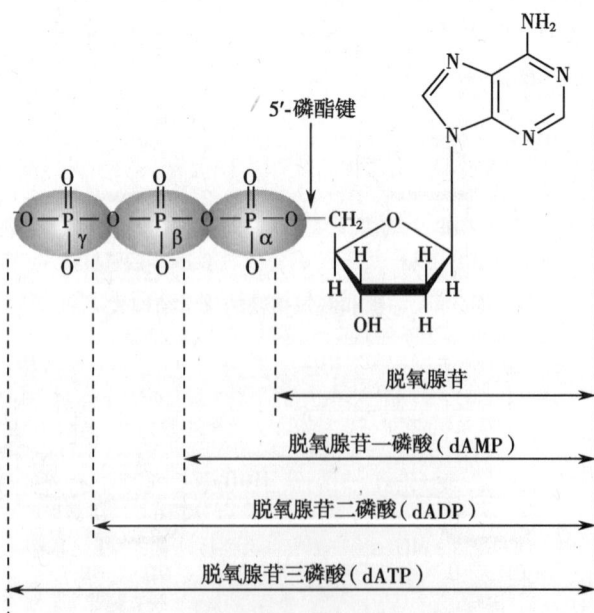

图 2-7　脱氧腺苷多磷酸的化学结构式

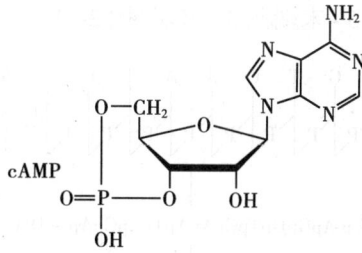

图 2-8 3′,5′-环腺苷酸的化学结构式

二、DNA 是脱氧核糖核苷酸通过 3′,5′-氧核糖核苷酸磷酸二酯键连接形成的线性大分子

多个核苷酸通过 3′,5′-磷酸二酯键(3′,5′-phosphodiester bond)连接形成的链状聚合物,即多聚核苷酸。多聚核苷酸(链)的两个末端分别称为 5′-末端(游离磷酸基团)和 3′-末端(游离羟基)。因此多聚核苷酸链具有方向性。多聚核苷酸链的 3′-羟基可继续与核苷三磷酸的 5′-磷酸基团发生酯化反应,形成新的 3′,5′-磷酸二酯键,使该多聚核苷酸链在 3′-末端增加一个核苷酸(图 2-9、图 2-10)。

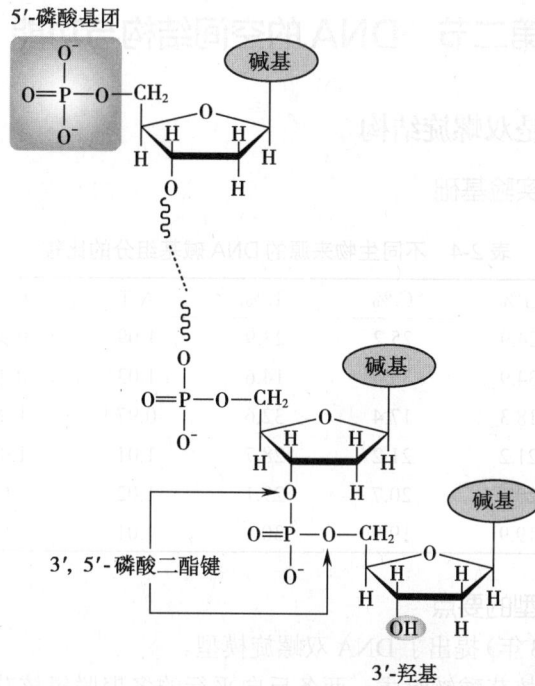

图 2-9 核酸链的化学结构式

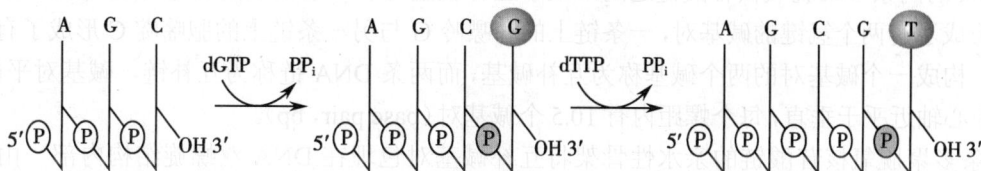

图 2-10 核酸链的延长

三、核酸的一级结构是核苷酸的排列顺序

核酸的一级结构定义为核酸分子中从 5′-末端到 3′-末端核苷酸的排列顺序(nucleotide sequence),也就是碱基序列(base sequence)。

核酸一级结构的书写规则也是从 5′- 末端到 3′- 末端（图 2-11）。

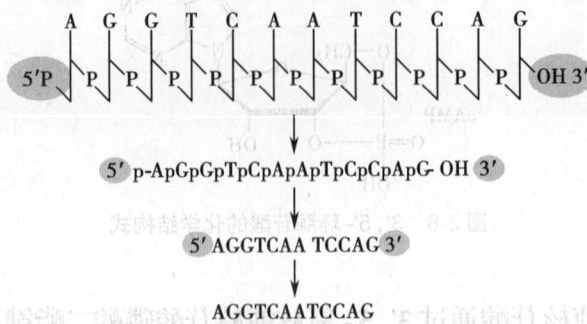

$$5'\ \text{p-ApGpGpTpCpApApTpCpCpApG-OH}\ 3'$$

$$5'\ \text{AGGTCAA TCCAG}\ 3'$$

$$\text{AGGTCAATCCAG}$$

图 2-11　核酸一级结构及其书写方法

单链 DNA 和 RNA 分子的大小常用核苷酸数目（nucleotide,nt）表示，双链 DNA 则用碱基对（base pair, bp）或千碱基对（kilobase pair, kb）数目来表示。自然界中的 DNA 和 RNA 长度可高达几万个碱基之多，表现出巨大的编码潜力。

第二节　DNA 的空间结构与功能

一、DNA 的二级结构是双螺旋结构

（一）DNA 双螺旋结构的实验基础

表 2-4　不同生物来源的 DNA 碱基组分的比较

物种	A/%	G/%	C/%	T/%	A/T	G/C	G+C/%	嘌呤/嘧啶
大肠杆菌	26.0	24.9	25.2	23.9	1.09	0.99	50.1	1.04
结核分枝杆菌	15.1	34.9	35.4	14.6	1.03	0.99	70.3	1.00
酵母	31.7	18.3	17.4	32.6	0.97	1.05	35.7	1.00
牛	29.0	21.2	21.2	28.7	1.01	1.00	42.4	1.01
猪	29.8	20.7	20.7	29.1	1.02	1.00	41.4	1.01
人	30.4	19.9	19.9	30.1	1.01	1.00	39.8	1.01

（二）DNA 双螺旋结构模型的要点

J. Watson 和 F. Crick（1953 年）提出了 DNA 双螺旋模型。

1. DNA 由两条多聚脱氧核苷酸链组成　两条反向平行的多聚脱氧核苷酸链围绕同一螺旋轴形成了右手双螺旋结构。DNA 双螺旋结构的直径为 2.37nm，螺距为 3.54nm（图 2-12、图 2-13）。

2. DNA 的两条多聚脱氧核苷酸链之间形成了互补碱基对　一条链上的腺嘌呤 A 与另一条链上的胸腺嘧啶 T 形成了有两个氢键的碱基对，一条链上的鸟嘌呤 G 与另一条链上的胞嘧啶 C 形成了三个氢键的碱基对。构成一个碱基对的两个碱基称为互补碱基，而两条 DNA 链称为互补链。碱基对平面与 DNA 双螺旋的中心轴近乎于垂直，每个螺距内有 10.5 个碱基对（base pair, bp）。

3. 两条多聚脱氧核苷酸链的亲水性骨架将互补碱基对包埋在 DNA 双螺旋结构内部　由脱氧核糖和磷酸基团构成的亲水性骨架位于双螺旋结构的外侧，疏水的碱基位于内侧。由于两条 DNA 链的反平行走向和互补碱基对的限制，两条链在 DNA 双螺旋结构表面形成了一个大沟（major groove）和一个小沟（minor groove）（图 2-14）。

4. 两个碱基对平面重叠产生了碱基堆积力　相邻的两个碱基对平面彼此重叠，由此产生了疏水性的碱基堆积力（base stacking force），是维持双螺旋结构的纵向作用力。碱基堆积力对于双螺旋结构的稳定更为重要。

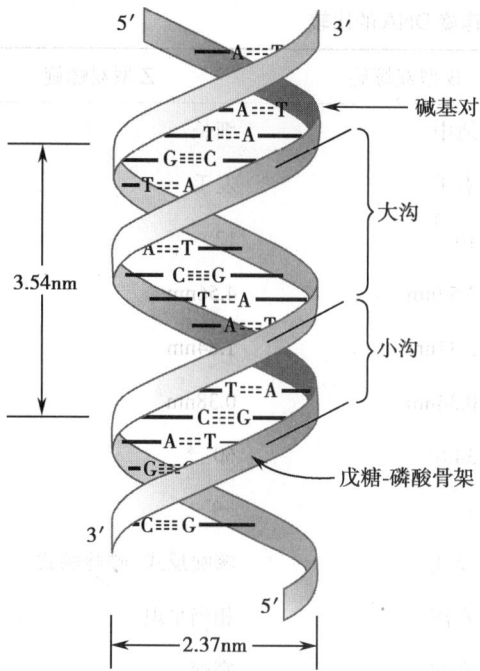

图 2-12　DNA 双螺旋结构的侧视图

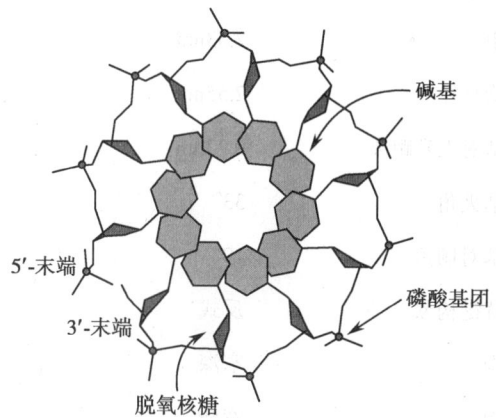

图 2-13　DNA 双螺旋结构的俯视图

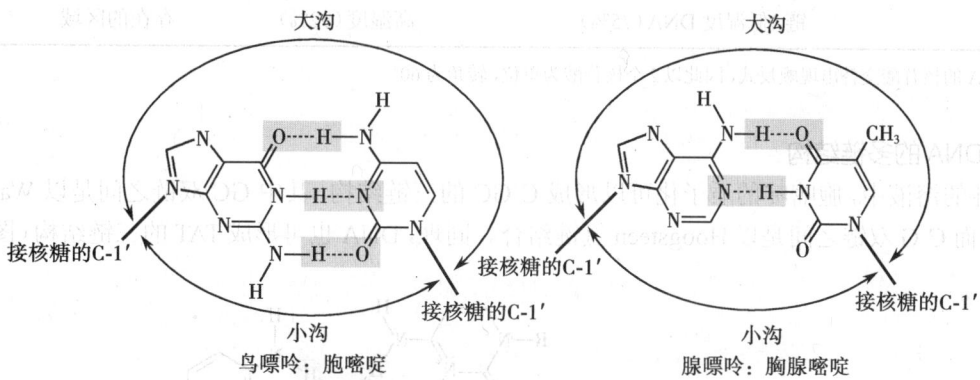

图 2-14　在两个互补的碱基之间形成的氢键以及大沟和小沟

（三）DNA 双螺旋结构的多样性

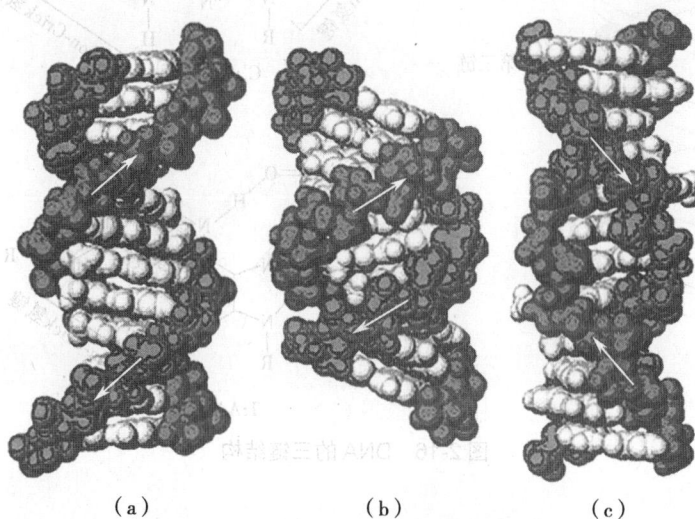

图 2-15　不同类型的 DNA 双螺旋结构
（a）B 型 -DNA；（b）A 型 -DNA；（c）Z 型 -DNA

表 2-5 A 型、B 型和 Z 型三种双螺旋 DNA 的比较

	A 型双螺旋	B 型双螺旋	Z 型双螺旋
外形	粗短	适中	细长
螺旋方向	右手	右手	左手
每一螺旋的碱基对数目	11	10	12
螺距	2.53nm	3.54nm	4.56nm
螺旋直径	2.55nm	2.37nm	1.84nm
碱基对上升距离	0.23nm	0.34nm	0.38nm
碱基夹角	33°	34.6°	60° *
碱基对倾角	19°	1°	−9°
糖苷键构象	反式	反式	嘧啶反式，嘌呤顺式
大沟	窄深	宽深	相当平坦
小沟	宽浅	窄深	窄深
存在条件	双链 RNA，RNA-DNA 杂交双链，低湿度 DNA（75%）	双链 DNA 高湿度（92%）	DNA 链上嘧啶和嘌呤交替存在的区域

*Z 型 DNA 的核苷酸交替出现顺反式，因此以 2 个核苷酸为单位，转角为 60°

（四）DNA 的多链结构

在酸性的溶液中，胞嘧啶的质子化可以形成 C^+GC 的三链结构，其中 GC 双链之间是以 Watson-Crick 氢键结合，而 C^+G 双链之间是以 Hoogsteen 氢键结合。同理，DNA 也可形成 TAT 的三链结构（图 2-16）。

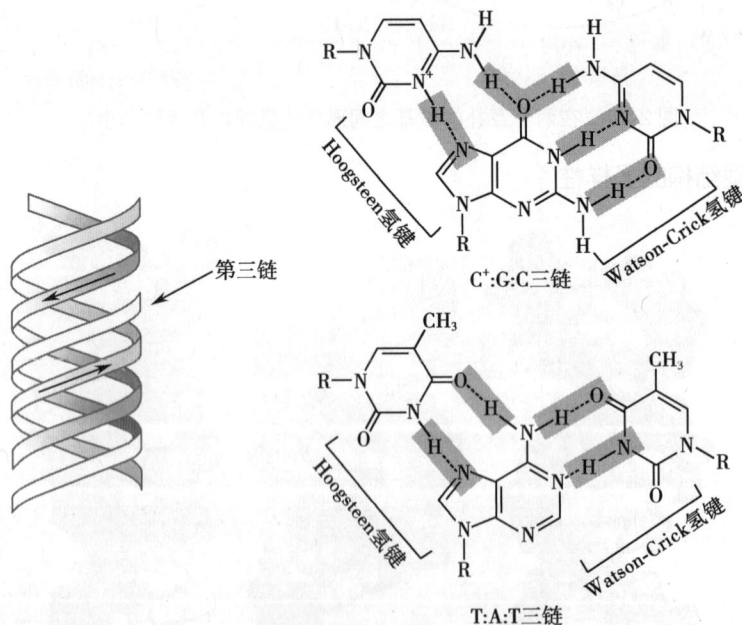

图 2-16 DNA 的三链结构

当 DNA 的核苷酸序列中富含 GT 重复序列时，其中的鸟嘌呤之间可以通过 Hoogsteen 氢键形成特殊的四链结构（图 2-17）。

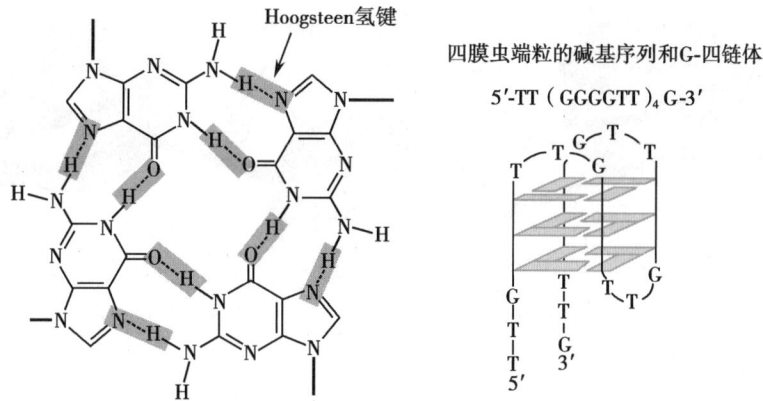

Hoogsteen氢键

四膜虫端粒的碱基序列和G-四链体

5′-TT（GGGGTT）₄G-3′

图 2-17　DNA 的四链结构

二、DNA双链经过盘绕折叠形成致密的高级结构

DNA 双链可以进一步地盘绕形成超螺旋结构。如果 DNA 的盘绕方向与 DNA 双螺旋方向相同，螺旋会变紧，称为正超螺旋（positive supercoil），反之螺旋会变松，称为负超螺旋（negative supercoil）。自然界中 DNA 双链多以负超螺旋的形式存在，经过一系列的盘绕、折叠和压缩后，形成了高度致密的高级结构。

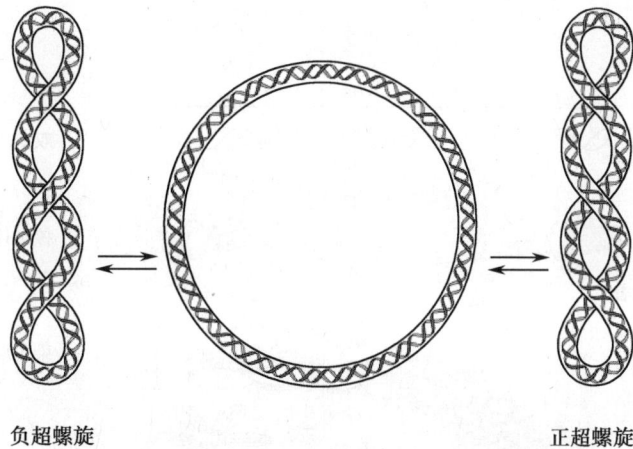

负超螺旋　　　　　　　　　　正超螺旋

图 2-18　DNA 的正超螺旋结构和负正超螺旋的形成

原核生物的 DNA 是环状的。细菌的基因组可以形成相对独立的超螺旋区，不同区域间的 DNA 超螺旋程度不同（图 2-19）。DNA 超螺旋结构处在动态变化中。

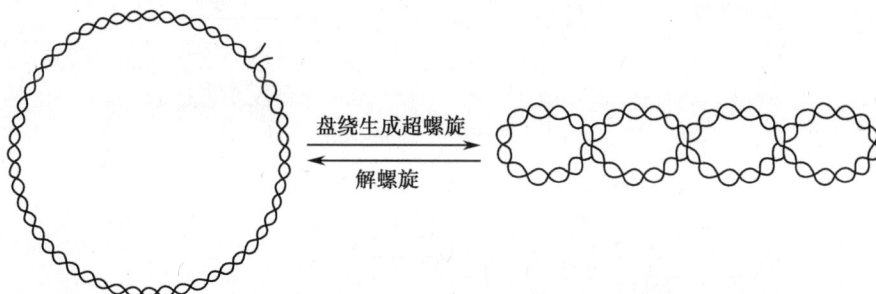

盘绕生成超螺旋

解螺旋

图 2-19　环状 DNA 和具有超螺旋结构的 DNA

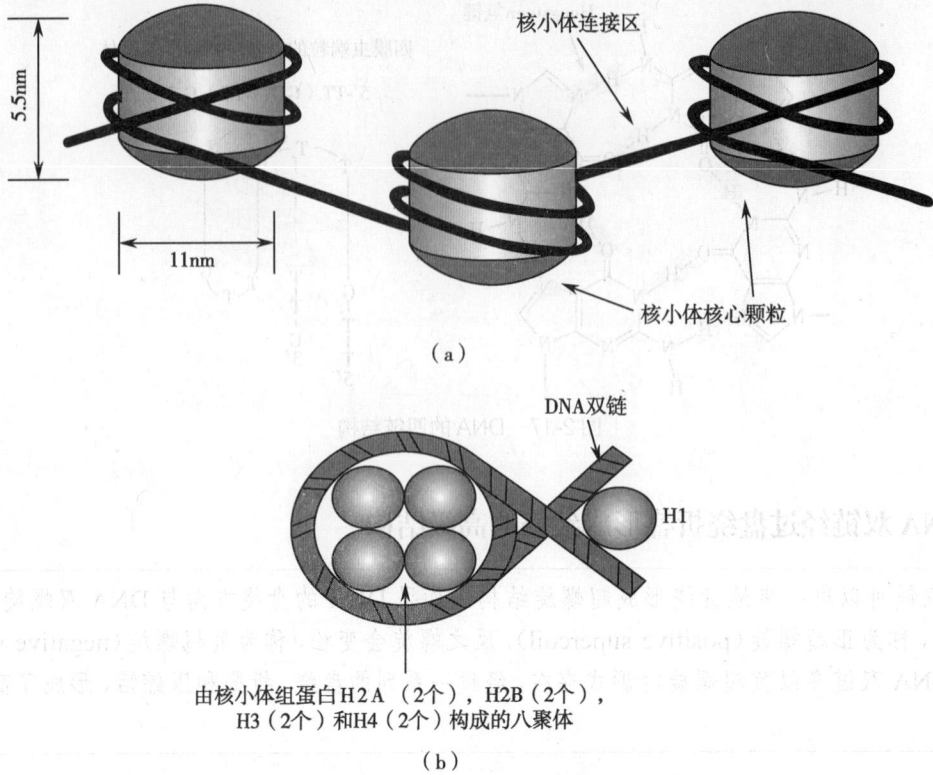

（a）

（b）

由核小体组蛋白H2A（2个），H2B（2个），
H3（2个）和H4（2个）构成的八聚体

图 2-20 核小体的盘绕结构（a）和核小体组蛋白八聚物的截面图（b）

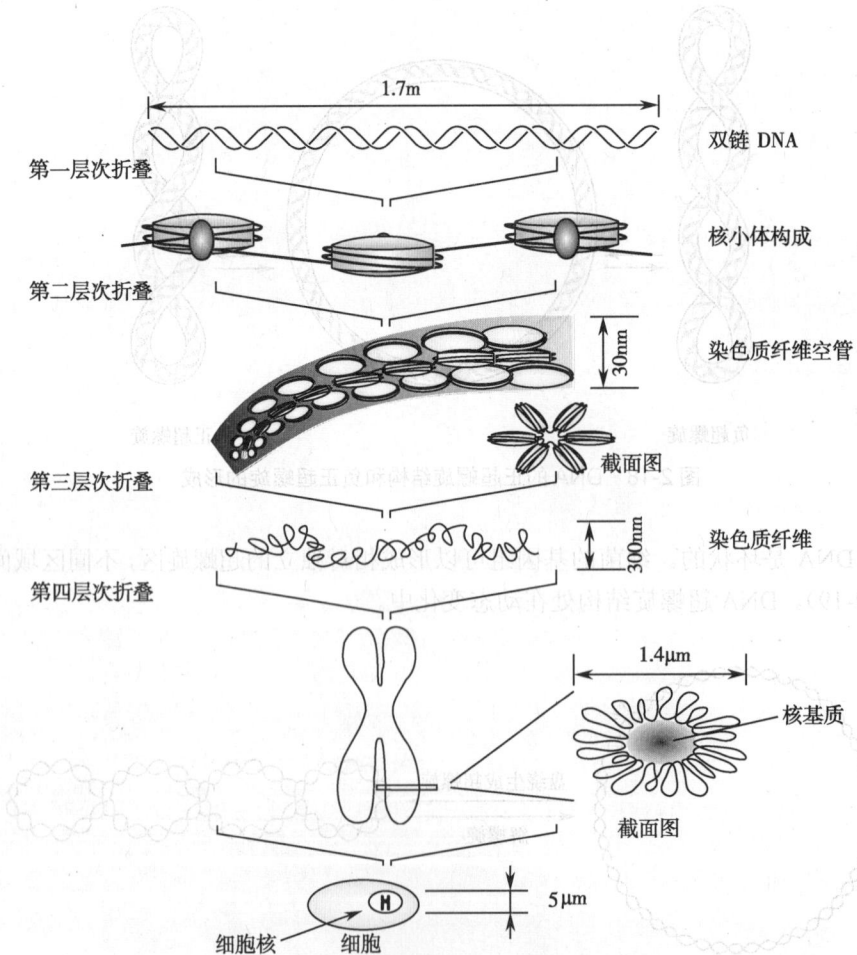

图 2-21 真核细胞 DNA 在核内盘绕、折叠和组装成染色体的过程

真核生物线粒体内的 DNA 称为线粒体 DNA（mitochondrial DNA，mtDNA）。大多数动物细胞 mtDNA 是一个封闭的双链环状的分子。人全长的 mtDNA 为 $16.6×10^3$bp，共计 37 个基因，分别编码 13 个蛋白质、2 个核糖体 RNA（ribosomal RNA，rRNA）和 22 个转运 RNA（transport RNA，tRNA）。

mtDNA 不与组蛋白结合，呈裸露状态。mtDNA 的结构紧凑，不含内含子，也很少有非编码序列。线粒体有自主的遗传系统。

三、DNA 是遗传信息的物质基础

DNA 以基因的形式携带遗传信息，为 DNA 复制和 RNA 转录提供模板。

基因是编码多肽链和 RNA 的 DNA 片段。

基因组（genome）是一个生物体的全部遗传信息。

第三节　RNA 的空间结构与功能

一、RNA 的多样化

RNA 通常以单链形式存在，在生命活动中发挥着重要的作用。RNA 可以分为编码 RNA（coding RNA）和非编码 RNA（non-coding RNA）。RNA 的种类、丰度、大小和空间结构要比 DNA 复杂得多，这与它的功能多样性密切相关。

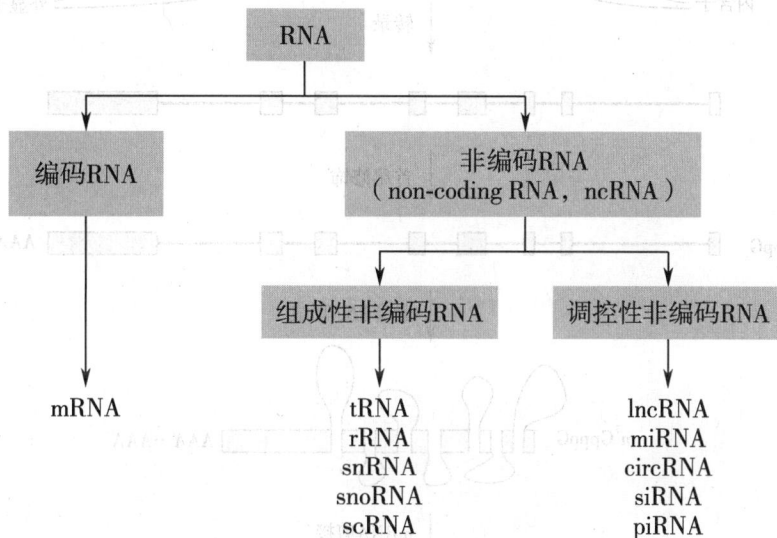

二、mRNA

mRNA 的含量仅占细胞 RNA 总量的 2%～5%。mRNA 的种类最多，其长度、结构、寿命以及表达量相差甚大。mRNA 作为模板指导蛋白质的合成。

最初的 mRNA 初级产物是在细胞核内合成的，被称为不均一核 RNA（hnRNA）。hnRNA 上含有外显子和内含子。hnRNA 经过一系列的修饰和加工后，成为成熟的 mRNA，并被转移到细胞质中。

真核生物成熟 mRNA 的 5′- 末端有一个帽子结构（cap structure），它是一个 7- 甲基鸟嘌呤（m^{7}G）- 三磷酸鸟苷（图 2-22）。其功能与蛋白质合成的正确起始有关，并可以防止 mRNA 被 5′- 磷酸外切酶降解。

真核生物成熟 mRNA 的 3′- 末端有一个多聚（A）尾结构［poly（A）tail structure］。它是一段 80～250 个腺苷酸长的序列。其功能与 mRNA 向细胞质的转位和翻译调控有关，还可以防止 mRNA 被 3′- 磷酸外切酶降解。

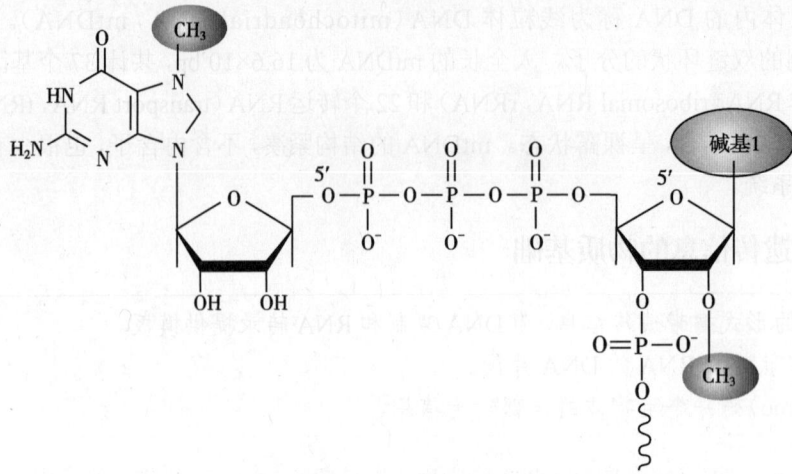

图 2-22　真核生物 mRNA 的 5′ 帽子的化学结构式

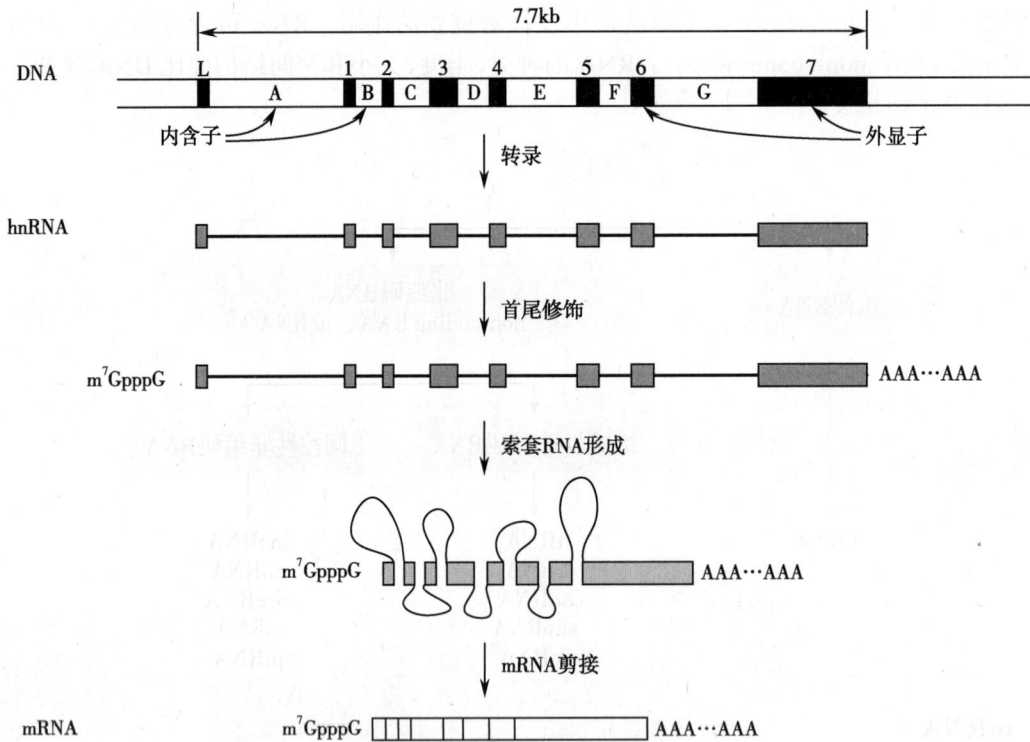

图 2-23　真核生物 mRNA 的成熟过程和结构特点

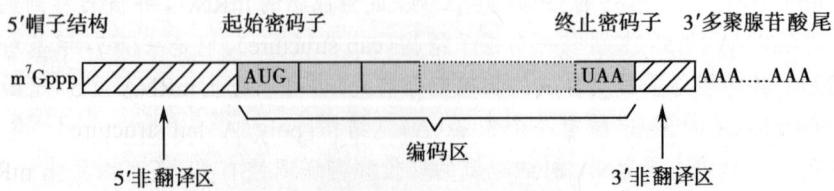

图 2-24　真核生物 mRNA 的结构特点

三、tRNA

tRNA 的含量是细胞 RNA 总量的 15%,含有较多的稀有碱基。在蛋白质合成过程中,tRNA 作为氨基酸的载体,将氨基酸转呈到由 mRNA 和核糖体组成的复合体上进行肽链合成。

所有的 tRNA 都具有相似的三叶草状的二级结构和倒 L 形的空间结构。

反密码子环底部上三个连续的核苷酸构成了一个反密码子(anticodon)。该密码子依靠碱基互补的方式识别 mRNA 上的密码子,将由此携带的氨基酸正确地转运到合成蛋白质的复合体上。

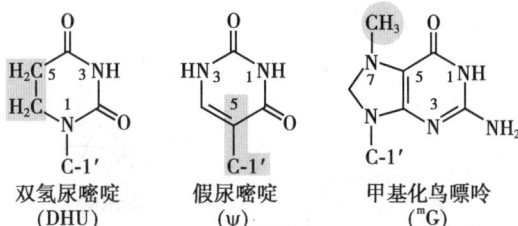

图 2-25 tRNA 分子中常见的稀有碱基

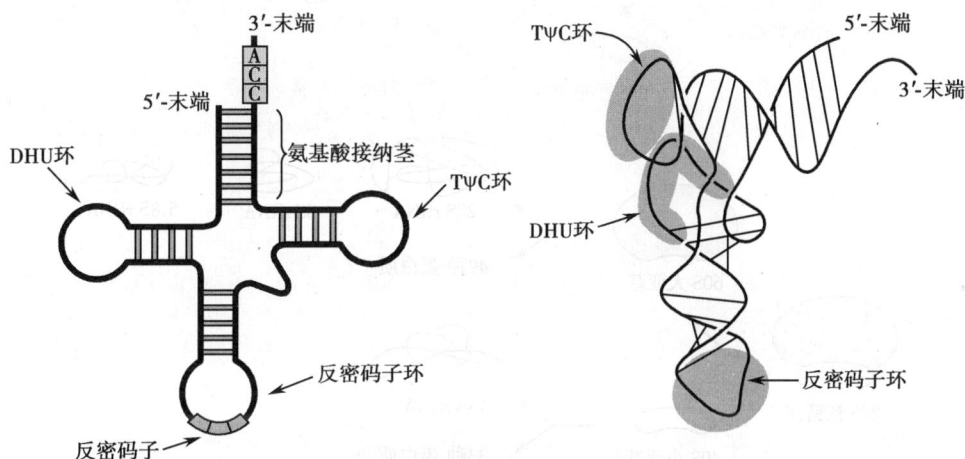

图 2-26 tRNA 的二级结构和空间结构

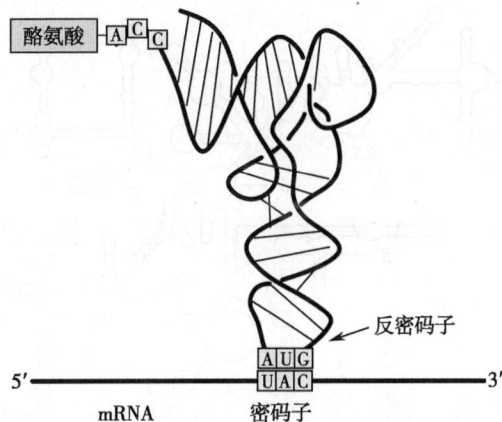

图 2-27 tRNA 转运所携带的氨基酸

四、rRNA

rRNA 是细胞中含量最多的一类 RNA，约占细胞 RNA 总量的 80% 以上。rRNA 的主要功能是与多种核糖体蛋白结合组成核糖体，为蛋白质的合成提供必要的场所。

核糖体由大亚基、小亚基和多种蛋白质组成。原核生物（大肠杆菌为例）与真核生物（以小鼠肝为例）的核糖体组成如图 2-28 所示。

所有 rRNA 都是含有众多个茎 - 环的复杂结构，这为核糖体蛋白的结合以及构建核糖体提供了结构基础。

由 mRNA、tRNA 和核糖体组成了合成蛋白质的复合体，这个复合体在原核生物和真核生物基因表达过程中表现出了不同的特性。

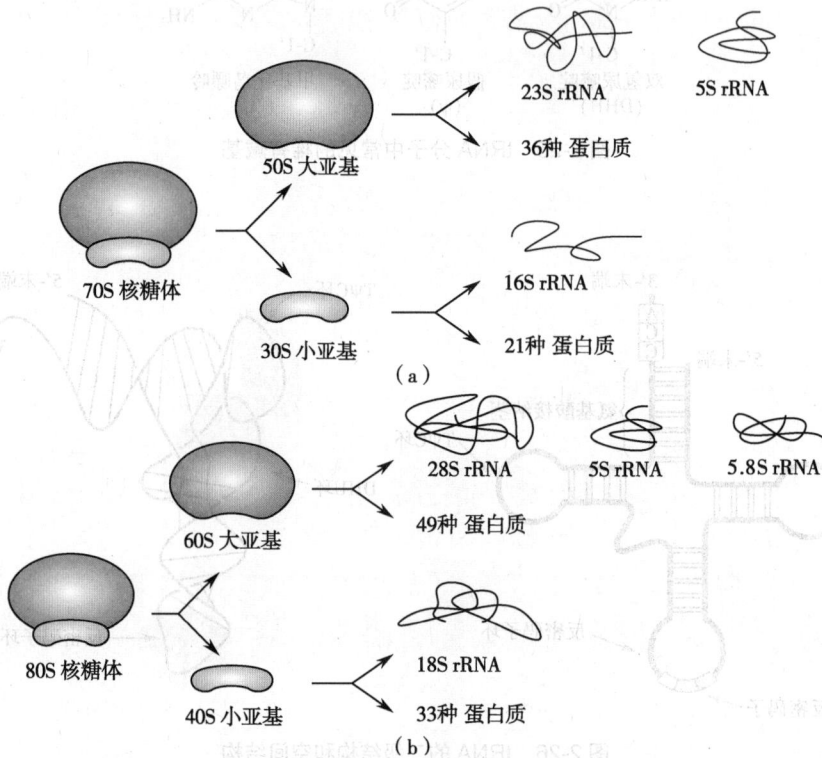

图 2-28 原核生物核糖体（a）和真核生物核糖体（b）的构成

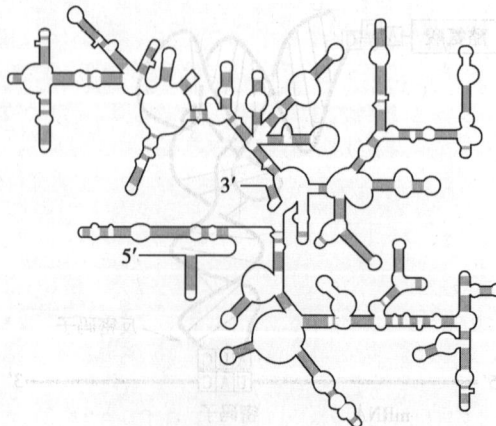

图 2-29 真核生物 18S rRNA 的二级结构

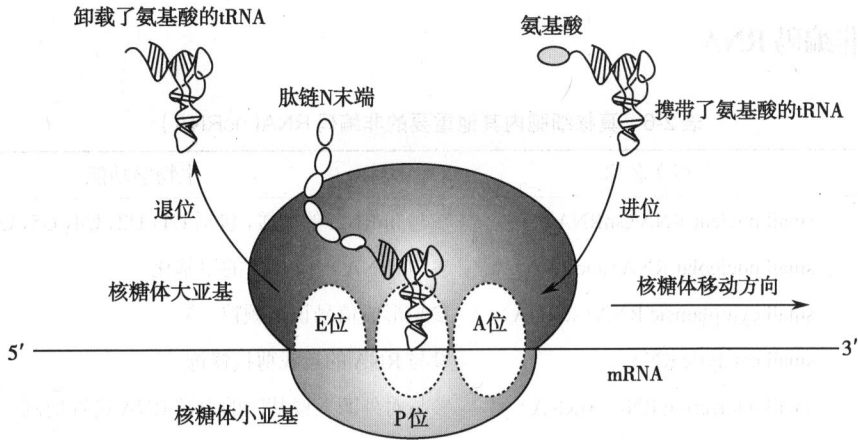

图 2-30　由 mRNA、tRNA 和核糖体组成的复合体

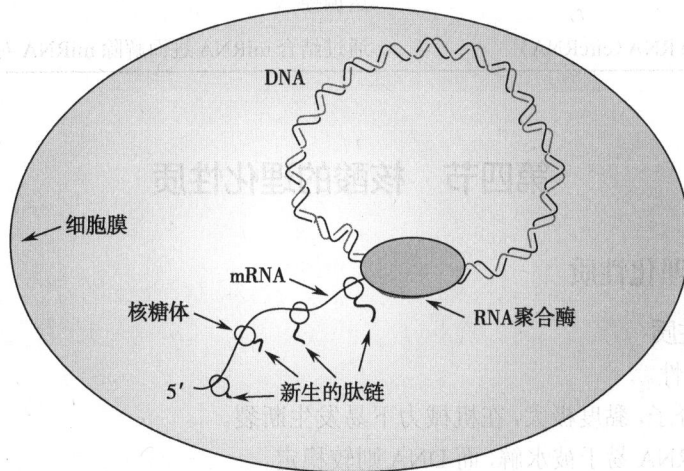

（a）

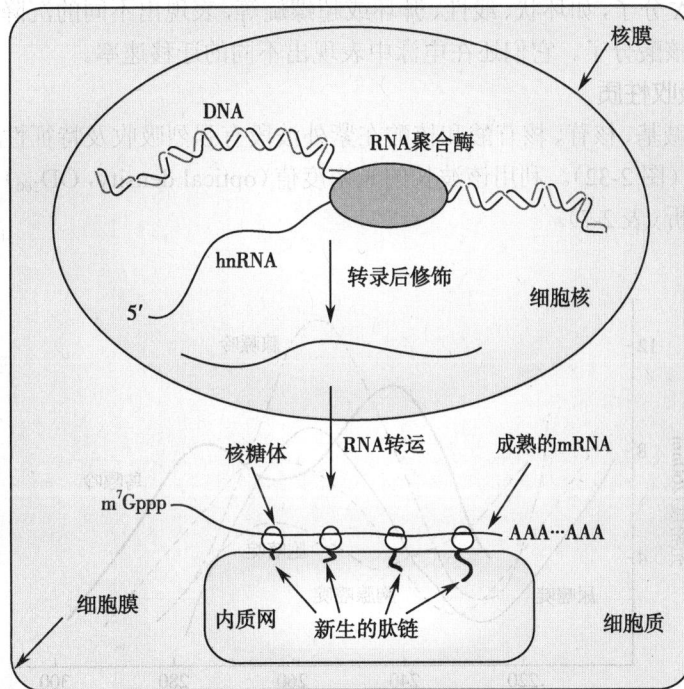

（b）

图 2-31　原核生物基因表达过程（a）和真核生物基因表达过程（b）

五、其他非编码 RNA

表 2-6 真核细胞内其他重要的非编码 RNA（ncRNA）

种类	英文名称	生物学功能
核小 RNA	small nuclear RNA（snRNA）	参与 hnRNA 的剪接，包括 U1，U2，U4，U5，U6
核仁小 RNA	small nucleolar RNA（snoRNA）	参与 rRNA 核糖 C-2′ 的甲基化
胞质小 RNA	small cytoplamsic RNA（scRNA）	参与形成信号识别颗粒
催化小 RNA	small catalytic RNA	参与 RNA 的自我剪接修饰
干扰小 RNA	small interfering RNA（siRNA）	参与对外源入侵基因的双链 RNA 进行切割
微 RNA	microRNA（miRNA）	通过结合 mRNA 而选择性调控基因的表达
长链非编码 RNA	long non-coding RNA（lncRNA）	参与染色质重塑、转录调控及转录后加工等多层次的基因表达调控
环状 RNA	circle RNA（circRNA）	通过结合 miRNA 进而解除 miRNA 对靶基因的抑制作用

第四节 核酸的理化性质

一、核酸的一般理化性质

（一）核酸的基本性质

1. 核酸分子呈现酸性。

2. DNA 是线性高分子，黏度极大，在机械力下易发生断裂。

3. 在碱性溶液中，RNA 易于被水解，而 DNA 则较稳定。

4. 各种核酸分子所带电荷不同，故可用电泳和离子交换法分离不同的核酸分子。

5. 不同构象的 DNA 分子，如环状、线性、开环或超螺旋等，表现出不同的沉降速率，由此可以利用超速离心法来分离和提纯核酸分子。它们还在电泳中表现出不同的迁移速率。

（二）核酸的紫外吸收性质

碱基的共轭双键使碱基、核苷、核苷酸和核酸在紫外波段有强烈吸收及特征性的紫外吸收光谱，其最大吸收值在 260nm 附近（图 2-32）。利用该波长的光密度值（optical density，OD_{260}）可以对核苷、核苷酸和核酸进行定性和定量分析（表 2-7）。

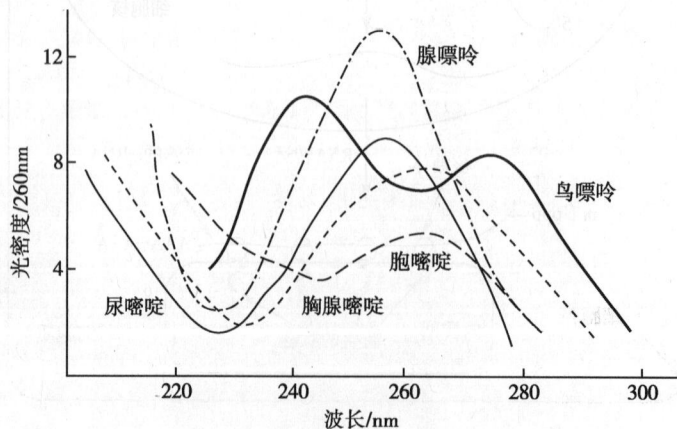

图 2-32 核苷酸的紫外吸收光谱

表 2-7a 利用紫外光吸收鉴定 DNA 和 RNA 样品的纯度

吸光度比值	待测样品的纯度
$A_{260}/A_{280}=1.8$	纯品 DNA
$A_{260}/A_{280}=2.0$	纯品 RNA

表 2-7b 利用紫外光吸收对 DNA 和 RNA 样品进行定量分析

吸光度值	核酸含量
$A_{260}=1.0$	50g/ml 双链 DNA
	40g/ml 单链 DNA 或 RNA
	20g/ml 寡核苷酸

二、DNA 的变性和复性

（一）DNA 的变性

破坏氢键可以使 DNA 双链变得不稳定，全部氢键的断裂可导致 DNA 双链完全分离成为两条单链。这一过程称为 DNA 变性（denaturation）或 DNA 解链（mclting）。

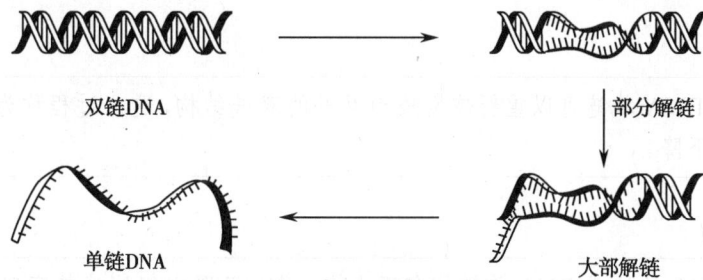

图 2-33 双链 DNA 的解链示意图

在 DNA 双链解链过程中，随着越来越多的碱基逐步暴露，DNA 溶液在 260nm 波长的紫外吸收值会不断增加，这称为 DNA 的增色效应（hyperchromic effect）（图 2-34）。

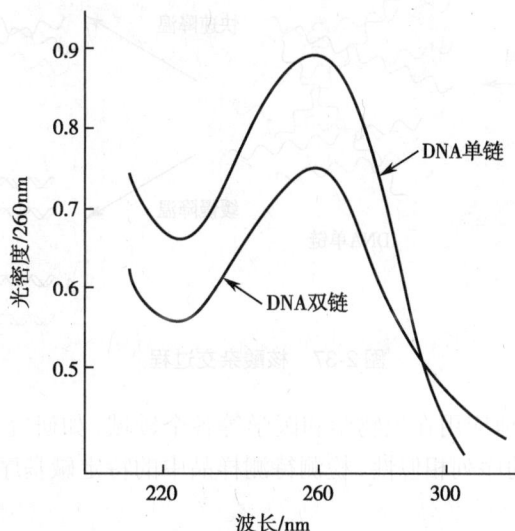

图 2-34 DNA 在解链过程中的增色效应

加热是使 DNA 变性的常用方法。DNA 变性过程中紫外吸收的光密度变化相对于温度变化的曲线称为解链曲线（melting curve），此曲线上变化最大值一半时的温度被定义为 DNA 的解链温度（melting temperature，T_m，图 2-35）。DNA 的 G/C 含量越高，T_m 值越高（图 2-36）。DNA 溶液中的离子强度越大，T_m 值越高。

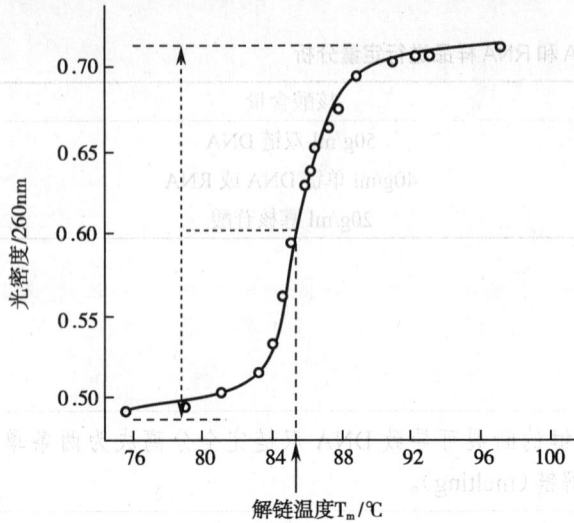

图 2-35 双链 DNA 的解链曲线

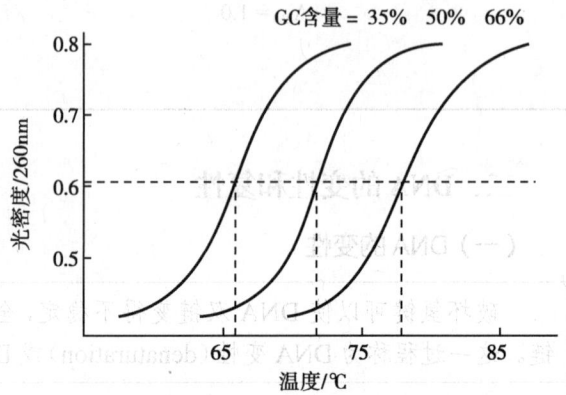

图 2-36 双链 DNA 解链过程的温度特性

（二）DNA 的复性

热变性后的两条 DNA 单链可以重新恢复成为互补的双链结构，这一过程称为复性。DNA 复性的条件是温度必须缓慢下降。

（三）核酸杂交

将不同种类的 DNA 单链或 RNA 单链均匀混合在一起，只要它们的碱基序列满足互补关系，它们就有可能形成双链。由此形成的是 DNA-DNA 双链，RNA-RNA 双链，或者 DNA-RNA 双链，统称为杂交双链（heteroduplex）。这样的过程称为杂交（hybridization）（图 2-37）。

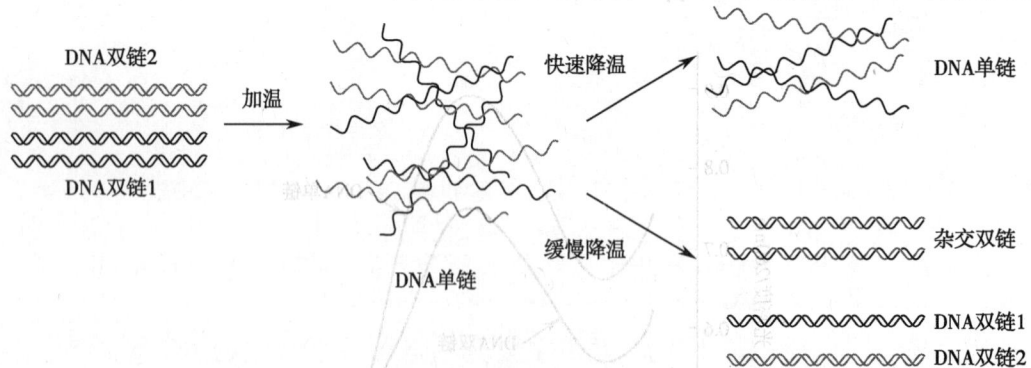

图 2-37 核酸杂交过程

核酸杂交技术已经被广泛地应用在生物学和医学等各个领域，如研究一个 DNA 片段在某个基因中的位置、鉴定两个核酸分子间的序列相似性、检测待测样品中的特定碱基序列、PCR 扩增和 DNA 芯片检测都是基于核酸杂交原理的。

（冯　晨）

第三章
酶与酶促反应

酶的定义：酶（enzyme）是由活细胞产生的、对其底物（substrate）具有高度特异性和高度催化效能的蛋白质。酶是生物体内主要的一类生物催化剂（biocatalyst）。

第一节　酶的分子结构与功能

酶与其他蛋白质一样，也具有一、二、三级乃至四级结构。

一、酶的几种形式

1. 单体酶（monomeric enzyme）　由一条多肽链构成的仅具有三级结构的酶称为单体酶（图3-1）。

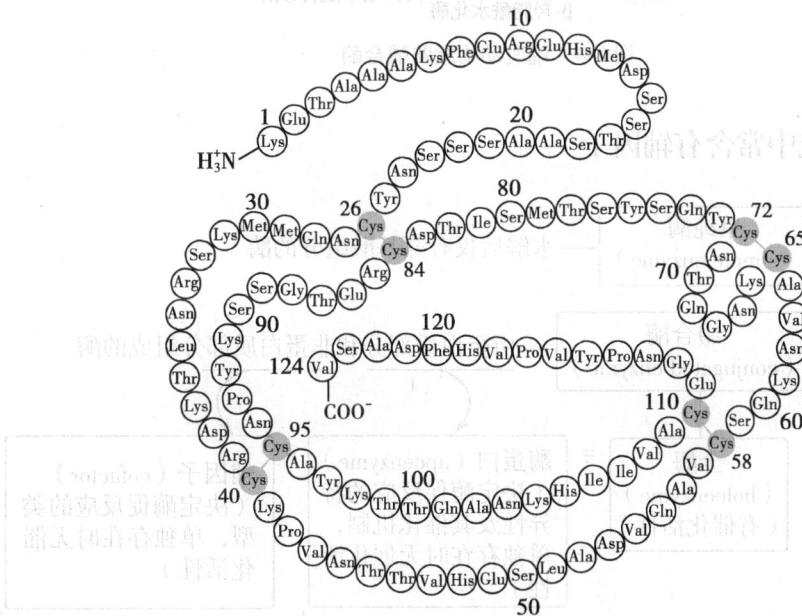

图 3-1　牛胰核糖核酸酶 A

2. 寡聚酶（oligomeric enzyme）　由 2 条以上相同或不相同的肽链以非共价键相互作用组成的酶称为寡聚酶（图3-2）。

3. 多酶体系（multienzyme system）　由几种具有不同催化功能的酶彼此聚合形成的多酶复合体（multienzyme complex）称为多酶体系（图3-3）。

4. 多功能酶（multifunctional enzyme）　一条肽链同时具有催化多种不同反应的酶称为多功能酶或串联酶（tandem enzyme）（图3-4）。

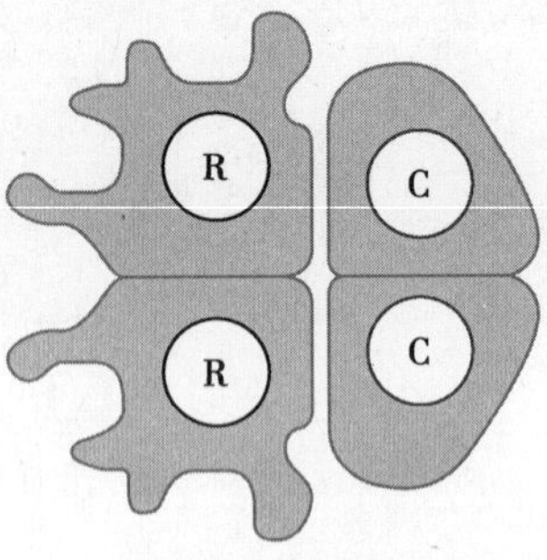

图 3-2 蛋白激酶 A

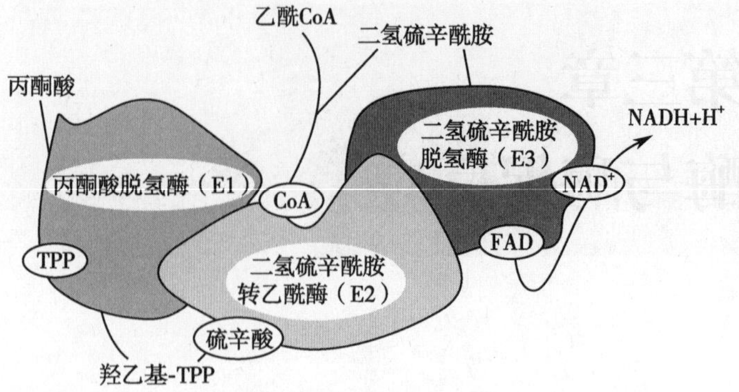

图 3-3 丙酮酸脱氢酶复合体

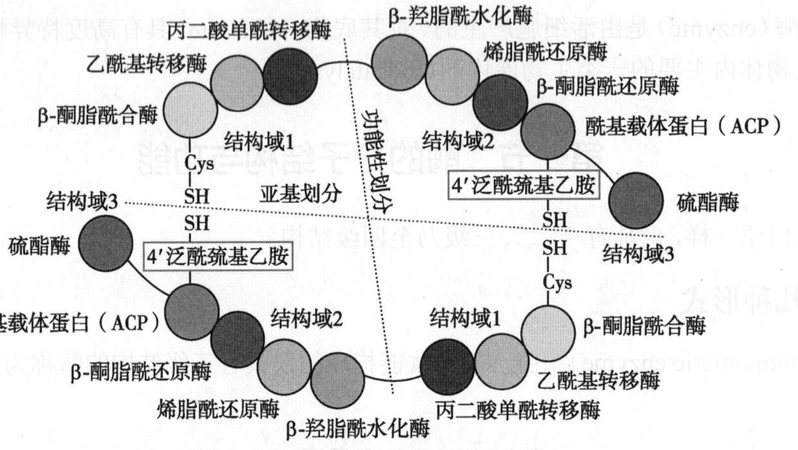

图 3-4 哺乳动物脂肪酸合酶

二、酶的分子组成中常含有辅因子

按酶的分子组成分类：
- 单纯酶（simple enzyme）——水解后仅有氨基酸组分的酶
- 缀合酶（conjugated enzyme）——由蛋白质部分和非蛋白质部分组成的酶
  - 全酶（holoenzyme）（有催化活性）= 酶蛋白（apoenzyme）（决定酶促反应的特异性及其催化机制，单独存在时无催化活性）+ 辅因子（cofactor）（决定酶促反应的类型，单独存在时无催化活性）

辅因子（cofactor）（如金属离子、卟啉化合物、B 族维生素的衍生物）：
- 辅酶（coenzyme）：与酶蛋白结合疏松，可用透析或超滤的方法除去。在酶促反应中，辅酶作为底物接受质子或基团后离开酶蛋白，参加另一酶促反应并将其所携带的质子或基团转移出去或相反。
- 辅基（prosthetic group）：与酶蛋白结合较为紧密，不能用透析或超滤的方法去除。在酶促反应中，辅基不能与酶蛋白分离。

辅因子在酶促反应中主要参与传递电子、质子(或基团)或起运载体的作用(表3-1)。

表3-1 部分辅酶/辅基在催化中的作用

辅酶或辅基	缩写	转移的基团	所含的维生素
烟酰胺腺嘌呤二核苷酸,辅酶Ⅰ	NAD^+	H^+、电子	烟酰胺(维生素PP)
烟酰胺腺嘌呤二核苷酸磷酸,辅酶Ⅱ	$NADP^+$	H^+、电子	烟酰胺(维生素PP)
黄素腺嘌呤二核苷酸	FAD	氢原子	维生素B_2
焦磷酸硫胺素	TPP	醛基	维生素B_1
磷酸吡哆醛	PLP	氨基	维生素B_6
辅酶A	CoA	酰基	泛酸
生物素		二氧化碳	生物素
四氢叶酸	FH_4	一碳单位	叶酸
甲基钴胺素		甲基	维生素B_{12}
5'-脱氧腺苷钴胺素		相邻碳原子上氢原子、烷基、羧基的互换	维生素B_{12}

金属离子是最常见的辅因子,约2/3的酶以金属离子作为辅因子。

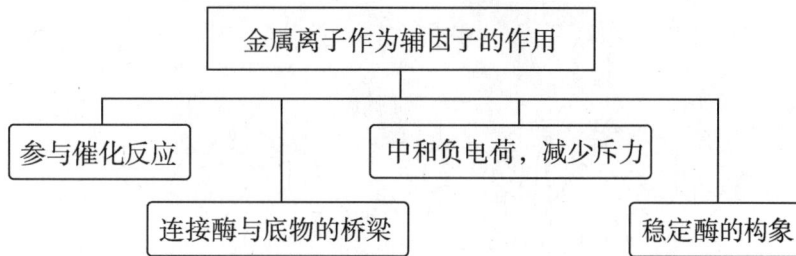

金属酶(metalloenzyme):金属离子与酶结合紧密,提取过程中不易丢失的一类酶。

金属激活酶(metal activated enzyme):金属离子不与酶直接结合,而是通过底物相连接的一类酶(表3-2)。

表3-2 某些金属酶和金属激活酶

金属酶	金属离子	金属激活酶	金属离子
过氧化氢酶	Fe^{2+}	丙酮酸激酶	K^+、Mg^{2+}
过氧化物酶	Fe^{2+}	丙酮酸羧化酶	Mn^{2+}、Zn^{2+}
β-内酰胺酶	Zn^{2+}	蛋白激酶	Mg^{2+}、Mn^{2+}
固氮酶	Mo^{2+}	精氨酸酶	Mn^{2+}
核糖核苷酸还原酶	Mn^{2+}	磷脂酶C	Ca^{2+}
羧基肽酶	Zn^{2+}	细胞色素氧化酶	Cu^{2+}
超氧化物歧化酶	Cu^{2+}、Zn^{2+}、Mn^{3+}	己糖激酶	Mg^{2+}
碳酸酐酶	Zn^{2+}	脲酶	Ni^{2+}

三、酶的活性中心是酶分子中执行其催化功能的部位

酶的活性中心(active center)或活性部位(active site)是酶分子中能与底物特异地结合并催化底物转变为产物的具有特定三维结构的区域(图3-5)。酶的活性中心常为裂缝或凹陷(图3-6)。辅因子常参与酶活性中心的构成。

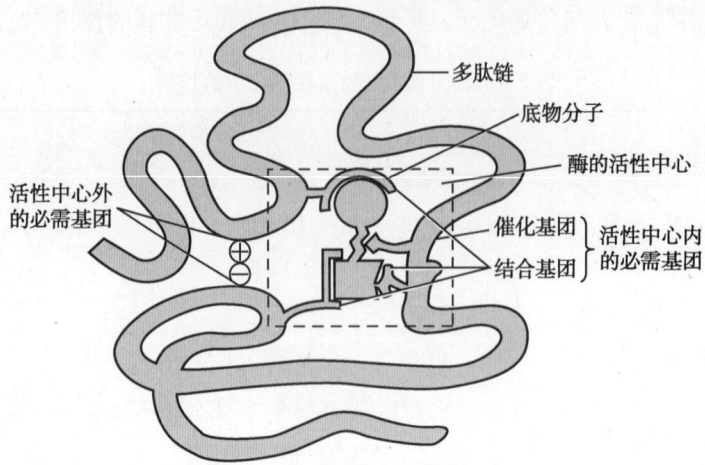

图 3-5 酶的活性中心示意图

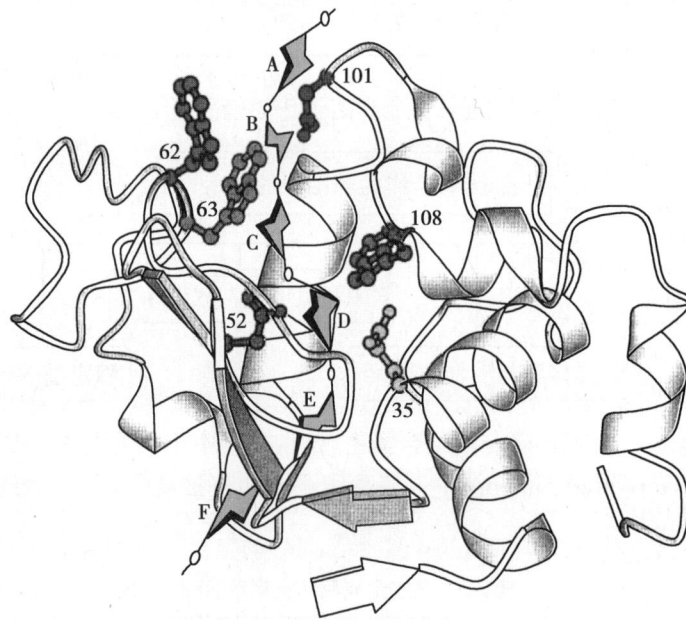

图 3-6 溶菌酶的活性中心

酶的必需基团（essential group）：酶分子中与酶的活性密切相关的那些化学基团称为酶的必需基团。某些酶的活性中心上的必需基团见表 3-3。

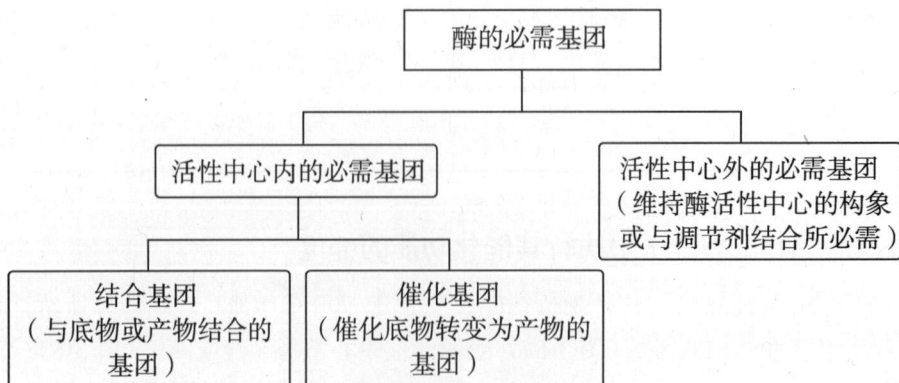

表 3-3　某些酶活性中心的必需基团

酶	活性中心的必需基团
胰蛋白酶	His42、Asp87、Ser180
弹性蛋白酶	Ile16、His57、Asp102、Asp194、Ser195
羧基肽酶	Arg145、Tyr248、Glu270
α-胰凝乳蛋白酶	Ile16、His57、Asp102、Asp194、Ser195
溶菌酶	Glu35、Asp52、Asp101、Trp108
乳酸脱氢酶	Asp30、Asp53、Lys58、Tyr85、Arg101、Glu140、Arg171、His195、Lys250

四、同工酶催化相同的化学反应

同工酶（isoenzyme）是指催化相同的化学反应，但酶蛋白的分子结构、理化性质乃至免疫学性质不同的一组酶。同工酶虽然在一级结构上存在差异，但其活性中心的三维结构相同或相似，故可以催化相同的化学反应。

动物的乳酸脱氢酶（lactate dehydrogenase，LDH）是一种含锌的四聚体酶。LDH 由骨骼肌型（M 型）和心肌型（H 型）两种类型的亚基以不同的比例组成 5 种同工酶（图 3-7）。它们均能催化乳酸与丙酮酸之间的氧化还原反应。

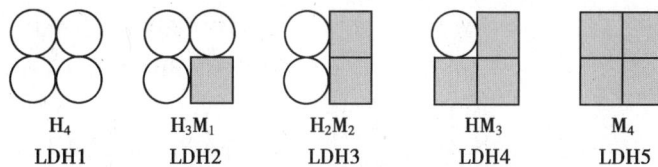

图 3-7　乳酸脱氢酶的 5 种同工酶的亚基组成

同一个体在不同发育阶段和不同组织器官中，编码不同亚基的基因开放程度不同，合成的亚基种类和数量也不同，这使得某种同工酶在同一个体的不同组织，以及同一细胞的不同亚细胞结构的分布也不同，形成不同的同工酶谱。表 3-4 列出了人体各组织器官中 LDH 同工酶的分布。

表 3-4　人体各组织器官 LDH 同工酶谱　　单位：%

LDH 同工酶	红细胞	白细胞	血清	骨骼肌	心肌	肺	肾	肝	脾
LDH$_1$	43	12	27.0	0	73	14	43	2	10
LDH$_2$	44	49	34.7	0	24	34	44	4	25
LDH$_3$	12	33	20.9	5	3	35	12	11	40
LDH$_4$	1	6	11.7	16	0	5	1	27	20
LDH$_5$	0	0	5.7	79	0	12	0	56	5

当组织细胞存在病变时，该组织细胞特异的同工酶可释放入血。因此，临床上检测血清中同工酶活性、同工酶谱分析有助于疾病的诊断和预后判定（图 3-8、表 3-5）。

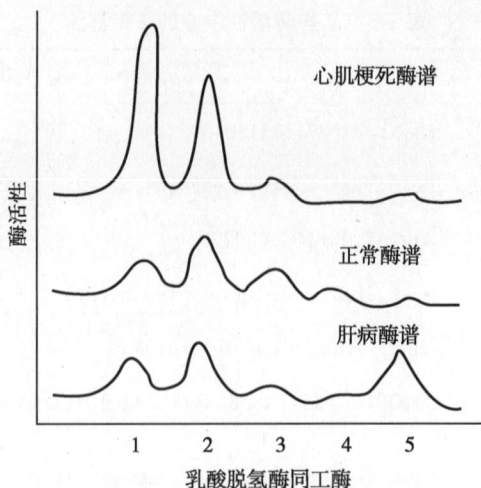

图 3-8　心肌梗死与肝病患者血清 LDH 同工酶谱的变化

表 3-5　人体中几种重要的同工酶

酶	英文缩写	同工酶种类
肌酸激酶	CK	CK1（CK-BB）、CK2（CK-MB）、CK3（CK-MM）
乳酸脱氢酶	LDH	LDH1、LDH2、LDH3、LDH4、LDH5
碱性磷酸酶	ALP	胎盘型 ALP、肠型 ALP、肝 / 骨 / 肾型 ALP
酸性磷酸酶	ACP	前列腺型 ACP、非前列腺型 ACP
γ- 谷氨酰转移酶	γ-GT	γ-GT1、γ-GT2、γ-GT3、γ-GT4
淀粉酶	AMY	P-AMY（胰腺型）、S-AMY（唾液型）
糖原磷酸化酶	GP	GP1（GP-BB）、GP2（GP-LL）、GP3（GP-MM）
醛缩酶	ALD	ALD-A（肌型）、ALD-B（肝型）、ALD-C（脑型）
N- 乙酰 -β-D- 氨基葡萄糖苷酶	NAG	NAG-A、NAG-B、NAG-I、NAG-P、NAG-S
谷丙转氨酶（丙氨酸转氨酶）	ALT	ALT s（胞质型）、ALT m（线粒体型）
谷草转氨酶（天冬氨酸转氨酶）	AST	ASTs（胞质型）、ASTm（线粒体型）

第二节　酶的工作原理

酶的化学本质是蛋白质，酶促反应具有不同于一般催化剂催化反应的特点和反应机制。

一、酶促反应特点

（一）酶对底物具有极高的催化效率

酶的催化效率通常比非催化反应高 $10^8 \sim 10^{20}$ 倍，比一般催化剂高 $10^7 \sim 10^{13}$ 倍（表 3-6）。

表 3-6　某些酶与一般催化剂催化效率的比较

底物	催化剂	反应温度 /℃	速率常数
苯酰胺	H^+	52	2.4×10^{-6}
	OH^-	53	8.5×10^{-6}
	α- 胰凝乳蛋白酶	25	14.9
尿素	H^+	62	7.4×10^{-7}
	脲酶	21	5.0×10^6
H_2O_2	Fe^{2+}	56	22

（二）酶对底物具有高度的特异性

酶的特异性（specificity）：一种酶仅作用于一种或一类化合物，或一定的化学键，催化一定的化学反应并产生一定的产物，酶的这种特性称为酶的特异性或专一性。

1. 绝对特异性（absolute specificity） 有些酶只作用于特定结构的底物，进行一种专一的反应，生成一种特定的产物，酶的这种特异性称为绝对特异性（图3-9）。有些酶对其底物异构体的选择性也属于绝对特异性（图3-10）。

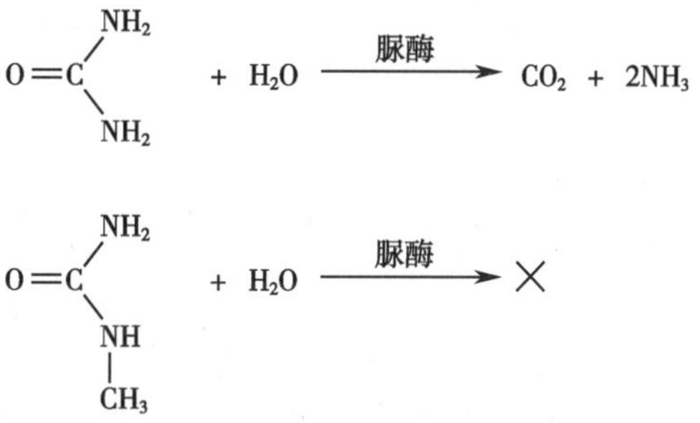

图 3-9 脲酶催化尿素水解反应的绝对特异性

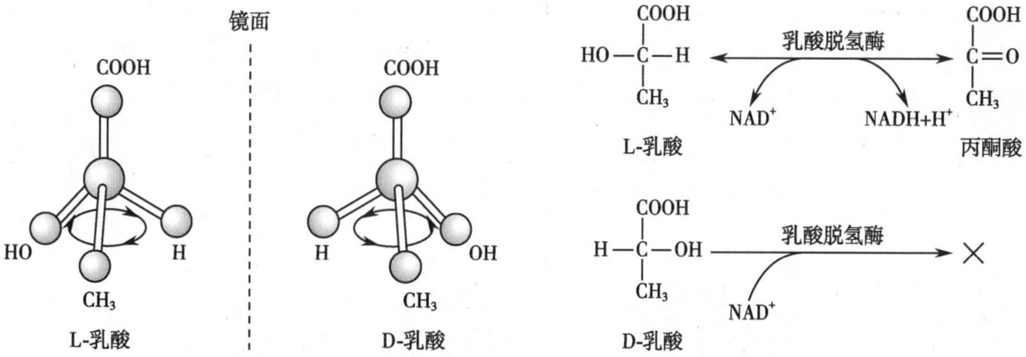

图 3-10 乳酸脱氢酶对 L- 乳酸立体异构体的选择性

2. 相对特异性（relative specificity） 是指有些酶可作用于一类化合物或一种化学键的特性（图3-11、图3-12）。

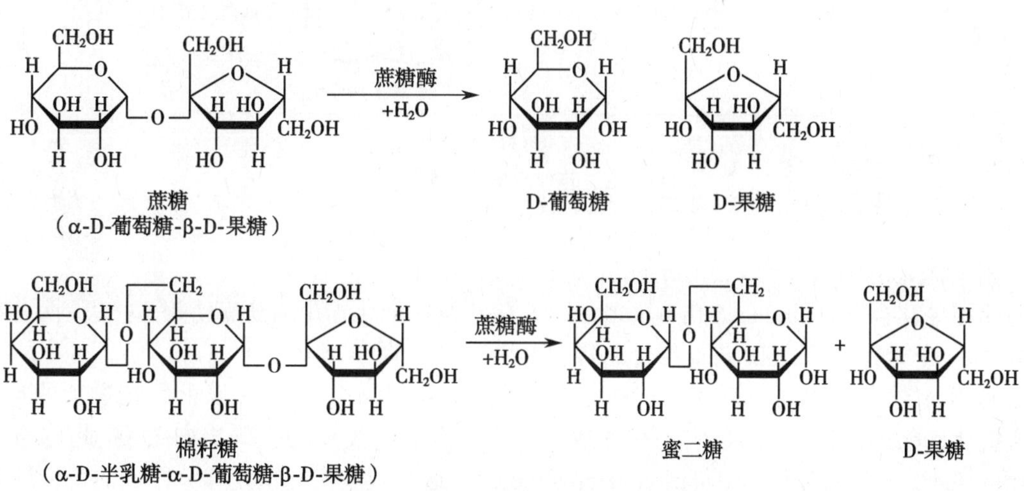

图 3-11 蔗糖酶对底物选择的相对特异性

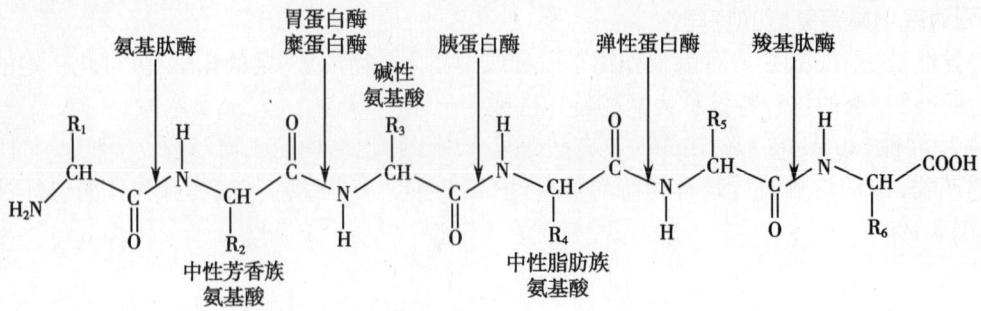

图 3-12 消化道中各种蛋白酶对肽键的专一性

（三）酶的活性和酶量具有可调节性

酶的活性和酶量受体内代谢物或激素的调节。

（四）酶具有不稳定性

酶是蛋白质，在某些理化因素（如高温、强酸、强碱等）的作用下，酶发生变性而失去催化活性。

二、酶通过促进底物形成过渡态来提高反应速率

（一）酶比一般催化剂能更有效地降低反应的活化能

活化能（activation energy）是指在一定温度下，一摩尔反应物从基态转变成过渡态所需要的自由能，即过渡态中间物比基态反应物高出的那部分能量（图 3-13）。衍生于酶与底物相互作用的能量叫作结合能（binding energy），这种结合能的释放是酶降低反应活化能所利用的自由能的主要来源。

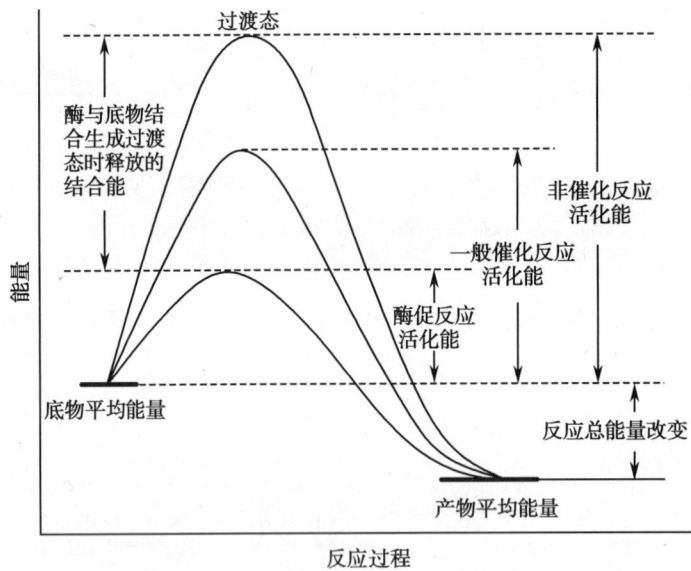

图 3-13 酶促反应活化能的变化

（二）酶和底物的结合有利于底物形成过渡态

1. 酶的诱导契合假说（induced-fit hypothesis） 酶在发挥催化作用前与底物相互接近，两者在结构上相互诱导、相互变形和相互适应，进而结合成酶 - 底物复合物（图 3-14）。

2. 邻近效应与定向排列使诸底物正确定位于酶的活性中心 在两个以上底物参加的反应中，酶将诸底物结合到酶的活性中心，使它们相互接近并形成有利于反应的正确定向关系，此称为邻近效应（proximity effect）与定向排列（orientation arrangement）。这种效应实际上是将分子间的反应转变成类似于分子内的反应，从而提高反应速率（图 3-15）。

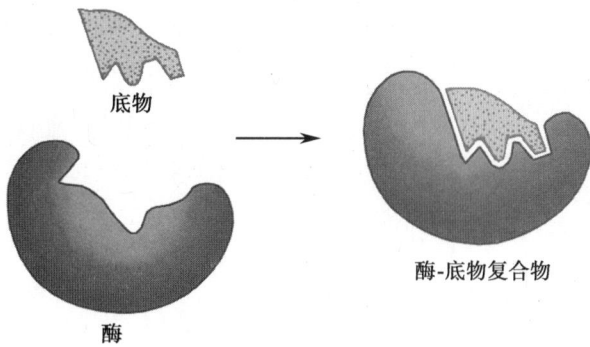

图 3-14 酶与底物结合的诱导契合作用示意图

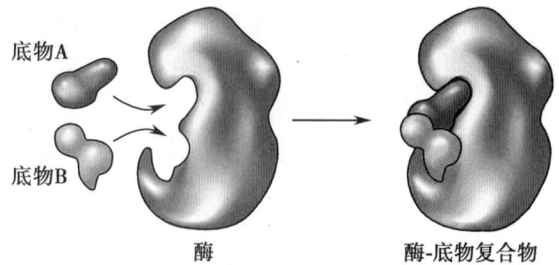

图 3-15 酶与底物的邻近效应与定向排列示意图

3. 表面效应使底物分子去溶剂化 酶的活性中心多形成疏水"口袋"（图 3-16），酶促反应在此疏水环境中进行，使底物分子脱溶剂化，排除周围大量水分子对酶和底物分子中功能基团的干扰性吸引和排斥作用，防止水化膜的形成，利于底物与酶分子的密切接触和结合，这种现象称为表面效应（surface effect）。

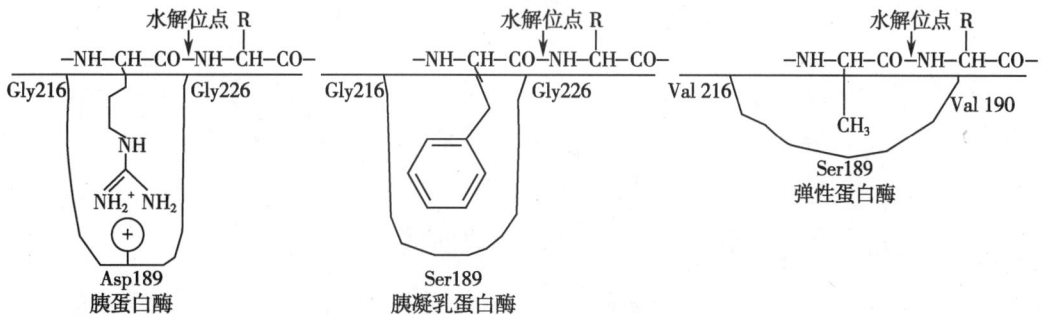

图 3-16 酶的表面效应

（三）酶的催化机制呈现多元催化作用

1. 普通酸-碱催化（general acid-base catalysis） 酶活性中心上有些基团是质子供体（酸），有些基团是质子受体（碱）。这些基团参与质子的转移，可使反应速率提高 $10^2 \sim 10^5$ 倍（表 3-7）。

表 3-7 一些酶活性中心的质子供体与受体

氨基酸残基	酸（质子供体）	碱（质子受体）
天冬氨酸、谷氨酸	R—COOH	R—COO⁻
赖氨酸	R—NH₃⁺	R—NH₂
精氨酸	R—N(H)—C(=NH₂⁺)—NH₂	R—N(H)—C(=NH)—NH₂
半胱氨酸	R—SH	R—S⁻
组氨酸	(咪唑环 R, HN—NH⁺)	(咪唑环 R, HN—N)
丝氨酸	R—OH	R—O⁻
酪氨酸	R—⬡—OH	R—⬡—O⁻

2. 共价催化（covalent catalysis） 催化剂与反应物形成共价结合的中间物，降低反应活化能，然后把被转移基团传递给另外一个反应物的催化作用称为共价催化。当酶分子催化底物反应时，可通过其活性中心上的亲核催化基团给底物中具有部分正电性的原子提供一对电子形成共价中间物（亲核催化），或通

过其酶活性中心上的亲电子催化基团与底物分子的亲核原子形成共价中间物（亲电子催化），使底物上的被转移基团传递给其辅酶或另外一个底物。因此，酶既可起亲核催化作用，又可起亲电子催化作用。

实际上许多酶促反应常常涉及多种催化机制的参与，共同完成一种催化反应（图 3-17）。

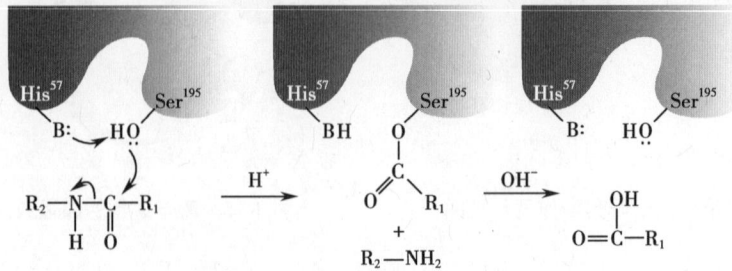

图 3-17　胰凝乳蛋白酶的催化机制

第三节　酶促反应动力学

酶促反应动力学（kinetics of enzyme-catalyzed reaction）是研究酶促反应速率以及各种因素对酶促反应速率影响机制的科学。酶促反应速率可受多种因素的影响，如酶浓度、底物浓度、pH、温度、抑制剂及激活剂等。

一、底物浓度对酶促反应速率的影响呈矩形双曲线

在酶浓度和其他反应条件不变的情况下，反应速率（v）对底物浓度[S]作图呈矩形双曲线（图 3-18）。

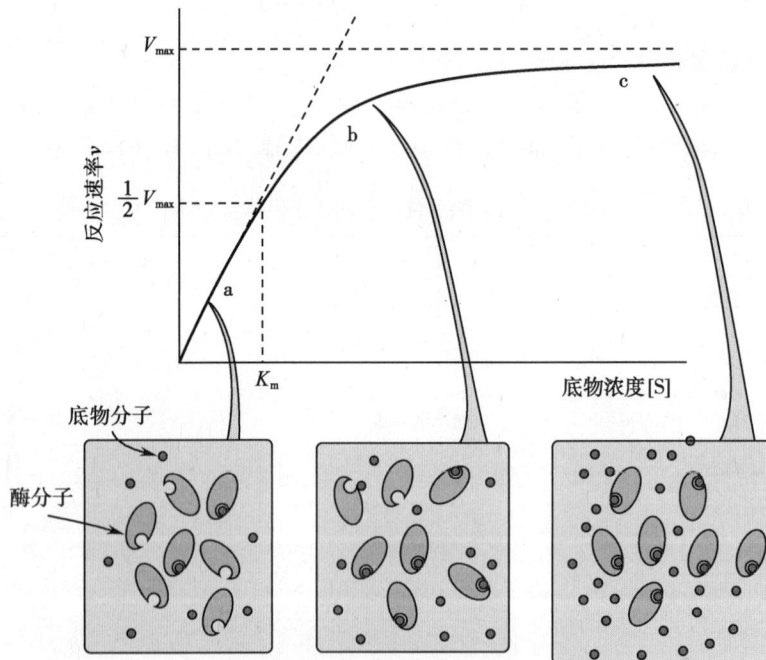

图 3-18　底物浓度对酶促反应速率的影响

（一）米-曼方程揭示单底物反应的动力学特性

1913 年，Leonor Michaelis 和 Maud Menten 根据酶-底物中间复合物学说，经过大量实验，将 v 对[S]的矩形曲线加以数学处理，得出单底物 v 与[S]的数学关系式，即著名的米-曼方程，简称米氏方程（Michaelis-Menten equation）。

$$v = \frac{V_{max}[S]}{K_m + [S]}$$

（二）K_m（米氏常数）和 V_{max}（最大反应速率）是重要的酶促反应动力学参数

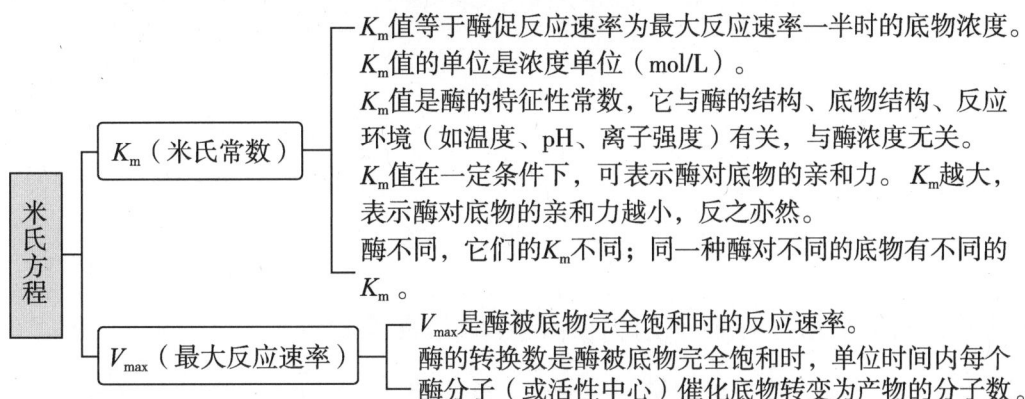

```
                    ┌─ $K_m$值等于酶促反应速率为最大反应速率一半时的底物浓度。
                    │  $K_m$值的单位是浓度单位（mol/L）。
                    │  $K_m$值是酶的特征性常数，它与酶的结构、底物结构、反应
                    │  环境（如温度、pH、离子强度）有关，与酶浓度无关。
     $K_m$（米氏常数）─┤  $K_m$值在一定条件下，可表示酶对底物的亲和力。$K_m$越大，
米                  │  表示酶对底物的亲和力越小，反之亦然。
氏                  │  酶不同，它们的$K_m$不同；同一种酶对不同的底物有不同的
方                  └─ $K_m$。
程
                    ┌─ $V_{max}$是酶被底物完全饱和时的反应速率。
 $V_{max}$（最大反应速率）─┤  酶的转换数是酶被底物完全饱和时，单位时间内每个
                    └─ 酶分子（或活性中心）催化底物转变为产物的分子数。
```

表 3-8　某些酶对其底物的 K_m

酶	底物	K_m/（mol/L）
己糖激酶（脑）	ATP	4×10^{-4}
	D- 葡萄糖	5×10^{-5}
	D- 果糖	1.5×10^{-3}
碳酸酐酶	HCO_3^-	2.6×10^{-2}
胰凝乳蛋白酶	甘氨酰酪氨酰甘氨酸	1.08×10^{-1}
	N- 苯甲酰酪氨酰胺	2.5×10^{-3}
β- 半乳糖苷酶	D- 乳糖	4.0×10^{-3}
过氧化氢酶	H_2O_2	2.5×10^{-2}
溶菌酶	N- 乙酰氨基葡糖	6.0×10^{-3}

表 3-9　某些酶的转换数

酶	转换数 /[s^{-1}]*
碳酸酐酶	600 000
过氧化氢酶	80 000
乙酰胆碱酯酶	25 000
磷酸丙糖异构酶	4 400
α- 淀粉酶	300
（肌肉）乳酸脱氢酶	200
胰凝乳蛋白酶	100
醛缩酶	11
溶菌酶	0.5
果糖 -2, 6- 二磷酸酶	0.1

*转换数是在酶被底物饱和的条件下测定的,受反应温度和 pH 等影响

（三）K_m 和 V_{max} 常通过林 - 贝作图法求取

林 - 贝作图法又称双倒数作图法，是准确求得 K_m 和 V_{max} 最常用的直线作图法。林 - 贝作图法即是将

米氏方程的两边同时取倒数，并加以整理得一线性方程，即林 - 贝方程：$\frac{1}{v} = \frac{K_m}{V_{max}} \cdot \frac{1}{[S]} + \frac{1}{V_{max}}$

以 $1/v$ 对 $1/[S]$ 作图，纵轴上的截距为 $1/V_{max}$，横轴上的截距为 $-1/K_m$（图 3-19）。

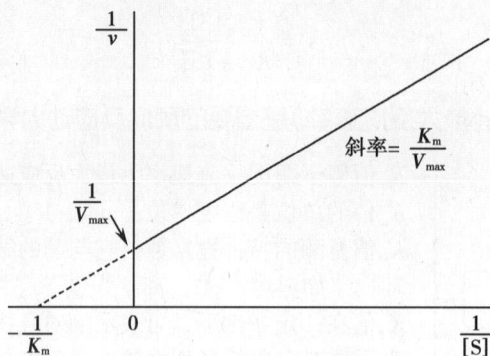

图 3-19　双倒数作图法

二、底物足够时酶浓度对酶促反应速率的影响呈直线关系

当 $[S] \gg [E]$ 时，酶促反应速率与酶浓度呈正比关系（图 3-20）。

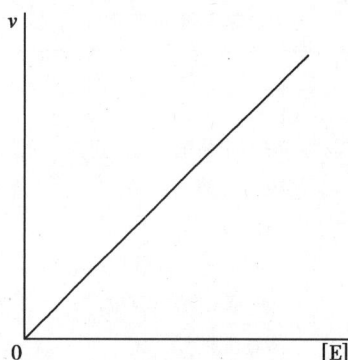

图 3-20　酶浓度对酶促反应速率的影响

三、温度对酶促反应速率的影响具有双重性

酶促反应速率达最大时的反应系统的温度称为酶的最适温度（optimum temperature）（图 3-21）。

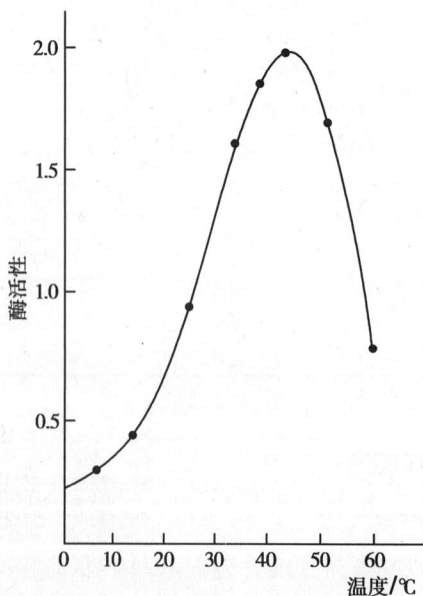

图 3-21　温度对酶促反应速率的影响

反应系统的温度低于最适温度时,随着温度升高,酶促反应速率增大。当反应温度高于最适温度时,反应速率则因酶变性失活而降低。酶的最适温度不是酶的特征性常数,它与反应的时间进程有关。

四、pH 通过改变酶分子及底物分子的解离状态影响酶促反应速率

酶分子、辅酶和底物分子的解离状态都受环境 pH 的影响,酶在某一解离状态下才最容易与底物结合或表现出最大的催化活性(图 3-22)。酶催化活性最高时反应体系的 pH 称为酶促反应的最适 pH(optimum pH)。最适 pH 不是酶的特征性常数,它受底物浓度、缓冲液种类与浓度以及酶的纯度等因素的影响。

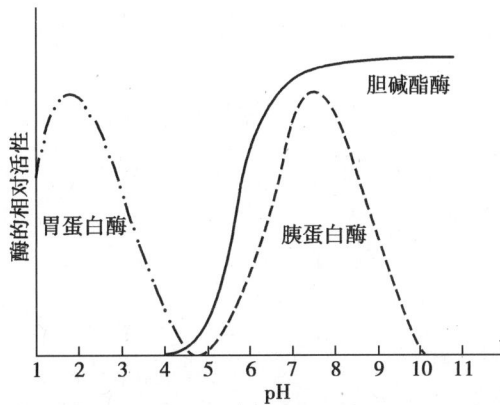

图 3-22 pH 对胃蛋白酶、胆碱酯酶和胰蛋白酶活性的影响

五、抑制剂可降低酶促反应速率

凡能使酶活性下降而又不引起酶蛋白变性的物质统称为酶的抑制剂(inhibitor)。

(一)不可逆性抑制剂与酶共价结合

不可逆性抑制剂和酶活性中心上的必需基团共价结合,使酶失活。此类抑制剂不能用透析、超滤等方法予以去除。

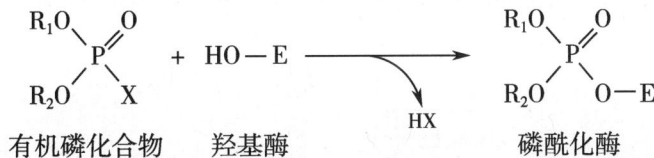

R_1:烷基、胺基等;R_2:烷基、胺基、氨基等;X:卤基、烷氧基、酚氧基等

解救有机磷农药中毒,可给予乙酰胆碱拮抗剂阿托品和胆碱酯酶复活剂解磷定。

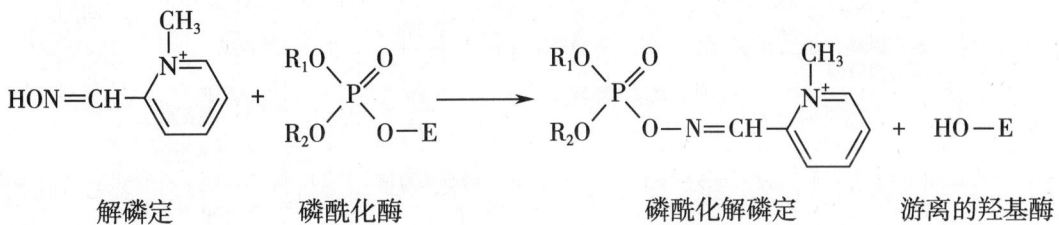

低浓度的重金属离子(Hg^{2+}、Ag^+、Pb^{2+} 等)及 As^{3+} 等可与巯基酶分子中的巯基结合使酶失活。

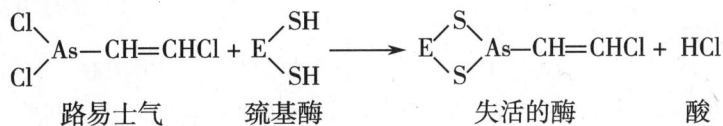

二巯基丙醇（British anti-lewisite，BAL）可以解除这类抑制剂对巯基酶的这种抑制。

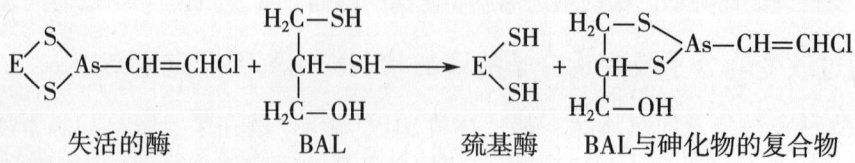

$$\underset{\text{失活的酶}}{\left.\begin{array}{c}E\end{array}\right\rangle\begin{array}{c}S\\S\end{array}As-CH=CHCl} + \underset{\text{BAL}}{\begin{array}{c}H_2C-SH\\|\\CH-SH\\|\\H_2C-OH\end{array}} \longrightarrow \underset{\text{巯基酶}}{\left.\begin{array}{c}E\end{array}\right\rangle\begin{array}{c}SH\\SH\end{array}} + \underset{\text{BAL与砷化物的复合物}}{\begin{array}{c}H_2C-S\\|\\CH-S\end{array}\rangle As-CH=CHCl}$$

（二）可逆性抑制剂与酶非共价结合

可逆性抑制剂与酶非共价可逆性结合，使酶活性降低或消失。采用透析、超滤或稀释等物理方法可将抑制剂除去，使酶的活性恢复。

1. 竞争性抑制作用（competitive inhibition） 抑制剂在结构上与底物相似，能与底物竞争结合酶的活性中心，从而阻碍酶与底物形成中间产物（图 3-23）。由于抑制剂与酶的结合是可逆的，所以抑制剂对酶的抑制程度取决于抑制剂与酶的相对亲和力及其与底物浓度的相对比例。

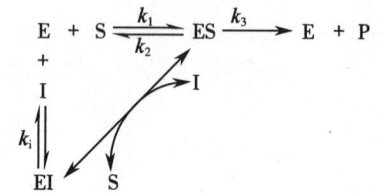

图 3-23 竞争性抑制作用示意反应图

竞争性抑制剂存在时的米氏方程：$v = \dfrac{V_{max}[S]}{K_m\left(1+\dfrac{[I]}{k_i}\right)+[S]}$

竞争性抑制剂存在时的双倒数方程：$\dfrac{1}{v} = \dfrac{K_m}{V_{max}}\left(1+\dfrac{[I]}{k_i}\right)\dfrac{1}{[S]} + \dfrac{1}{V_{max}}$

竞争性抑制剂存在时的表观 K_m（apparent K_m）增大，V_{max} 不变（图 3-24）。

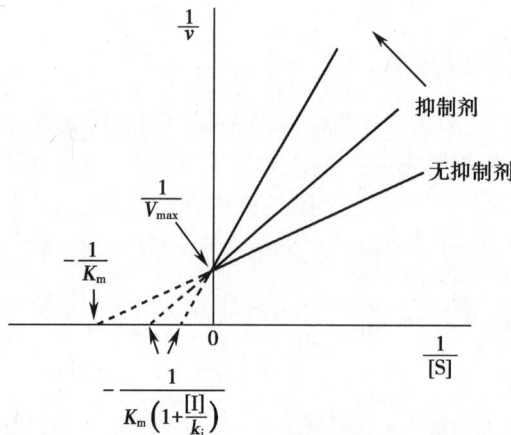

图 3-24 竞争性抑制作用双倒数作图

磺胺类药物抑菌的机制即属于酶的竞争性抑制作用（图 3-25）。

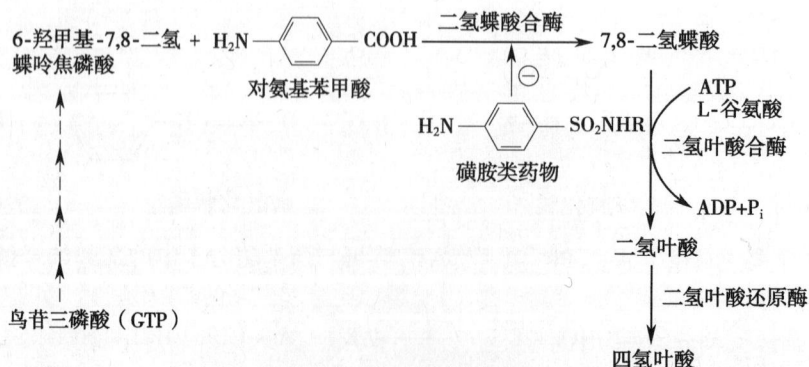

图 3-25 细菌从头合成四氢叶酸的途径和磺胺类药物抑菌的作用机制

2. 非竞争性抑制作用（non-competitive inhibition） 抑制剂与酶活性中心外的必需基团相结合，不影响酶与底物的结合；酶与底物的结合也不影响酶与抑制剂的结合。底物和抑制剂之间无竞争关系，但抑制剂 - 酶 - 底物复合物（IES）不能进一步释放出产物（图 3-26）。

非竞争性抑制剂存在时的米氏方程：$v = \dfrac{V_{max}[S]}{(K_m + [S])\left(1 + \dfrac{[I]}{k_i}\right)}$

非竞争性抑制剂存在时的双倒数方程：$\dfrac{1}{v} = \dfrac{K_m}{V_{max}}\left(1 + \dfrac{[I]}{k_i}\right)\dfrac{1}{[S]} + \dfrac{1}{V_{max}}\left(1 + \dfrac{[I]}{k_i}\right)$

非竞争性抑制剂存在时的表观 K_m 不变，V_{max} 降低（图 3-27）。

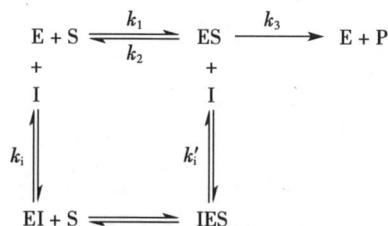

图 3-26 非竞争性抑制作用示意反应图

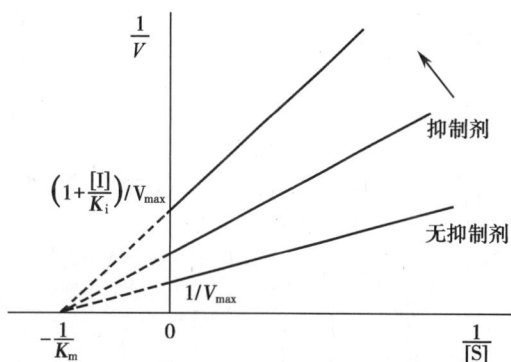

图 3-27 非竞争性抑制作用双倒数作图

3. 反竞争性抑制作用（uncompetitive inhibition） 抑制剂仅与酶 - 底物复合物结合，且是与酶活性中心外的必需基团结合（图 3-28）。

反竞争性抑制剂存在时的米氏方程：$\dfrac{1}{v} = \dfrac{V_{max}[S]}{K_m + [S]\left(1 + \dfrac{[I]}{k_i}\right)}$

反竞争性抑制剂存在时的双倒数方程：$\dfrac{1}{v} = \dfrac{K_m}{V_{max}} \cdot \dfrac{1}{[S]} + \dfrac{1}{V_{max}}\left(1 + \dfrac{[I]}{k_i}\right)$

反竞争性抑制剂存在时的表观 K_m 和 V_{max} 均降低（图 3-29）。

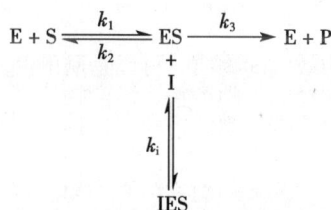

图 3-28 反竞争性抑制作用示意反应图

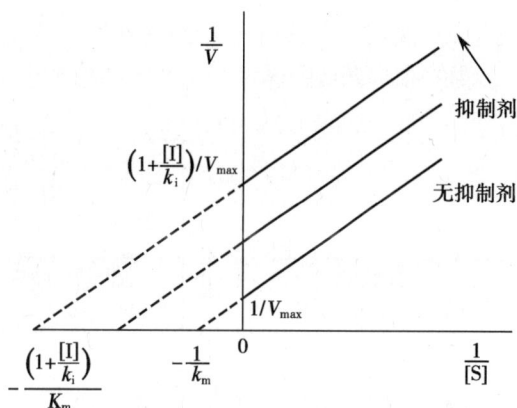

图 3-29 反竞争性抑制作用双倒数作图

现将三种可逆性抑制作用的特点比较列于表3-10。

表3-10　三种可逆性抑制作用的比较

作用特点	无抑制剂	竞争性抑制剂	非竞争性抑制剂	反竞争性抑制剂
I 的结合部位		E	E、ES	ES
动力学特点				
表观 K_m	K_m	增大	不变	减小
V_{max}	V_{max}	不变	降低	降低
双倒数作图				
横轴截距	$-1/K_m$	增大	不变	减小
纵轴截距	$1/V_{max}$	不变	增大	增大
斜率	K_m/V_{max}	增大	增大	不变

六、激活剂可提高酶促反应速率

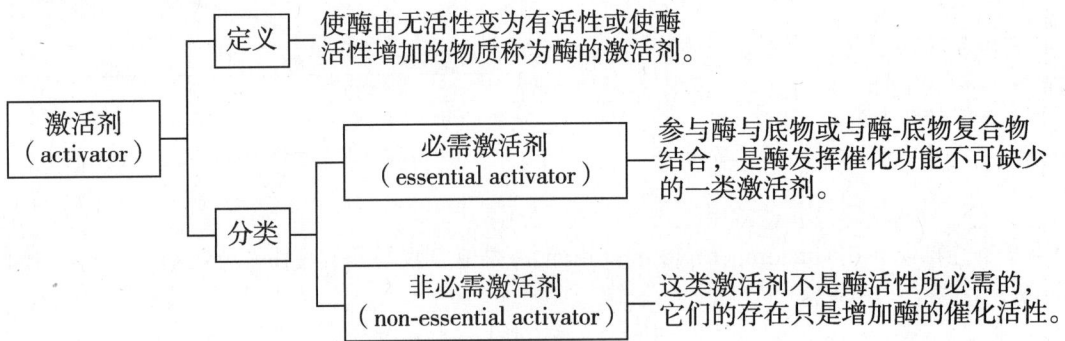

```
                       ┌─ 定义 ── 使酶由无活性变为有活性或使酶
                       │          活性增加的物质称为酶的激活剂。
激活剂                  │
（activator）──────────┤          ┌─ 必需激活剂 ──── 参与酶与底物或与酶-底物复合物
                       │          │ （essential activator）结合，是酶发挥催化功能不可缺少
                       └─ 分类 ───┤                   的一类激活剂。
                                  │
                                  └─ 非必需激活剂 ── 这类激活剂不是酶活性所必需的，
                                    （non-essential activator）它们的存在只是增加酶的催化活性。
```

第四节　酶 的 调 节

酶的调节主要是机体通过对催化限速反应的调节酶（亦称为关键酶）的活性进行调节而实现的，包括对酶活性的调节和对酶量的调节。

一、酶活性的调节是对酶促反应速率的快速调节

细胞对现有酶活性的调节包括酶的别构调节和酶促化学修饰调节。

（一）酶的别构调节是通过别构效应剂与酶分子非共价可逆结合来实现

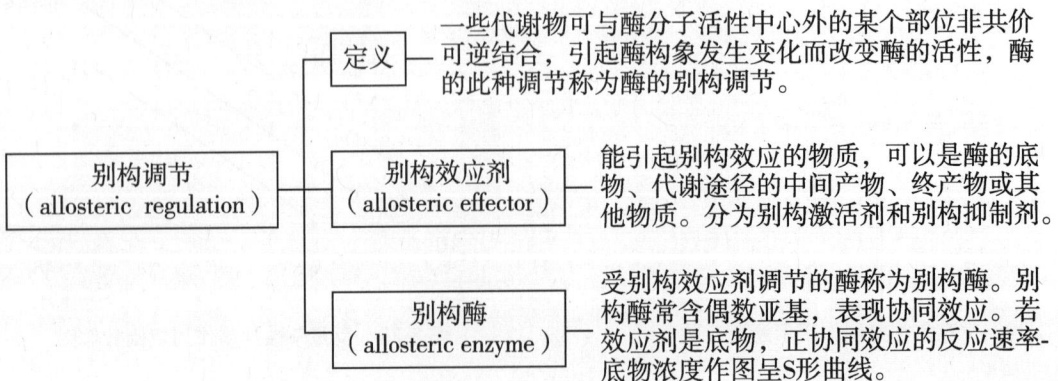

```
                            ┌─ 定义 ── 一些代谢物可与酶分子活性中心外的某个部位非共价
                            │          可逆结合，引起酶构象发生变化而改变酶的活性，酶
                            │          的此种调节称为酶的别构调节。
别构调节                     │
（allosteric regulation）───┤          别构效应剂 ── 能引起别构效应的物质，可以是酶的底
                            │         （allosteric effector）物、代谢途径的中间产物、终产物或其
                            │                            他物质。分为别构激活剂和别构抑制剂。
                            │
                            └─ 别构酶 ── 受别构效应剂调节的酶称为别构酶。别
                              （allosteric enzyme）构酶常含偶数亚基，表现协同效应。若
                                                   效应剂是底物，正协同效应的反应速率-
                                                   底物浓度作图呈S形曲线。
```

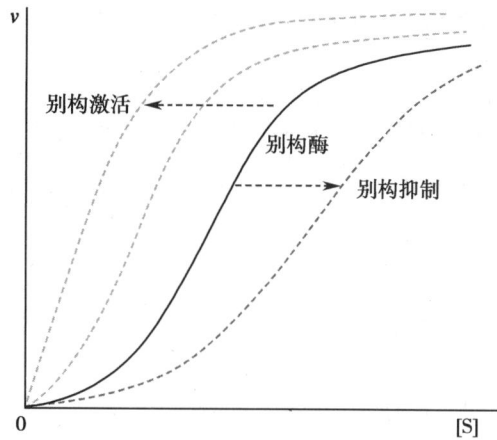

图 3-30　效应剂为底物时别构酶的正协同效应呈 S 形曲线

（二）酶的化学修饰调节是通过某些化学基团与酶的共价可逆结合来实现

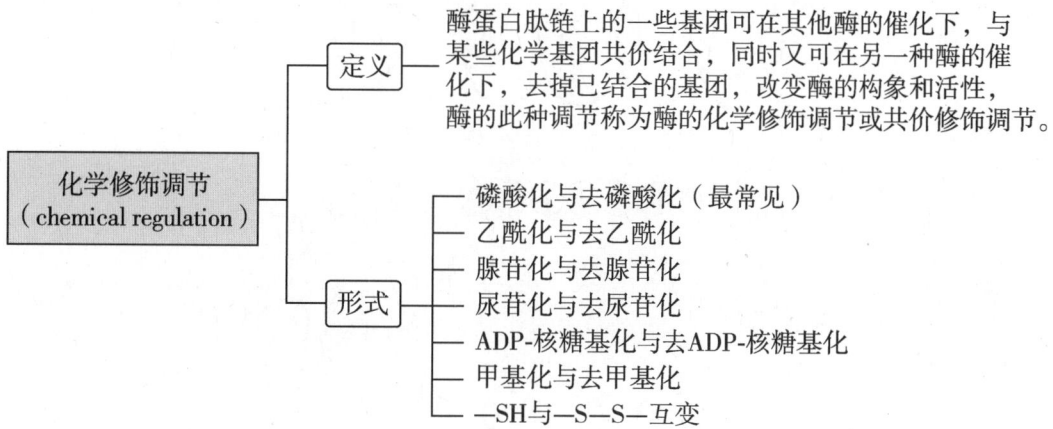

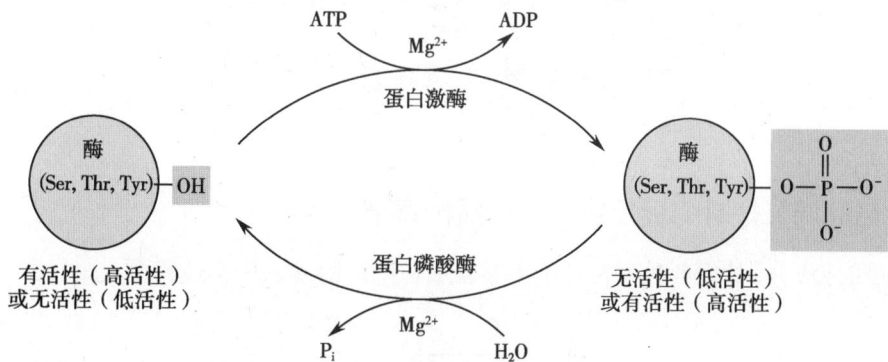

化学修饰调节
（chemical regulation）

- 定义 —— 酶蛋白肽链上的一些基团可在其他酶的催化下，与某些化学基团共价结合，同时又可在另一种酶的催化下，去掉已结合的基团，改变酶的构象和活性，酶的此种调节称为酶的化学修饰调节或共价修饰调节。

- 形式
  - 磷酸化与去磷酸化（最常见）
  - 乙酰化与去乙酰化
  - 腺苷化与去腺苷化
  - 尿苷化与去尿苷化
  - ADP-核糖基化与去ADP-核糖基化
  - 甲基化与去甲基化
  - —SH与—S—S—互变

图 3-31　酶的磷酸化与去磷酸化

（三）酶原需通过激活过程使无活性的酶原转变成有活性的酶

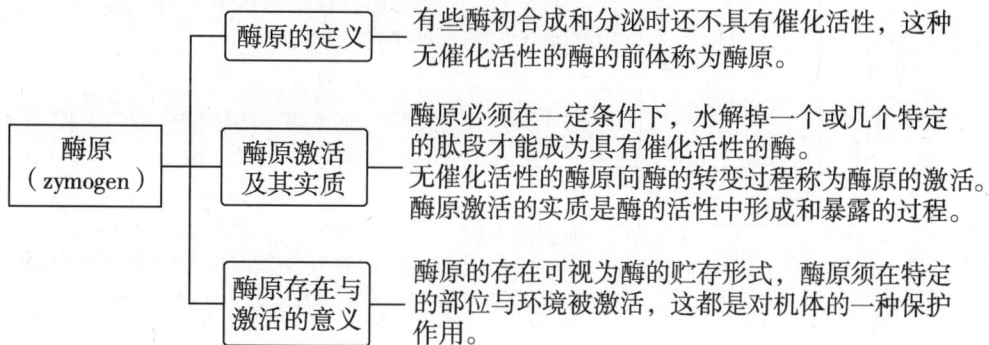

酶原
（zymogen）

- 酶原的定义 —— 有些酶初合成和分泌时还不具有催化活性，这种无催化活性的酶的前体称为酶原。

- 酶原激活及其实质 —— 酶原必须在一定条件下，水解掉一个或几个特定的肽段才能成为具有催化活性的酶。无催化活性的酶原向酶的转变过程称为酶原的激活。酶原激活的实质是酶的活性中形成和暴露的过程。

- 酶原存在与激活的意义 —— 酶原的存在可视为酶的贮存形式，酶原须在特定的部位与环境被激活，这都是对机体的一种保护作用。

表 3-11　某些酶原的激活需水解掉一个或几个肽段

酶原	激活因素	激活形式	激活部位
胃蛋白酶原	H^+ 或胃蛋白酶	胃蛋白酶 + 六肽	胃腔
胰凝乳蛋白酶原	胰蛋白酶	胰凝乳蛋白酶 + 两个二肽	小肠腔
弹性蛋白酶原	胰蛋白酶	弹性蛋白酶 + 几个肽段	小肠腔
羧基肽酶原 A	胰蛋白酶	羧基肽酶 A+ 几个肽段	小肠腔

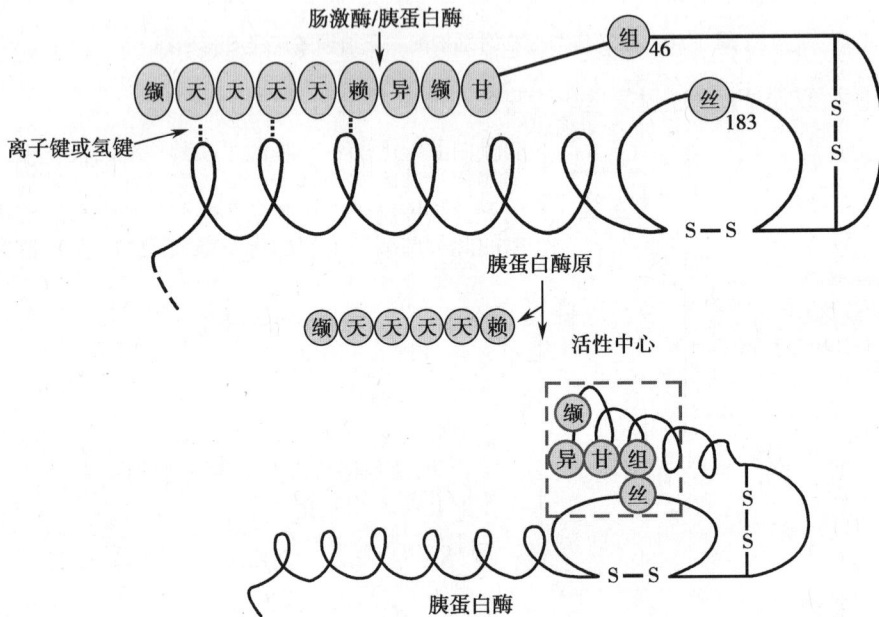

图 3-32　胰蛋白酶原激活示意图

二、酶含量的调节是对酶促反应速率的缓慢调节

酶是机体的组成成分，体内各种酶都处于不断合成与降解的动态平衡过程中。

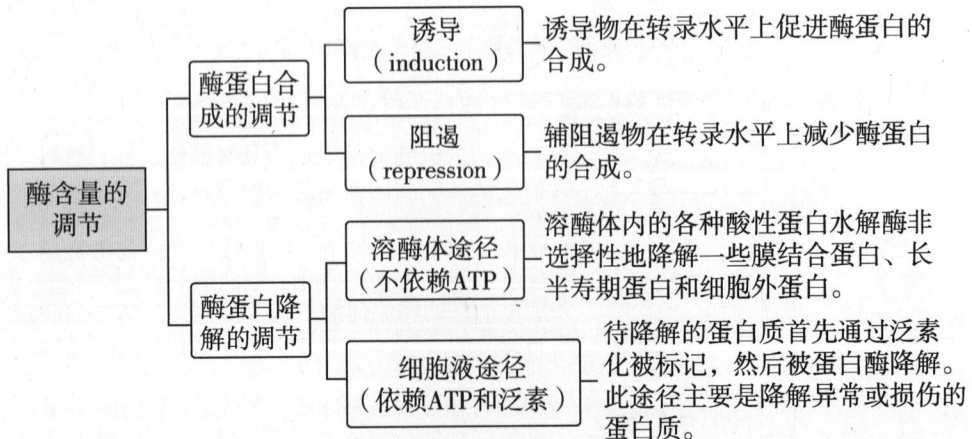

第五节 酶的分类与命名

一、酶可根据其催化的反应类型予以分类

根据酶催化的反应类型，将酶分为六大类（表3-12）。

表3-12 酶的分类

酶的类别	定义
氧化还原酶类（oxidoreductases）	催化氧化还原反应的酶类
转移酶类（transferases）	催化底物之间基团转移或交换的酶类
水解酶类（hydrolases）	催化底物发生水解反应的酶类
裂合酶类（lyases）	催化从底物移去一个基团并形成双键的反应或其逆反应的酶类
异构酶类（isomerases）	催化底物同分异构体、几何异构体或光学异构体之间相互转化的酶类
连接酶类（ligases）	催化两种底物形成一种产物，同时偶联有 ATP 的磷酸酯键断裂而释能的酶类。连接酶类旧称合成酶类

注：系统命名法最初对合酶（synthase）和合成酶（synthetase）进行了区分，合酶催化反应时不需要 NTP 释能，而合成酶需要。生物化学命名联合委员会（JCBN）规定：无论利用 NTP 与否，合酶能够被用于催化合成反应的任何一种酶

二、每一种酶均有其系统名称和推荐名称

国际生物化学与分子生物学学会（IUBMB）以酶的分类为依据，于1961年提出系统命名法。系统命名法规定每一个酶都有一个系统名称。为了应用方便，国际酶学委员会又从每种酶的数个习惯名称中选定一个简便实用的推荐名称（表3-13）。

表3-13 酶的分类与命名举例

酶的分类	系统名称	编号	催化反应	推荐名称
1. 氧化还原酶类	L-乳酸：NAD^+-氧化还原酶	EC1.1.1.27	L-乳酸 $+NAD^+ \rightleftharpoons$ 丙酮酸 $+NADH+H^+$	L-乳酸脱氢酶
2. 转移酶类	L-丙氨酸：α-酮戊二酸氨基转移酶	EC2.6.1.2	L-丙氨酸 $+\alpha$-酮戊二酸 $\rightleftharpoons$ 丙酮酸 $+L$-谷氨酸	谷丙转氨酶
3. 水解酶类	1,4-α-D-葡聚糖-聚糖水解酶	EC3.2.1.1	水解含有3个以上1,4-α-D-葡萄糖基的多糖中1,4-α-D-葡萄糖苷键	α-淀粉酶
4. 裂合酶类	D-果糖-1,6-二磷酸 D-甘油醛-3-磷酸裂合酶	EC4.1.2.13	D-果糖-1,6-二磷酸 $\rightleftharpoons$ 磷酸二羟丙酮 $+D$-甘油醛-3-磷酸	果糖二磷酸醛缩酶
5. 异构酶类	D-甘油醛-3-磷酸醛-酮-异构酶	EC5.3.1.1	D-甘油醛-3-磷酸 $\rightleftharpoons$ 磷酸二羟丙酮	磷酸丙糖异构酶
6. 连接酶类	L-谷氨酸：氨连接酶（生成ADP）	EC6.3.1.2	$ATP+L$-谷氨酸 $+NH_3 \rightarrow ADP+P_i+L$-谷氨酰胺	谷氨酰胺合成酶

第六节　酶在医学中的应用

一、酶与疾病的发生、诊断及治疗密切相关

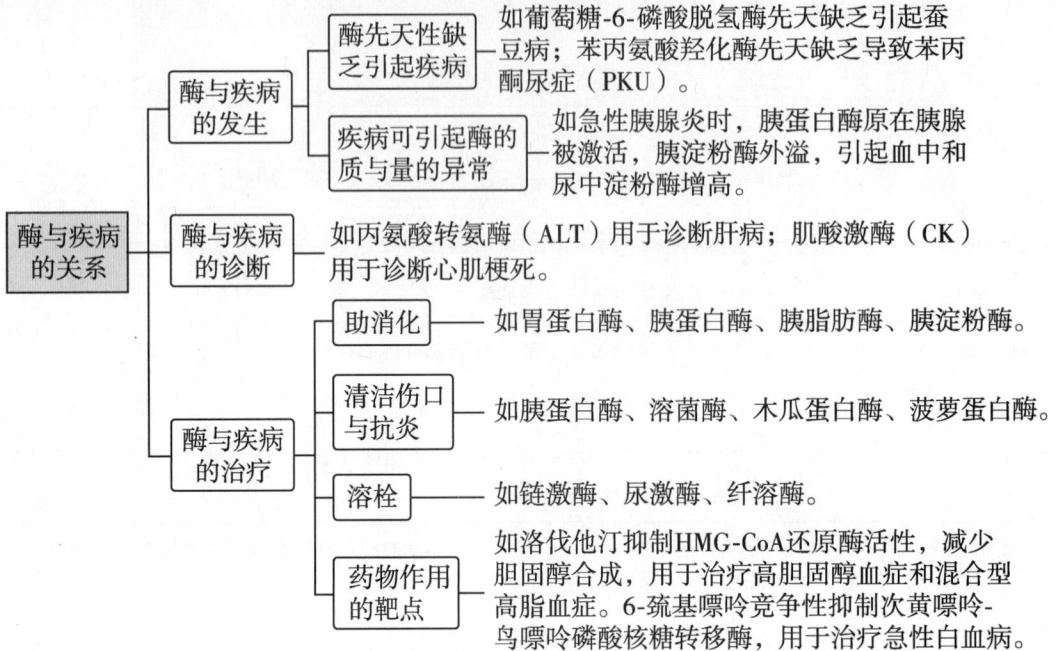

酶与疾病的关系
- 酶与疾病的发生
  - 酶先天性缺乏引起疾病 —— 如葡萄糖-6-磷酸脱氢酶先天缺乏引起蚕豆病；苯丙氨酸羟化酶先天缺乏导致苯丙酮尿症（PKU）。
  - 疾病可引起酶的质与量的异常 —— 如急性胰腺炎时，胰蛋白酶原在胰腺被激活，胰淀粉酶外溢，引起血中和尿中淀粉酶增高。
- 酶与疾病的诊断 —— 如丙氨酸转氨酶（ALT）用于诊断肝病；肌酸激酶（CK）用于诊断心肌梗死。
- 酶与疾病的治疗
  - 助消化 —— 如胃蛋白酶、胰蛋白酶、胰脂肪酶、胰淀粉酶。
  - 清洁伤口与抗炎 —— 如胰蛋白酶、溶菌酶、木瓜蛋白酶、菠萝蛋白酶。
  - 溶栓 —— 如链激酶、尿激酶、纤溶酶。
  - 药物作用的靶点 —— 如洛伐他汀抑制HMG-CoA还原酶活性，减少胆固醇合成，用于治疗高胆固醇血症和混合型高脂血症。6-巯基嘌呤竞争性抑制次黄嘌呤-鸟嘌呤磷酸核糖转移酶，用于治疗急性白血病。

二、酶作为试剂用于临床检验和科学研究

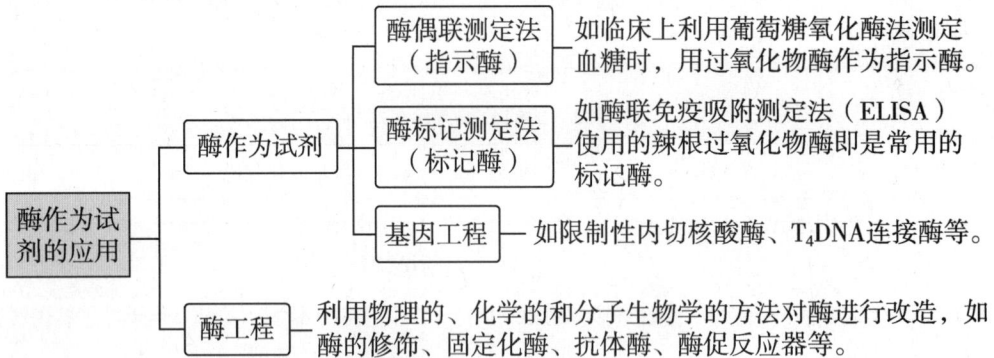

酶作为试剂的应用
- 酶作为试剂
  - 酶偶联测定法（指示酶）—— 如临床上利用葡萄糖氧化酶法测定血糖时，用过氧化物酶作为指示酶。
  - 酶标记测定法（标记酶）—— 如酶联免疫吸附测定法（ELISA）使用的辣根过氧化物酶即是常用的标记酶。
  - 基因工程 —— 如限制性内切核酸酶、T_4DNA连接酶等。
- 酶工程 —— 利用物理的、化学的和分子生物学的方法对酶进行改造，如酶的修饰、固定化酶、抗体酶、酶促反应器等。

（田余祥）

第四章
聚糖的结构与功能

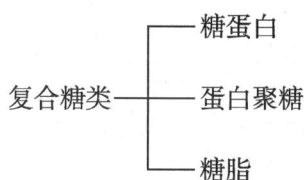

复合糖类 —— 糖蛋白

　　　　　　 蛋白聚糖

　　　　　　 糖脂

表 4-1　几个相关概念

聚糖（glycan）	组成复合糖类中的糖组分，是由单糖通过糖苷键聚合而成的寡糖或多糖
糖蛋白（glycoprotein）	糖类分子与蛋白质分子共价结合形成的蛋白质，其分子中的含糖量因蛋白质不同而异
蛋白聚糖（proteoglycan）	是一类非常复杂的复合糖类，以聚糖含量为主，由糖胺聚糖共价连接于不同核心蛋白质形成的糖复合体
糖脂（glycolipid）	聚糖和脂质构成的共价复合物
糖组（glycome）	指一种细胞或一个生物体中全部聚糖的种类
糖组学（glycomics）	包括聚糖种类、结构鉴定、糖基化位点分析、蛋白质糖基化的机制和功能等内容，也是对蛋白质与聚糖间的相互作用和功能的全面分析

表 4-2　糖蛋白和蛋白聚糖的异同点

	相同之处	不同之处
糖蛋白	由共价键相连接的蛋白质和聚糖两部分组成	蛋白质重量百分比大于聚糖，不同分子中的含糖量因蛋白质不同而有差异
蛋白聚糖	由共价键相连接的蛋白质和聚糖两部分组成	聚糖所占重量在一半以上，甚至高达 95%，以致大多数蛋白聚糖中聚糖的分子量高达 10 万以上

第一节　糖蛋白分子中聚糖及其合成过程

表 4-3　糖蛋白聚糖

N- 连接型聚糖（N-linked glycan）	与蛋白质分子中天冬酰胺残基的酰胺氮相连的聚糖
O- 连接型聚糖（O-linked glycan）	与蛋白质分子中丝氨酸或苏氨酸羟基相连的聚糖
聚糖中单糖种类	7 种即葡萄糖（Glc）、半乳糖（Gal）、甘露糖（Man）、N- 乙酰半乳糖胺（GalNAc）、N- 乙酰葡糖胺（GlcNAc）、岩藻糖（Fuc）和 N- 乙酰神经氨酸（NeuAc）
与蛋白的连接方式	N- 连接和 O- 连接型

表4-4　N-连接糖蛋白

N-连接糖蛋白的糖基化位点	Asn-X-Ser/Thr
N-连接型聚糖分型	①高甘露糖型 ②复杂型 ③杂合型
N-连接型聚糖的合成场所	粗面内质网和高尔基体,可与蛋白质肽链的合成同时进行

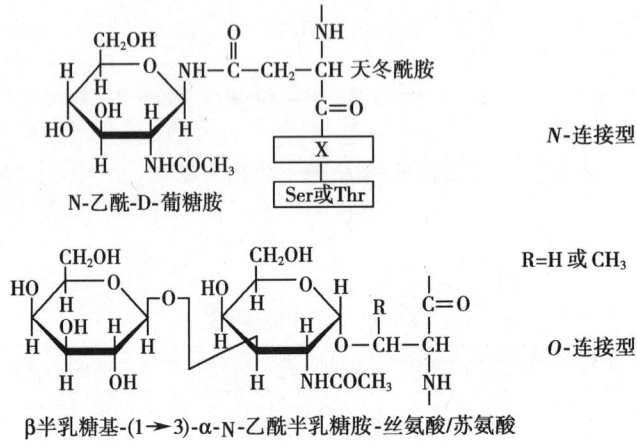

图4-1　糖蛋白糖链的 N-连接型和 O-连接型

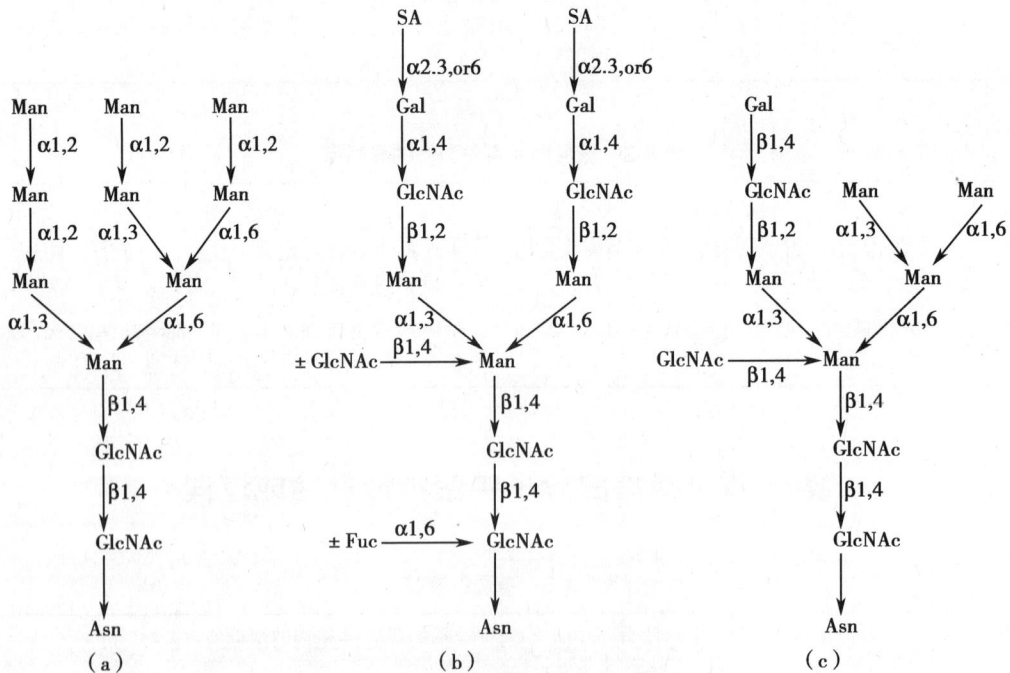

图4-2　N-连接型聚糖的分型

(a)高甘露糖型;(b)复杂型;(c)杂合型

Man:甘露糖;GlcNAc:N-乙酰葡糖胺;SA:唾液酸;Gal:半乳糖;Fuc:岩藻糖;Asn:天冬酰胺

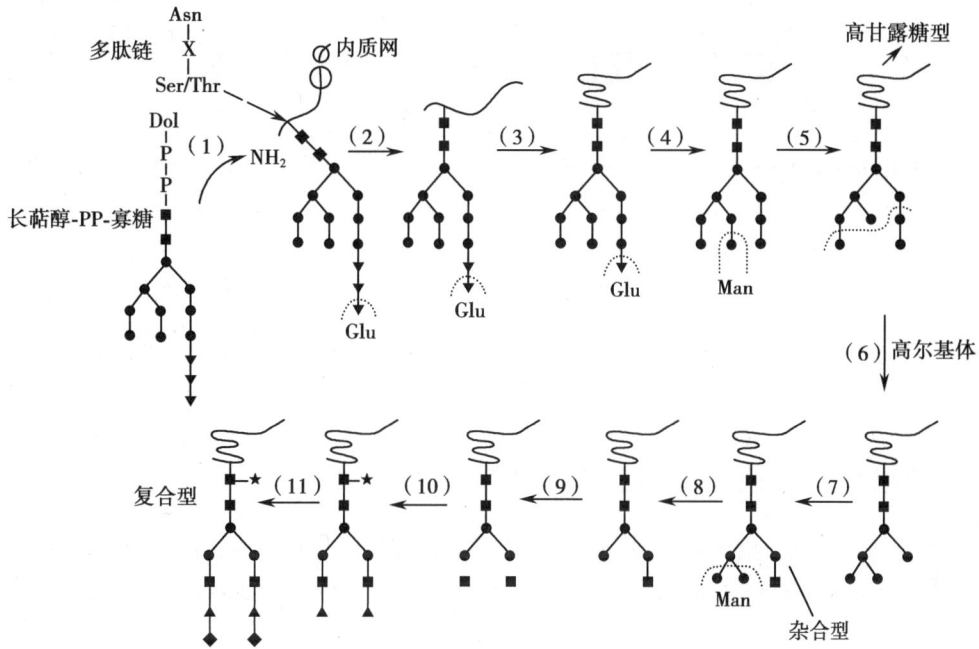

图 4-3　三型 *N*- 连接型聚糖加工过程

表 4-5　*O*- 连接糖蛋白

O- 连接型聚糖的结构	1. 聚糖中的 *N*- 乙酰半乳糖胺与多肽链的丝氨酸或苏氨酸残基的羟基以共价键相连而成 2. *O*- 连接聚糖常由 *N*- 乙酰半乳糖胺与半乳糖构成核心二糖，核心二糖可重复延长及分支，再连接上岩藻糖、*N*- 乙酰葡糖胺等单糖
O- 连接型聚糖的合成	1. 在多肽链合成后进行的，不需聚糖载体 2. 在 GalNAc 转移酶作用下，将 UDP-GalNAc 中的 GalNAc 基转移至多肽链的丝氨酸（或苏氨酸）的羟基上，形成 *O*- 连接，然后逐个加上糖基，每一种糖基都有其相应的专一性糖基转移酶 3. 整个过程在内质网开始，到高尔基体内完成

表 4-6　蛋白质 β-*N*- 乙酰葡糖胺的糖基化

发生的蛋白质种类	主要发生于膜蛋白和分泌蛋白
催化反应的酶	*O*-GlcNAc 糖基转移酶（*O*-GlcNAc transferase，OGT）
糖基化位点	β-*N*- 乙酰葡糖胺以共价键方式结合于蛋白质的丝氨酸（或苏氨酸）残基上
反应部位	主要存在于细胞质或胞核中

糖蛋白聚糖的功能
- 聚糖可稳固多肽链的结构及延长半衰期
- 聚糖参与糖蛋白新生肽链的折叠或聚合
- 聚糖可影响糖蛋白在细胞内的靶向运输
- 聚糖参与分子间的相互识别

第二节　蛋白聚糖分子中的糖胺聚糖

蛋白聚糖（proteoglycan）是一类非常复杂的复合糖类，主要由糖胺聚糖（glycosaminoglycan，GAG）共价连接于不同核心蛋白质所构成。

一种蛋白聚糖可含有一种或多种糖胺聚糖。

糖胺聚糖是由二糖单位重复连接而成，不分支。糖胺聚糖由于其二糖单位含有糖胺而得名。二糖单位中一个是糖胺，可以是 N- 乙酰葡糖胺或 N- 乙酰半乳糖胺，另一个是糖醛酸（葡糖醛酸或艾杜糖醛酸）。

除糖胺聚糖外，蛋白聚糖还含有一些 N- 或 O- 连接型聚糖。

一、糖胺聚糖是由己糖醛酸和己糖胺组成的重复二糖单位

体内重要的糖胺聚糖有 6 种：①硫酸软骨素类（chondroitin sulfates）、②硫酸皮肤素（dermatan sulfate）、③硫酸角质素（keratan sulfate）、④透明质酸（hyaluronic acid）、⑤肝素（heparin）、⑥硫酸类肝素（heparan sulfate）。

除透明质酸外，其他的糖胺聚糖都带有硫酸。

表 4-7　糖胺聚糖的结构和特点

名字	二糖单位	体内分布及作用
硫酸软骨素	N- 乙酰半乳糖胺、葡糖醛酸	软骨和结缔组织
硫酸角质素	半乳糖和 N- 乙酰葡糖胺	角膜及软骨和结缔组织
硫酸皮肤素	N- 乙酰半乳糖胺、葡糖醛酸或艾杜糖醛酸	分布广泛
肝素	葡糖胺和艾杜糖醛酸	肥大细胞内，有抗凝作用 肝素是硫酸类肝素中规则的高度硫酸化区域，约占 75%
透明质酸	N- 乙酰葡糖胺、葡糖醛酸	关节滑液、眼的玻璃体及疏松的结缔组织

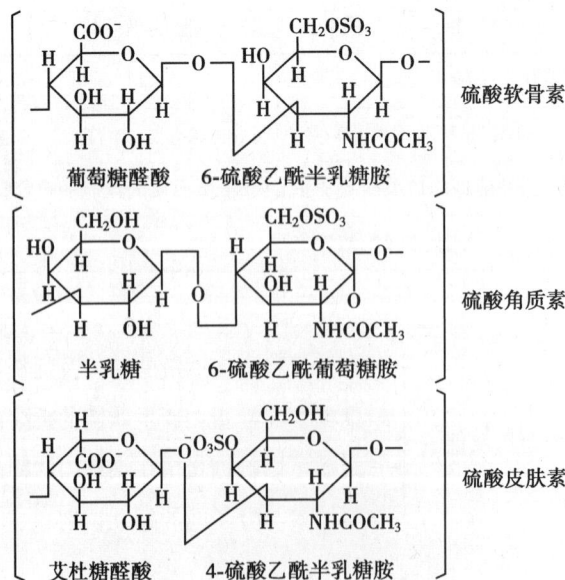

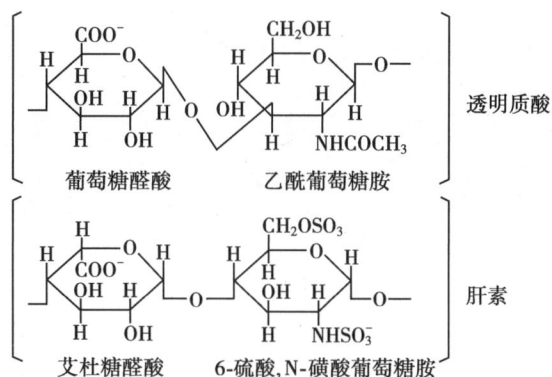

图 4-4　糖胺聚糖的结构

二、核心蛋白含有与糖胺聚糖结合的结构域

与糖胺聚糖链共价结合的蛋白质称为核心蛋白。

核心蛋白均含有相应的糖胺聚糖取代结构域，一些蛋白聚糖通过核心蛋白特殊结构域锚定在细胞表面或细胞外基质的大分子中。

蛋白聚糖	核心蛋白最小的蛋白聚糖称为丝甘蛋白聚糖（serglycan），含有肝素，主要存在于造血细胞和肥大细胞的贮存颗粒中，是一种典型的细胞内蛋白聚糖
	饰胶蛋白聚糖（decorin）的核心蛋白分子质量为 3.6 万，富含亮氨酸重复序列的模体，它能与胶原蛋白相互作用，调节胶原纤维的形成和细胞外基质的组装
	黏结蛋白聚糖（syndecan）的核心蛋白分子质量为 3.2 万，含有胞质结构域、插入质膜的疏水结构域和胞外结构域。细胞外结构域连接有硫酸肝素和硫酸软骨素，是细胞膜表面主要蛋白聚糖之一
聚集蛋白聚糖（aggrecan）	是细胞外基质的重要成分之一，由透明质酸长聚糖两侧经连接蛋白而结合许多蛋白聚糖而成。由于糖胺聚糖上羧基或硫酸根均带有负电荷，彼此相斥，所以在溶液中聚集蛋白聚糖呈瓶刷状

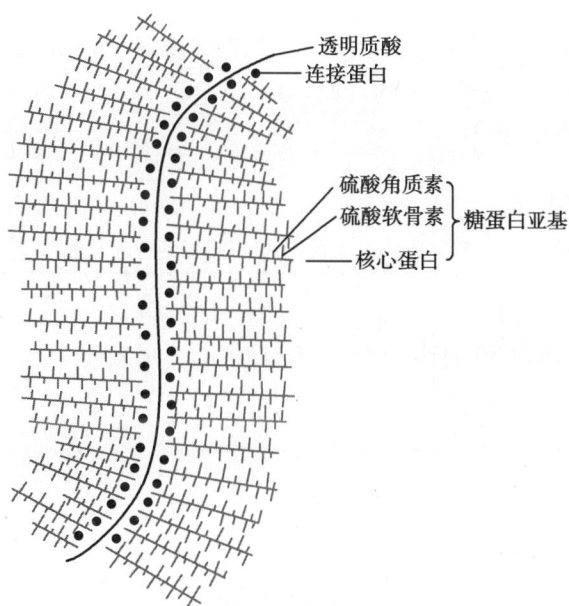

图 4-5　骨骺软骨聚集蛋白聚糖

三、蛋白聚糖生物合成时在多肽链上逐一加上糖基

在内质网上,蛋白聚糖先合成核心蛋白的多肽链,多肽链合成的同时即以 *O*- 连接或 *N*- 连接的方式在丝氨酸或天冬酰胺残基上进行聚糖加工。

聚糖的延长和加工修饰主要是在高尔基体内进行,以单糖的 UDP 衍生物为供体,在多肽链上逐个加上单糖。

聚糖合成后再予以修饰,糖胺的氨基来自谷氨酰胺,硫酸则来自"活性硫酸"或 3′- 磷酸腺苷 -5′- 磷酰硫酸。差向异构酶可将葡糖醛酸转变为艾杜糖醛酸。

四、蛋白聚糖是细胞间基质重要成分

蛋白聚糖的主要功能	1. 蛋白聚糖最主要的功能是构成细胞间的基质,在基质中蛋白聚糖与弹性蛋白、胶原蛋白以特异的方式相连而赋予基质以特殊的结构 2. 基质中含有大量透明质酸,可与细胞表面的透明质酸受体结合,影响细胞与细胞的黏附、细胞迁移、增殖和分化等细胞生物学行为 3. 由于蛋白聚糖中的糖胺聚糖是多阴离子化合物,可结合 Na^+、K^+,从而吸收水分子;糖的羟基也是亲水的,所以基质内的蛋白聚糖可以吸引、保留水而形成凝胶,容许小分子化合物自由扩散但阻止细菌通过,起保护作用
不同蛋白聚糖的特殊功能	1. 肝素是重要的抗凝剂,能使凝血酶原失活。肝素能特异地与毛细血管壁的脂蛋白脂肪酶结合,促使后者释放入血 2. 角膜的胶原纤维间充满硫酸角质素和硫酸皮肤素,使角膜透明 3. 在软骨中硫酸软骨素含量丰富,维持软骨的机械性能 4. 在肿瘤组织中各种蛋白聚糖的合成发生改变,与肿瘤增殖和转移有关

第三节 糖脂由鞘糖脂、甘油糖脂和类固醇衍生糖脂组成

表 4-8 糖脂

定义	糖脂(glycolipid)是一种携有一个或多个共价键连接糖基的复合脂质
种类	由于脂质部分不同,糖脂分为: 鞘糖脂(sphingolipid) 甘油糖脂 类固醇衍生糖脂
功能	鞘糖脂、甘油糖脂是细胞膜脂的主要成分,具有重要的生理功能

一、鞘糖脂是神经酰胺被糖基化的糖苷化合物

鞘糖脂是以神经酰胺为母体的化合物,分子中的神经酰胺 1- 位羟基被糖基化,形成糖苷化合物。

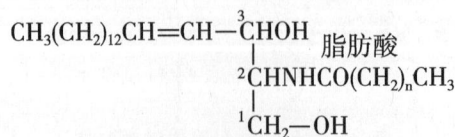

$$CH_3(CH_2)_{12}CH=CH - \overset{3}{C}HOH \quad 脂肪酸$$
$$^2CHNHCO(CH_2)_nCH_3$$
$$^1CH_2-OH$$

神经酰胺的结构通式

表 4-9　鞘糖脂的分类和功能

分类	名称	结构	功能
中性鞘糖脂	脑苷脂（cerebroside）	不含唾液酸	鞘糖脂的疏水部分伸入膜的磷脂双层中，而极性糖基暴露在细胞表面，发挥血型抗原、组织或器官特异性抗原、分子与分子相互识别的作用
酸性鞘糖脂	硫苷脂（sulfatide）	糖基部分被硫酸化	硫苷脂广泛分布于人体的各器官中，以脑中的含量为最多 硫苷脂可能参与血液凝固和细胞黏着等过程
	神经节苷脂（ganglioside）	含唾液酸	神经节苷脂分布于神经系统中，在大脑中占总脂的 6%，在神经冲动传递中起重要作用 神经节苷脂位于细胞膜表面，其头部是复杂的碳水化合物，伸出细胞膜表面，可以特异地结合某些垂体糖蛋白激素，发挥很多重要的生理调节功能 神经节苷脂还参与细胞相互识别，因此，在细胞生长、分化，甚至癌变时具有重要作用 神经节苷脂也是一些病毒蛋白毒素（如霍乱毒素）的受体

二、甘油糖脂是髓磷脂的重要成分

髓磷脂（myelin）是包绕在神经元轴突外侧的脂质，起到保护和绝缘的作用。

甘油糖脂（glyceroglycolipid）也称糖基甘油酯，是髓磷脂的重要成分。

甘油糖脂由二酰甘油分子 3 位上的羟基与糖苷键连接而成。

最常见的甘油糖脂有单半乳糖基二酰基甘油和二半乳糖基二酰基甘油。

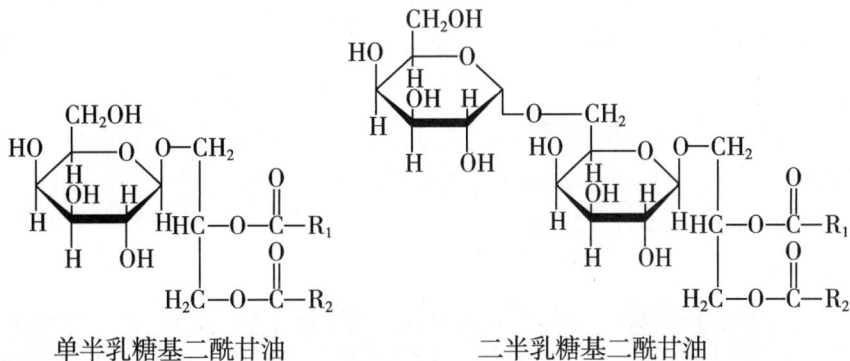

单半乳糖基二酰甘油　　　　二半乳糖基二酰甘油

第四节　聚糖结构中蕴含大量生物信息

聚糖作为信息分子	聚糖组分是糖蛋白执行功能所必需的
	聚糖空间结构多样性是其携带信息的基础。特异的聚糖结构被细胞用来编码若干重要信息，诸如糖蛋白的胞内定向转运、细胞与细胞的相互作用、组织与器官发育以及细胞外信号转导等
	聚糖空间结构多样性受基因编码的糖基转移酶和糖苷酶调控。每一聚糖都有一个独特的能被蛋白质阅读，并与蛋白质相结合的三维空间构象，即糖密码（sugar code）

（袁　萍）

第五章
糖　代　谢

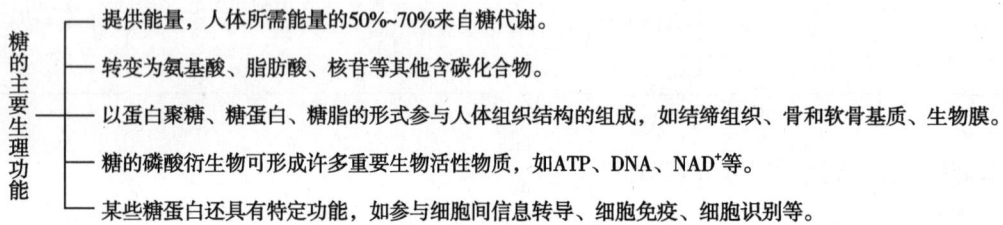

糖的主要生理功能
- 提供能量，人体所需能量的50%~70%来自糖代谢。
- 转变为氨基酸、脂肪酸、核苷等其他含碳化合物。
- 以蛋白聚糖、糖蛋白、糖脂的形式参与人体组织结构的组成，如结缔组织、骨和软骨基质、生物膜。
- 糖的磷酸衍生物可形成许多重要生物活性物质，如ATP、DNA、NAD$^+$等。
- 某些糖蛋白还具有特定功能，如参与细胞间信息转导、细胞免疫、细胞识别等。

图 5-1　糖的功能概述

第一节　糖的摄取与利用

一、糖消化后以单体形式吸收

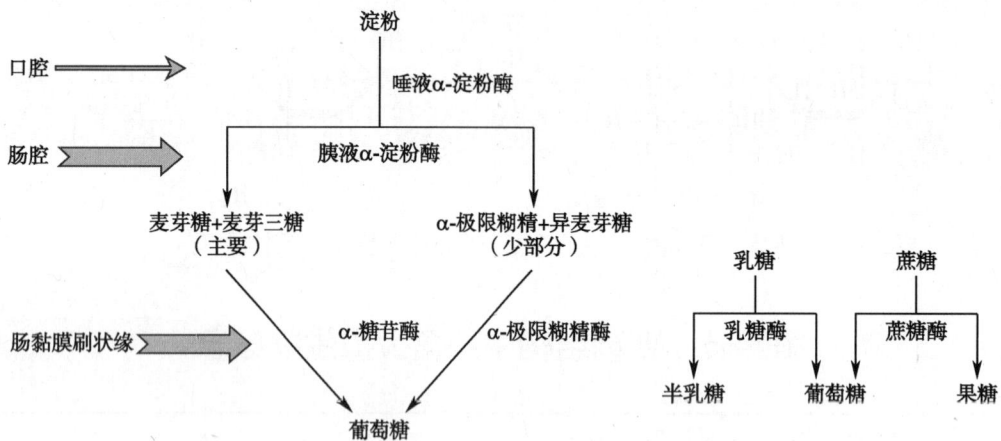

图 5-2　糖的消化吸收

二、细胞摄取葡萄糖需要转运蛋白

表 5-1　人体内几种葡糖转运蛋白的比较

转运蛋白	分布	K_m	功能
GLUT1	红细胞、脑、肾、结肠等	1mmol/L	葡萄糖的恒定摄取
GLUT2	肝、胰腺 β 细胞	15~20mmol/L	在肝，从血液移走多余的葡萄糖 在胰腺，调节胰岛素分泌

58

转运蛋白	分布	K_m	功能
GLUT3	脑、肾等	1mmol/L	葡萄糖的恒定摄取
GLUT4	心肌、骨骼肌、脂肪组织	5mmol/L	胰岛素促进其摄取葡萄糖
GLUT5	小肠	—	果糖的摄取

三、体内糖代谢涉及分解、储存和合成三方面

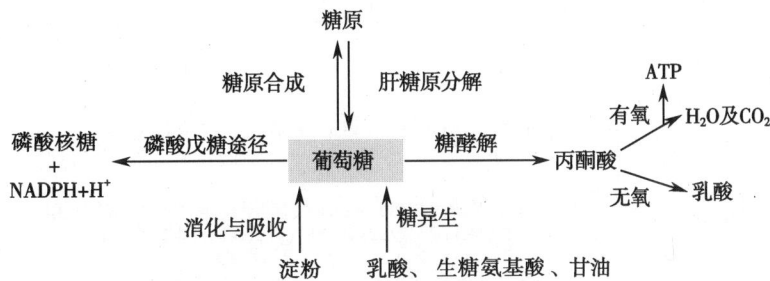

图 5-3　糖代谢的概况

表 5-2　糖分解代谢的主要途径

途径	亚细胞定位	分解产物	功能
无氧氧化	细胞质	乳酸	快速产能途径，产能少
有氧氧化	细胞质、线粒体	CO_2、H_2O	主要产能途径，产能多
磷酸戊糖途径	细胞质	NADPH、磷酸核糖	不产能，提供两种产物

第二节　糖的无氧氧化

一、糖的无氧氧化分为糖酵解和乳酸生成两个阶段

　　糖的无氧氧化（anaerobic oxidation of glucose）是指缺氧或不利用氧时，1分子葡萄糖先经糖酵解（glycolysis）生成丙酮酸、再还原生成乳酸，这一过程净生成 2 分子 ATP，全部反应发生在细胞质。
　　糖酵解（glycolysis）是指在细胞质中 1 分子葡萄糖裂解为 2 分子丙酮酸的过程，是葡萄糖无氧氧化和有氧氧化的共同起始途径。

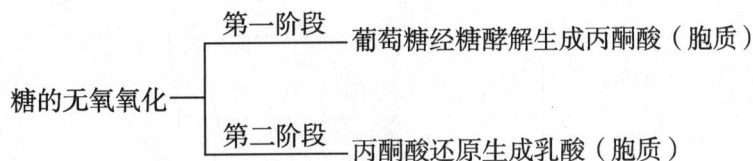

表 5-3　糖无氧氧化的反应过程

步骤	反应	酶	反应类型
1	葡萄糖 + ATP → 葡糖 -6- 磷酸 + ADP	己糖激酶 *	磷酸化反应
2	葡糖 -6- 磷酸 ←→ 果糖 -6- 磷酸	磷酸己糖异构酶	异构反应
3	果糖 -6- 磷酸 + ATP → 果糖 -1, 6- 二磷酸 + ADP	磷酸果糖激酶 -1*	磷酸化反应
4	果糖 -1, 6- 二磷酸 ←→ 磷酸二羟丙酮 + 3- 磷酸甘油醛	醛缩酶	裂解反应

步骤	反应	酶	反应类型
5	磷酸二羟丙酮 ←→ 3-磷酸甘油醛	磷酸丙糖异构酶	异构反应
6	3-磷酸甘油醛 + NAD$^+$ + Pi ←→ 1,3-二磷酸甘油酸 + NADH + H$^+$	3-磷酸甘油醛脱氢酶	氧化反应
7	1,3-二磷酸甘油酸 + ADP ←→ 3-磷酸甘油酸 + ATP	磷酸甘油酸激酶	底物水平磷酸化
8	3-磷酸甘油酸 ←→ 2-磷酸甘油酸	磷酸甘油酸变位酶	异构反应
9	2-磷酸甘油酸 ←→ 磷酸烯醇式丙酮酸 + H$_2$O	烯醇化酶	脱水反应
10	磷酸烯醇式丙酮酸 + ADP → 丙酮酸 + ATP	丙酮酸激酶*	底物水平磷酸化
11	丙酮酸 + NADH + H$^+$ ←→ 乳酸 + NAD$^+$	乳酸脱氢酶	还原反应

*为糖酵解的关键酶

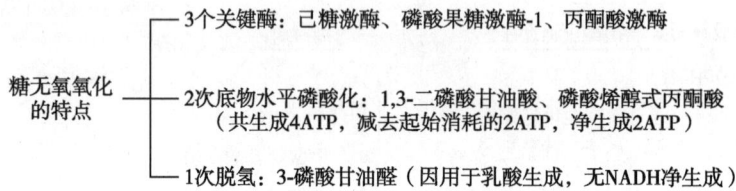

图5-4 糖无氧氧化的特点

二、糖酵解的调节取决于3个关键酶活性

表5-4 糖酵解中3个关键酶的活性调节

关键酶	别构激活剂	别构抑制剂
磷酸果糖激酶-1	AMP、ADP、果糖-1,6-二磷酸、果糖-2,6-二磷酸(最强)	ATP、柠檬酸
丙酮酸激酶	果糖-1,6-二磷酸	ATP、丙氨酸(肝)
己糖激酶		葡糖-6-磷酸(葡糖激酶不受此抑制)、长链脂酰CoA

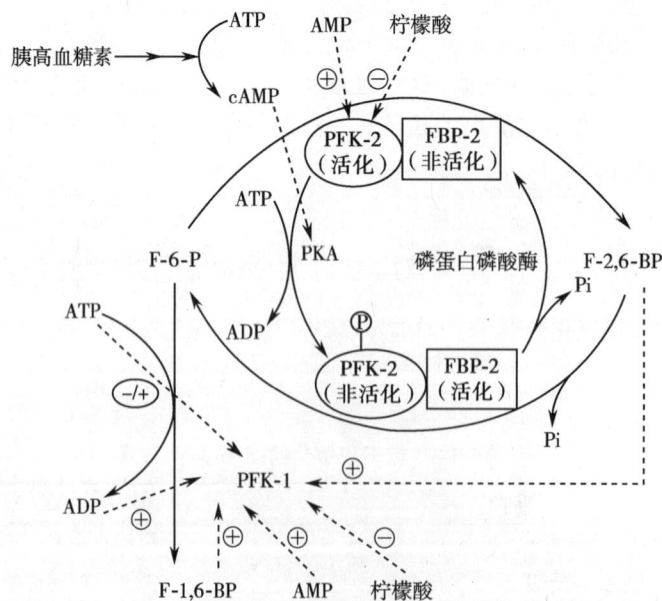

图5-5 磷酸果糖激酶-1最强的别构激活剂果糖-2,6-二磷酸的生成和分解
PFK-2:磷酸果糖激酶-2;FBP-2:果糖二磷酸酶-2

三、糖的无氧氧化为机体快速供能

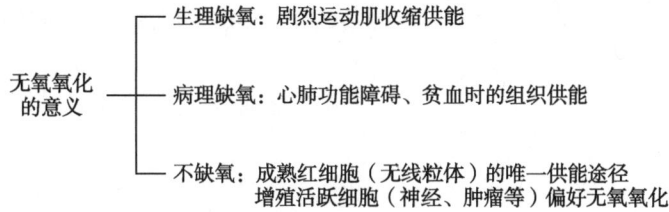

$$
无氧氧化\ 的意义
\begin{cases}
生理缺氧：剧烈运动肌收缩供能 \\
病理缺氧：心肺功能障碍、贫血时的组织供能 \\
不缺氧：\begin{cases}成熟红细胞（无线粒体）的唯一供能途径\\增殖活跃细胞（神经、肿瘤等）偏好无氧氧化\end{cases}
\end{cases}
$$

图 5-6　糖无氧氧化的生理意义

四、其他单糖可转变成糖酵解的中间产物

除葡萄糖外，果糖、半乳糖和甘露糖也是重要的代谢燃料，它们均可转变为糖酵解的中间产物，进入糖分解代谢途径。

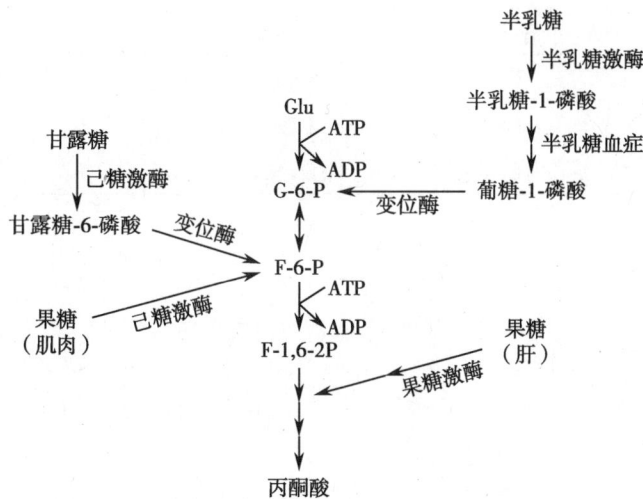

图 5-7　果糖、半乳糖、甘露糖的代谢

第三节　糖的有氧氧化

糖的有氧氧化（aerobic oxidation of glucose）是指在有氧条件下，1 分子葡萄糖彻底氧化成 H_2O 和 CO_2，净生成 30 或 32 分子 ATP，反应发生在细胞质和线粒体。有氧氧化是糖氧化供能的主要方式。

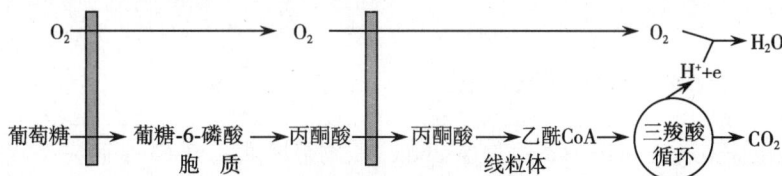

图 5-8　葡萄糖的有氧氧化概况

一、糖的有氧氧化分为三个阶段

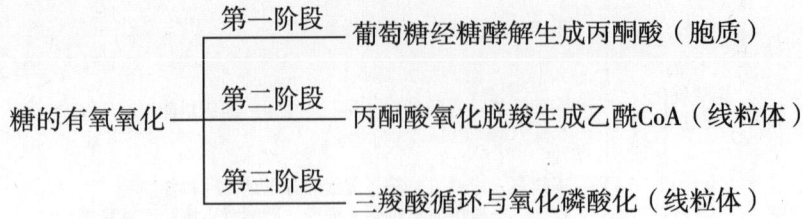

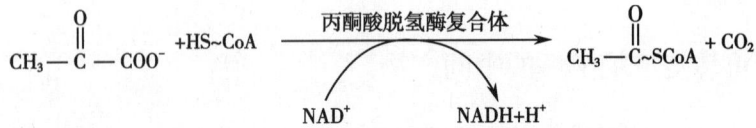

糖的有氧氧化 —— 第一阶段 —— 葡萄糖经糖酵解生成丙酮酸（胞质）

第二阶段 —— 丙酮酸氧化脱羧生成乙酰CoA（线粒体）

第三阶段 —— 三羧酸循环与氧化磷酸化（线粒体）

图 5-9 丙酮酸氧化脱羧反应

表 5-5 哺乳类动物丙酮酸脱氢酶复合体

酶	缩写	辅助因子	催化的反应
丙酮酸脱氢酶	E_1	TPP	脱羧
二氢硫辛酰胺转乙酰酶	E_2	硫辛酸、CoA	乙酰基转移
二氢硫辛酰胺脱氢酶	E_3	FAD、NAD^+	氧化型硫辛酰胺的再生

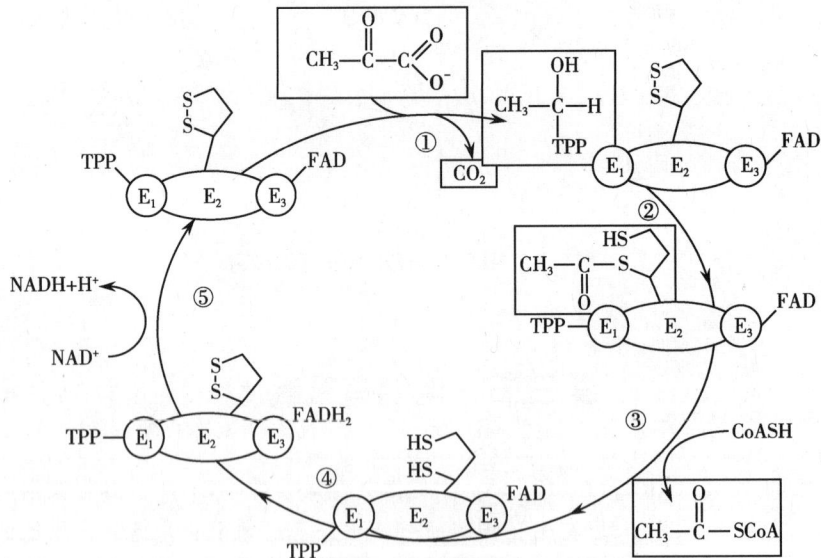

图 5-10 丙酮酸脱氢酶复合体作用机制

二、三羧酸循环使乙酰CoA彻底氧化

三羧酸循环（tricarboxylic acid cycle，TCA cycle）是彻底氧化乙酰CoA的一个八步循环反应系统，亦称为柠檬酸循环（citric acid cycle）。由于该学说由Krebs正式提出，又称为Krebs循环。

（一）三羧酸循环由八步反应组成

表5-6　三羧酸循环的反应过程

步骤	反应	酶	反应类型
1	乙酰 CoA + 草酰乙酸 → 柠檬酸 + 辅酶 A	柠檬酸合酶 *	缩合
2	柠檬酸 ←→ 异柠檬酸	顺乌头酸酶	异构
3	异柠檬酸 + NAD^+ → α- 酮戊二酸 + NADH + H^+ + CO_2	异柠檬酸脱氢酶 *	氧化脱羧
4	α- 酮戊二酸 + NAD^+ → 琥珀酰 CoA + NADH + H^+ + CO_2	α- 酮戊二酸脱氢酶复合体 *	氧化脱羧
5	琥珀酰 CoA + GDP（ADP）←→ 琥珀酸 + GTP（ATP）	琥珀酰 CoA 合成酶	底物水平磷酸化
6	琥珀酸 + FAD ←→ 延胡索酸 + $FADH_2$	琥珀酸脱氢酶	氧化
7	延胡索酸 + H_2O ←→ 苹果酸	延胡索酸酶	水合
8	苹果酸 + NAD^+ ←→ 草酰乙酸 + NADH + H^+	苹果酸脱氢酶	氧化

* 为三羧酸循环的关键酶

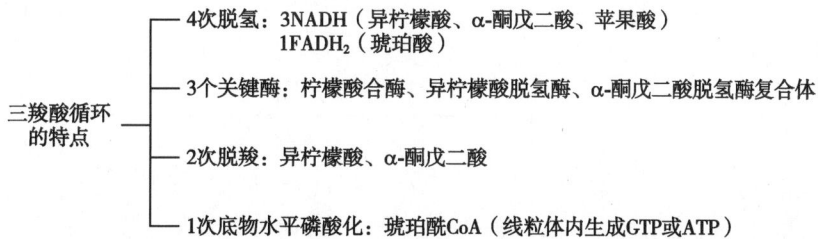

图 5-11　三羧酸循环的特点

　　由于三羧酸循环的某些中间产物（如草酰乙酸、α- 酮戊二酸、琥珀酰 CoA、苹果酸）可参与其他物质的合成，因此及时回补这些中间产物是三羧酸循环顺利进行的重要保障。草酰乙酸的回补反应主要通过丙酮酸的直接羧化，也可通过苹果酸脱氢生成，两者的根本来源都是葡萄糖。

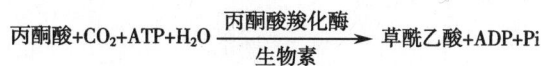

丙酮酸+CO_2+ATP+H_2O $\xrightarrow[\text{生物素}]{\text{丙酮酸羧化酶}}$ 草酰乙酸+ADP+Pi

图 5-12　丙酮酸羧化回补草酰乙酸

（二）三羧酸循环在三大营养物质代谢中占核心地位

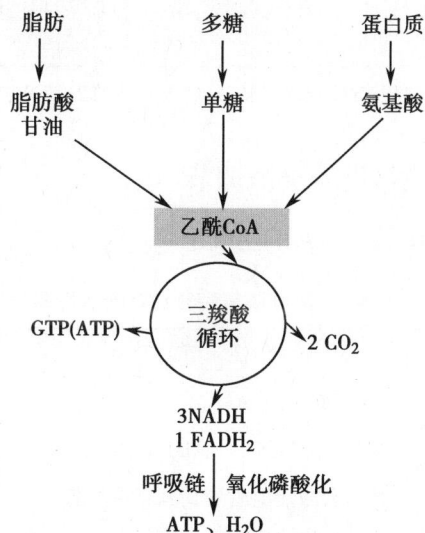

图 5-13　三羧酸循环是能量代谢的枢纽

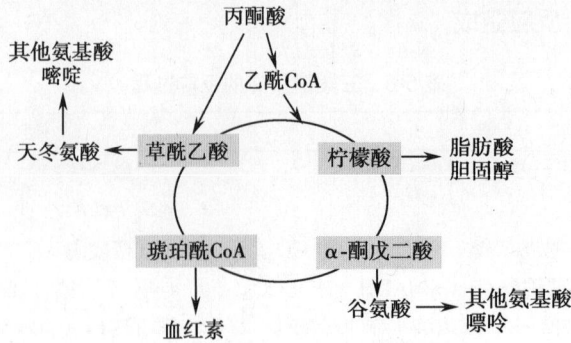

图 5-14　三羧酸循环是物质转变的枢纽

三、糖的有氧氧化是糖分解供能的主要方式

1mol 的葡萄糖彻底氧化生成 CO_2 和 H_2O，可净生成 =30mol（5+2×12.5）或 32mol（7+2×12.5）的 ATP（表 5-7）。

表 5-7　葡萄糖有氧氧化生成的 ATP

反应	辅酶	ATP
葡萄糖 → 葡糖 -6- 磷酸		−1
果糖 -6- 磷酸 → 果糖 -1, 6- 二磷酸		−1
2×3- 磷酸甘油醛 → 2×1, 3- 二磷酸甘油酸	2 NADH（细胞质）	2×1.5 或 2×2.5*
2×1, 3- 二磷酸甘油酸 → 2×3- 磷酸甘油酸		2×1
2×磷酸烯醇式丙酮酸 → 2×丙酮酸		2×1
2×丙酮酸 → 2×乙酰 CoA	2 NADH（线粒体）	2×2.5
2×异柠檬酸 → 2×α- 酮戊二酸	2 NADH（线粒体）	2×2.5
2×α- 酮戊二酸 → 2×琥珀酰 CoA	2 NADH（线粒体）	2×2.5
2×琥珀酰 CoA → 2×琥珀酸		2×1
2×琥珀酸 → 2×延胡索酸	2 FADH$_2$（线粒体）	2×1.5
2×苹果酸 → 2×草酰乙酸	2 NADH（线粒体）	2×2.5
合计		30 或 32

*细胞质中 1 分子 NADH 经苹果酸 - 天冬氨酸穿梭运入线粒体产生 2.5 分子 ATP；经 α- 磷酸甘油穿梭运入线粒体产生 1.5 分子 ATP

四、糖的有氧氧化主要受能量供需平衡调节

（一）丙酮酸脱氢酶复合体调节乙酰 CoA 的生成速率

表 5-8　丙酮酸脱氢酶复合体的活性调节

调节方式及其效果	活性调节剂	类别说明
别构激活	AMP、CoA、NAD$^+$、Ca^{2+}	以底物的别构激活为主
别构抑制	ATP、乙酰 CoA、NADH、脂肪酸	以产物的别构抑制为主
去磷酸化修饰激活	胰岛素激活丙酮酸脱氢酶磷酸酶	催化去磷酸化反应
磷酸化修饰失活	丙酮酸脱氢酶激酶	催化磷酸化反应

（二）三羧酸循环的关键酶调节乙酰 CoA 的氧化速率

表 5-9　三羧酸循环的关键酶调节

关键酶	别构激活剂	别构抑制剂
柠檬酸合酶	ADP	NADH、琥珀酰 CoA、柠檬酸、ATP
异柠檬酸脱氢酶	ADP、Ca^{2+}	ATP
α- 酮戊二酸脱氢酶复合体	Ca^{2+}	NADH、琥珀酰 CoA

（三）糖的有氧氧化各阶段相互协调

通常情况下，糖酵解和三羧酸循环的速度相互协调。这种协调不仅通过 ATP 和 NADH 的别构抑制作用，亦通过柠檬酸对磷酸果糖激酶 -1 的别构抑制作用而实现。氧化磷酸化的速率也调节三羧酸循环的运转快慢。

表 5-10　能量供需协调糖的有氧氧化各阶段

阶段	关键酶	能量别构激活剂	能量别构抑制剂
糖酵解	己糖激酶 / 葡糖激酶	—	—
	磷酸果糖激酶 -1	AMP、ADP	ATP
	丙酮酸激酶	—	ATP
丙酮酸氧化脱羧	丙酮酸脱氢酶复合体	AMP	ATP
三羧酸循环	柠檬酸合酶	ADP	ATP
	异柠檬酸脱氢酶	ADP	ATP
	α- 酮戊二酸脱氢酶复合体	—	—

五、糖氧化产能方式的选择有组织偏好

巴斯德效应（Pasteur effect）：糖的有氧氧化抑制无氧氧化（肌组织）目的是实现产能的最大化

瓦伯格效应（Warburg effect）：有氧时偏好无氧氧化（肿瘤组织）目的是为生物合成积累大量碳源

图 5-15　糖分解产能的两种组织偏好类型

第四节　磷酸戊糖途径

一、磷酸戊糖途径分为两个阶段

磷酸戊糖途径（pentose phosphate pathway）在细胞质中进行，葡萄糖经此途径代谢的主要意义是产生磷酸核糖和 NADPH，而不是生成 ATP。

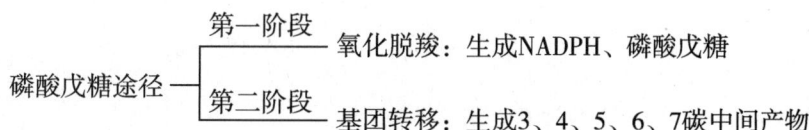

磷酸戊糖途径 —— 第一阶段 —— 氧化脱羧：生成NADPH、磷酸戊糖

磷酸戊糖途径 —— 第二阶段 —— 基团转移：生成3、4、5、6、7碳中间产物

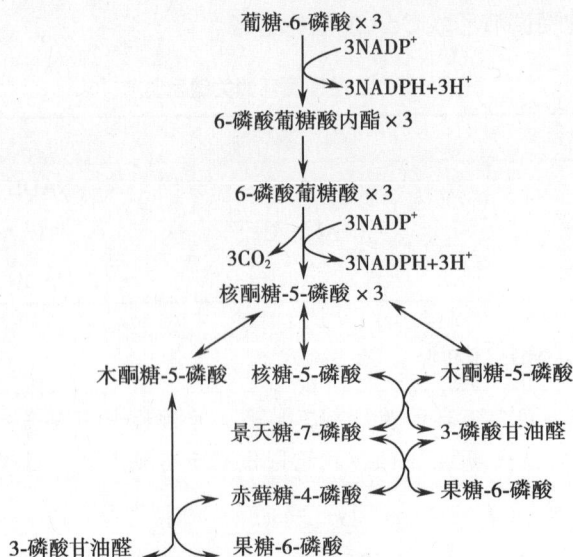

图 5-16　磷酸戊糖途径

磷酸戊糖途径总的反应为：

3 × 葡糖 -6- 磷酸 + 6NADP$^+$ → 2 × 果糖 -6- 磷酸 + 3- 磷酸甘油醛 + 6NADPH + 6H$^+$ + 3CO$_2$

二、磷酸戊糖途径主要受 NADPH/NADP$^+$ 比值的调节

磷酸戊糖途径的关键酶是葡糖 -6- 磷酸脱氢酶，其活性受 NADPH 需求的调节。NADPH/NADP$^+$ 比例升高时，此途径被抑制；反之被激活。

三、磷酸戊糖途径是 NADPH 和磷酸核糖的主要来源

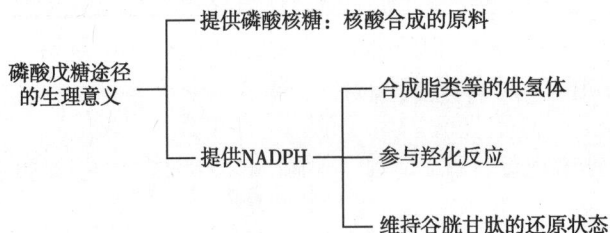

图 5-17　磷酸戊糖途径的生理意义

当人缺乏葡糖 -6- 磷酸脱氢酶时，NADPH 含量低，红细胞（尤其是较老的红细胞）易于破裂，发生溶血性贫血。此现象常在食用蚕豆后发病，故称为蚕豆病。

第五节　糖原的合成与分解

一、糖原合成是将葡萄糖连接成多聚体

糖原（glycogen）是葡萄糖的分支状多聚体，是动物体内糖的储存形式。摄入的糖类大部分转变成脂肪（甘油三酯）后储存于脂肪组织内，只有一小部分以糖原形式储存。肝和肌肉是贮存糖原的主要组织器官。

糖原合成（glycogenesis）是指由葡萄糖生成糖原的过程。

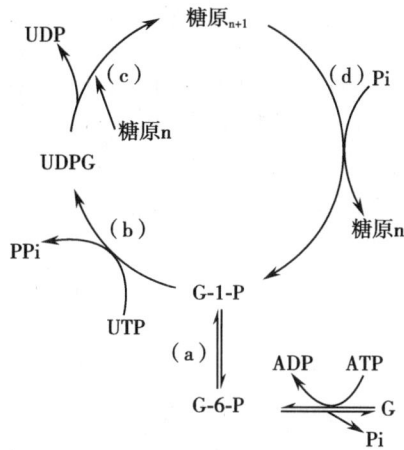

图 5-18　糖原的合成与分解

(a) 磷酸葡糖变位酶；(b) UDPG 焦磷酸化酶；(c) 糖原合酶和分支酶；(d) 糖原磷酸化酶和脱支酶

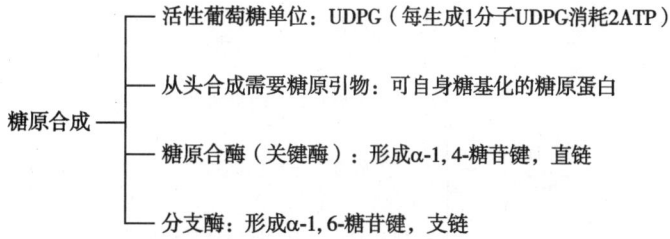

图 5-19　糖原合成的要素

二、糖原分解从非还原末端进行磷酸解

糖原分解（glycogenolysis）是指糖原分解为葡糖 -1- 磷酸而被机体利用的过程，它不是糖原合成的逆反应。

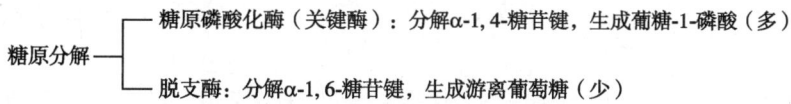

图 5-20　分解糖原的两类酶

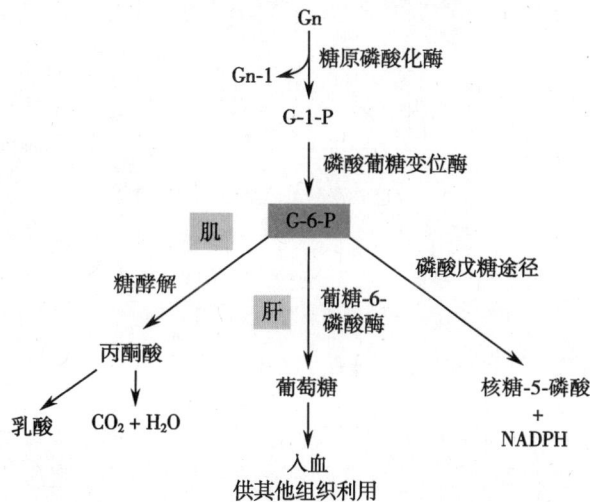

图 5-21　来自糖原分解的葡糖 -6- 磷酸的代谢去向

┌─ 肝糖原分解：生成葡萄糖，饥饿初期补充血糖（有葡糖-6-磷酸酶）

└─ 肌糖原分解：生成乳酸，为肌收缩供能，再进行乳酸循环

图 5-22　两种糖原的功能不同

三、糖原合成与分解的关键酶活性调节彼此相反

糖原的合成与分解不是可逆反应，而是分别通过两条不同途径进行，这样才能进行精细的调节。糖原合成与糖原分解的关键酶主要受磷酸化修饰的反向调节。

表 5-11　糖原合成与分解关键酶的活性调节

酶	化学修饰的活性形式	化学修饰的失活形式	别构激活剂	别构抑制剂
肝糖原磷酸化酶	磷酸化	去磷酸化	—	葡萄糖
肌糖原磷酸化酶	磷酸化	去磷酸化	AMP	ATP、葡糖-6-磷酸
糖原合酶	去磷酸化	磷酸化	葡糖-6-磷酸	—

糖原代谢的
激素调节
┌─ 胰高血糖素：主要促进肝糖原分解

├─ 肾上腺素：主要促进肌糖原分解

└─ 胰岛素：促进合成肝糖原和肌糖原

图 5-23　糖原的合成与分解受激素调节

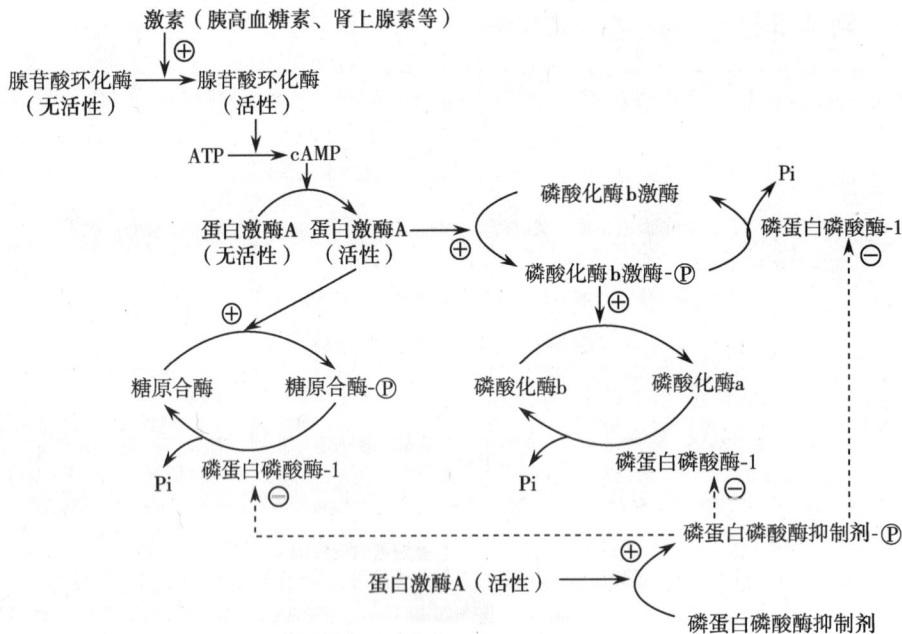

图 5-24　糖原合成与分解关键酶的化学修饰调节

四、糖原贮积症是由先天性酶缺陷所致

糖原贮积症（glycogen storage disease）的病因是先天性缺乏与糖原代谢有关的酶类，导致某些器官组织中堆积大量糖原。所缺陷的酶种类不同，使相应受累的器官不同，糖原的结构亦有差异，对健康的危害程度也不同。

表 5-12　糖原贮积症分型

型别	缺陷的酶	受累器官	糖原结构
Ⅰ（von Gierke 病）	葡糖 -6- 磷酸酶	肝、肾	正常
Ⅱ（Pompe 病）	溶酶体 α-1, 4- 和 α-1, 6- 葡糖苷酶	所有组织	正常
Ⅲ（Cori 病）	脱支酶	肝、肌	分支多, 外周糖链短
Ⅳ（Andersen 病）	分支酶	所有组织	分支少, 外周糖链长
Ⅴ（McArdle 病）	肌磷酸化酶	肌	正常
Ⅵ（Hers 病）	肝磷酸化酶	肝	正常
Ⅶ（Tarui 病）	肌磷酸果糖激酶	肌	正常
Ⅷ	肝磷酸化酶激酶	肝	正常

第六节　糖 异 生

糖异生（gluconeogenesis）是指从非糖化合物（乳酸、甘油、生糖氨基酸等）转变为葡萄糖或糖原的过程。糖异生的主要器官是肝，长期饥饿时肾糖异生能力大大增强。

一、糖异生不完全是糖酵解的逆反应

由丙酮酸生成葡萄糖不可能全部循糖酵解逆行。这是因为虽然糖酵解与糖异生的多数反应是共有的可逆反应，但糖酵解中还有 3 个不可逆反应，因此，这 3 步反应在糖异生中需由另外的酶催化。

表 5-13　糖异生的三个能障及其关键酶

能障	糖异生关键酶	逆向的糖酵解关键酶
1. 丙酮酸 → 磷酸烯醇式丙酮酸	丙酮酸羧化酶（线粒体） 磷酸烯醇式丙酮酸羧激酶（线粒体或细胞质）	丙酮酸激酶
2. 果糖 -1, 6- 二磷酸 → 果糖 -6- 磷酸	果糖二磷酸酶 -1（细胞质）	磷酸果糖激酶 -1
3. 葡糖 -6- 磷酸 → 葡萄糖	葡糖 -6- 磷酸酶（细胞质）	葡糖激酶

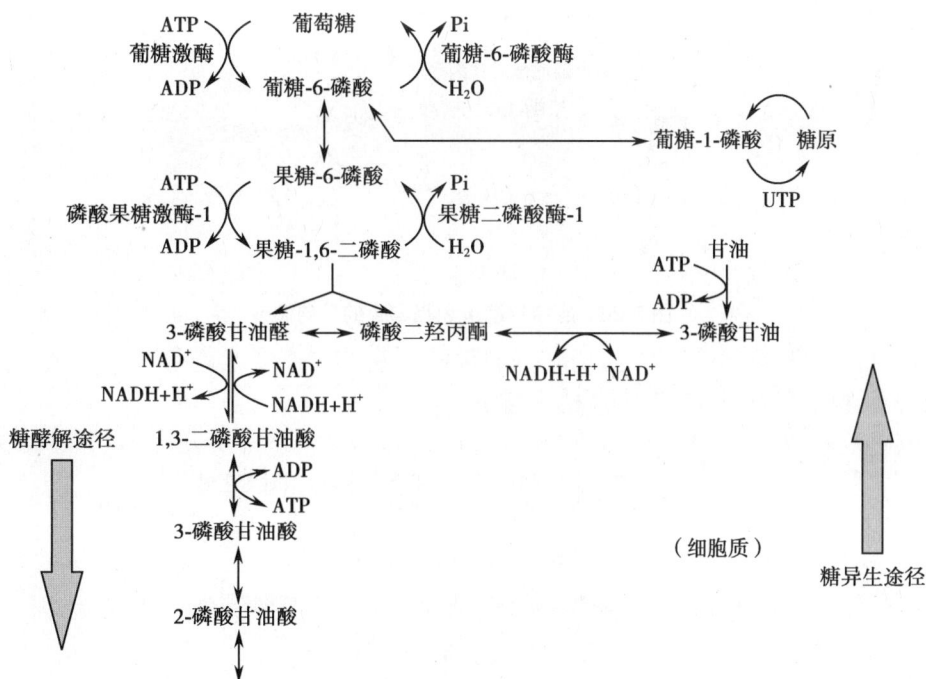

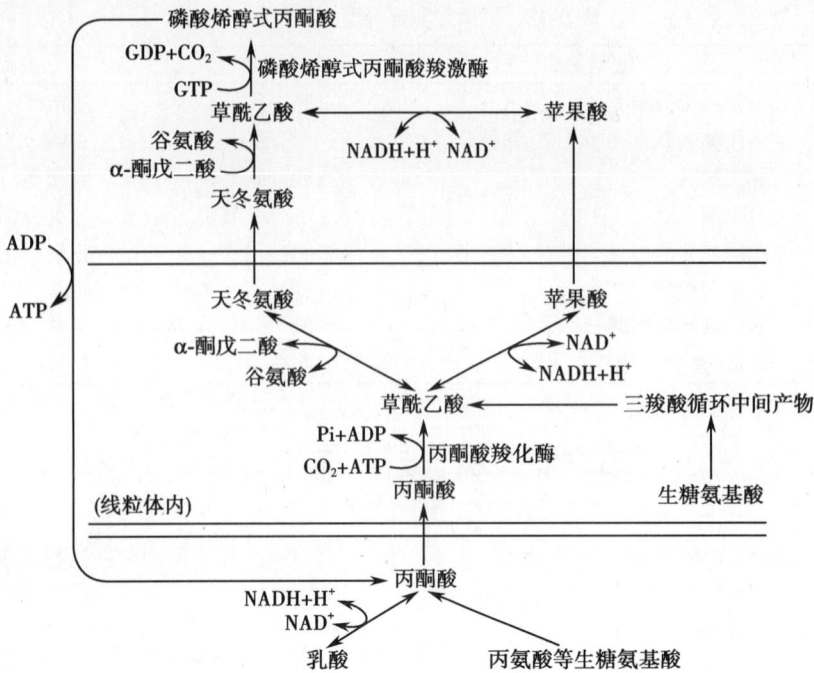

图 5-25 糖异生

二、糖异生和糖酵解的反向调控主要针对 2 个底物循环

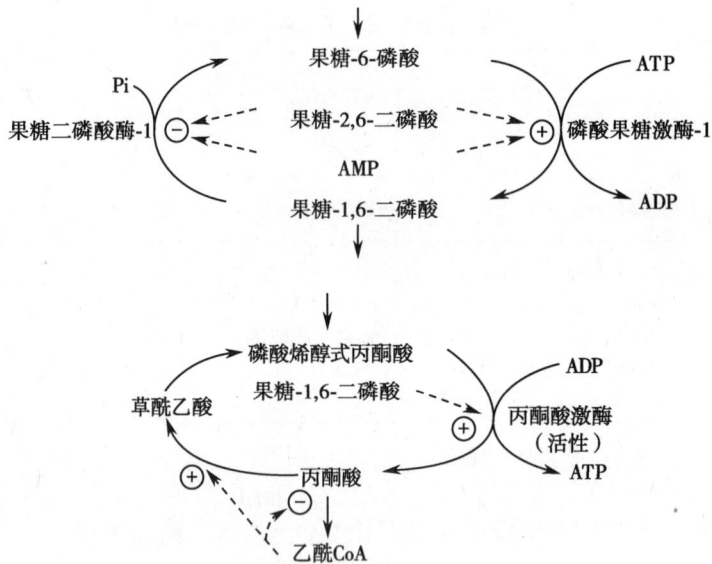

图 5-26 肝中糖酵解和糖异生的反向调节

三、糖异生的主要生理意义是维持血糖恒定

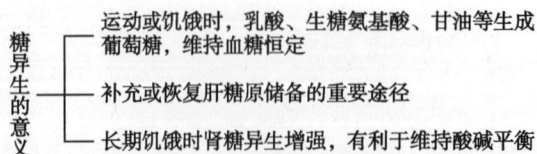

图 5-27 糖异生的生理意义

四、肌肉收缩产生的乳酸在肝内糖异生形成乳酸循环

乳酸循环(也称 Cori 循环)是指肌肉收缩时通过糖无氧氧化产生乳酸,乳酸经血液入肝进行糖异生,生成的葡萄糖入血后又可被肌肉摄取,如此往复循环。这样既能回收乳酸中的能量,又可避免因乳酸堆积而引起酸中毒。乳酸循环是耗能的,2分子乳酸异生成葡萄糖需消耗6分子ATP。

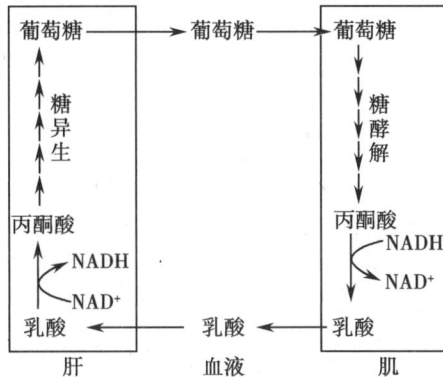

图 5-28 乳酸循环

第七节 葡萄糖的其他代谢途径

一、糖醛酸途径生成葡糖醛酸

葡糖 -6- 磷酸→葡糖 -1- 磷酸→ UDPG → UDPGA → 1- 磷酸葡糖醛酸→葡糖醛酸→ L- 古洛糖酸→ L- 木酮糖→木糖醇→ D- 木酮糖→木酮糖 -5- 磷酸→磷酸戊糖途径

二、多元醇途径生成少量多元醇

葡萄糖代谢中极少部分还可生成山梨醇、木糖醇等,称为多元醇途径。多元醇本身无毒且不易通过细胞膜,在肝、脑、肾上腺、眼等组织具有重要的生理、病理意义。

第八节 血糖及其调节

一、血糖水平保持恒定

血糖(blood sugar)指血中的葡萄糖。血糖水平相当恒定,维持在 3.9~6.0mmol/L 之间,这是葡萄糖的来源与去路保持动态平衡的结果。

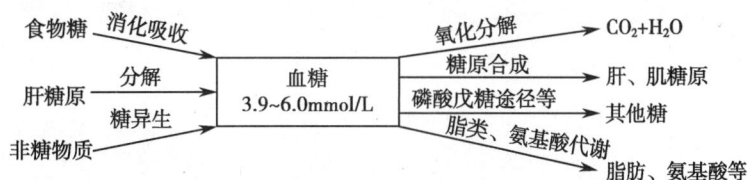

图 5-29 血糖的来源和去路

二、血糖稳态主要受激素调节

表 5-14　激素对血糖的调节作用

激素	作用效果	调节机制
胰岛素	降血糖	①促进肌、脂肪组织等通过 4 型葡糖转运蛋白摄取葡萄糖；②增加磷酸二酯酶活性，降低 cAMP 水平，进而使糖原合酶活性增强、磷酸化酶活性降低，加速糖原合成、抑制糖原分解；③激活丙酮酸脱氢酶磷酸酶使丙酮酸脱氢酶复合体活化，加快糖的有氧氧化；④减少磷酸烯醇式丙酮酸羧激酶的合成及肝糖异生的原料，抑制肝内糖异生；⑤糖分解生成乙酰 CoA、NADPH 等增多，促进脂肪合成
胰高血糖素	升血糖	①通过磷酸化修饰抑制糖原合酶、激活磷酸化酶，促进肝糖原分解；②抑制磷酸果糖激酶 -2，激活果糖二磷酸酶 -2，从而抑制糖酵解，促进糖异生；③促进磷酸烯醇式丙酮酸羧激酶的合成、抑制丙酮酸激酶活性、加速肝摄取血中的氨基酸，增强糖异生；④激活脂肪组织的激素敏感性脂肪酶，促进脂肪动员，减少利用葡萄糖
糖皮质激素	升血糖	①促进肌蛋白质分解，增加糖异生原料，同时增加磷酸烯醇式丙酮酸羧激酶的合成，促进糖异生；②抑制丙酮酸氧化脱羧，抑制糖有氧氧化；③协同增强其他激素促进脂肪动员的效应，促进利用脂肪酸供能
肾上腺素	升血糖（应激）	通过激活蛋白激酶 A 而激活糖原磷酸化酶，促进肝糖原和肌糖原分解

三、糖代谢障碍导致血糖水平异常

表 5-15　血糖水平异常

类型	血糖浓度	内容说明
高血糖	空腹 >7mmol/L	当血糖浓度高于肾糖阈（约为 10mmol/L），则出现糖尿。持续性高血糖和糖尿，尤其是空腹血糖和糖耐量曲线高于正常范围，主要见于糖尿病（diabetes mellitus），主要病因是部分或完全胰岛素缺失、胰岛素抵抗（细胞胰岛素受体减少或受体敏感性降低）
低血糖	<2.8mmol/L	当血糖浓度过低时，会影响脑功能，出现头晕、倦怠无力、心悸等，严重时出现昏迷，称为低血糖休克

四、高糖刺激产生损伤细胞的生物学效应

血中持续的高糖刺激能够使细胞生成晚期糖化终产物（advanced glycation end products，AGEs），同时发生氧化应激，使细胞内多种酶类、脂质等发生氧化，从而丧失正常的生理功能。

（赵　晶）

第六章
生物氧化

化学物质在生物体内的氧化分解过程称为生物氧化（biological oxidation）。
生物氧化发生的部位在细胞胞质、线粒体、微粒体等。

第一节　线粒体氧化体系与呼吸链

线粒体氧化体系：通过酶促反应将营养物质氧化分解为 CO_2 和 H_2O，并释放能量，产生 ATP（图 6-1）。

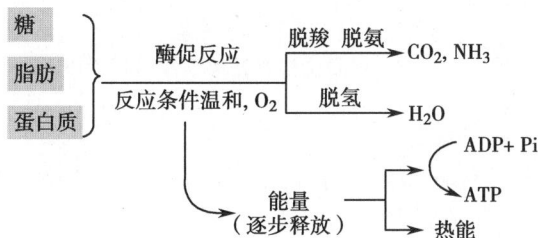

图 6-1　营养物在线粒体氧化分解过程

一、线粒体氧化体系含多种传递氢和电子的组分

能够传递氢和电子的物质，如金属离子、小分子有机化合物、某些蛋白质等称之为递电子体或递氢体。电子可以直接传递，也可以氢原子的形式传递电子（图 6-2），线粒体氧化体系主要将 NADH 和 $FADH_2$ 中的 H^+ 和电子传递给氧生成水，同时释放能量生成 ATP。

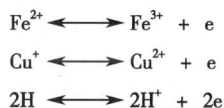

$$Fe^{2+} \longleftrightarrow Fe^{3+} + e$$
$$Cu^+ \longleftrightarrow Cu^{2+} + e$$
$$2H \longleftrightarrow 2H^+ + 2e$$

图 6-2　电子传递形式

（一）烟酰胺腺嘌呤核苷酸传递氢和电子

烟酰胺腺嘌呤二核苷酸（nicotinamide adenine dinucleotide，NAD^+）和烟酰胺腺嘌呤二核苷酸磷酸（nicotinamide adenine dinucleotide phosphate，$NADP^+$）是许多脱氢酶的辅酶，有传递氢和电子的功能，其烟酰胺环上的五价氮原子接受 2H 中的双电子成为三价氮，同时芳环接受一个 H^+ 进行加氢反应（图 6-3）。

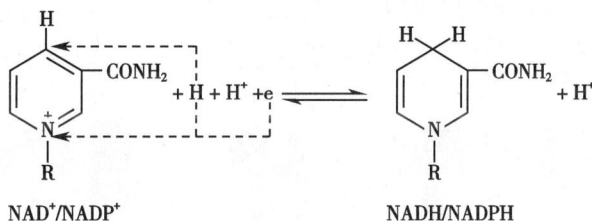

图 6-3　烟酰胺腺嘌呤核苷酸通过烟酰胺环传递 H^+ 和电子

（二）黄素核苷酸衍生物传递氢和电子

黄素单核苷酸（flavin mononucleotide，FMN）和黄素腺嘌呤二核苷酸（flavin adenine dinucleotide，

FAD）通过维生素 B_2 中的异咯嗪环进行可逆的加氢和脱氢反应，发挥传递氢和电子的作用（图 6-4），是黄素蛋白（flavoprotein）的辅基。

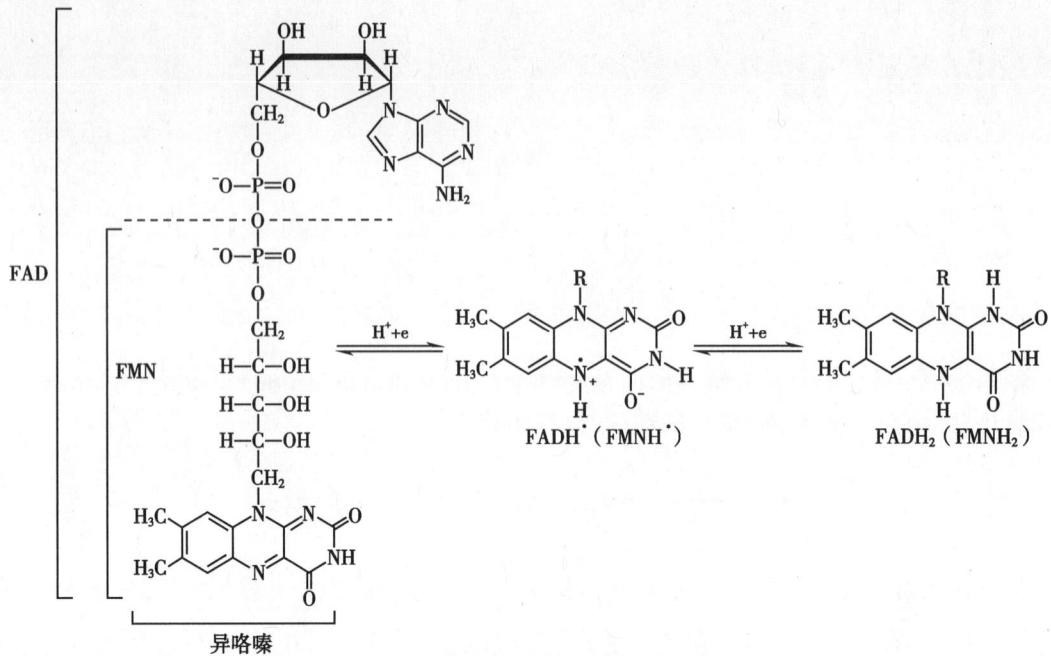

图 6-4　FMN/FAD 通过异咯嗪环传递 H^+ 和电子

（三）有机化合物泛醌传递氢和电子

泛醌（ubiquinone），又称辅酶 Q（coenzyme Q，CoQ 或 Q），是一种脂溶性醌类化合物，其结构中苯醌部分接受电子和 H^+ 进行双、单电子的传递（图 6-5）。

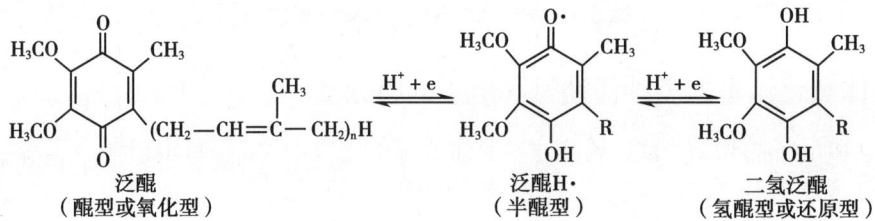

图 6-5　泛醌传递电子

（四）铁硫蛋白和细胞色素蛋白传递电子

铁硫蛋白（iron-sulfur protein）含有铁硫中心（iron-sulfur center，Fe-S center）（图 6-6）。细胞色素（cytochrome，Cyt）是一类含血红素样辅基（图 6-7）的蛋白质，根据其吸光度和最大吸收波长不同，分为 Cyt a、Cyt b 和 Cyt c 三类及不同的亚类（表 6-1）。Fe-S 和血红素中的 Fe 离子发挥单电子传递体的作用，通过 $Fe^{2+} \leftrightarrow Fe^{3+} + e^-$ 的可逆反应，每次传递一个电子。

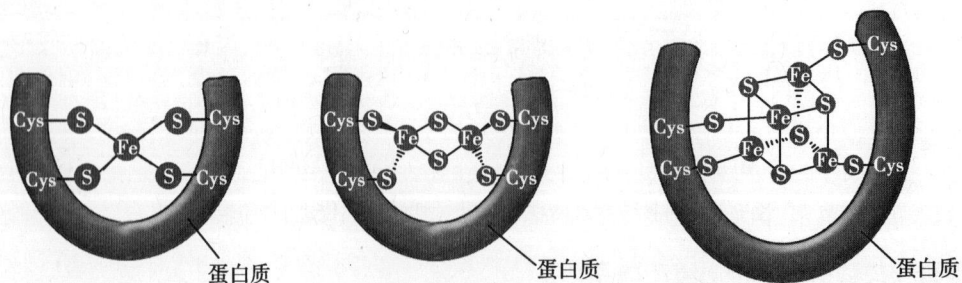

图 6-6　铁硫中心结构

血红素a

血红素b

蛋白质

血红素c

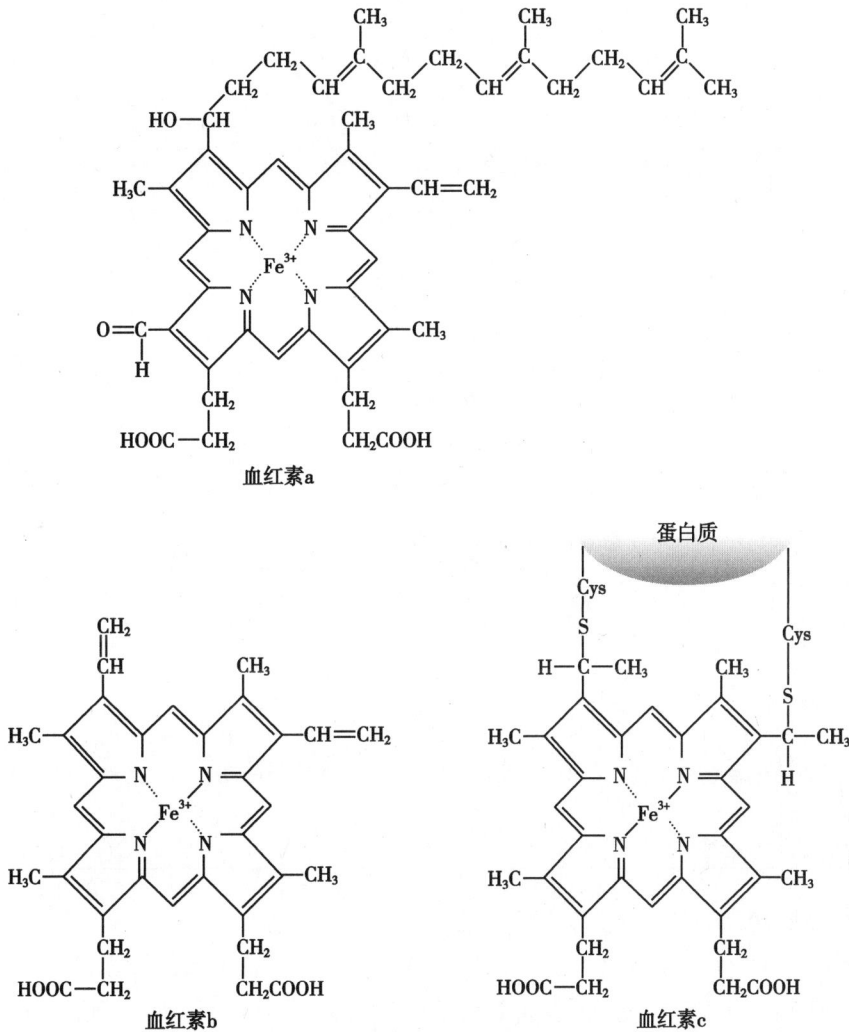

图 6-7　三种血红素辅基结构

表 6-1　各种还原型细胞色素主要的光吸收峰

细胞色素	波长 /nm		
	α	β	γ
a	600		439
b	562	532	429
c	550	521	415
c_1	554	524	418

二、具有传递电子能力的蛋白质复合体组成呼吸链

在线粒体内膜中，由多个含辅因子的蛋白质复合体按一定顺序排列，形成一个连续传递电子 / 氢的反应链，使氧分子最终接受 NADH、$FADH_2$ 的电子和 H^+ 生成水，催化此连续反应的反应链称为电子传递链（electron transfer chain），因此体系消耗氧，与需氧细胞的呼吸过程有关，也称之为呼吸链（respiratory chain）（图 6-8）。

呼吸链主要由位于线粒体内膜上的 4 种蛋白质复合体（complex）组成，分别称之为复合体Ⅰ、Ⅱ、Ⅲ和Ⅳ。每个复合体都由多种酶蛋白、金属离子、辅酶或辅基组成（表 6-2）。

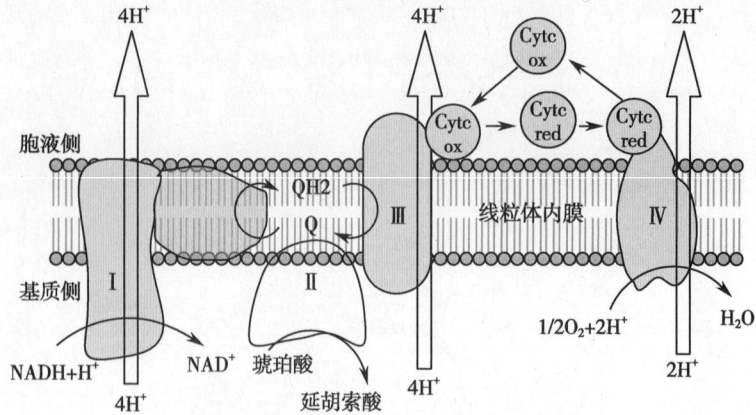

图 6-8 线粒体电子传递链组成示意图

表 6-2 人线粒体的呼吸链复合体组成

复合体	酶名称	质量 /kD	多肽链数	功能辅基	含结合位点
复合体 I	NADH- 泛醌还原酶	850	43	FMN，Fe-S	NADH（基质侧）CoQ（脂质核心）
复合体 II	琥珀酸 - 泛醌还原酶	140	4	FAD，Fe-S	琥珀酸（基质侧）CoQ（脂质核心）
复合体 III	泛醌 - 细胞色素 C 还原酶	250	11	血红素 b_L, b_H, c_1, Fe-S	Cyt c（膜间隙侧）
复合体 IV	细胞色素 C 氧化酶	162	13	血红素 a, 血红素 a_3, Cu_A, Cu_B	Cyt c（膜间隙侧）

（一）复合体 I 将 NADH 中的电子传递给泛醌

复合体 I 又称 NADH-Q 还原酶或 NADH 脱氢酶，呈 "L" 型，其功能是接受来自 NADH 的电子并转移给 Q，且同时具有质子泵功能。其结构和电子传递过程如图 6-9 所示。

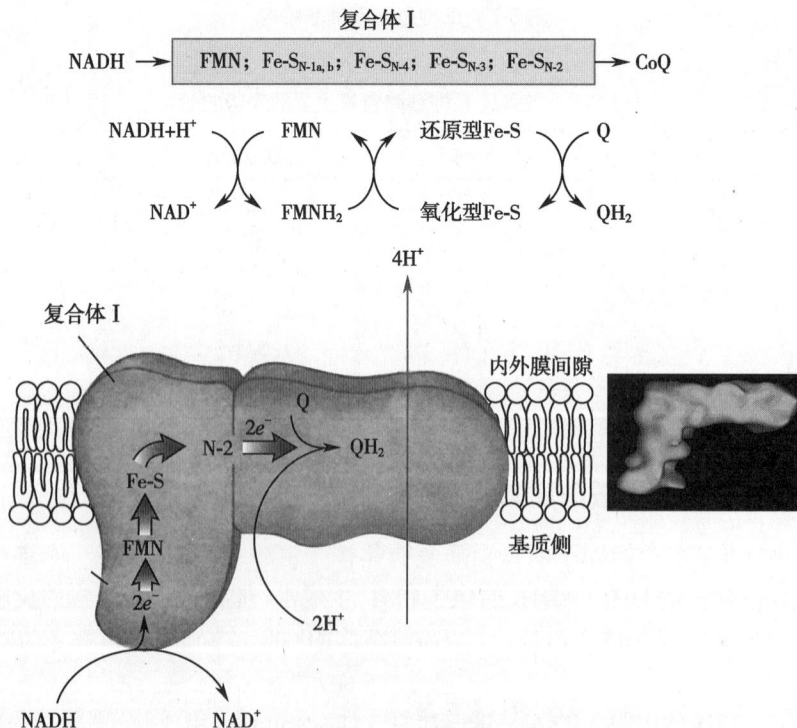

图 6-9 复合体 I 的结构示意图和电子传递过程

（二）复合体Ⅱ将电子从琥珀酸传递到泛醌

复合体Ⅱ是琥珀酸 - 泛醌还原酶，即三羧酸循环中的琥珀酸脱氢酶，定位于线粒体内膜，其功能是将电子从琥珀酸传递给 Q，没有质子泵功能。其结构和电子传递过程如图 6-10 所示。

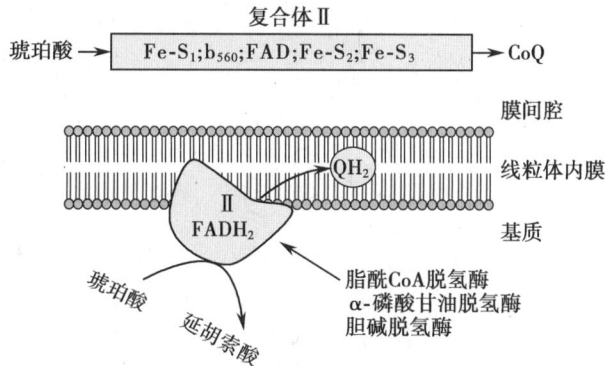

图 6-10　复合体Ⅱ的结构示意图和电子传递过程

（三）复合体Ⅲ将电子从还原型泛醌传递至细胞色素 c

复合体Ⅲ又称泛醌 - 细胞色素 c 还原酶，其功能是接受 QH_2 的电子经"Q 循环"（Q cycle）（图 6-11）传递给 Cyt c，具有质子泵功能。人复合体Ⅲ的组成和传递电子的过程如图 6-12 所示。

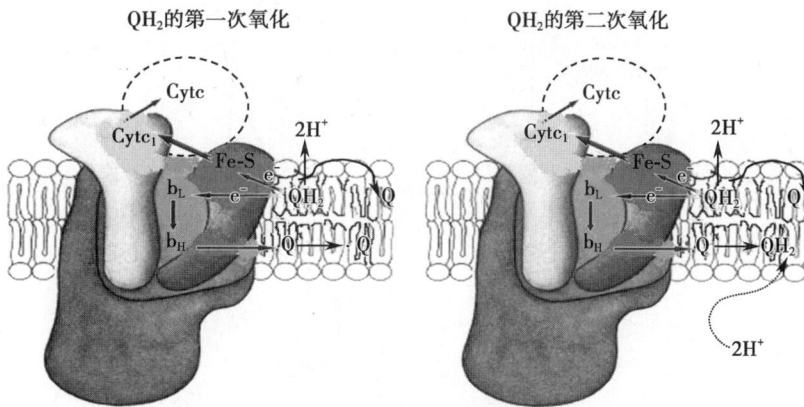

图 6-11　Q 循环示意图

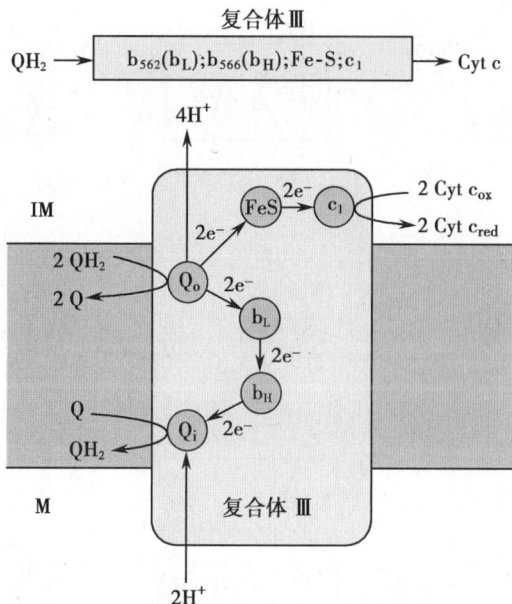

图 6-12　人复合体Ⅲ的组成和传递电子的过程

（四）复合体Ⅳ将电子从细胞色素 c 传递给氧

复合体Ⅳ又称细胞色素 c 氧化酶（cytochrome c oxidase），是电子传递链的出口，其功能是接受还原型 Cyt c 的电子并传递给 O_2 生成 H_2O，也有质子泵功能（图6-13、图6-14）。

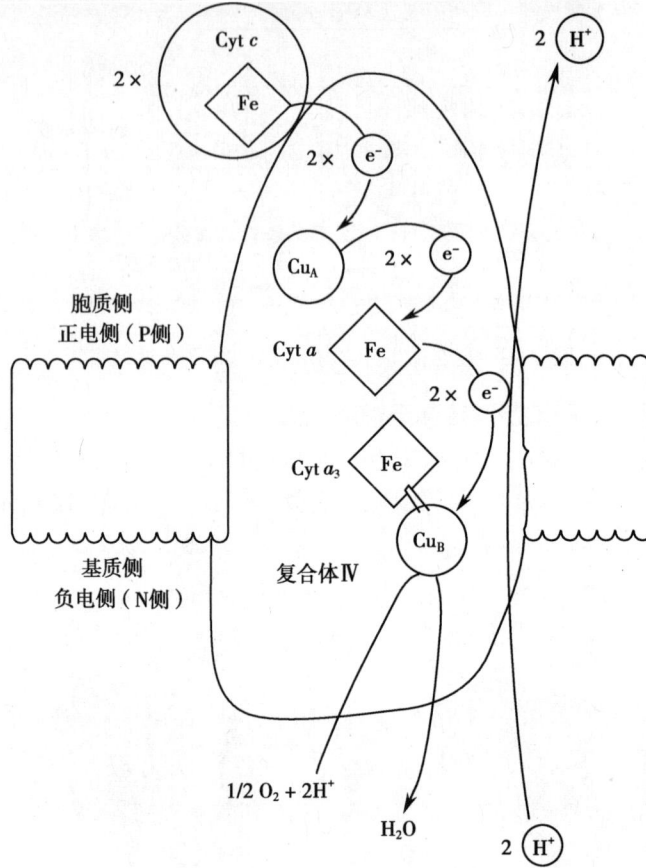

图6-13 人复合体Ⅳ的组成

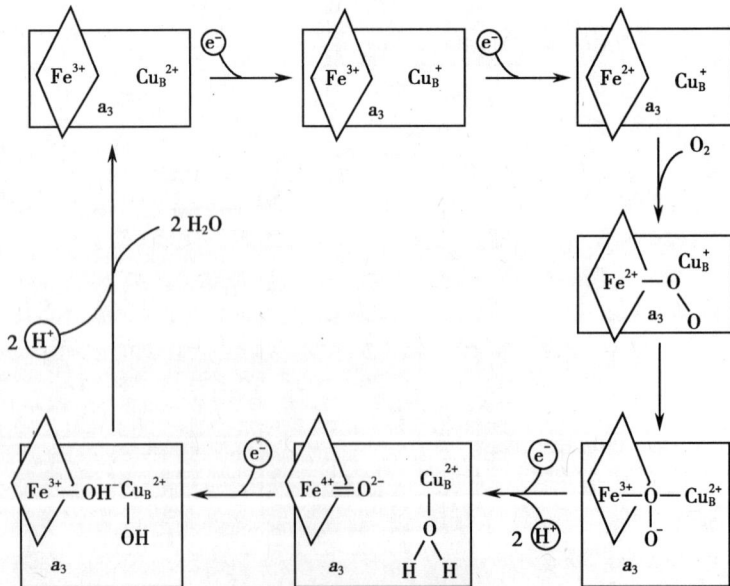

图6-14 人复合体Ⅳ的传递电子的过程

呼吸链中各组分的功能特点总结见表6-3。

表6-3 氧化呼吸链中各组分的功能特点

呼吸链成分	作用	复合体的质子泵功能	传递2H时跨内膜泵出质子数
复合体I	将$NADH+H^+$中的电子传递给泛醌	有	4个H^+
复合体II	将电子从琥珀酸传递给泛醌	无	
泛醌	内膜中可移动电子载体,从复合体I、II募集还原当量和电子并传递到复合体III		
复合体III	将电子从还原型泛醌传递给细胞色素c	有	4个H^+
细胞色素c	内膜外周蛋白,将从$Cyt\ c_1$获得的电子传递到复合体IV		
复合体IV	将电子从细胞色素C传递给氧	有	4个H^+

三、NADH和$FADH_2$是呼吸链的电子供体

营养物质的分解代谢中,脱下来的成对氢大部分以$NADH + H^+$、$NADPH + H^+$、$FMNH_2$和$FADH_2$形式存在。呼吸链由NADH和$FADH_2$提供氢,通过4个蛋白质复合体、Q,以及Cyt c共同完成电子的传递。复合体II不是处于复合体I的下游,分别获取各自的氢,向Q传递,故4个复合体与Q和Cyt c组成了两条电子传递链,即NADH呼吸链和$FADH_2$呼吸链(也称琥珀酸氧化呼吸链),电子传递顺序是如图6-15所示:

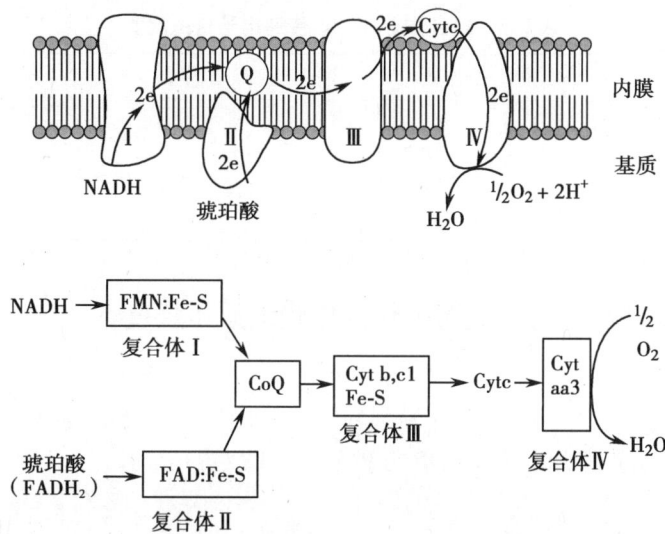

图6-15 呼吸链的组成及电子传递顺序

呼吸链各组分的排列顺序是由实验确定的,如采用标准氧化还原电位$E°$(在特定条件下,参与氧化还原反应的组分对电子的亲和力大小)进行排序,呼吸链中电子应从电位低的组分向电位高的组分进行传递(表6-4)。

表6-4 呼吸链中各种氧化还原对的标准氧化还原电位

氧化还原对	$E°/V$	氧化还原对	$E°/V$
$NAD^+/NADH+H^+$	−0.320	$Cyt\ c_1\ Fe^{3+}/Fe^{2+}$	0.220
$FMN/FMNH_2$	−0.219	$Cyt\ c\ Fe^{3+}/Fe^{2+}$	0.254
$FAD/FADH_2$	−0.219	$Cyt\ a\ Fe^{3+}/Fe^{2+}$	0.290
$Cyt\ b_L(b_H)\ Fe^{3+}/Fe^{2+}$	0.050(0.100)	$Cyt\ a_3\ Fe^{3+}/Fe^{2+}$	0.350
Q/QH_2	0.060	$1/2O_2/H_2O$	0.816

第二节 氧化磷酸化与 ATP 的生成

细胞内生成 ATP 的方式有两种:

一种是底物水平磷酸化,即与高能键水解反应偶联,直接将高能代谢物的能量转移至 ADP,生成 ATP 的过程;

另一种是氧化磷酸化(oxidative phosphorylation),即 NADH 和 $FADH_2$ 通过线粒体呼吸链逐步失去电子被氧化生成水,电子传递过程伴随着能量的逐步释放,此释能过程驱动 ADP 磷酸化生成 ATP 的过程。人体 90% 的 ATP 是由线粒体中的氧化磷酸化产生的。

一、氧化磷酸化偶联部位在复合体 I、III、IV 内

(一) P/O 比值

P/O 比值是指氧化磷酸化过程中,每消耗 1/2 摩尔 O_2 所需磷酸的摩尔数,即所能合成 ATP 的摩尔数(或一对电子通过氧化呼吸链传递给氧所生成 ATP 分子数)。经实验证实,一对电子经 NADH 氧化呼吸链传递,P/O 比值约为 2.5,一对电子经琥珀酸氧化呼吸链传递,P/O 比值约为 1.5。

(二) 自由能变化

根据热力学公式,可计算标准自由能变化[$\Delta G0'=-nF\Delta E$,n:传递电子数;F(法拉第常数)=96.5kJ/(mol·V)]。复合体 I、III、IV 传递电子自由能变见表 6-5,释放能量足以生成 1mol ATP(约需要 30.5kJ)。

表 6-5 复合体 I、III、IV 传递电子自由能变

复合体	电位差 $\Delta E°/V$	电子数	自由能变 $\Delta G0'/$(kJ/mol)
I : NADH → Q	0.36	2	69.5
III : Q → Cyt c	0.19	2	36.7
IV : Cyt c → O_2	0.58	2	112.0

二、氧化磷酸化偶联机制是产生跨线粒体内膜的质子梯度

1961 年,英国科学家 Mitchell P 提出的化学渗透假说(chemiosmotic hypothesis)阐明了氧化磷酸化的偶联机制,即在电子传递过程中,伴随着质子从线粒体内膜的里层向外层转移,形成跨膜的 H^+ 梯度储存能量,质子顺浓度梯度回流至基质时驱动 ADP 与 Pi 生成 ATP(图 6-16)。

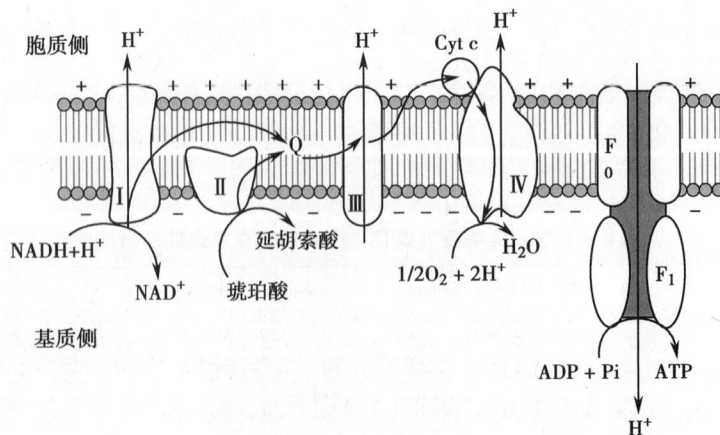

图 6-16 化学渗透假说及氧化磷酸化偶联机制示意图

三、质子顺浓度梯度回流释放能量用于合成 ATP

线粒体内膜上的复合体 V，即为 ATP 合酶——质子通道，利用跨线粒体内膜的 H^+ 梯度储存的能量，质子回流时，催化 ADP 与 Pi 生成 ATP。ATP 合酶的结构组成、功能及工作机制见图 6-17，表 6-6，表 6-7，图 6-18。当质子顺梯度穿内膜向基质回流时，转子部分能相对定子部分旋转，使 ATP 合酶利用释放的能量合成 ATP。在转动中 γ 亚基和各 β 亚基间相互作用发生周期性变化，使每个 β 亚基活性中心构象循环改变。质子流能量驱动 3 个 β 亚基依次经同样循环生成、释出 ATP。转子循环一周生成 3 分子 ATP，推测约需 3 个质子穿线粒体内膜回流进基质能生成 1 分子 ATP。

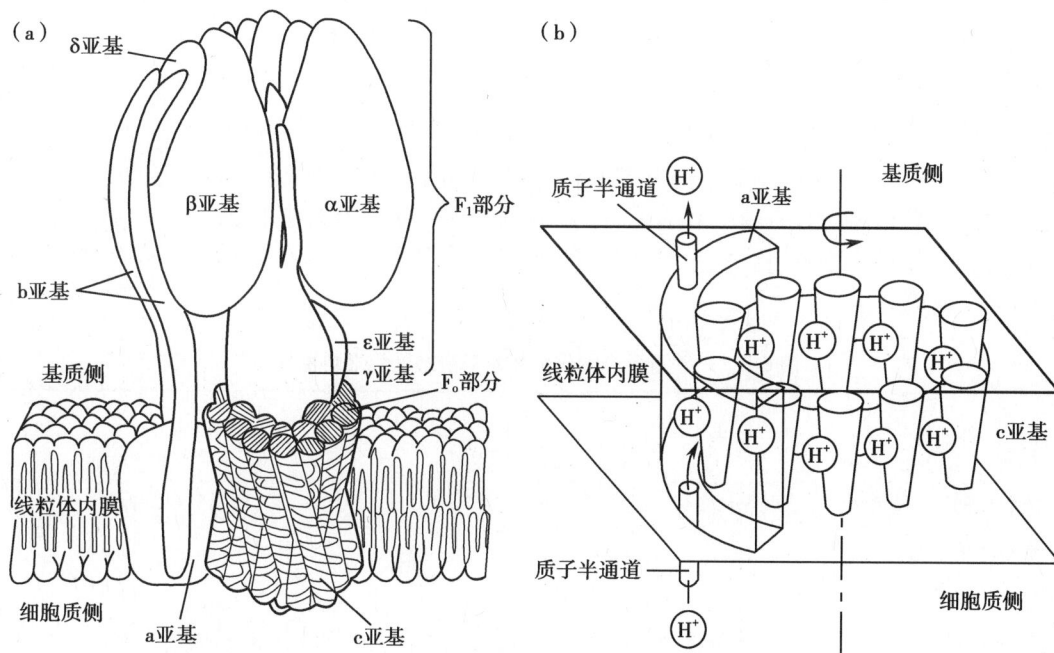

图 6-17　ATP 合酶结构和质子的跨内膜流动机制模式图

(a) F_o-F_1 复合体组成可旋转的发动机样结构，F_1 的 α_3、β_3 和 δ 亚基以及 F_o 的 a、b_2 亚基共同组成定子部分，而 F_1 的 γ、ε 亚基及 F_o 的 c 亚基环组成转子部分；(b) F_o 的 a 亚基有 2 个质子半通道，分别开口内膜两侧，质子顺梯度从细胞质侧进入，结合 c 亚基，旋转到另一半通道从基质侧排出

表 6-6　ATP 合酶形态部分的功能和组成

部分	作用	定位内膜形态	亚基组成	亚基功能
F_1（亲水部分）	催化 ATP 合成	基质侧颗粒状突起	$\alpha_3\beta_3\gamma\varepsilon$ 亚基复合体 OSCP 亚基	组成 3 个 $\alpha\beta$ 功能单元，结合 ATP。β 催化亚基 寡霉素敏感蛋白
F_o（疏水部分）	跨内膜质子通道	镶嵌内膜中	a、b_2 $c_{9\sim12}$	a 亚基含 2 个亲水质子半通道 形成 c 亚基环

表 6-7　ATP 合酶可旋转发动机样结构的组成和功能

部分	作用	亚基组成	亚基功能
定子部分	稳定	F_o 的 a、b_2 F_1 的 $\alpha_3\beta_3$、δ	b_2 锚定 F_o 的 a，通过 δ 结合 F_1 的 $\alpha_3\beta_3$
转子部分	相对旋转	F_o 的 γ、ε F_1 的 c 亚基环	部分 γ、ε 形成穿过 $\alpha_3\beta_3$ 间中轴 结合 F_o 的 γ、ε

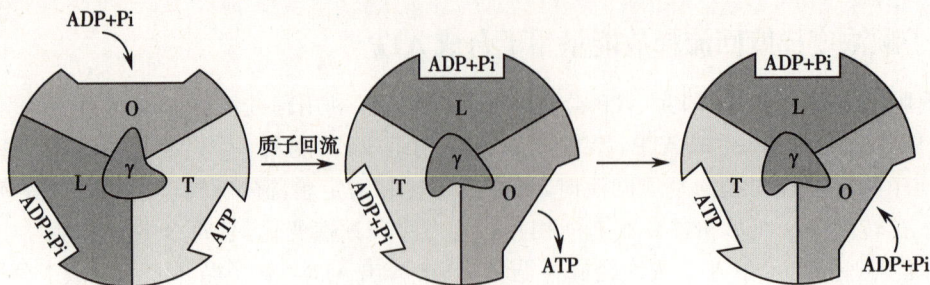

图 6-18 ATP 合酶的工作机制

β 亚基的 3 种构象：O 开放型；L 疏松型；T 紧密结合型。质子回流驱动 γ 亚基旋转及 β 亚基构象发生协调的周期性转换

四、ATP 在能量代谢中起核心作用

生物体需要将营养物质的化学能，转移成细胞可以利用的能量形式，即 ATP 等高能有机磷酸化合物的化学能，当机体需要时，再由 ATP 等高能磷酸化合物直接为生理活动供能。高能磷酸化合物是指那些水解时能释放较大自由能的含有磷酸基的化合物，通常其释放的标准自由能 $\Delta G'$ 大于 25kJ/mol，并将水解时释放能量较多的磷酸酯键，称之为高能磷酸键，用"～P"符号表示。生物体内重要含高能磷酸键、高能硫酯键的化合物见表 6-8。

表 6-8 一些重要高能化合物水解释放的标准自由能

化合物	$\Delta G'$	
	kJ/mol	（kcal/mol）
磷酸烯醇式丙酮酸	−61.9	（−14.8）
氨基甲酰磷酸	−51.4	（−12.3）
1，3- 二磷酸甘油酸	−49.3	（−11.8）
磷酸肌酸	−43.1	（−10.3）
ATP → ADP + Pi	−30.5	（−7.3）
乙酰 CoA	−31.5	（−7.5）
ADP → AMP + Pi	−27.6	（−6.6）
焦磷酸	−27.6	（−6.6）
葡糖 -1- 磷酸	−20.9	（−5.0）

（一）ATP 是体内能量捕获和释放利用的重要分子

ATP 最重要的意义是通过其水解释放大量自由能，与需要供能的反应偶联时，能促进这些反应在生理条件下完成（图 6-19）。

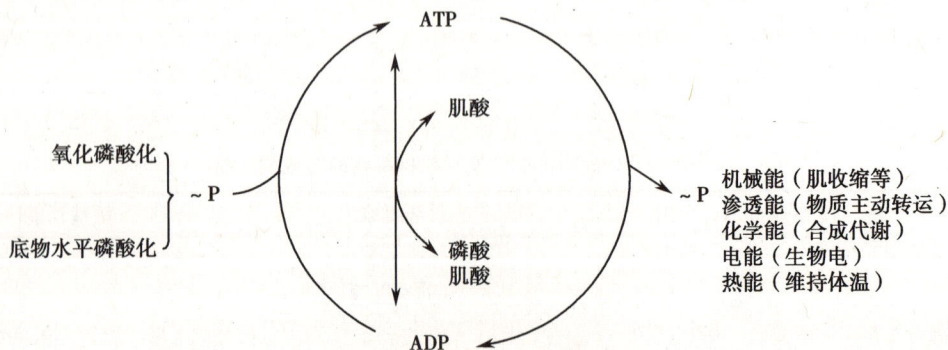

图 6-19 ATP 的生成、储存和利用

（二）ATP是体内能量转移和磷酸核苷化合物相互转变的核心

ATP 末端的高能磷酸键直接水解而释能,以驱动那些需要供能的反应,同时也能从释能更多的化合物中获得能量由 ADP 生成 ATP。

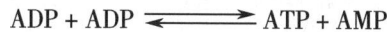

$$ADP + ADP \rightleftharpoons ATP + AMP$$

在核苷二磷酸激酶的催化下,UDP、CDP、GDP 从 ATP 中获得~P 生成 UTP、CTP、GTP,可为糖原、磷脂、蛋白质等合成提供能量。

$$ATP + UDP \rightleftharpoons ADP + UTP$$
$$ATP + CDP \rightleftharpoons ADP + CTP$$
$$ATP + GDP \rightleftharpoons ADP + GTP$$

（三）ATP通过转移自身基团提供能量

很多酶促反应由 ATP 通过共价键与底物或酶分子相连,将 ATP 分子中的 Pi、PPi 或者 AMP 基团转移到底物或酶蛋白上而形成中间产物,经过化学转变后再将这些基团水解而形成终产物,如己糖激酶磷酸化葡萄糖(参见第五章糖代谢)。

（四）磷酸肌酸是高能键能量的储存形式

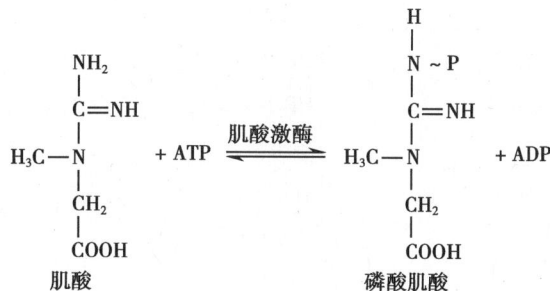

图 6-20　磷酸肌酸作为肌肉和脑组织中能量的一种贮存形式

第三节　氧化磷酸化的影响因素

能够影响 NADH、$FADH_2$ 的产生、影响呼吸链组分和 ATP 合酶功能的因素,均会影响氧化磷酸化及 ATP 的生成。

一、体内能量状态可调节氧化磷酸化速率

一方面 ATP/ADP 的比值降低、ADP 的浓度增加,氧化磷酸化速率加快;另一方面 ATP 和 ADP 也同时调节糖酵解、三羧酸循环途径,调节 NADH 和 $FADH_2$ 的生成。

二、抑制剂可阻断氧化磷酸化过程

表 6-9　氧化磷酸化抑制剂

种类	功能	举例	作用机制
呼吸链抑制剂	阻断氧化呼吸链中电子传递	鱼藤酮,萎锈灵,抗霉素 A, CN^-	分别阻断各复合体部位电子传递
解偶联剂	使氧化与磷酸化偶联分离,破坏跨内膜 H^+ 梯度	二硝基酚,解偶联蛋白	跨膜 H^+ 转运载体 内膜形成易化 H^+ 通道
ATP 合酶抑制剂	抑制电子传递及 ADP 磷酸化	寡霉素	阻断质子回流,抑制 ATP 合酶活性

三、甲状腺激素可促进氧化磷酸化和产热

机体的甲状腺激素诱导细胞膜上 Na^+, K^+-ATP 酶的生成，使 ATP 加速分解为 ADP 和 Pi，ADP 增多促进氧化磷酸化。而且甲状腺激素（T_3）可诱导解偶联蛋白基因表达，引起物质氧化释能和产热比率均增加，ATP 合成减少，导致机体耗氧量和产热同时增加。

四、线粒体 DNA 突变可影响氧化磷酸化功能

线粒体 DNA（mtDNA）呈裸露的环状双螺旋结构，mtDNA 突变可直接影响电子的传递过程或 ADP 的磷酸化，使 ATP 生成减少而致能量代谢紊乱。

五、线粒体的内膜选择性协调转运氧化磷酸化相关代谢物

线粒体的外膜对物质的通透性高、选择性低，内膜含有与代谢物转运相关的转运蛋白质体系，对各种物质进行选择性转运（表6-10）。

表6-10　线粒体内膜的某些转运蛋白对代谢物的转运

转运蛋白质	进入线粒体	出线粒体
ATP-ADP 转位酶	ADP^{3-}	ATP^{4-}
磷酸盐转运蛋白	$H_2PO_4^- + H^+$	
二羧酸转运蛋白	HPO_4^{2-}	苹果酸
α-酮戊二酸转运蛋白	苹果酸	α-酮戊二酸
天冬氨酸-谷氨酸转运蛋白	谷氨酸	天冬氨酸
单羧酸转运蛋白	丙酮酸	OH^-
三羧酸转运蛋白	苹果酸	柠檬酸
碱性氨基酸转运蛋白	鸟氨酸	瓜氨酸
肉碱转运蛋白	脂酰肉碱	肉碱

（一）胞质中的 NADH 通过穿梭机制进入线粒体的氧化呼吸链

胞质中 1 分子 $NADH+H^+$ 经 α-磷酸甘油穿梭进入线粒体氧化产生 1.5 分子 ATP（图6-21），经苹果酸-天冬氨酸穿梭进入线粒体氧化产生 2.5 分子 ATP（图6-22）。

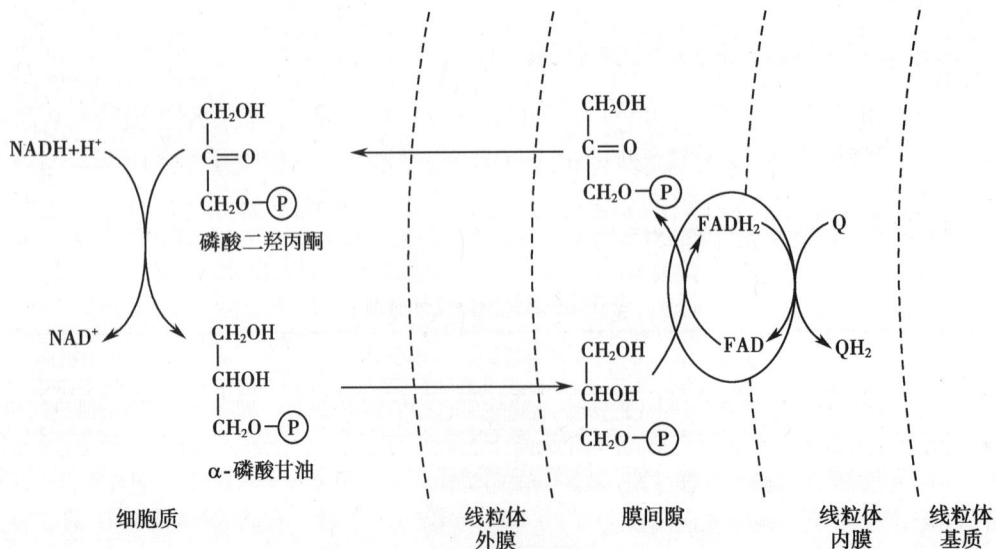

图6-21　α-磷酸甘油穿梭

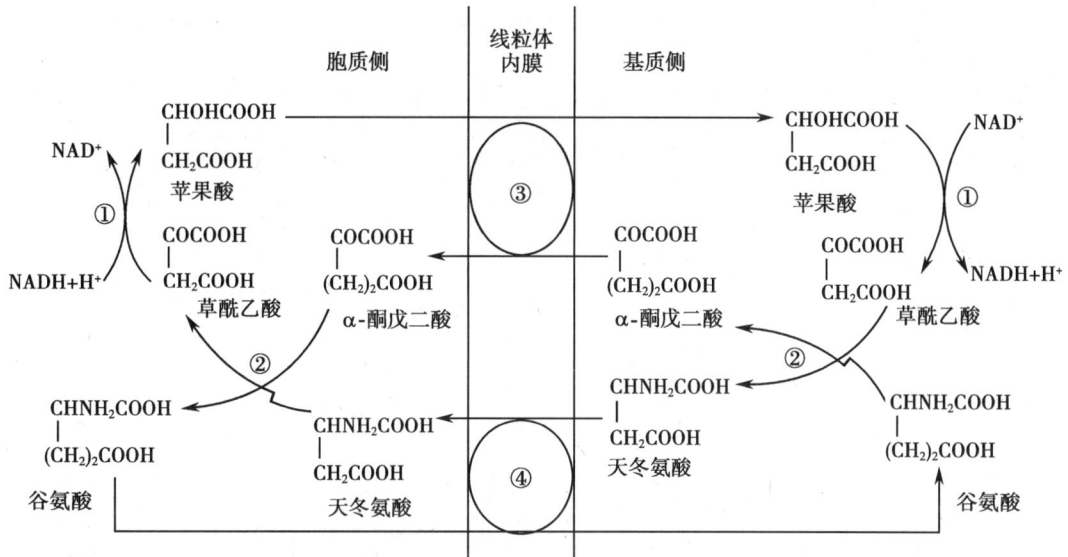

图 6-22 苹果酸 - 天冬氨酸穿梭

①苹果酸脱氢酶；②谷草转氨酶；③α- 酮戊二酸转运蛋白；④天冬氨酸 - 谷氨酸转运蛋白

（二）ATP-ADP 转位酶协调转运 ADP 进入和 ATP 移出线粒体

线粒体内膜上的腺苷酸转运蛋白，也称 ATP-ADP 转位酶（ATP-ADP translocase），将膜间隙的 ADP^{3-} 转运至线粒体基质中，同时将基质中的 ATP^{4-} 转出。每分子 ATP^{4-} 和 ADP^{3-} 反向转运时，向膜间隙转移 1 个负电荷，同时膜间隙侧的 H^+ 和 $H_2PO_4^-$ 经磷酸盐转运蛋白同向转运到线粒体基质（图 6-23）。

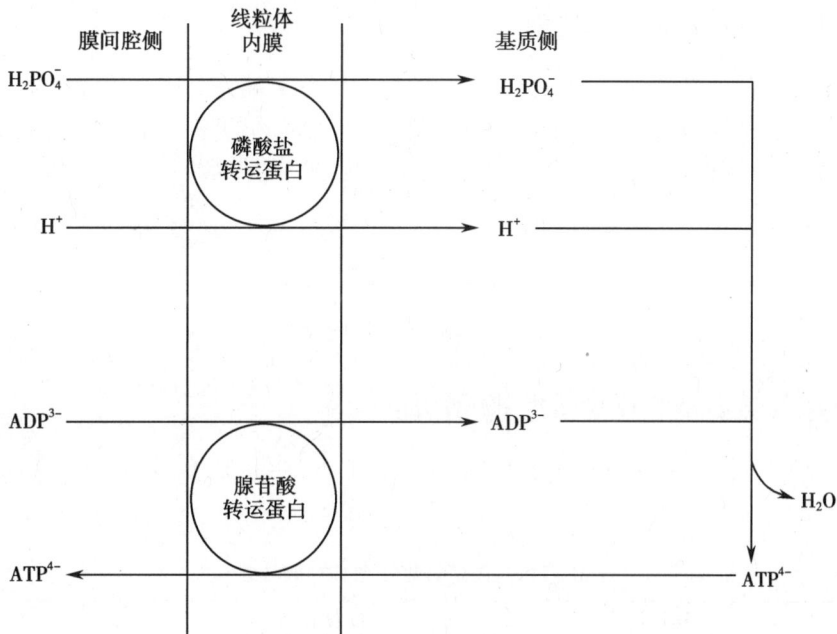

图 6-23 ATP、ADP、Pi 的转运

第四节 其他氧化与抗氧化体系

一、微粒体细胞色素 P450 单加氧酶催化底物分子羟基化

人微粒体细胞色素 P450 单加氧酶催化氧分子中的一个氧原子加到底物分子上（羟化），另一个氧原子

被 NADPH + H⁺ 还原成水，故又称混合功能氧化酶或羟化酶，参与类固醇激素等的生成以及药物、毒物的生物转化过程，其反应式如下：$RH + NADPH + H^+ + O_2 \rightarrow ROH + NADP^+ + H_2O$。反应机制如图 6-24 所示：

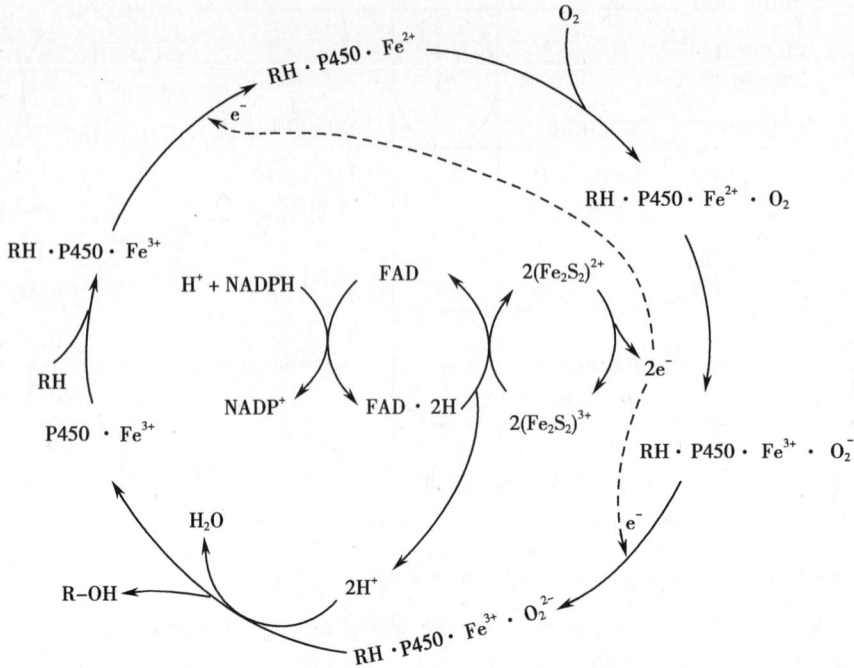

图 6-24 微粒体细胞色素 P450 加单氧酶反应机制

二、线粒体呼吸链也可产生活性氧

超氧阴离子（O_2^-）、过氧化氢 H_2O_2、羟自由基（•OH）等这些未被完全还原的含氧分子，氧化性远远大于 O_2，合称为反应活性氧类（reactive oxygen species，ROS）。线粒体的呼吸链是产生 ROS 的主要部位，细胞质中的黄嘌呤氧化酶、微粒体中的 Cyt P450 氧化还原酶也可产生少量 O_2^-。

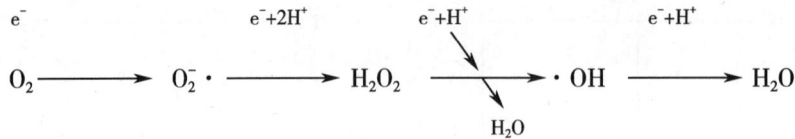

三、抗氧化酶体系有清除反应活性氧的功能

体内存在的各种抗氧化酶和小分子抗氧化剂（维生素 C、维生素 E、β- 胡萝卜素等）以对抗 ROS 的副作用（表 6-11）。

表 6-11 体内抗氧化体系种类和功能

抗氧化酶	结构特点	催化反应	生理功用
过氧化氢酶	辅基含血红素	$2H_2O_2 \rightarrow 2H_2O + O_2$	清除 H_2O_2
谷胱甘肽过氧化物酶	需硒（Se）原子	$H_2O_2 + 2GSH \rightarrow 2H_2O + GS\text{-}SG$	清除 H_2O_2 和过氧化物
		$2GSH + ROOH \rightarrow GS\text{-}SG + H_2O + ROH$	
超氧物歧化酶（SOD）	Cu/Zn-SOD	$2O_2^- + 2H^+ \rightarrow H_2O_2 + O_2$	清除超氧阴离子（O_2^-）
	Mn-SOD		

（段秋红）

第七章
脂 质 代 谢

第一节　脂质的构成、功能及分析

一、脂质是种类繁多、结构复杂的一类大分子物质

> 脂质是脂肪和类脂的总称。脂肪即甘油三酯（triglyceride, TG），也称三脂肪酰基甘油（triacylglycerol）。类脂包括固醇及其酯、磷脂和糖脂等。

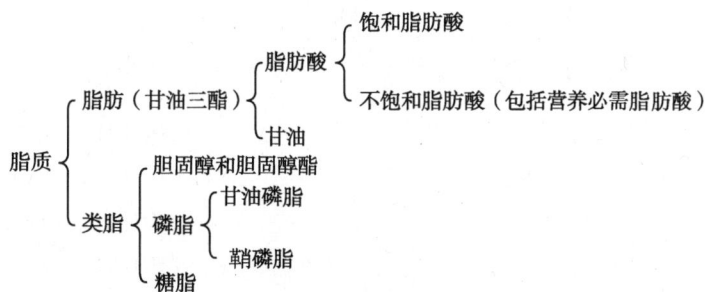

图 7-1　脂质的分类

（一）甘油三酯是甘油的脂肪酸酯

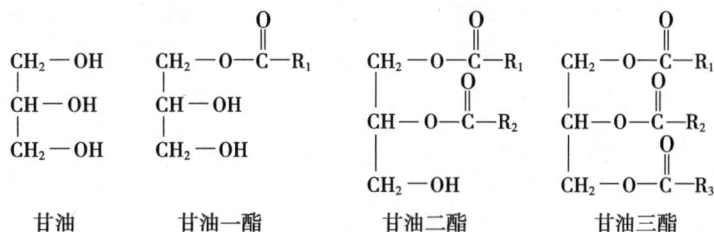

图 7-2　甘油脂肪酸酯的分子式

（二）脂肪酸是脂肪烃的羧酸

> 脂肪酸可以看作是脂肪烃分子末端氢原子被羧基取代后生成的化合物，其结构通式为 $CH_3(CH_2)_nCOOH$，主要以酯的形式存在。

表7-1 脂肪酸的系统命名法

	Δ 编码体系	ω 或 n 编码体系
基本原则	含有双键为饱和脂肪酸,含一个或以上双键为不饱和脂肪酸	
计双键起点	羧基碳	甲基碳
双键标识方式	Δ 双键位置	ω- 双键位置或 n 标明
书写方式	碳原子的数目:双键数目,并用希腊字母 Δ 上标双键位置	碳原子的数目:双键数目,并用 ω- 标识双键位置
举例	$18:1^{\Delta 9}$(油酸) $18:2^{\Delta 6,9}$(亚油酸)	$18:1,\omega-9$(油酸) $18:2,\omega-6,9$(亚油酸)

ω-末端 $CH_3-CH_2-CH_2=CH_2-CH_2-CH_2=CH_2-CH_2-CH_2=CH_2-CH_2-CH_2-CH_2-CH_2-CH_2-CH_2-CH_2-COOH$ 羧基端

碳原子编号	18	17	16	15	14	13	12	11	10	9	8	7	6	5	4	3	2	1
ω-编号	1	2	3	4	5	6	7	8	9	10	11	12	13	14	15	16	17	18
字母编号	ω	ω-1	ω-2	ω-3	ω-4	ω-5	ω-6	ω-7	ω-8	ω-9				δ		γ	β	α

图7-3 脂肪酸碳原子的编号

表7-2 常见的脂肪酸

习惯名	系统名	碳原子数和双键数	簇	分子式
饱和脂肪酸				
月桂酸(lauric acid)	n-十二烷酸	12:0		$CH_3(CH_2)_{10}COOH$
豆蔻酸(myristic acid)	n-十四烷酸	14:0		$CH_3(CH_2)_{12}COOH$
软脂酸(palmitic acid)	n-十六烷酸	16:0		$CH_3(CH_2)_{14}COOH$
硬脂酸(stearic acid)	n-十八烷酸	18:0		$CH_3(CH_2)_{16}COOH$
花生酸(arachidic acid)	n-二十烷酸	20:0		$CH_3(CH_2)_{18}COOH$
不饱和脂肪酸				
棕榈(软)油酸(palmitoleic acid)	9-十六碳一烯酸	16:1	ω-7	$CH_3(CH_2)_5CH=CH(CH_2)_7COOH$
油酸(oleic acid)	9-十八碳一烯酸	18:1	ω-9	$CH_3(CH_2)_7CH=CH(CH_2)_7COOH$
异油酸(Vaccenic acid)	反式11-十八碳一烯酸	18:1	ω-7	$CH_3(CH_2)_5CH=CH(CH_2)_9COOH$
亚油酸(linoleic acid)	9,12-十八碳二烯酸	18:2	ω-6	$CH_3(CH_2)_4(CH=CHCH_2)_2(CH_2)_6COOH$
α-亚麻酸(α-linolenic acid)	9,12,15-十八碳三烯酸	18:3	ω-3	$CH_3CH_2(CH=CHCH_2)_3(CH_2)_6COOH$
γ-亚麻酸(γ-linolenic acid)	6,9,12-十八碳三烯酸	18:3	ω-6	$CH_3(CH_2)_4(CH=CHCH_2)_3(CH_2)_3COOH$
花生四烯酸(arachidonic acid)	5,8,11,14-二十碳四烯酸	20:4	ω-6	$CH_3(CH_2)_4(CH=CHCH_2)_4(CH_2)_2COOH$
timnodonic acid(EPA)	5,8,11,14,17-二十碳五烯酸	20:5	ω-3	$CH_3CH_2(CH=CHCH_2)_5(CH_2)_2COOH$
clupanodonic acid(DPA)	7,10,13,16,19-二十二碳五烯酸	22:5	ω-3	$CH_3CH_2(CH=CHCH_2)_5(CH_2)_4COOH$
cervonic acid(DHA)	4,7,10,13,16,19-二十二碳六烯酸	22:6	ω-3	$CH_3CH_2(CH=CHCH_2)_6CH_2COOH$

（三）磷脂分子含磷酸

磷脂（phospholipids）由甘油或鞘氨醇、脂肪酸、磷酸和含氮化合物等组成。含甘油的磷脂称为甘油磷脂，含鞘氨醇或二氢鞘氨醇的磷脂称为鞘磷脂。

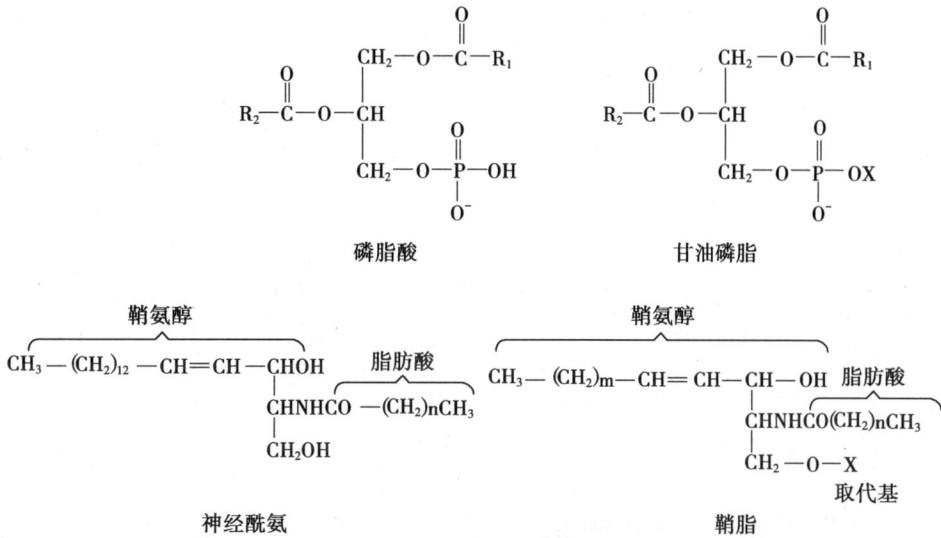

图 7-4　甘油磷脂和鞘磷脂的基本结构

表 7-3　甘油磷脂和鞘磷脂的分子组成

磷脂	组分			
	磷酸	脂肪酸	醇类	其他成分
甘油磷脂	1分子	2分子	甘油	胆碱、乙醇胺、丝氨酸、肌醇等
鞘磷脂	1分子	1分子	鞘氨醇	胆碱

表 7-4　体内几种重要的甘油磷脂

HO-X	X取代基团	甘油磷脂名称
水	—H	磷脂酸
胆碱	—CH$_2$CH$_2$N$^+$(CH$_3$)$_3$	磷脂酰胆碱（卵磷脂）
乙醇胺	—CH$_2$CH$_2$N$^+$H$_3$	磷脂酰乙醇胺（脑磷脂）
丝氨酸	—CH$_2$CH(N$^+$H$_3$)—COO$^-$	磷脂酰丝氨酸
肌醇	(肌醇环结构)	磷脂酰肌醇
甘油	—CH$_2$CHOHCH$_2$OH	磷脂酰甘油
磷脂酰甘油	(二磷脂酰甘油结构)	二磷脂酰甘油（心磷脂）

（四）胆固醇以环戊烷多氢菲为基本结构

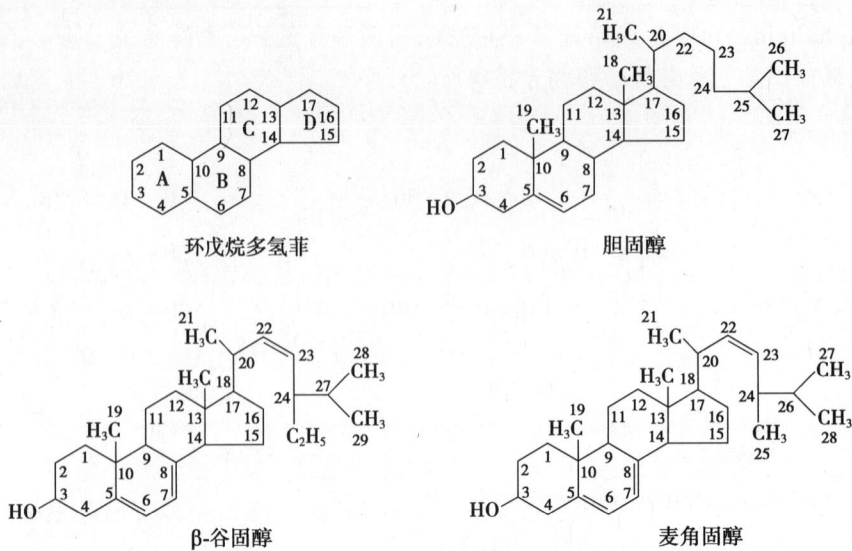

环戊烷多氢菲　　　　　　胆固醇

β-谷固醇　　　　　　麦角固醇

图 7-5　固醇分子式

二、脂质具有多种复杂的生物学功能

机体自身不能合成，必须由食物提供的脂肪酸称为必需脂肪酸（essential fatty acid），包括亚油酸、α- 亚麻酸和花生四烯酸。

表 7-5　脂质的生物学功能

脂质	主要生物学功能	转化产物	产物功能
甘油三酯	供能		
	储能		
甘油二酯	细胞信号分子		
脂肪酸	提供必需脂肪酸		
	合成不饱和脂肪酸衍生物	前列腺素（PG）	PGE$_2$ 诱发炎症，促局部血管扩张，使毛细血管通透性增加 PGE$_2$、PGA$_2$ 使动脉平滑肌舒张而降血压 PGE$_2$、PGI$_2$ 抑制胃酸分泌，促胃肠平滑肌蠕动 PGE$_2$、PGF$_{2\alpha}$ 使卵巢平滑肌收缩引起排卵 PGF$_{2\alpha}$ 使黄体溶解，分娩时使子宫体收缩加强促分娩
		血栓烷（TXA$_2$）	PGE$_2$、TXA$_2$ 强烈促血小板聚集，并使血管收缩促血栓形成，PGI$_2$、PGI$_3$ 对抗它们的作用 TXA$_3$ 促血小板聚集，较 TXA$_2$ 弱得多
		白三烯（LT）	LTC$_4$、LTD$_4$ 及 LTE$_4$ 混合物被证实是过敏反应慢反应物质，它们还能引起支气管及胃肠平滑肌剧烈收缩 LTD$_4$ 使毛细血管通透性增加 LTB$_4$ 调节白细胞的游走及趋化等功能，促进炎症及过敏反应的发展
磷脂	构成生物膜	卵磷脂	细胞膜中的重要成分
		心磷脂	线粒体膜的主要脂质
磷脂酰肌醇	第二信使前体	甘油二酯（DAG）	第二信使传递细胞信号
		肌醇三磷酸（IP$_3$）	第二信使传递细胞信号
胆固醇	细胞膜基本组分		
	转化为其他固醇化合物	类固醇激素	调节生理和导致病理过程
		胆汁酸	促进脂质消化与吸收、抑制胆汁中胆固醇析出
		维生素 D$_3$	调节钙磷代谢

表 7-6　前列腺素、血栓烷、白三烯的化学结构及命名

类别	基本骨架	基本结构	命名原则
前列腺素（PG）	具有一个五碳环和两条侧链（R_1 及 R_2）的二十碳多不饱和脂肪酸衍生物	前列腺酸	根据五碳环上取代基团和双键位置不同，PG 分为 9 型；其中，前列腺环素（PGI_2）是除五碳环外，还有一个含氧的五碳环的前列腺素
血栓烷（TXA_2）	具有前列腺酸样骨架但又不相同，分子中的五碳环为含氧烷所取代的二十碳多不饱和脂肪酸衍生物	血栓烷 A_2	
白三烯（LTs）	不含前列腺酸骨架的二十碳多不饱和脂肪酸衍生物，一般含有 4 个双键	白三烯 A_4（LTA_4）	一般 LT 有 4 个双键，所以在 LT 字母的右下方标以 4。LT 合成的初级产物为 LTA_4，在 5,6 位上有一氧环。如在 12 位加水引入羟基，并将 5,6 位的环氧键断裂，则为 LTB_4

第二节　脂质的消化与吸收

一、胆汁酸盐协助脂质消化酶消化脂质

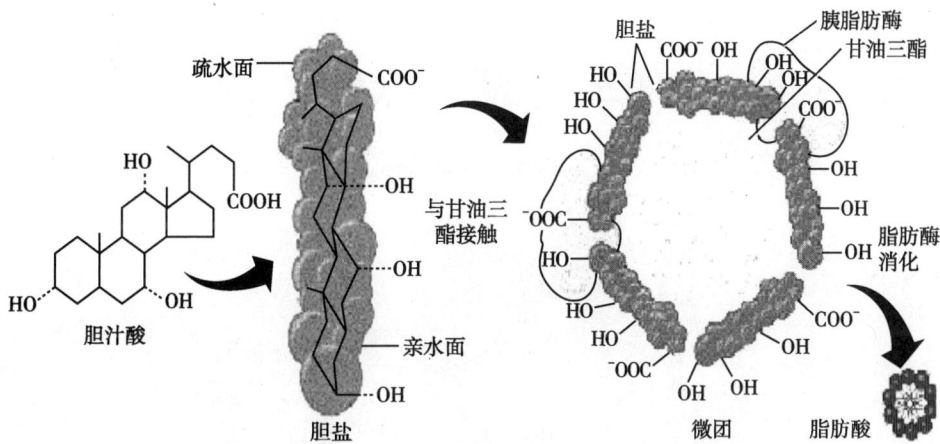

图 7-6　脂质的消化发生在脂 - 水界面，且需胆汁酸盐参与

表 7-7　脂质的消化

主要消化场所	脂质	酶	产物	特点
小肠上段	甘油三酯	胰脂酶，辅脂酶	2-甘油一酯，游离脂肪酸	辅脂酶在胰腺泡为酶原，进入十二指肠肠腔后才被胰蛋白酶激活。本身无脂酶活性，但可帮助胰脂酶和脂肪充分接触，并防止胰脂酶失活
	磷脂	磷脂酶 A2	溶血磷脂，游离脂肪酸	溶血磷脂和胆固醇可协助胆汁酸盐将食物脂质乳化成更小的混合微团，利于穿过小肠黏膜细胞表面的水屏障，促进吸收
	胆固醇酯	胆固醇酯酶	胆固醇，游离脂肪酸	

二、吸收的脂质经再合成进入血液循环

吸收部位

十二指肠下段及空肠上段

吸收方式

中链及短链脂肪酸构成的TG →乳化→ 吸收 → 肠黏膜细胞

甘油 + FFA ←脂肪酶←

↓

门静脉 ⇒ 血液循环

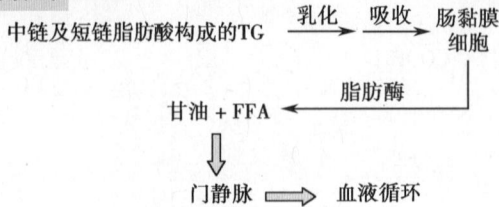

图 7-7 饮食脂质的吸收部位和吸收方式

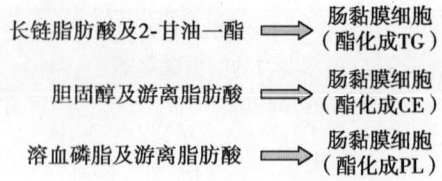

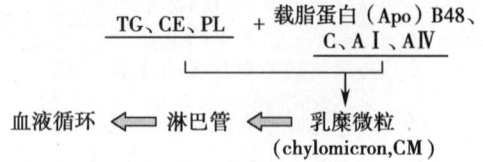

长链脂肪酸及2-甘油一酯 ⇒ 肠黏膜细胞（酯化成TG）

胆固醇及游离脂肪酸 ⇒ 肠黏膜细胞（酯化成CE）

溶血磷脂及游离脂肪酸 ⇒ 肠黏膜细胞（酯化成PL）

TG、CE、PL + 载脂蛋白（Apo）B48、C、AⅠ、AⅣ

↓

血液循环 ⇐ 淋巴管 ⇐ 乳糜微粒（chylomicron,CM）

图 7-8 饮食脂质的吸收

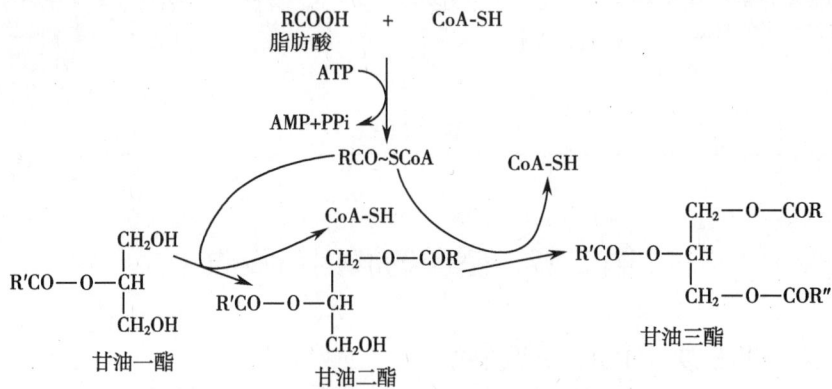

RCOOH + CoA-SH
脂肪酸

ATP
AMP+PPi

RCO~SCoA   CoA-SH

图 7-9 饮食脂肪在小肠被吸收的甘油一酯途径

甘油一酯   甘油二酯   甘油三酯

第三节 甘油三酯代谢

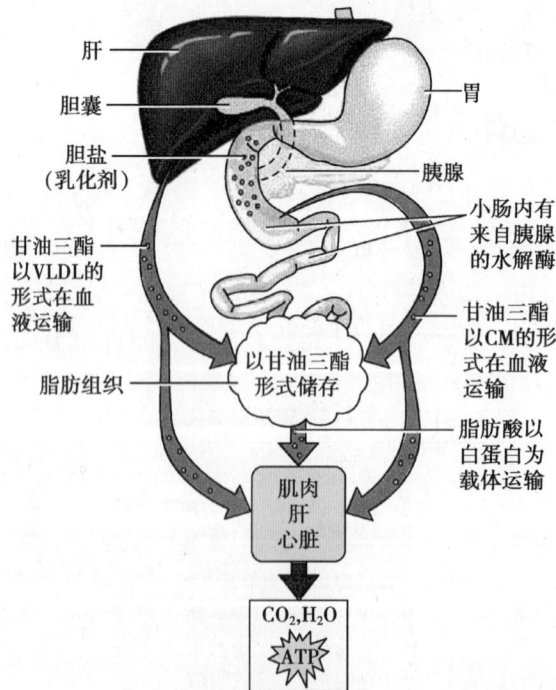

图 7-10 甘油三酯在体内的转运、储存模式图

一、甘油三酯氧化分解产生大量 ATP

（一）甘油三酯分解代谢从脂肪动员开始

脂肪动员（fat mobilization）是指储存在白色脂肪细胞内的脂肪在脂肪酶作用下，逐步水解，释放游离脂肪酸和甘油供其他组织细胞氧化利用的过程。

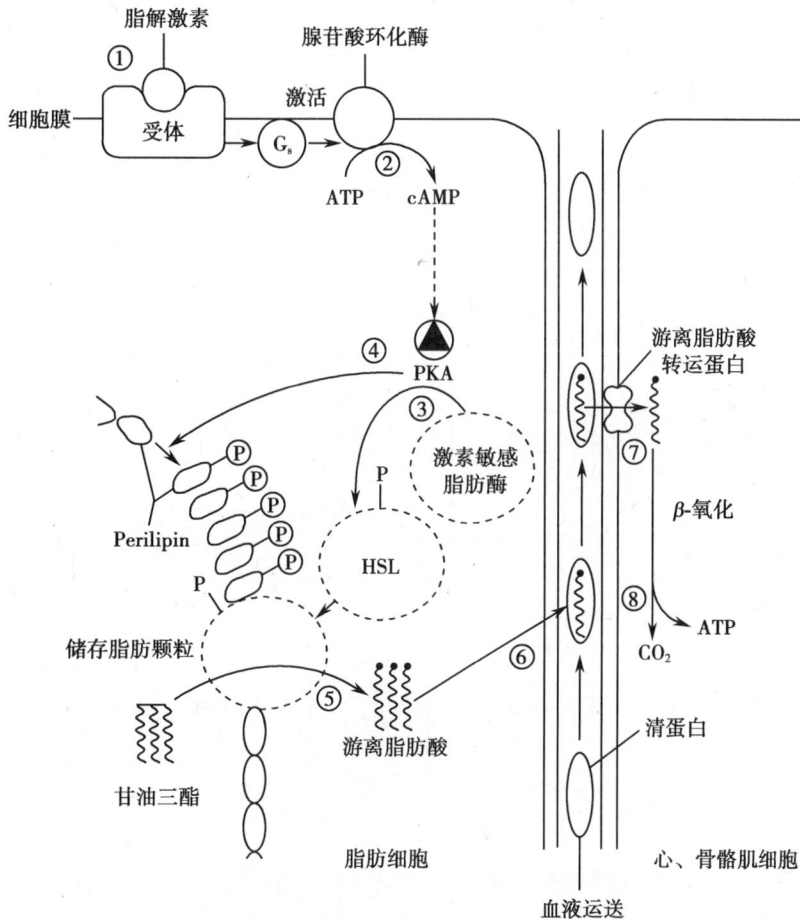

图 7-11 脂肪动员

①：激素与脂肪细胞膜受体结合。②：通过 G 蛋白激活腺苷酸环化酶，进一步活化蛋白激酶 A（protein kianse A，PKA）。③：PKA 激活激素敏感性脂肪酶（hormone sensitive lipase，HSL）。④：PKA 使细胞质内脂滴包被蛋白 -1（perilipin-1）磷酸化。磷酸化后的 perilipin-1 既激活甘油三酯脂肪酶（adipose triglyceride lipase，ATGL），也使被激活的 HSL 转移至脂滴表面。⑤：ATGL、HSL 和甘油一酯脂肪酶（monoacylglycerol lipase，MGL）水解甘油三酯为甘油和游离脂肪酸（FFA）。⑥：FFA 离开脂肪细胞，与血液中的清蛋白结合而运输。⑦：通过游离脂肪酸转运蛋白将 FFA 转运至心肌、骨骼肌等细胞。⑧：获得 FFA 细胞通过 β- 氧化分解脂肪酸产生 ATP 和 CO_2

脂解激素：启动脂肪动员，促进脂肪水解为脂肪酸和甘油的激素，如肾上腺素，去甲肾上腺素、胰高血糖素等。

抗脂解激素：对抗脂解激素的作用，抑制脂肪动员的激素，如胰岛素，前列腺素 E_2 等。

（二）甘油转变为3-磷酸甘油后被利用

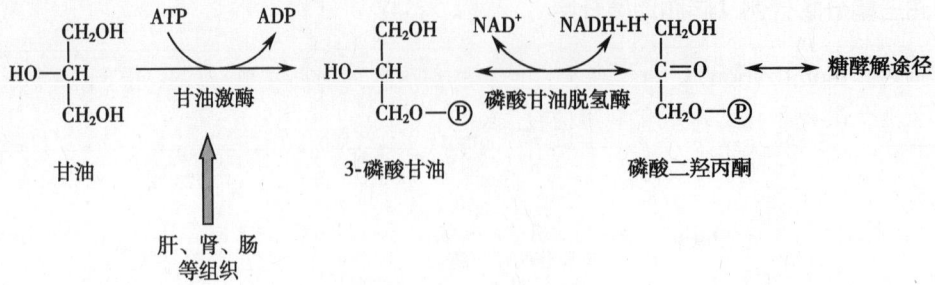

图 7-12 甘油的代谢

（三）β- 氧化是脂肪酸分解的核心过程

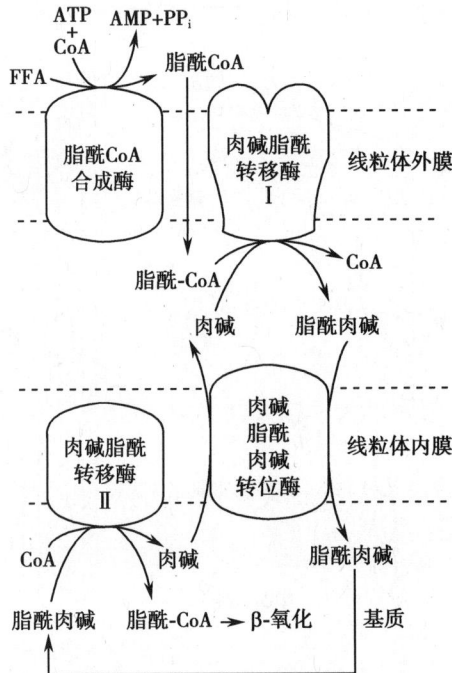

图 7-13 脂酰 CoA 进入线粒体

线粒体外膜的肉碱脂酰转移酶Ⅰ，催化胞质中长链脂酰 CoA 与肉碱合成脂酰肉碱（acyl carnitine）。脂酰肉碱在线粒体内膜的肉碱 - 脂酰肉碱转位酶（carnitine-acylcarnitine translocase）的作用下，通过内膜进入线粒体基质，同时将等分子的肉碱转运出线粒体。进入线粒体内的脂酰肉碱，在位于线粒体内膜内侧面的肉碱脂酰转移酶Ⅱ的作用下，转变为脂酰 CoA 并释出肉碱

> 脂酰 CoA 进入线粒体是脂肪酸 β- 氧化的限速步骤，肉碱脂酰转移酶Ⅰ是脂肪酸 β- 氧化的关键酶。

> 1. 除脑外，大多数组织均能氧化脂肪酸，以肝、心肌、骨骼肌能力最强。主要在线粒体发生。
> 2. 基本步骤是脱氢、加水、再脱氢和硫解四步反应不断重复。
> 3. 脂肪酸氧化是机体 ATP 的重要来源，1 分子软脂酸彻底氧化净生成 106 分子 ATP。

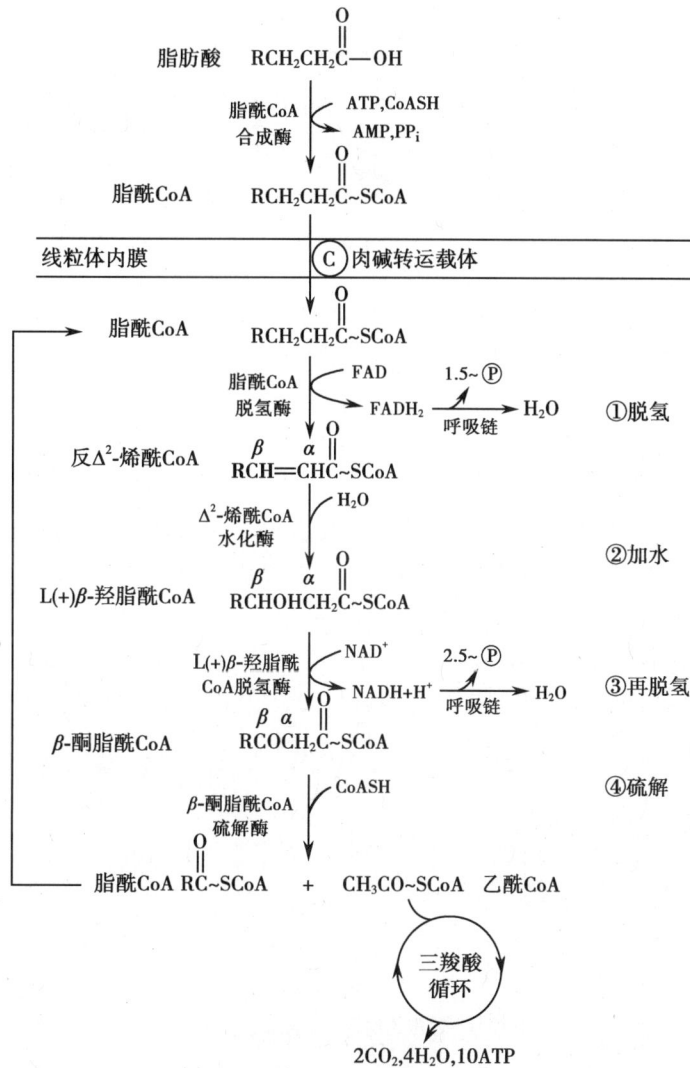

图 7-14 脂肪酸的 β- 氧化

（四）不同的脂肪酸还有不同的氧化方式

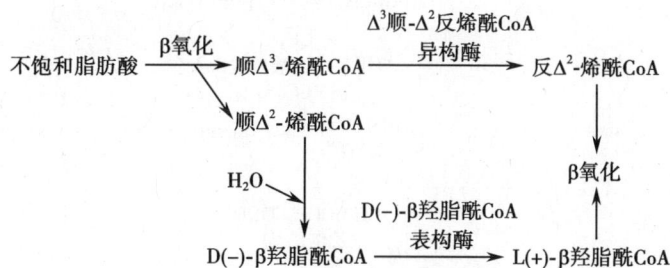

图 7-15 不饱和脂肪酸的氧化

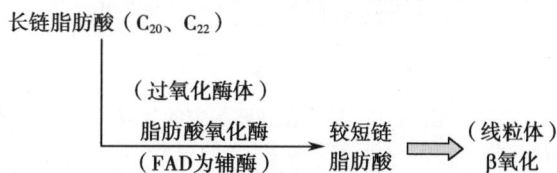

图 7-16 超长链脂肪酸的氧化

Ile Met Thr Val ⎤
奇数碳脂肪酸 ⎬ ────→ ────→ CH₃CH₂CO~CoA
胆固醇侧链 ⎦

CO_2 ⤵ 羧化酶
（ATP、生物素）

L-甲基丙二酰CoA ←──── D-甲基丙二酰CoA
　　　　　消旋酶

变位酶 ↓ 5′-脱氧腺苷钴胺素

琥珀酰CoA ────→ TAC

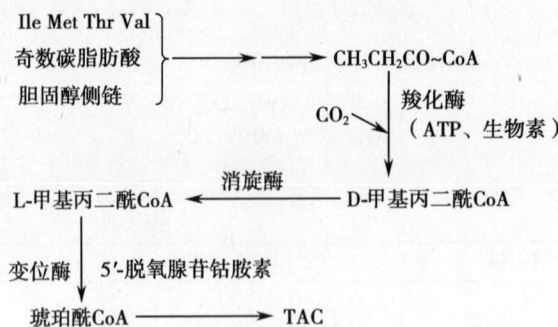

图 7-17 奇数碳原子脂肪酸的氧化

（五）脂肪酸在肝分解可产生酮体

酮体（ketone bodies）包括乙酰乙酸（acetoacetate）、β- 羟丁酸（β-hydroxybutyrate）及丙酮（acetone），是脂肪酸在肝内 β- 氧化时产生的特有中间代谢物。正常情况下，血中仅含有少量酮体，为 $0.03 \sim 0.5mmol/L$（$0.3 \sim 5mg/dl$）。

酮体分子小，溶于水，能通过血脑屏障、肌组织的毛细血管壁，是肝向肝外组织输出能量的重要形式。心肌和肾皮质利用酮体能力大于利用葡萄糖的能力。在葡萄糖供应不足或利用障碍时，酮体是脑组织的主要能源物质。

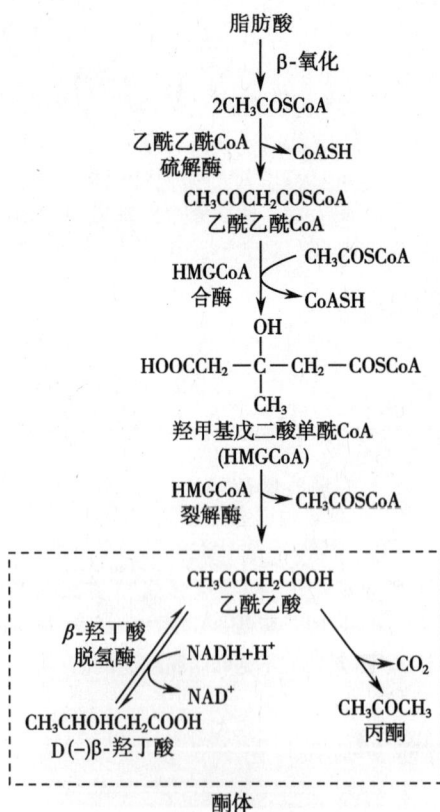

脂肪酸
↓ β-氧化
2CH₃COSCoA
乙酰乙酰CoA ⤵ CoASH
硫解酶
CH₃COCH₂COSCoA
乙酰乙酰CoA
HMGCoA ⤷ CH₃COSCoA
合酶 ⤵ CoASH

OH
HOOCCH₂ ─ C ─ CH₂ ─ COSCoA
　　　　　　　CH₃
羟甲基戊二酸单酰CoA
(HMGCoA)

HMGCoA ⤷ CH₃COSCoA
裂解酶

┌────────────────────────────────┐
│ CH₃COCH₂COOH
│ 乙酰乙酸
│ β-羟丁酸 ⇅ NADH+H⁺ ⤷ CO₂
│ 脱氢酶 ⇅ NAD⁺
│ CH₃CHOHCH₂COOH CH₃COCH₃
│ D(-)β-羟丁酸 丙酮
└────────────────────────────────┘
酮体

图 7-18 酮体在肝细胞中的生成

$$CH_3CHOCH_2COOH$$

D(-)β-羟丁酸

β-羟丁酸脱氢酶

NAD⁺

NDAH+H⁺

HSCoA+ATP

CH_3COCH_2COOH 乙酰乙酸

$COOHCH_2CH_2CO{\sim}SCoA$ 琥珀酰CoA

柠檬酸

乙酰乙酸硫激酶

琥珀酰CoA转硫酶

PPi+AMP

$CH_3COCH_2CO{\sim}SCoA$ 乙酰乙酰CoA

$COOHCH_2CH_2COOH$ 琥珀酸

$COOHCOCH_2COOH$ 草酰乙酸

丙酮 —— 自肺、肾排出

硫解酶

$CH_3CO{\sim}SCoA$ 乙酰CoA

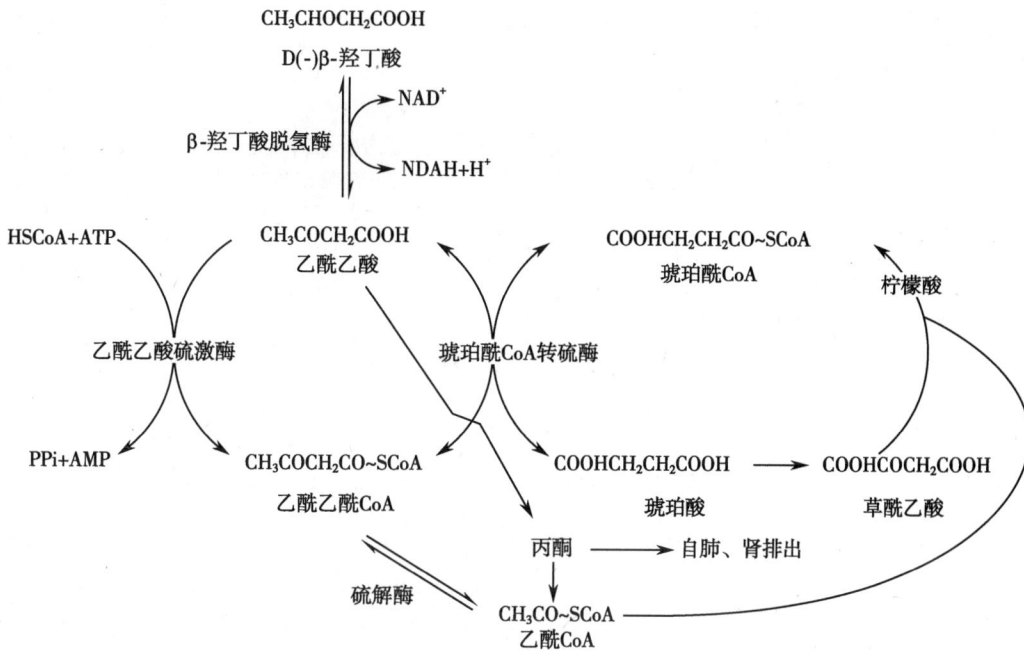

图 7-19 酮体在肝外组织的氧化利用

二、不同来源脂肪酸在不同器官以不同的途径合成甘油三酯

1. 合成部位：肝、脂肪组织和小肠是主要场所，以肝细胞的合成能力最强，合成在细胞质完成。
2. 合成原料：甘油和脂肪酸（主要由葡萄糖代谢提供）
3. 合成基本过程：①甘油一酯途径（见消化吸收一节）；②甘油二酯途径。

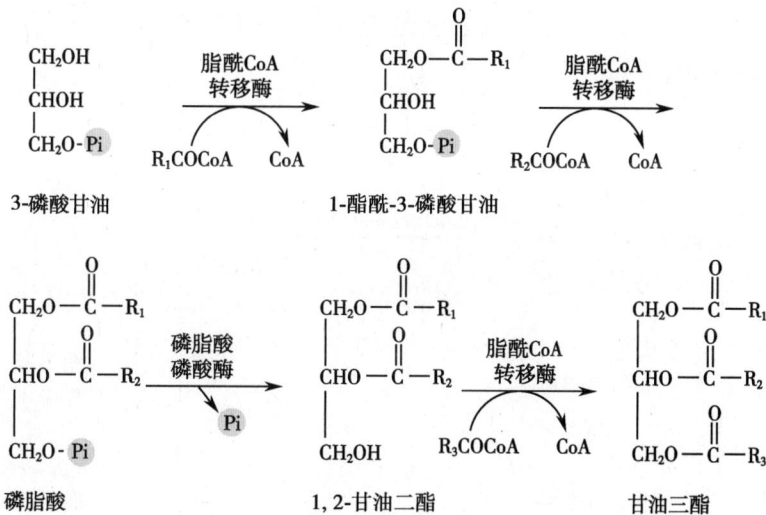

CH₂OH
CHOH
CH₂O-Pi

脂酰CoA
转移酶

R_1COCoA CoA

3-磷酸甘油

CH_2O-C-R_1
CHOH
CH₂O-Pi

脂酰CoA
转移酶

R_2COCoA CoA

1-酯酰-3-磷酸甘油

CH_2O-C-R_1
$CHO-C-R_2$
CH₂O-Pi

磷脂酸
磷酸酶

Pi

磷脂酸

CH_2O-C-R_1
$CHO-C-R_2$
CH₂OH

脂酰CoA
转移酶

R_3COCoA CoA

1,2-甘油二酯

CH_2O-C-R_1
$CHO-C-R_2$
CH_2O-C-R_3

甘油三酯

图 7-20 甘油三酯合成的甘油二酯途径

三、内源性脂肪酸的合成需先合成软脂酸

1. 合成部位：肝、肾、脑、肺、乳腺及脂肪等组织，肝是合成的主要场所，合成在细胞质完成。
2. 合成原料：乙酰CoA（主要由葡萄糖分解代谢提供）。
3. 合成基本过程：缩合-还原-脱水-再还原的基本反应循环不断重复。

（一）软脂酸由乙酰CoA在脂肪酸合酶复合体催化下合成

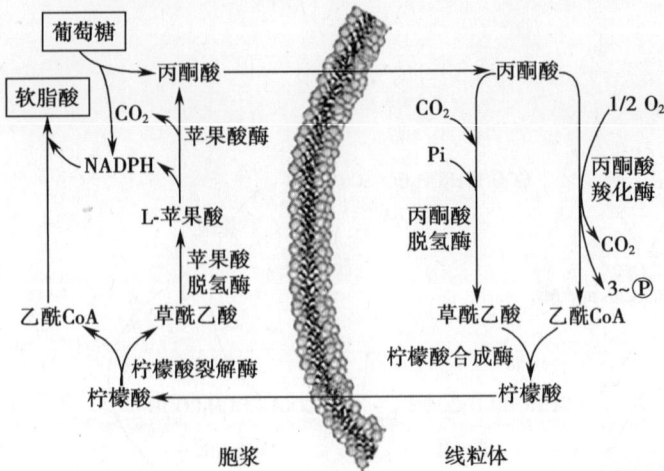

图 7-21 柠檬酸-丙酮酸循环

乙酰CoA首先在线粒体内与草酰乙酸缩合生成柠檬酸，通过线粒体内膜上的载体转运进入胞液；细胞质中ATP柠檬酸裂解酶使柠檬酸裂解释出乙酰CoA及草酰乙酰。进入细胞质的乙酰CoA可用以合成脂肪酸，而草酰乙酸则在苹果酸脱氢酶的作用下，还原成苹果酸。苹果酸也可在苹果酸酶的作用下分解为丙酮酸，再转运入线粒体，最终均形成线粒体内的草酰乙酸，再参与转运乙酰CoA

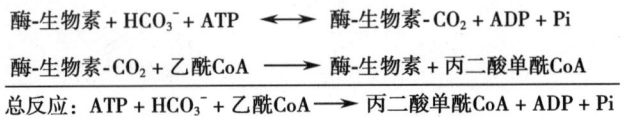

$$\text{酶-生物素} + HCO_3^- + ATP \Longleftrightarrow \text{酶-生物素-}CO_2 + ADP + Pi$$

$$\text{酶-生物素-}CO_2 + \text{乙酰CoA} \longrightarrow \text{酶-生物素} + \text{丙二酸单酰CoA}$$

总反应：$ATP + HCO_3^- + \text{乙酰CoA} \longrightarrow \text{丙二酸单酰CoA} + ADP + Pi$

图 7-22 丙二酸单酰CoA的合成反应式

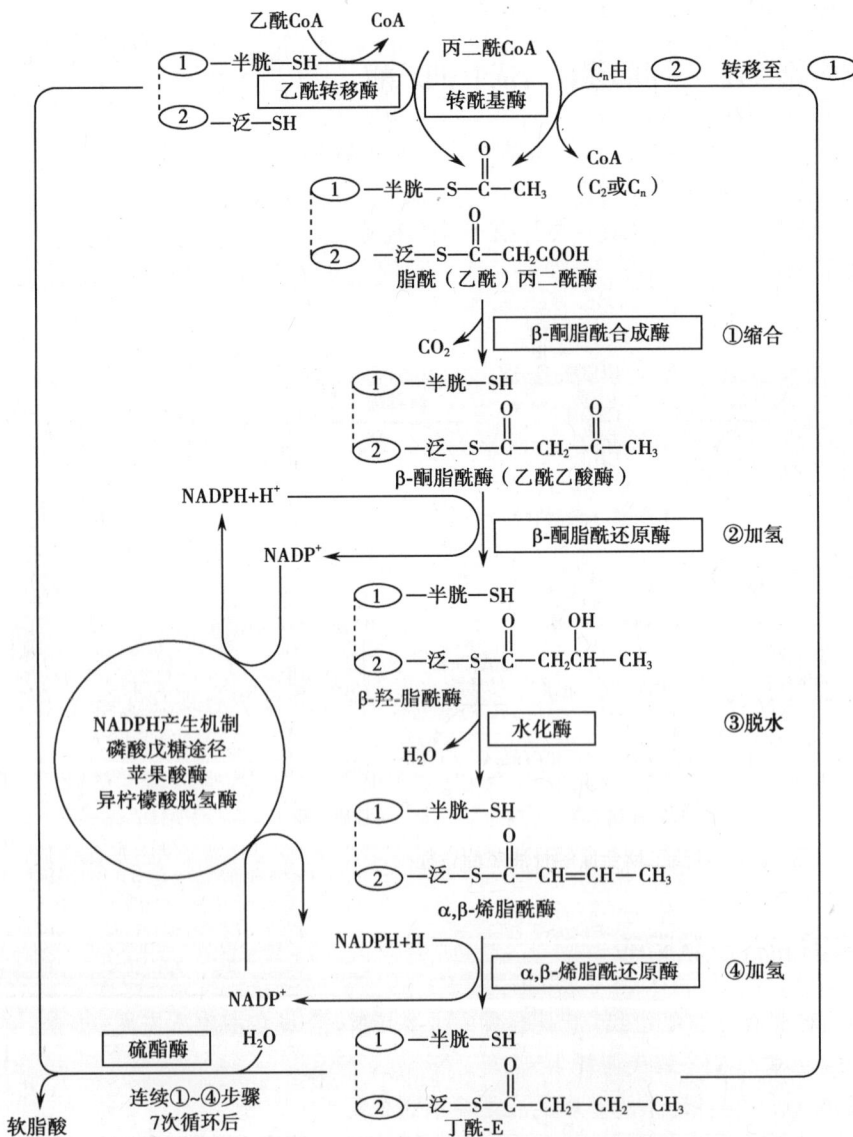

图 7-23 软脂酸的生物合成

丁酰-E是脂肪酸合成酶催化合成的第一轮产物。通过这一轮反应，即酰基转移、缩合、还原、脱水、再还原等步骤，碳原子由2个增加至4个。然后丁酰由E2—泛—SH转移至E1—半胱—SH上，E2—泛—SH（即酰基载体蛋白ACP的SH）基又可与一新的丙二酸单酰基结合，进行缩合、还原、脱水、再还原等步骤的第二轮反应。经过7次循环之后，生成16个碳原子的软脂酰—E2，然后经硫酯酶的水解，即生成终产物游离的软脂酸

98

$$
\boxed{\begin{array}{c} CH_3COSCoA \\ + \\ 7HOOCH_2COSCoA \\ + \\ 14NADPH+H^+ \end{array}} \longrightarrow \boxed{\begin{array}{c} CH_3(CH_2)_{14}COOH \\ + \\ 7CO_2 \\ + \\ 6H_2O \\ + \\ 8HSCoA \\ + \\ 14NADP^+ \end{array}}
$$

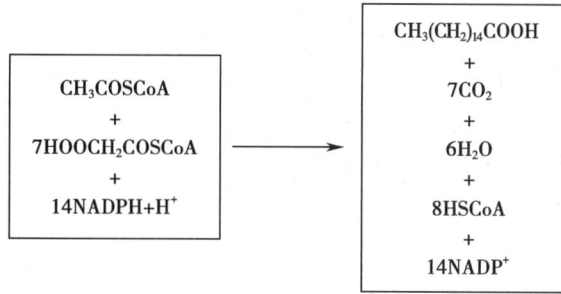

图 7-24　软脂酸合成的总反应式

（二）软脂酸延长在内质网和线粒体内进行

表 7-8　内质网和线粒体脂肪酸延长途径的异同

	内质网脂肪酸延长途径	线粒体脂肪酸延长途径
二碳单位供体	丙二酸单酰 CoA	乙酰 CoA
供氢体	NADPH	NADPH
催化酶	脂肪酸延长酶体系	脂肪酸延长酶体系
基本过程	和软脂酸类似	先生成硬脂酰 CoA
碳链延长长度	可延长至 24 碳，但以 18 碳硬脂酸为主	可延长至 24～26 碳，但以 18 碳硬脂酸为主

（三）不饱和脂肪酸的合成需多种去饱和酶催化

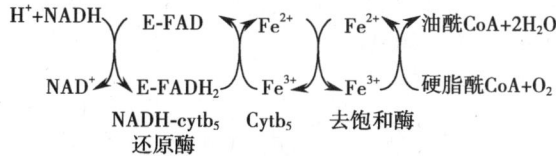

图 7-25　不饱和脂肪酸的合成

（四）脂肪酸的合成受代谢物和激素调节

表 7-9　代谢物和激素对脂肪酸合成的调节

调节剂		调节原理	作用结果
代谢物	ATP	脂肪酸合成原料	促进脂肪酸合成
	NADPH		
	乙酰 CoA		
	脂酰 CoA	乙酰 CoA 羧化酶的别构抑制剂	抑制脂肪酸合成
激素	胰岛素	激活乙酰 CoA 羧化酶	促进脂肪酸合成 增加甘油三酯合成 促进脂肪组织合成脂肪储存
		促进脂肪酸合成磷脂酸	
		增加脂肪组织脂蛋白脂肪酶活性	
	胰高血糖素	抑制乙酰 CoA 羧化酶	抑制甘油三酯合成 抑制脂肪酸合成
		减少肝细胞向血液释放脂肪	
	肾上腺素	抑制乙酰 CoA 羧化酶	
	生长素	抑制乙酰 CoA 羧化酶	

第四节 磷脂代谢

一、磷脂酸是甘油磷脂合成的重要中间产物

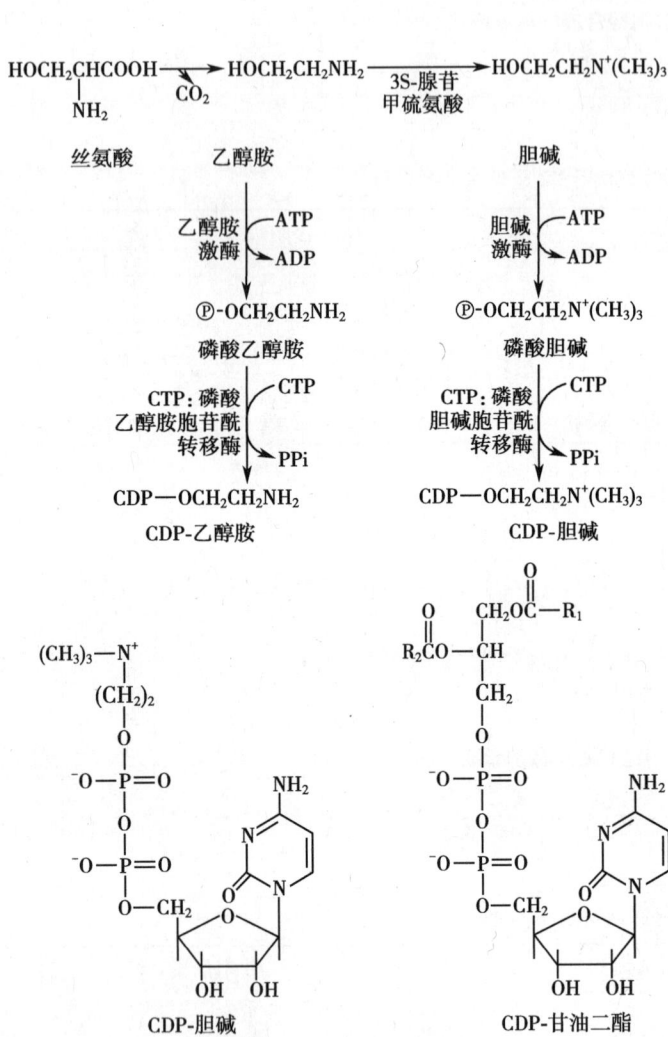

图 7-26 甘油磷脂合成

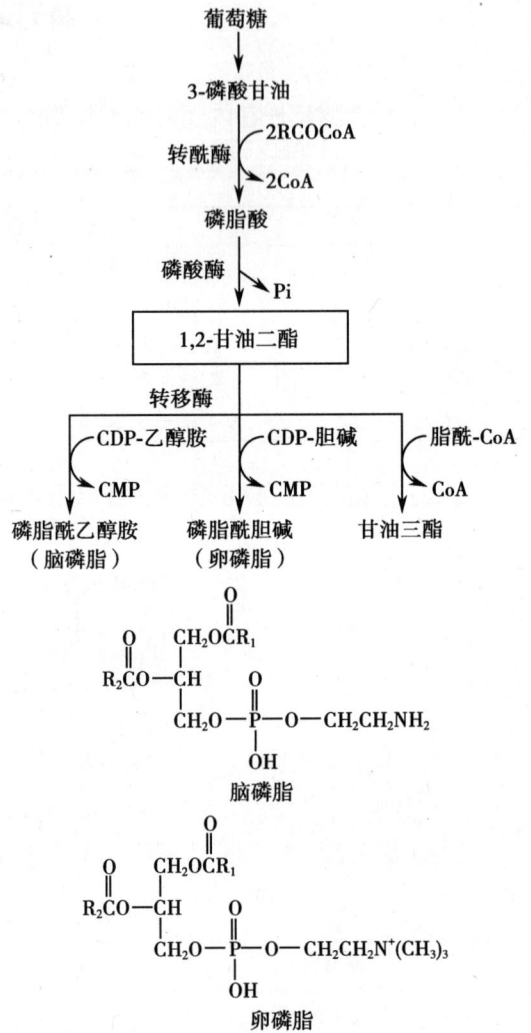

图 7-27 甘油磷脂的甘油二酯合成途径

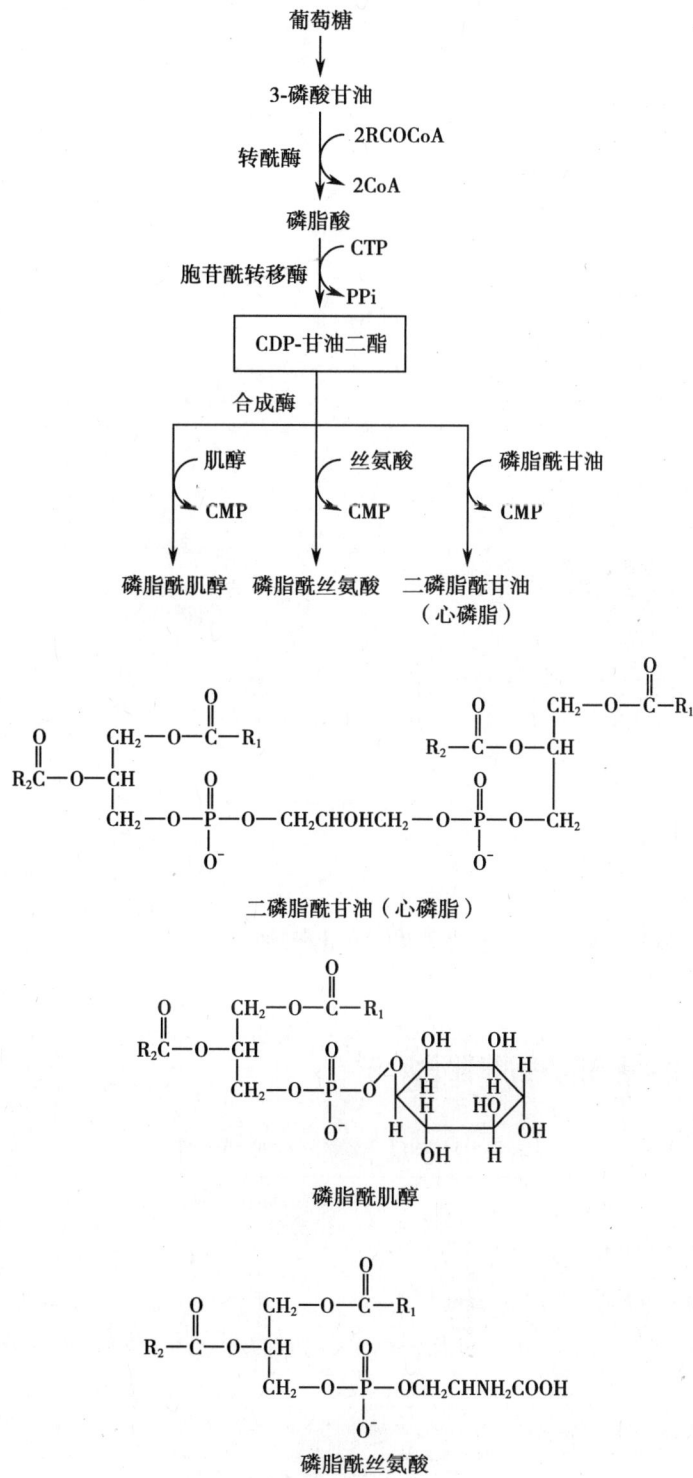

图 7-28　CDP-甘油二酯合成途径

二、甘油磷脂由磷脂酶催化降解

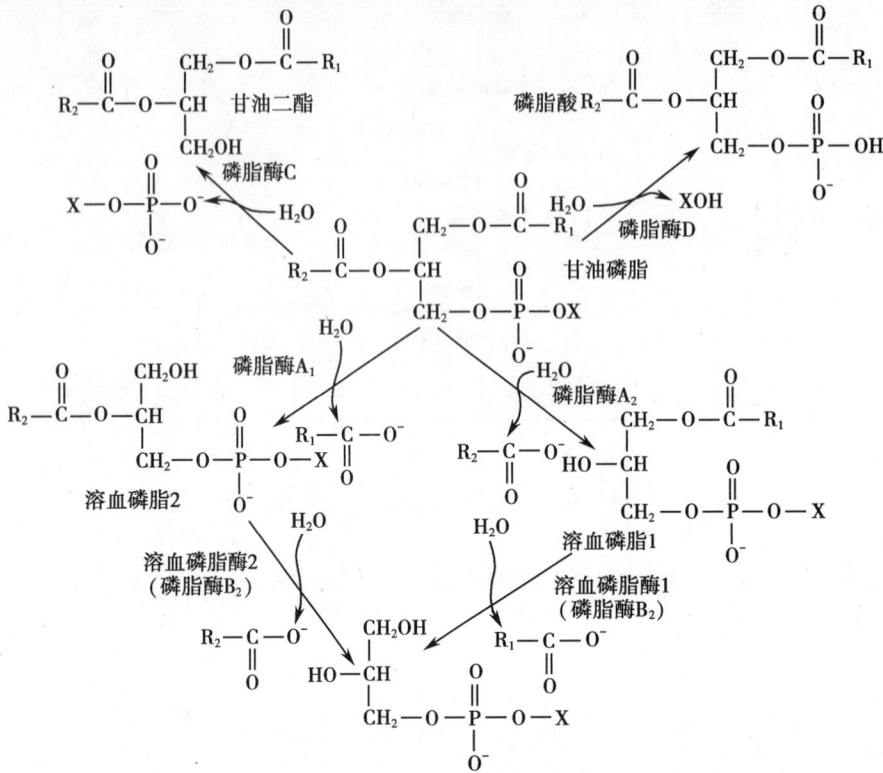

图 7-29 甘油磷脂的降解

三、鞘氨醇是神经髓鞘磷脂合成的重要中间产物

四、神经鞘磷脂由神经鞘磷脂酶催化降解

表 7-10 神经鞘磷脂的合成和降解

	神经鞘磷脂的合成
组成	鞘氨醇、脂肪酸和磷酸胆碱
合成部位	各组织细胞内质网,脑组织活性最高
合成原料	软脂酰 CoA、丝氨酸、胆碱,以及磷酸吡哆醛、NADPH 及 FAD 等辅酶
合成过程	软脂酰 CoA + L- 丝氨酸 → 3- 酮基二氢鞘氨醇 → 二氢鞘氨醇 → 鞘氨醇 + 脂酰 CoA → N- 脂酰鞘氨醇 + 磷酸胆碱 → 神经鞘磷脂
	神经鞘磷脂的降解
降解部位	脑、肝、脾、肾等组织细胞溶酶体
降解酶	神经鞘磷脂酶
降解产物	磷酸胆碱 + N- 脂酰鞘氨醇

第五节　胆固醇代谢

一、体内胆固醇来自食物和内源性合成

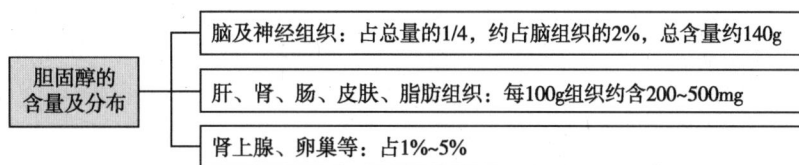

图 7-30　胆固醇的含量及分布

表 7-11　胆固醇合成

合成组织	除成年动物脑组织及成熟红细胞外的全身各组织,肝是主要合成器官
合成部位	细胞质和光面内质网膜
关键酶	羟甲基戊二酸单酰 CoA 还原酶(HMG-CoA 还原酶)
合成原料	乙酰 CoA(葡萄糖、氨基酸和脂肪酸在线粒体的分解产物) NADPH(磷酸戊糖途径)
消耗(每合成 1 分子胆固醇)	18 分子乙酰 CoA 36 分子 ATP 16 分子 NADPH + H$^+$

表 7-12　胆固醇合成的过程

步骤	反应	酶
1	2 乙酰 CoA → 乙酰乙酰 CoA + HSCoA	乙酰乙酰硫解酶
2	乙酰乙酰 CoA + 乙酰 CoA ←→ 羟甲基戊二酸单酰 CoA	羟甲基戊二酸单酰 CoA 合酶
3	羟甲基戊二酸单酰 CoA + NADPH + H$^+$ → 甲羟戊酸 + NADP$^+$	HMG-CoA 还原酶 (限速酶)
4	甲羟戊酸 + ATP ←→ 5 碳焦磷酸化合物	一系列酶
5	3 × 5 碳焦磷酸化合物 → 15 碳焦磷酸法尼酯	一系列酶
6	2 × 焦磷酸法尼酯 → 鲨烯	鲨烯合酶
7	鲨烯 → 羊毛固醇	单加氧酶、环化酶等
8	羊毛固醇 → 胆固醇	

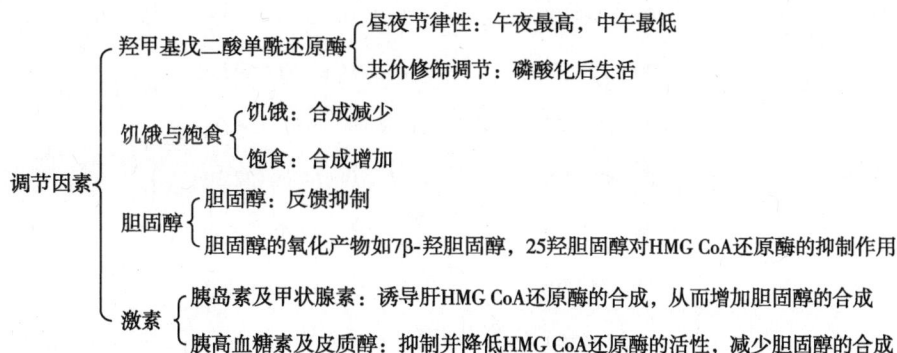

图 7-31　胆固醇合成的调节

二、胆固醇的主要去路是转化为胆汁酸

表 7-13　胆固醇的转化

器官		转化物	功能
肝		胆汁酸	促进脂质消化与吸收、抑制胆汁中胆固醇析出
肾上腺	皮质球状带	醛固酮	作为类固醇激素，调节生理和导致病理过程
	皮质束状带	皮质醇	
	皮质网状带	雄激素	
睾丸	间质细胞	睾丸酮	
卵巢	卵泡内膜细胞	雌二醇、孕酮	
	黄体		
皮肤		维生素 D_3 前体	调节钙磷代谢

第六节　血浆脂蛋白代谢

一、血脂是血浆所含脂质的统称

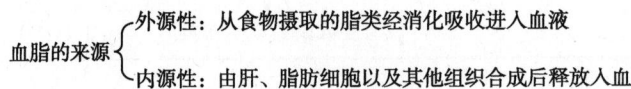

血脂的来源
- 外源性：从食物摄取的脂类经消化吸收进入血液
- 内源性：由肝、脂肪细胞以及其他组织合成后释放入血

图 7-32　血脂的来源

表 7-14　正常成人空腹血脂的组成及含量

组成	血浆含量		空腹时主要来源
	mg/ml	mmol/L	
总脂	400～700（500）		
甘油三酯	10～150（100）	0.11～1.69（1.13）	肝
总胆固醇	100～250（200）	2.59～6.47（5.17）	肝
胆固醇酯	70～250（200）	1.81～5.17（3.75）	
游离胆固醇	40～70（55）	1.03～1.81（1.42）	
总磷脂	150～250（200）	48.44～80.73（64.58）	
卵磷脂	50～200（100）	16.10～64.60（32.30）	肝
神经磷脂	50～130（70）	16.10～42.00（22.60）	肝
脑磷脂	15～35（20）	4.80～13.00（6.40）	肝
游离脂肪酸	5～20（15）		脂肪组织

注：括号内为均值

二、血浆脂蛋白是血脂的运输形式及代谢形式

（一）血浆脂蛋白可用电泳法和超速离心法分类

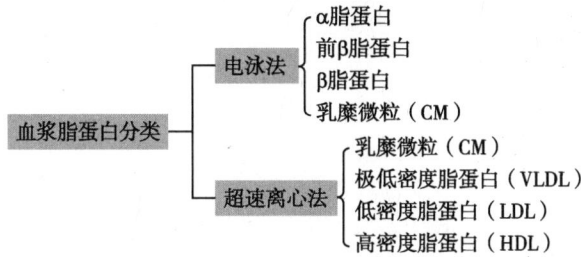

图 7-33　血浆脂蛋白的分类

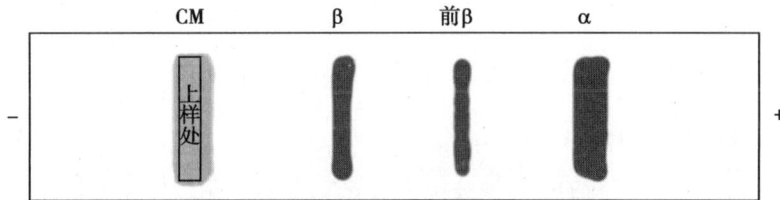

图 7-34　电泳法分类血浆脂蛋白示意图

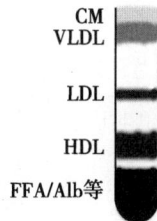

图 7-35　超速离心法分类血浆脂蛋白示意图

表 7-15　血浆脂蛋白的分类、性质、组成及功能

分类	密度法	乳糜微粒	极低密度脂蛋白	低密度脂蛋白	高密度脂蛋白
	电泳法		前β-脂蛋白	β-脂蛋白	α-脂蛋白
性质	密度	<0.95	0.95～1.006	1.006～1.063	1.063～1.210
	S$_f$ 值	>400	20～400	0～20	沉降
	电泳位置	原点	α$_2$-球蛋白	β-球蛋白	α$_1$-球蛋白
	颗粒直径 /nm	80～500	25～80	20～25	5～17
组成 /%	蛋白质	0.5～2	5～10	20～25	50
	脂质	98～99	90～95	75～80	50
	甘油三酯	80～95	50～70	10	5
	磷脂	5～7	15	20	25
	胆固醇	1～4	15	45～50	20
	游离胆固醇	1～2	5～7	8	5
	胆固醇酯	3	10～12	40～42	15～17

续表

分类	密度法 电泳法	乳糜微粒	极低密度脂蛋白 前β-脂蛋白	低密度脂蛋白 β-脂蛋白	高密度脂蛋白 α-脂蛋白
载脂蛋白组成/%	Apo AI	7	<1	—	65~70
	Apo AII	5	—	—	20~25
	Apo AIV	10			
	Apo B100	—	20~60	95	—
	Apo B48	9			
	Apo CI	11	3	—	6
	Apo CII	15	6	微量	1
	Apo CIII 0~2	41	40	—	4
	Apo E	微量	7~15	<5	2
	Apo D	—	—	—	3
主要合成部位		小肠黏膜细胞	肝细胞	血浆	肝、肠、血浆
功能		转运外源性甘油三酯和胆固醇	转运内源性甘油三酯和胆固醇	转运内源性胆固醇	逆向转运胆固醇

（二）血浆脂蛋白是脂质与蛋白质的复合体

　　血浆脂蛋白中的蛋白质部分被称为载脂蛋白（apolipoprotein，Apo），迄今已从人血浆分离出 20 种之多。不同脂蛋白具有相似基本结构，但功能各不相同。

表 7-16　人血浆载脂蛋白的结构、功能及含量

载脂蛋白	分子质量 /kD	氨基酸数	分布	功能	血浆含量 */(mg/dl)
AI	28 300	243	HDL, CM	激活 LCAT，识别 HDL 受体	123.8±4.7
AII	17 000	77 x 2	HDL	稳定 HDL 结构，激活 HL	33±5
AVI	46 000	371	HDL, CM	辅助激活 LPL	17±2 △
B100	512 723	4 536	VLDL, LDL	识别 LDL 受体	87.3±14.3
B48	264 000	2 152	CM	促进 CM 合成	?
CI	6 500	57	CM, VLDL, HDL	激活 LCAT?	7.8±2.4
CII	8 800	79	CM, VLDL, HDL	激活 LPL	5.0±1.8
CIII	8 900	79	CM, VLDL, HDL	抑制 LPL，抑制肝 ApoE 受体	11.8±3.6
D	22 000	169	HDL	转运胆固醇酯	10±4 △
E	34 000	299	CM, VLDL, HDL	识别 LDL 受体	3.5±1.2
J	70 000	427	HDL	结合转运脂质，激活补体	10 △
(a)	500 000	4 529	LP (a)	抑制纤溶酶活性	0~120 △
CETP	64 000	493	HDL, d>1.21	转运胆固醇酯	0.19±0.05 △
PTP	69 000	?	HDL, d>1.21	转运磷脂	?

* 四川大学华西基础医学与法医学院生物化学与分子生物学教研室载脂蛋白研究室对成都地区 625 例正常成人的测定结果

△ 国外报道参考值

? 未确定

CETP: 胆固醇酯转运蛋白；LPL: 脂蛋白脂酶；PTP: 磷脂转运蛋白；HL: 肝脂酶；CM: 乳糜微粒；HDL: 高密度脂蛋白；LDL: 低密度脂蛋白；VLDL: 极低密度脂蛋白；LCAT: 胆固醇脂酰转移酶

表 7-17　脂蛋白代谢关键酶的性质、分布及功能

关键酶	脂蛋白脂酶（LPL）	肝脂酶（HL）	胆固醇脂酰转移酶（LCAT）
底物	CM-TG，VLDL-TG	VLDL-TG，LDL-TG 及 HDL-TG	HDL- 卵磷脂，胆固醇
最适 pH	7.5～9.0	7.5～9.0	7.4
分布	肝外组织：脂肪、心肌、肺、乳腺等	肝实质性细胞合成，转运至肝窦内皮细胞	肝实质性细胞合成，分泌入血
作用部位	毛细血管内皮细胞表面	肝窦内皮细胞	血浆
激活剂	ApoCⅡ	不需要 ApoCⅡ激活	ApoAⅠ
抑制剂	FFA、鱼精蛋白、1mol/L NaCl、ApoCⅢ	不被鱼精蛋白、1mol/L NaCl、ApoCⅢ抑制	—
结构	由 448 个氨基酸残基构成，分子量 61kD	由 476 个氨基酸残基构成，分子量 51kD	由 416 个氨基酸残基构成，分子量 61kD
基因	长 30kb，含 10 个外显子，11 个内含子	—	6 个外显子，5 个内含子，mRNA 长 1.55kb
染色体定位	8 号染色体	15 号染色体	16 号染色体（16q^{22}）
功能	催化 CM、VLDL 内核 TG 水解，生成的 FFA 供肝外组织利用	催化 HDL 内核 TG 水解，使 HDL$_2$ 转变为 HDL$_3$；催化 IDL 内核 TG 水解，使 IDL 转变为 LDL	促进新生 HDL 成熟转变为 HDL$_2$；HDL$_2$ 促进胆固醇逆向转运

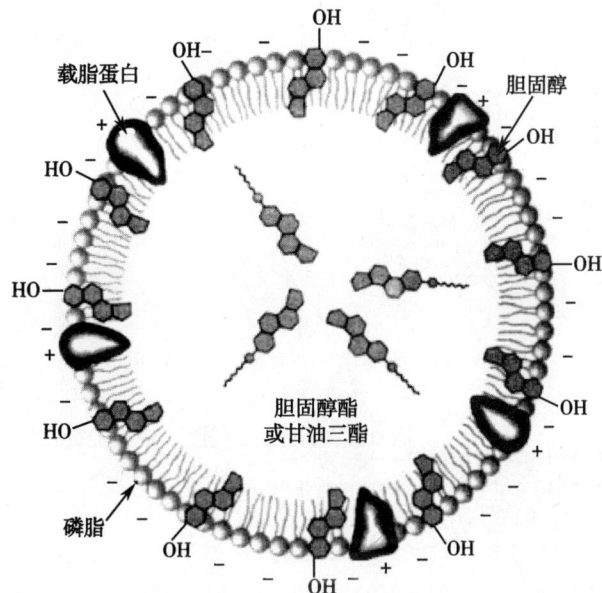

图 7-36　血浆脂蛋白的结构示意图

三、不同来源脂蛋白具有不同功能和不同代谢途径

（一）乳糜微粒主要转运外源性甘油三酯及胆固醇

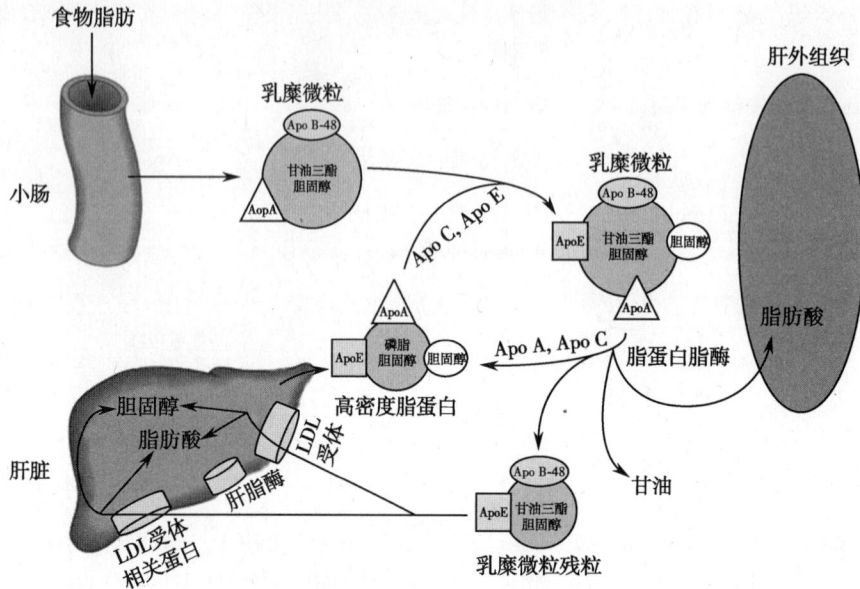

图 7-37　CM 的代谢

（二）极低密度脂蛋白主要转运内源性甘油三酯

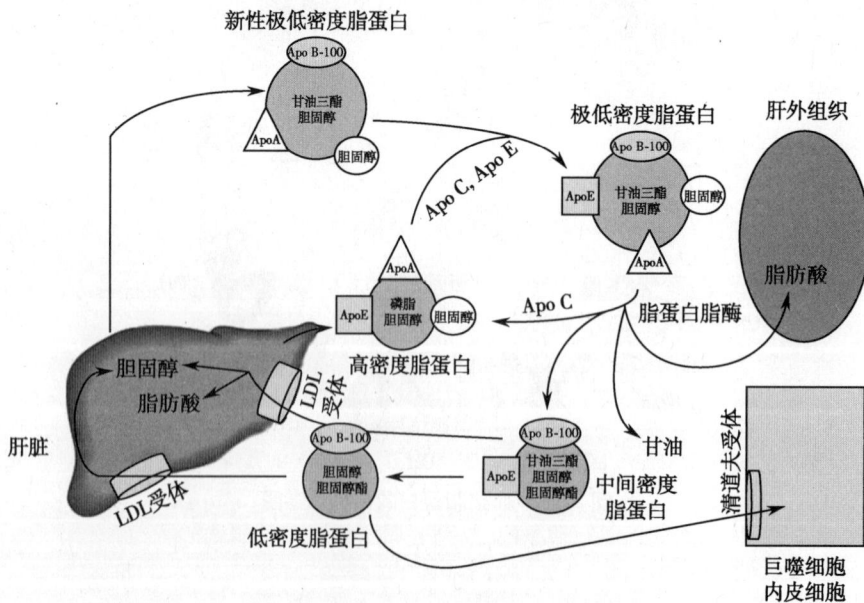

图 7-38　VLDL 和 LDL 的代谢

（三）低密度脂蛋白主要转运内源性胆固醇

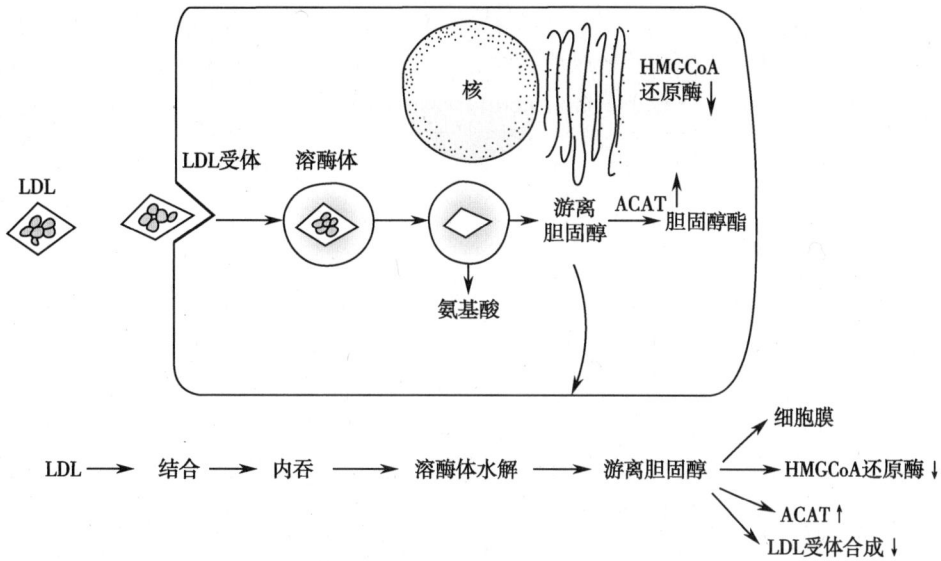

图 7-39　LDL 受体代谢途径

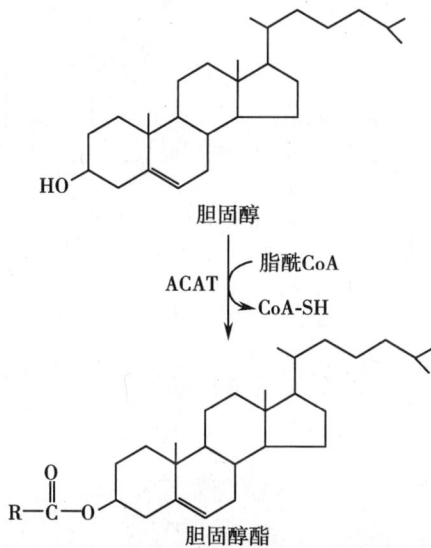

图 7-40　脂酰 CoA 胆固醇脂酰转移酶
ACAT：脂酰 CoA 胆固醇脂酰转移酶

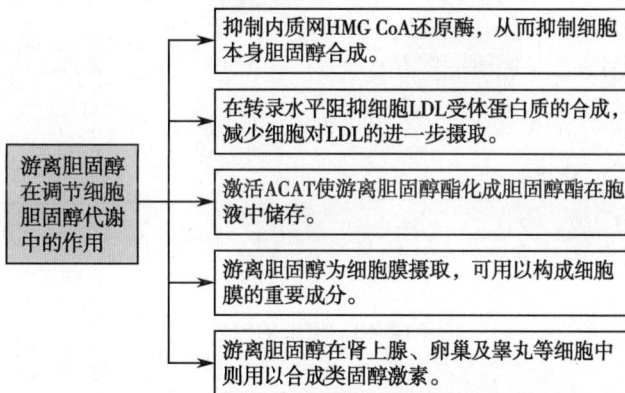

图 7-41　游离胆固醇在调节细胞胆固醇代谢中的作用

（四）高密度脂蛋白主要逆向转运胆固醇

高密度脂蛋白（HDL）在胆固醇脂肪酰基转移酶（LCAT）、载脂蛋白 ApoAI 及胆固醇酯转运蛋白（CETP）等的作用下，可将胆固醇从肝外组织转运到肝进行代谢。这种将胆固醇从肝外组织向肝转运的过程，称为胆固醇的逆向转运（reverse cholesterol transport，RCT）。

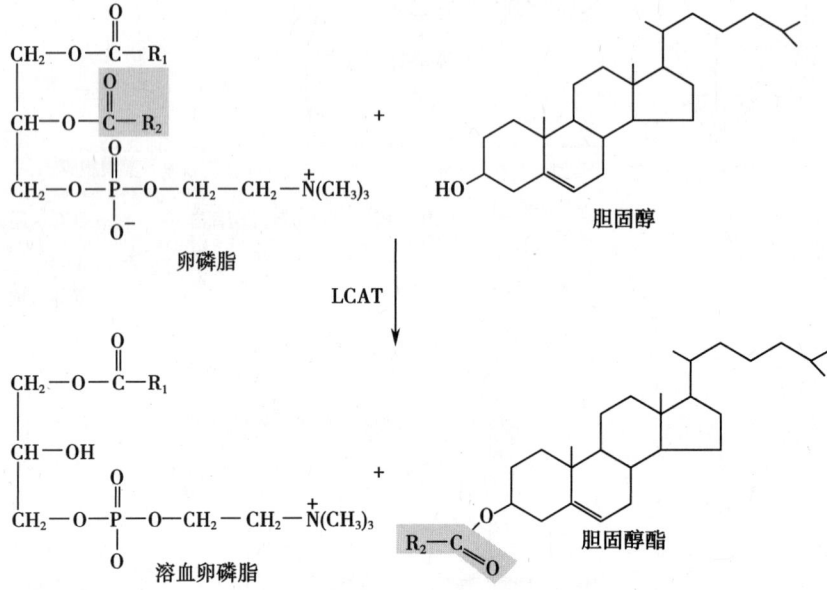

图 7-42 LCAT 催化的反应

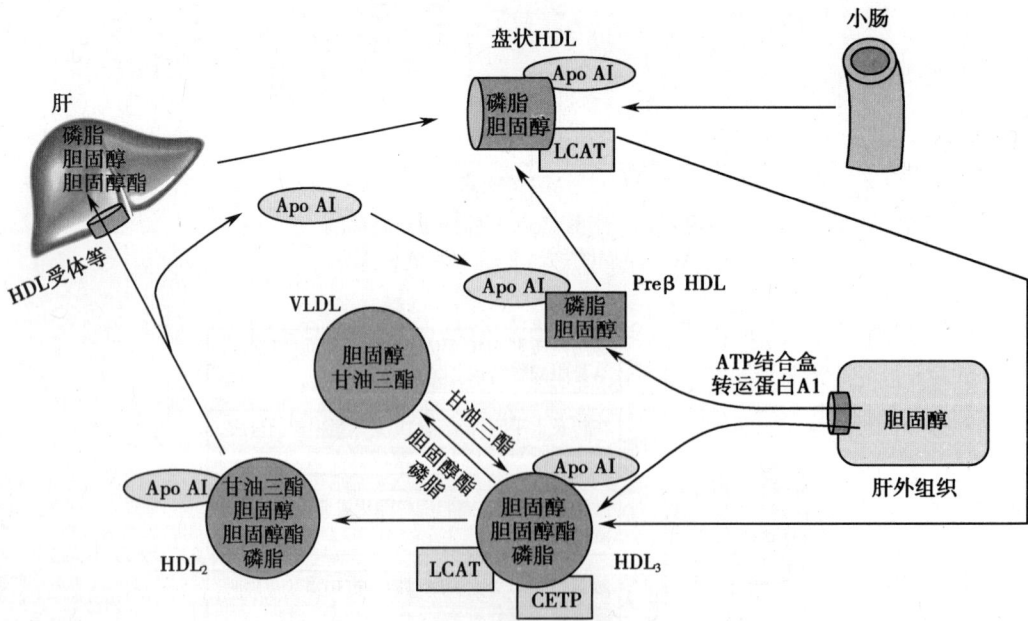

图 7-43 HDL 的代谢

四、血浆脂蛋白代谢紊乱导致异常脂蛋白血症

血浆脂质水平超过正常范围上限即为高脂血症（hyperlipidemia）。目前临床中的高脂血症指血浆胆固醇和 / 或甘油三酯异常升高。实际上，高脂血症血浆中，部分脂蛋白脂质含量升高，而部分脂蛋白脂质含量可能降低，因此，高脂血症又称为异常脂蛋白血症（dyslipoproteinemia）。

（一）不同脂蛋白的异常改变引起不同类型的高脂血症

表 7-18　高脂血症诊断标准

血脂	空腹血脂浓度（12～14h）	
	成人	儿童
甘油三酯	> 2.26mmol/L（200mg/dl）	
胆固醇	> 6.21mmol/L（240mg/dl）	> 4.14mmol/L（160mg/dl）

表 7-19　异常脂蛋白血症分型

分型	脂蛋白变化	血脂变化	
		甘油三酯	胆固醇
I	乳糜微粒增高	↑↑↑	↑
IIa	低密度脂蛋白增加		↑↑
IIb	低密度及极低密度脂蛋白同时增加	↑↑	↑↑
III	中间密度脂蛋白增加（电泳出现宽 β 带）	↑↑	↑↑
IV	极低密度脂蛋白增加	↑↑	
V	极低密度脂蛋白及乳糜微粒同时增加	↑↑↑	↑

异常脂蛋白血症还可分为原发性和继发性两大类。原发性异常脂蛋白血症发病原因不明，已证明有些是遗传性缺陷。继发性异常脂蛋白血症是继发于其他疾病如糖尿病、肾病和甲状腺功能减退等。

（二）血浆脂蛋白代谢相关基因遗传性缺陷引起异常脂蛋白血症

表 7-20　遗传性缺陷与异常脂蛋白血症

缺陷和异常脂蛋白血症类型		遗传学背景	血浆脂蛋白、载脂蛋白代谢的变化
LPL 缺陷导致 I 型或 V 型异常脂蛋白血症，并常伴有 IIa、IIb 及 IV 型异常脂蛋白血症		常染色体隐性遗传病	血浆 CM 及 VLDL 中的甘油三酯分解代谢障碍，引起 CM 及 VLDL 极度增加
ApoCII 基因缺陷导致 I 型或 V 型异常脂蛋白血症		常染色体隐性遗传病	由于 ApoCII 基因缺失或置换，导致合成的 ApoCII 不能分泌入血。其纯合子患者血浆中几乎不含 ApoCII，因而导致 LPL 活性极度降低
LCAT 缺乏	家族性 LCAT 缺乏	LCAT 基因缺陷	血浆总 LCAT 活性丧失和胆固醇酯的水平明显下降，HDL 多为盘状，并有小颗粒球状 HDL
	鱼眼病	LCAT 基因第 123 密码子突变导致 LCAT 活性部分丧失	血浆 LCAT 活性降低，导致 HDL 中胆固醇酯含量明显降低

续表

缺陷和异常脂蛋白血症类型		遗传学背景	血浆脂蛋白、载脂蛋白代谢的变化
ApoB 基因突变	无 β- 脂蛋白血症	罕见的常染色体隐性遗传病	可能系 ApoB 基因突变导致 ApoB 的合成障碍,或产生畸变的 ApoB mRNA 或蛋白质分子所致,表现为血浆胆固醇及甘油三酯的含量显著降低,同时血浆中无 ApoB100 及含 ApoB 的 CM、VLDL、LDL
	低 β- 脂蛋白血症	常染色体显性遗传病	血浆 ApoB、VLDL、LDL 及 CM 均显著降低,但并不完全缺失
家族性 ApoA I 及 ApoC III 缺乏症		系 ApoA I 及 ApoC III 基因重排所致	血浆中 ApoA I 及 ApoC III 缺失,HDL-胆固醇极低,LCAT 为正常人的 40%,HDL 半衰期缩短,患早熟冠状动脉硬化,并出现角膜浑浊,躯干、眼睑、手都出现黄色瘤
Tangier 病（ABCA1 基因突变）		常染色体隐性遗传病	由于 ABCA1 基因突变导致细胞内胆固醇的流出受阻,患者血浆中 HDL 严重缺乏,ApoA I 含量缺乏或极低下,CM 及 VLDL 增加,周围细胞沉积大量脂质,并引发动脉粥样硬化
LDL 受体缺陷		常染色体显性遗传病	LDL 受体缺陷将导致血浆 LDL 分解减少,而 IDL 转化为 LDL 的量增加,使血浆 LDL 显著增加,是引起家族性高胆固醇血症的重要原因
家族性脂蛋白脂酶缺乏症		常染色体显性遗传病	脂蛋白脂酶可导致血浆 CM 和 VLDL 降解障碍,引起血浆 TG 及 VLDL 的升高

（林　佳）

第八章
蛋白质消化吸收和氨基酸代谢

第一节　蛋白质的营养价值与消化、吸收

一、体内蛋白质的代谢状况可用氮平衡描述

氮平衡（nitrogen balance）是指每日氮的摄入量与排出量之间的关系，间接反映机体内蛋白质的代谢概况。人体氮平衡有三种情况（表 8-1）

表 8-1　氮平衡类型

氮平衡类型	进出氮情况	常见人群
氮的总平衡	摄入氮＝排出氮	健康成年人
氮的正平衡	摄入氮＞排出氮	儿童、孕妇及恢复期患者
氮的负平衡	摄入氮＜排出氮	长期饥饿、消耗性疾病患者

二、营养必需氨基酸决定蛋白质的营养价值

营养必需氨基酸（essential amino acid）是指体内需要而不能自身合成，必须由食物提供的氨基酸，包括亮氨酸、异亮氨酸、苏氨酸、缬氨酸、赖氨酸、甲硫氨酸、苯丙氨酸、色氨酸和组氨酸。

蛋白质的营养价值（nutrition value）是指食物蛋白质在体内的利用率。主要取决于食物蛋白质中必需氨基酸的种类和比例。

食物蛋白质的互补作用是指将多种营养价值较低的蛋白质混合食用，彼此间必需氨基酸可以得到互相补充，从而提高蛋白质的营养价值。

三、外源性蛋白质消化成寡肽和氨基酸后被吸收

（一）蛋白质在胃和小肠被消化成寡肽和氨基酸

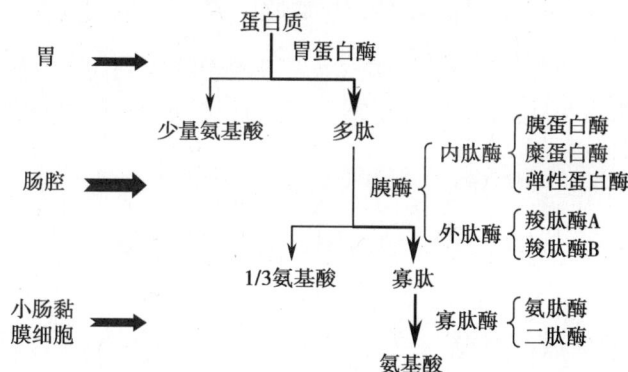

图 8-1　蛋白质的消化

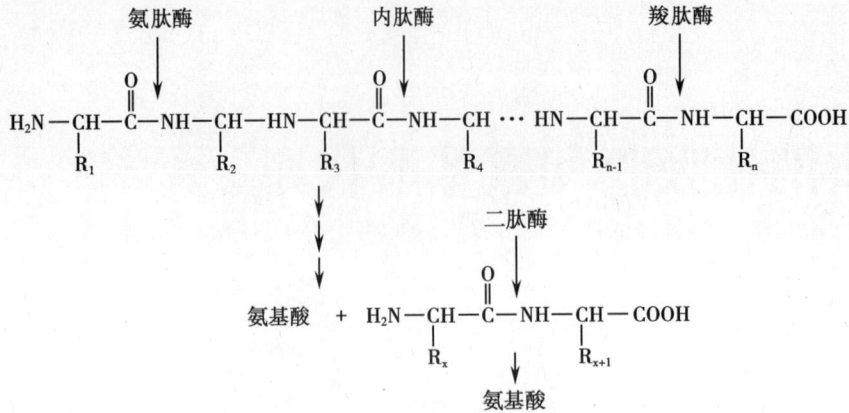

图 8-2　蛋白酶作用示意图

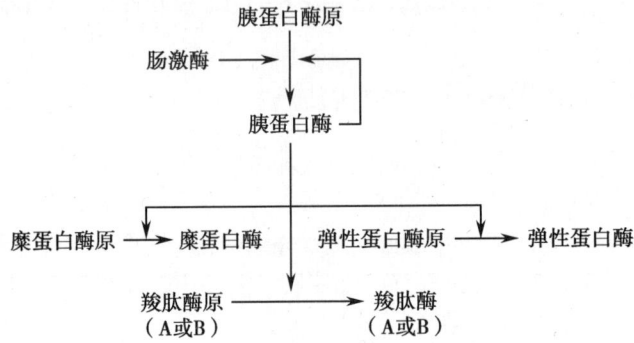

图 8-3　胰液中各种蛋白酶原的激活过程

（二）氨基酸和寡肽通过主动转运机制被吸收

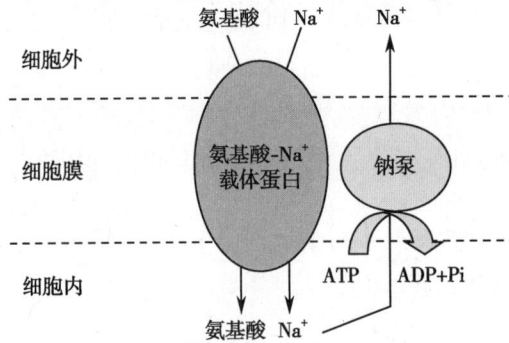

图 8-4　载体蛋白主动转运示意图

四、未消化吸收的蛋白质在结肠下段发生腐败

未被消化的蛋白质及未被吸收的消化产物在结肠下部受到肠道细菌的分解，称为蛋白质的腐败作用（putrefaction）。腐败作用的产物大多数对人体有害，如氨、胺类、酚类、吲哚及硫化氢等；也可以产生少量人体能够利用的脂肪酸和维生素等。

第二节　氨基酸的一般代谢

一、体内蛋白质分解生成氨基酸

真核细胞内蛋白质的降解有两条重要途径：ATP 非依赖途径和 ATP 依赖途径（表 8-2）。

表 8-2　真核细胞内蛋白质降解途径的比较

	部位	降解的蛋白质	ATP	泛素
ATP 非依赖途径	溶酶体	细胞外来蛋白质、膜蛋白、胞内长寿蛋白质	不消耗	不需要
ATP 依赖途径	蛋白酶体	异常蛋白质、胞内短寿命蛋白质	消耗	需要

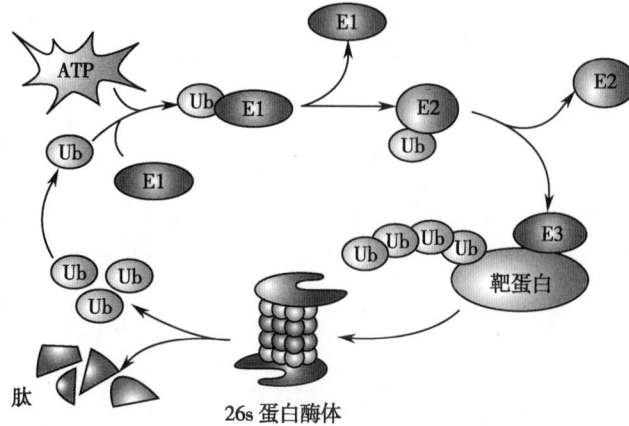

图 8-5　泛素介导的蛋白质降解过程

Ub：泛素；E₁：泛素激活酶；E₂：泛素结合酶；E₃：泛素蛋白连接酶

二、外源性氨基酸与内源性氨基酸组成氨基酸代谢库

食物蛋白质经消化吸收的氨基酸（外源性氨基酸）与体内组织蛋白质降解产生的氨基酸及体内合成的非必需氨基酸（内源性氨基酸）混在一起，分布于体内各处参与代谢，称为氨基酸代谢库（metabolic pool）（图 8-6）。

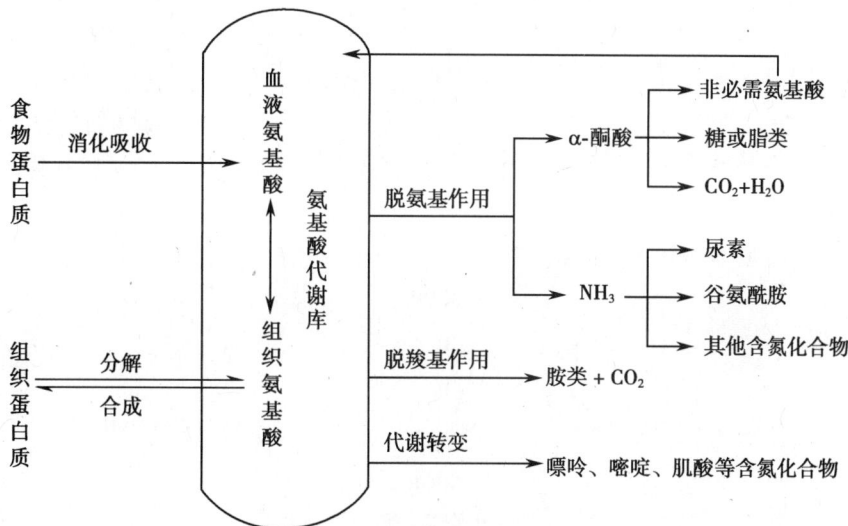

图 8-6　体内氨基酸的代谢概况

三、氨基酸分解代谢首先脱氨基

（一）氨基酸通过转氨基作用脱去氨基

转氨基作用（transamination）是在氨基转移酶（aminotransferase）的催化下，可逆地将 α-氨基酸的氨基转移给 α-酮酸，结果氨基酸脱去氨基生成相应的 α-酮酸，而原来的 α-酮酸则转变成另一种氨基酸。转氨基作用既是氨基酸的分解代谢过程，也是体内某些氨基酸合成的重要途径。除赖氨酸、苏氨酸、脯氨酸及羟脯氨酸外，大多数氨基酸都能进行转氨基作用。

$$H-\overset{R_1}{\underset{COOH}{C}}-NH_2 \ + \ \overset{R_2}{\underset{COOH}{C}}=O \ \underset{\longleftarrow}{\overset{转氨酶}{\longrightarrow}} \ \overset{R_1}{\underset{COOH}{C}}=O \ + \ H-\overset{R_2}{\underset{COOH}{C}}-NH_2$$

　　氨基转移酶也称转氨酶（transaminase），其辅基为维生素 B_6 的磷酸酯，即磷酸吡哆醛。体内存在着多种氨基转移酶，广泛分布于各组织中，其中以肝及心肌中的含量最为丰富。例如谷丙转氨酶（丙氨酸转氨酶，alanine transaminase，ALT）和谷草转氨酶（天冬氨酸转氨酶，aspartate transaminase，AST）。

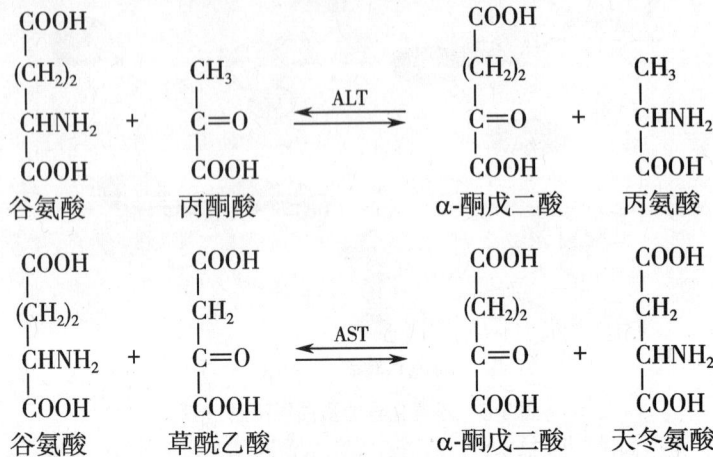

$$
\begin{array}{c}
\overset{COOH}{\underset{COOH}{\overset{|}{(CH_2)_2}}} \\
\overset{|}{CHNH_2}
\end{array}
\ + \
\begin{array}{c}
CH_3 \\
\overset{|}{C}=O \\
\overset{|}{COOH}
\end{array}
\ \underset{\longleftarrow}{\overset{ALT}{\longrightarrow}} \
\begin{array}{c}
COOH \\
\overset{|}{(CH_2)_2} \\
\overset{|}{C}=O \\
\overset{|}{COOH}
\end{array}
\ + \
\begin{array}{c}
CH_3 \\
\overset{|}{CHNH_2} \\
\overset{|}{COOH}
\end{array}
$$

谷氨酸　　　丙酮酸　　　　　α-酮戊二酸　　丙氨酸

$$
\begin{array}{c}
COOH \\
(CH_2)_2 \\
CHNH_2 \\
COOH
\end{array}
\ + \
\begin{array}{c}
COOH \\
CH_2 \\
C=O \\
COOH
\end{array}
\ \underset{\longleftarrow}{\overset{AST}{\longrightarrow}} \
\begin{array}{c}
COOH \\
(CH_2)_2 \\
C=O \\
COOH
\end{array}
\ + \
\begin{array}{c}
COOH \\
CH_2 \\
CHNH_2 \\
COOH
\end{array}
$$

谷氨酸　　　草酰乙酸　　　　　α-酮戊二酸　　天冬氨酸

　　转氨酶主要存在于正常细胞内，血清中的酶活性很低。在某些病理状态下，细胞膜的通透性增高或破坏，造成血清中转氨酶活性显著升高，临床上可以此作为疾病诊断和判断预后的参考指标之一。如：心肌梗死患者血清 AST 活性明显升高；急性肝炎患者血清 ALT 活性显著升高。

（二）L-谷氨酸脱氢酶催化 L-谷氨酸氧化脱氨基

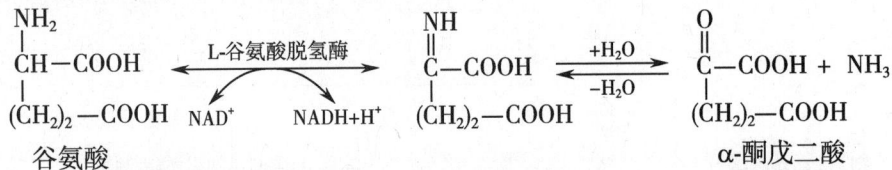

$$
\begin{array}{c}
NH_2 \\
CH-COOH \\
(CH_2)_2-COOH
\end{array}
\ \underset{\underset{NAD^+ \quad NADH+H^+}{\longrightarrow}}{\overset{L\text{-谷氨酸脱氢酶}}{\longrightarrow}} \
\begin{array}{c}
NH \\
C-COOH \\
(CH_2)_2-COOH
\end{array}
\ \underset{-H_2O}{\overset{+H_2O}{\rightleftharpoons}} \
\begin{array}{c}
O \\
C-COOH \ + \ NH_3 \\
(CH_2)_2-COOH
\end{array}
$$

谷氨酸　　　　　　　　　　　　　　　　　　　　　　　　α-酮戊二酸

　　转氨酶与 L-谷氨酸脱氢酶联合作用，首先通过转氨基作用使其他氨基酸的氨基转移至 α-酮戊二酸生成 L-谷氨酸，然后 L-谷氨酸再脱氨基，就可以使氨基酸脱氨生成 NH_3。这种方式被称作转氨脱氨作用（transdeamination），又称联合脱氨作用（图 8-7）。

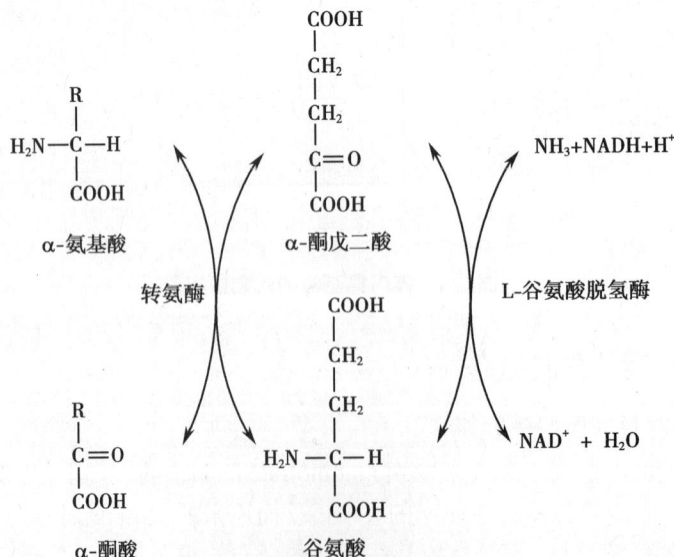

图 8-7　联合脱氨作用

四、氨基酸碳链骨架可进行转换或分解

α-酮酸是氨基酸脱氨基后生成的碳链骨架,在体内可进行转换或分解代谢。

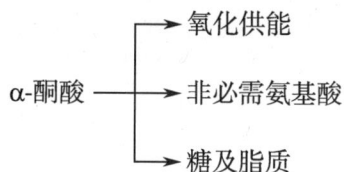

表 8-3　氨基酸生糖及生酮性质的分类

类别	氨基酸
生糖氨基酸	甘氨酸、丝氨酸、缬氨酸、组氨酸、精氨酸、羟脯氨酸、丙氨酸、谷氨酸、谷氨酰胺、蛋氨酸、天冬氨酸、天冬酰胺、脯氨酸、半胱氨酸
生酮氨基酸	亮氨酸、赖氨酸
生糖兼生酮氨基酸	异亮氨酸、苯丙氨酸、酪氨酸、苏氨酸、色氨酸

第三节　氨 的 代 谢

一、血氨有三个重要来源

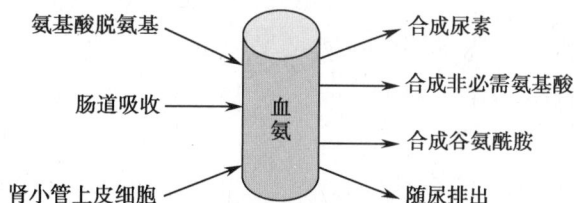

图 8-8　血氨的来源与去路

二、氨在血液中以丙氨酸和谷氨酰胺的形式转运

（一）氨通过丙氨酸 - 葡萄糖循环从骨骼肌运往肝

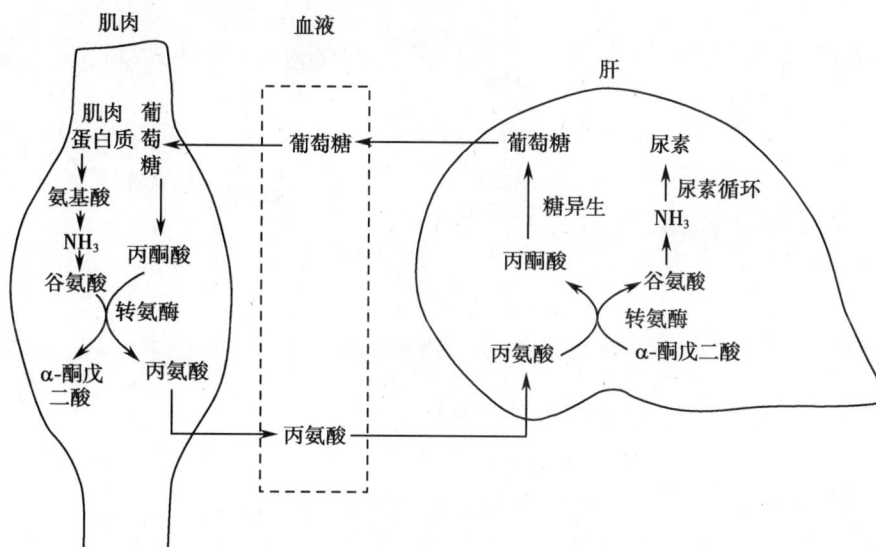

图 8-9　丙氨酸 - 葡萄糖循环

（二）氨通过谷氨酰胺从脑和骨骼肌等组织运往肝或肾

谷氨酰胺既是氨的解毒产物，又是氨的储存及运输形式。尤其在脑中固定和转运氨的过程中起着重要作用。

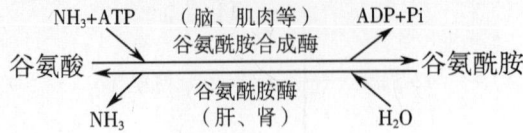

$$
\begin{array}{c}
NH_3+ATP \quad （脑、肌肉等） \quad ADP+Pi \\
\text{谷氨酰胺合成酶} \\
\text{谷氨酸} \xrightleftharpoons{\qquad\qquad} \text{谷氨酰胺} \\
\text{谷氨酰胺酶} \\
NH_3 \qquad （肝、肾） \qquad H_2O
\end{array}
$$

三、氨的主要代谢去路是在肝合成尿素

正常情况下体内的氨主要在肝合成尿素，只有少部分氨在肾脏以铵盐形式随尿排出。

（一）尿素是通过鸟氨酸循环合成的

表8-4 鸟氨酸循环（尿素循环）的反应特点

反应式	酶	定位	能量消耗
$NH_3+CO_2+H_2O \rightarrow$ 氨基甲酰磷酸	氨基甲酰磷酸合成酶 I（CPS I），关键酶	线粒体	2分子ATP
氨基甲酰磷酸 + 鸟氨酸 → 瓜氨酸	鸟氨酸氨基甲酰转移酶（OCT）	线粒体	无
瓜氨酸 + 天冬氨酸 → 精氨酸代琥珀酸	精氨酸代琥珀酸合成酶（ASS），限速酶	胞液	2个高能磷酸键
精氨酸代琥珀酸 → 精氨酸 + 延胡索酸	精氨酸代琥珀酸裂解酶（ASL）	胞液	无
精氨酸 + H_2O → 尿素 + 鸟氨酸	精氨酸酶	胞液	无

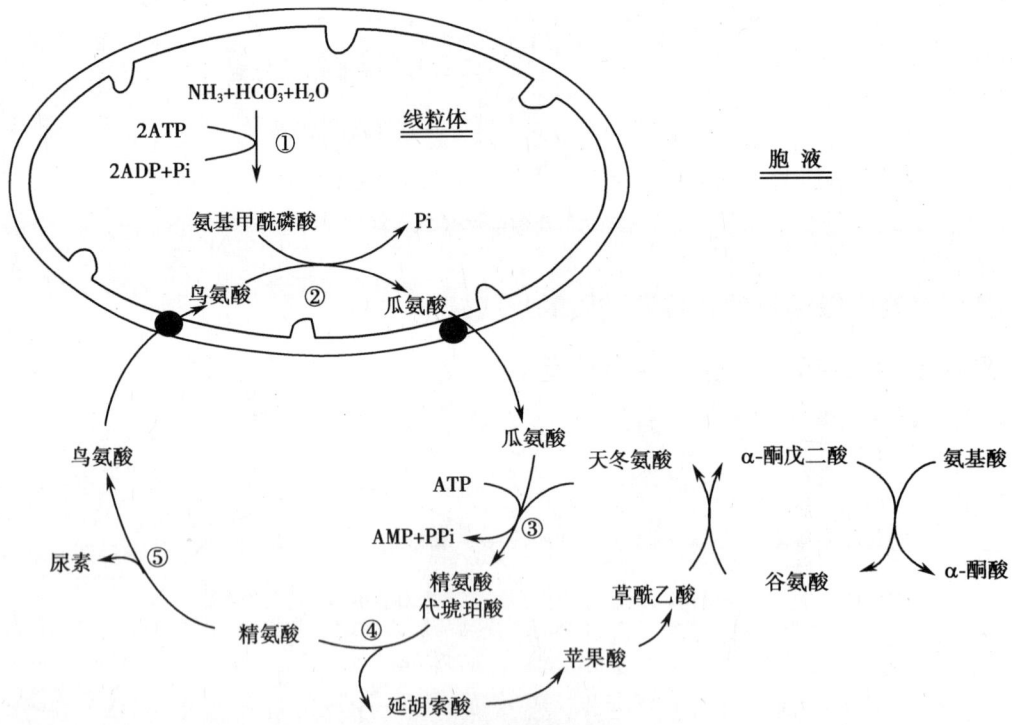

图8-10 鸟氨酸循环

（二）尿素合成受膳食蛋白质和两种关键酶的调节

1. 尿素分子中氮元素一个来自游离的 NH_3，一个来自天冬氨酸，两者均是体内氨基酸通过脱氨基或转氨基作用的产物。因此高蛋白饮食促进尿素合成。

2. N-乙酰谷氨酸（N-acetyl glutamic acid，AGA）激活 CPS-I 启动尿素合成。

3. 精氨酸代琥珀酸合成酶是尿素合成的限速酶。

（三）尿素生成障碍可引起高血氨症或氨中毒

肝功能障碍及各种参与尿素合成的酶缺陷均可引起尿素合成障碍,导致血氨浓度升高,称为高血氨症(hyperammonemia)。

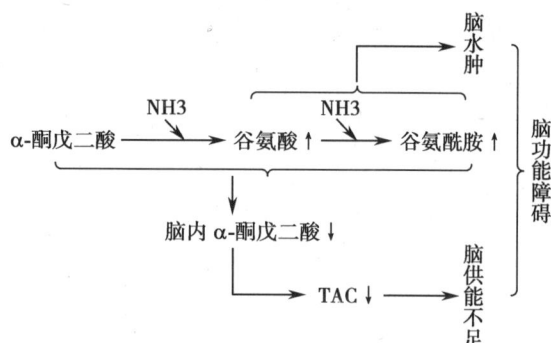

图 8-11　氨中毒的可能机制

第四节　个别氨基酸的代谢

一、氨基酸脱羧基作用需要脱羧酶催化

表 8-5　几种重要的氨基酸脱羧基作用

氨基酸	酶	产物	生理功能
谷氨酸	谷氨酸脱羧酶	γ-氨基丁酸	抑制性神经递质,对中枢神经有抑制作用
组氨酸	组氨酸脱羧酶	组胺	扩张血管,增加毛细血管通透性,降低血压;促进平滑肌收缩,引起支气管痉挛发生哮喘;增加腺体分泌,如刺激胃蛋白酶及胃酸分泌
色氨酸	色氨酸羟化酶 5-羟色氨酸脱羧酶	5-羟色胺	有中枢抑制作用。在外周组织有强烈的收缩血管作用
鸟氨酸	鸟氨酸脱羧酶	腐胺	腐胺及在其基础上生成的精胺、亚精胺有稳定 DNA 或 RNA 结构,进而调节细胞生长的重要作用
半胱氨酸	氧化酶 磺基丙氨酸脱羧酶	牛磺酸	牛磺酸主要用于合成结合型胆汁酸

二、某些氨基酸在分解代谢中产生一碳单位

（一）四氢叶酸作为一碳单位的载体参与一碳单位代谢

在高等生物,机体不能合成叶酸,需由食物提供,然后在二氢叶酸还原酶的作用下,由 NADPH 供氢,经 2 次还原反应合成四氢叶酸。

$$\text{叶酸} \xrightarrow[\text{NADPH+H}^+ \quad \text{NADP}^+]{\text{二氢叶酸还原酶}} \text{二氢叶酸} \xrightarrow[\text{NADPH+H}^+ \quad \text{NADP}^+]{\text{二氢叶酸还原酶}} \text{四氢叶酸}$$

（二）由氨基酸产生的一碳单位可相互转变

一碳单位(one carbon unit)是指某些氨基酸在分解代谢过程中产生的含有一个碳原子的有机基团,包括甲基(—CH₃)、亚甲基(—CH₂—)、次甲基(=CH—)、甲酰基(—CHO)及亚氨甲基(—CH=NH)等。主要来自丝氨酸、甘氨酸、组氨酸及色氨酸的分解代谢。

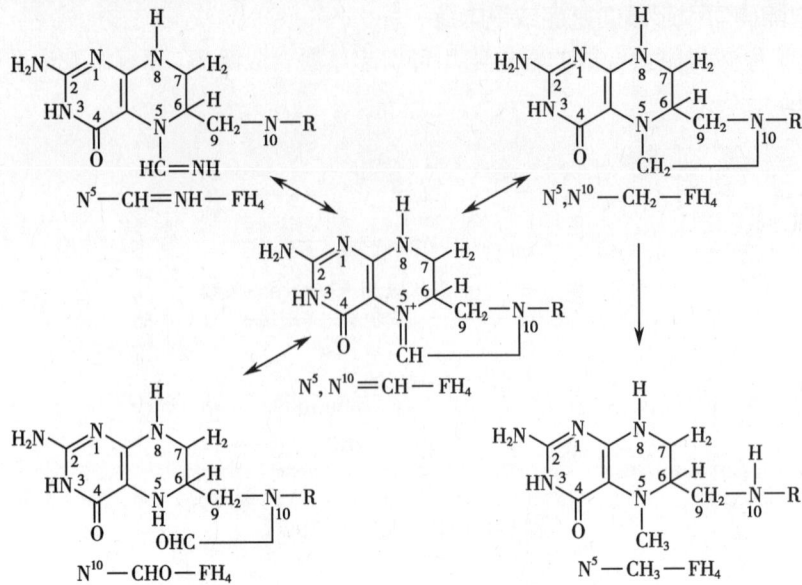

图 8-12 一碳单位的相互转变

（三）一碳单位的主要功能是参与嘌呤和嘧啶的合成

表 8-6 一碳单位的种类、来源、与载体连接方式及生理功能

种类	来源	与载体连接方式	生理功能
甲基（—CH_3）	一碳单位转化	N^5—CH_3—FH_4	1. 是合成嘌呤核苷酸、嘧啶核苷酸乃至核酸的原料，这关系到细胞的增殖以及机体的生长和生存
亚甲基（—CH_2—）	丝氨酸、甘氨酸	N^5, N^{10}—CH_2—FH_4	2. 参与多种重要化合物的合成，如肾上腺素、胆碱、肌酸等
次甲基（—CH=）	组氨酸	N^5, N^{10}—CH—FH_4	3. 一碳单位代谢异常可导致疾病发生。如影响造血组织的 DNA 合成，引起巨幼红细胞贫血，胆碱合成减少，于是肝内脂质不能正常外运，久而久之便形成脂肪肝
亚氨甲基（—CH=NH）	组氨酸	N^5—CH=NH—FH_4	
甲酰基（—CHO）	甘氨酸、色氨酸	N^{10}—CHO—FH_4	

三、含硫氨基酸代谢可产生多种生物活性物质

（一）甲硫氨酸参与甲基转移反应

1. 甲硫氨酸转甲基作用与甲硫氨酸循环有关 甲硫氨酸须经腺苷转移酶（adenosyl transferase）催化生成 S- 腺苷甲硫氨酸（S-adenosyl methionine, SAM）。其中的甲基称为活性甲基，可生成多种含甲基的生理活性物质，如肾上腺素、肉碱、胆碱及肌酸等（图 8-13）。故 SAM 称为活性甲硫氨酸，是体内最重要的甲基直接供体。

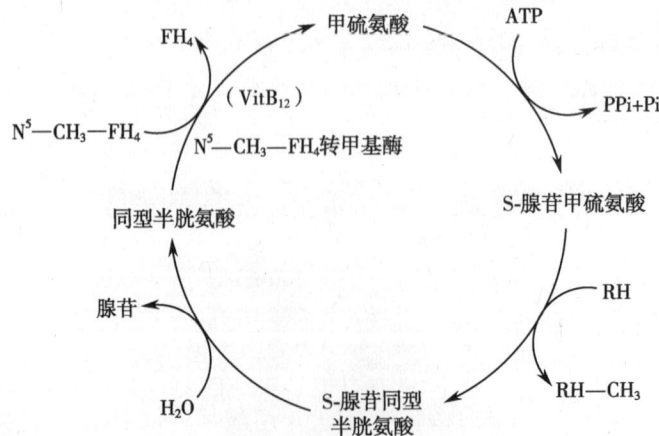

图 8-13 甲硫氨酸循环

2. 甲硫氨酸为肌酸合成提供甲基　肌酸（creatine）和磷酸肌酸（creatine phosphate）是能量储存与利用的重要化合物，磷酸肌酸在心肌、骨骼肌及脑组织中含量丰富（图8-14）。

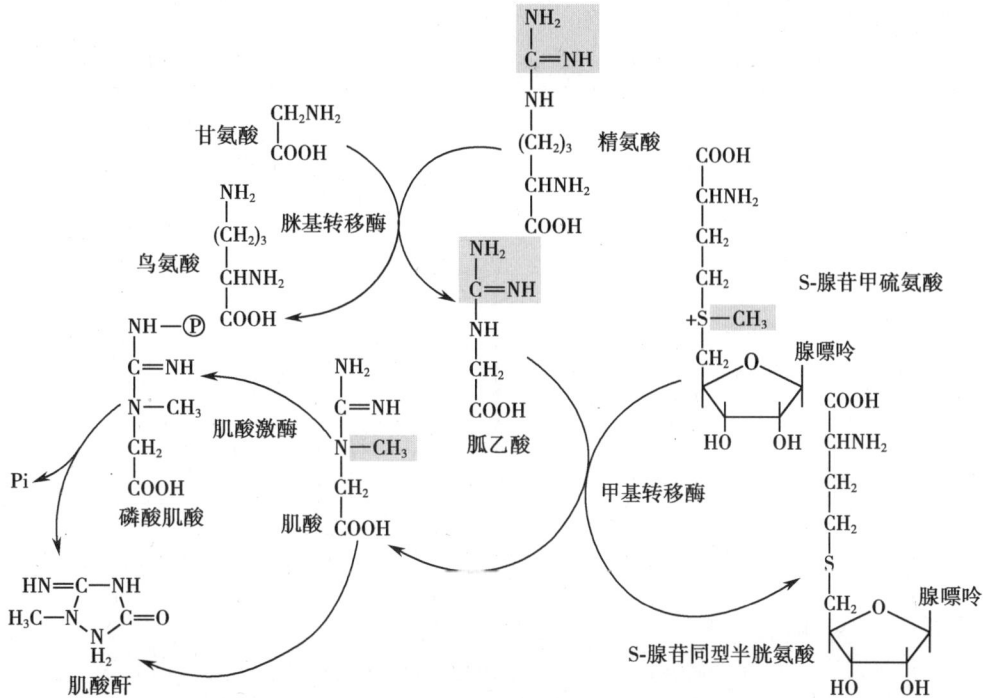

图 8-14　肌酸的合成过程

（二）半胱氨酸代谢可产生多种重要的生理活性物质

半胱氨酸经代谢可为机体提供牛磺酸、活性硫酸根、谷胱甘肽以及稳定蛋白质结构的二硫键。半胱氨酸经非氧化脱氨基作用可分解生成 H_2S、NH_3 和丙酮酸。其中 H_2S 经氧化生成硫酸根，再经 ATP 活化生成 3'- 磷酸腺苷 -5'- 磷酸硫酸（3'-phospho-adenosine-5'-phospho-sulfate，PAPS），即活性硫酸。它既是肝内进行生物转化的一种结合物质，也是使软骨等组织的多糖形成硫酸酯的重要物质。

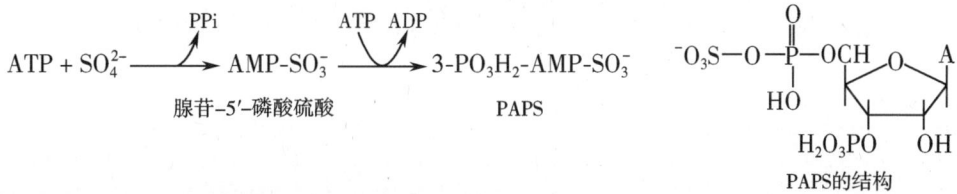

$$ATP + SO_4^{2-} \xrightarrow{\quad PPi\quad} AMP\text{-}SO_3^- \xrightarrow{\quad ATP\ ADP\quad} 3\text{-}PO_3H_2\text{-}AMP\text{-}SO_3^-$$

腺苷-5'-磷酸硫酸　　　　　PAPS

PAPS的结构

四、芳香族氨基酸代谢需要加氧酶催化

（一）苯丙氨酸和酪氨酸代谢既有联系又有区别

苯丙氨酸是必需氨基酸，羟化后形成酪氨酸。酪氨酸进一步代谢可分别生成甲状腺素、儿茶酚胺类化合物、黑色素等重要物质（图8-15）。

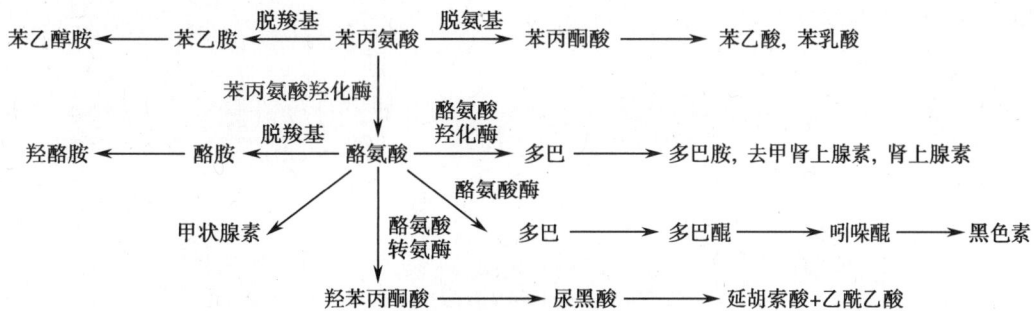

图 8-15　苯丙氨酸和酪氨酸代谢

（二）色氨酸的分解代谢可产生丙酮酸和乙酰乙酰CoA

色氨酸除用于合成蛋白质外，主要能生成 5- 羟色胺、褪黑素（melatonin，有促进睡眠作用）、一碳单位（甲酰基，—CHO）和极少量的烟酸。

五、支链氨基酸的分解有相似的代谢过程

支链氨基酸包括缬氨酸、亮氨酸、异亮氨酸三种，均为必需氨基酸。它们主要在肌肉组织进行分解代谢（图 8-16）。

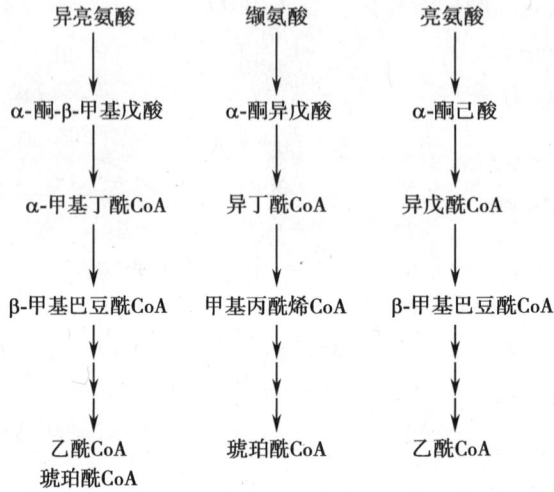

异亮氨酸	缬氨酸	亮氨酸
α-酮-β-甲基戊酸	α-酮异戊酸	α-酮己酸
α-甲基丁酰CoA	异丁酰CoA	异戊酰CoA
β-甲基巴豆酰CoA	甲基丙酰烯CoA	β-甲基巴豆酰CoA
乙酰CoA 琥珀酰CoA	琥珀酰CoA	乙酰CoA

图 8-16 支链氨基酸代谢过程

（郭 睿）

第九章
核苷酸代谢

核苷酸是核酸的基本组成单位，主要由机体自身合成。食物中的核酸主要以核蛋白形式，经胃肠消化道一系列酶的作用下被逐步水解为其组成成分。其分解产物碱基（嘌呤碱和嘧啶碱）在体内被分解而排出体外，很少被机体利用；戊糖被吸收而参加体内的戊糖代谢。

第一节　核苷酸代谢概述

一、核苷酸具有多种生物学功能

人体内核苷酸分布十分广泛，具有多种生物学功能（表9-1）。

表9-1　核苷酸的生物学功能

核苷酸的生物学功能	1. 核苷酸的主要功用是作为核酸合成的原料，参与核酸合成
	2. 体内能量的利用形式。ATP是细胞的主要能量形式。此外还有GTP等也可以提供能量
	3. 参与代谢和生理调节。如cAMP是多种细胞膜受体激素作用的第二信使；cGMP也与代谢调节有关
	4. 组成辅酶。如腺苷酸可作为多种辅酶（NAD^+、FAD和CoA等）的组成成分
	5. 活化中间代谢物。例如UDP-葡糖是合成糖原、糖蛋白的活性原料，CDP-甘油二酯是合成磷脂的活性原料，S-腺苷甲硫氨酸是活性甲基的载体等。ATP还可作为蛋白激酶反应中磷酸基团的供体

二、核苷酸经核酸酶水解后可被吸收

（一）核酸酶

核酸酶是能够水解磷酯酸键使核酸分解的酶（表9-2）。

表9-2　核酸酶的分类和功能

分类依据	种类	功能
作用底物	DNA酶	特异性地降解DNA
	RNA酶	特异性地降解RNA
作用方式	内切核酸酶	切断DNA或RNA链中的磷酸二酯键
	双链核酸酶	仅水解双链核酸分子
	单链核酸酶	仅水解单链核酸分子
	限制性内切酶	能够水解具有序列特异性的DNA
	外切核酸酶	仅能水解位于核酸链末端的核苷酸
	5′—3′外切酶	仅能从5′-末端水解核苷酸′
	3′—5′外切酶	仅能从3′-末端水解核苷酸′

（二）核酸的消化与吸收

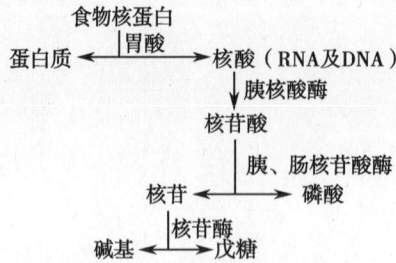

图 9-1　核酸的消化

第二节　嘌呤核苷酸的合成与分解代谢

一、嘌呤核苷酸的合成存在从头合成和补救合成两种途径

表 9-3　嘌呤核苷酸合成代谢的分类和部位

	从头合成途径 （de novo synthesis pathway）	补救合成途径 （salvage pathway）
概念	细胞利用磷酸核糖、氨基酸、一碳单位及 CO_2 等简单物质为原料，经过一系列酶促反应，合成嘌呤核苷酸的过程	细胞利用体内游离的嘌呤或嘌呤核苷为原料，经过比较简单的反应，合成嘌呤核苷酸的过程
合成部分	主要器官是肝，其次是小肠黏膜和胸腺	主要器官是脑和骨髓等

（一）嘌呤核苷酸的从头合成

合成嘌呤碱的前身物均为简单物质，合成嘌呤环的各元素来源包括氨基酸、CO_2 及甲酰基（来自四氢叶酸）等（图 9-2）。

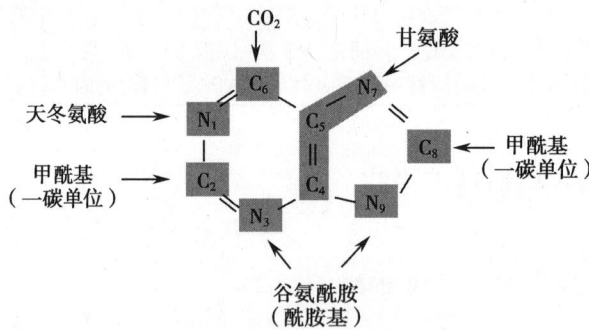

图 9-2　嘌呤碱合成的元素来源

嘌呤核苷酸的从头合成在细胞质中进行。反应步骤比较复杂，可分为两个阶段：首先经过 11 步反应合成次黄嘌呤核苷酸（inosine monophosphate，IMP），然后 IMP 再转变成腺嘌呤核苷酸（AMP）与鸟嘌呤核苷酸（GMP）（图 9-3、图 9-4）。

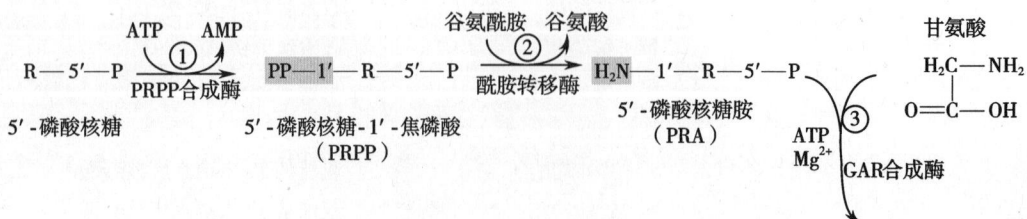

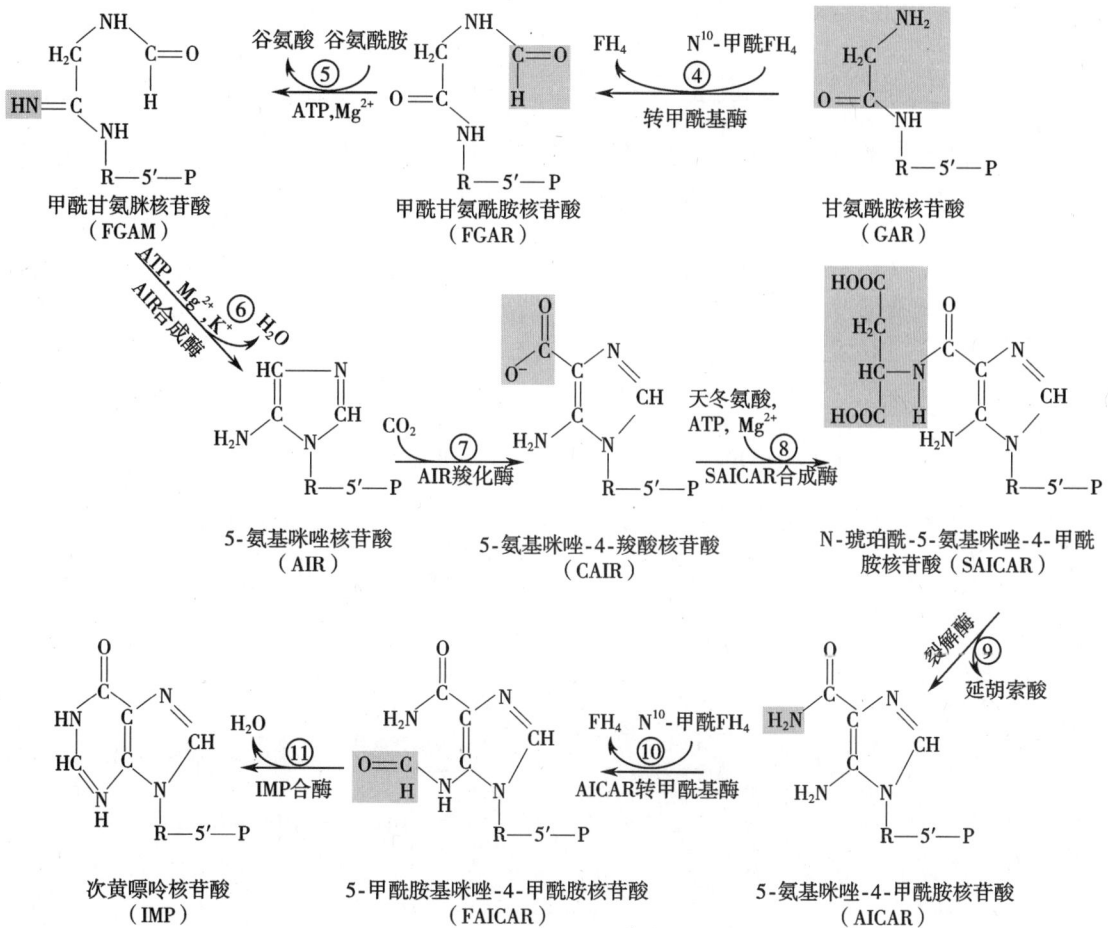

图 9-3　次黄嘌呤核苷酸的从头合成

关键酶：5′- 磷酸核糖 -1′- 焦磷酸（PRPP）合成酶、酰胺转移酶

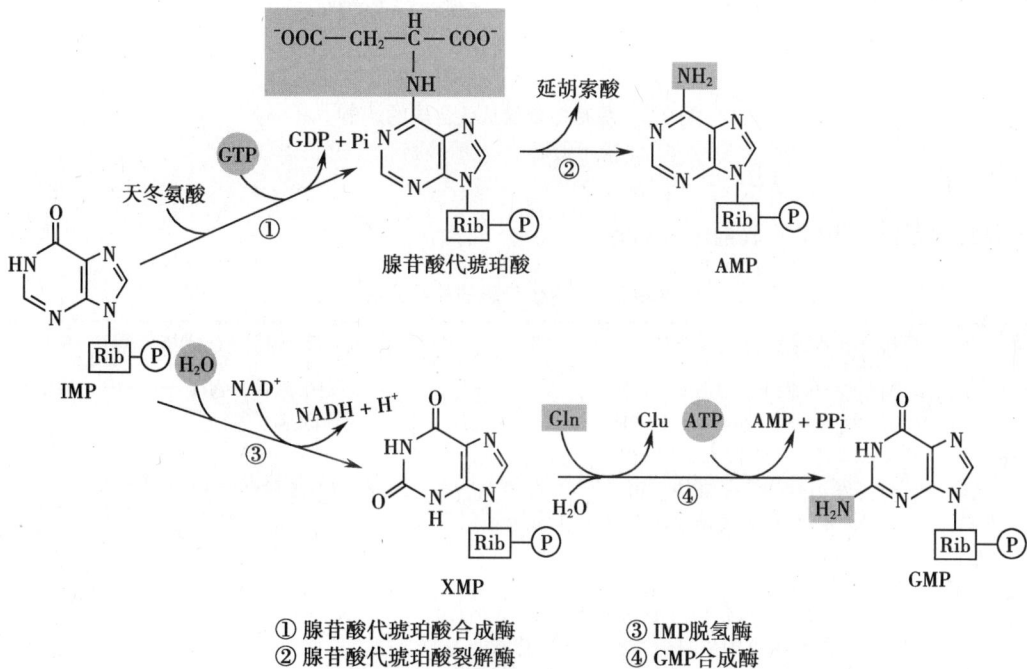

① 腺苷酸代琥珀酸合成酶　　　③ IMP脱氢酶
② 腺苷酸代琥珀酸裂解酶　　　④ GMP合成酶

图 9-4　由 IMP 合成 AMP 及 GMP

嘌呤核苷酸从头合成的要点见表 9-4。

表 9-4 嘌呤核苷酸从头合成

组织定位	肝（主要）、小肠黏膜、胸腺
酶定位	细胞质
原料	磷酸核糖、氨基酸（甘氨酸、谷氨酸、天冬氨酸）、一碳单位（甲酰基）、CO_2
主要步骤	两个阶段：IMP 的生成、IMP 转变成 AMP 与 GMP 核糖 -5- 磷酸 → PRPP → PRA → …… → IMP → → AMP（GMP）
调节酶	PRPP 合成酶、酰胺转移酶
重要中间物	PRPP、PRA、IMP
调节方式	反馈调节（底物的正反馈、产物的负反馈） ATP 与 GTP 的交叉正调节
重要特点	在 5′- 磷酸核糖分子上逐步合成嘌呤环

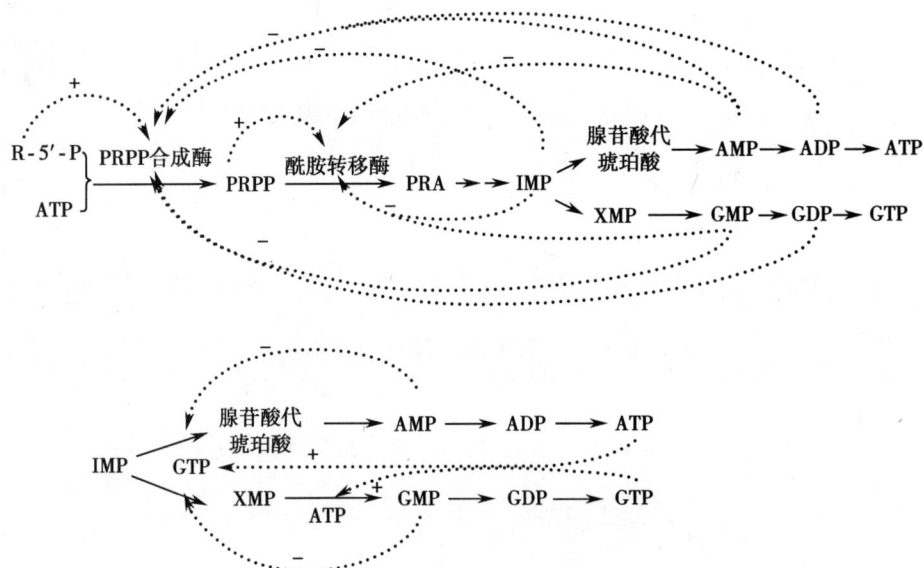

图 9-5 嘌呤核苷酸从头合成的调节
＋表示促进；－表示抑制

（二）嘌呤核苷酸的补救合成有两种方式

表 9-5 嘌呤核苷酸的补救合成

方式	利用嘌呤碱基合成核苷酸	利用嘌呤核苷合成核苷酸
酶及反应	腺嘌呤 + PRPP → AMP + PPi 腺嘌呤磷酸核糖转移酶（APRT） 次黄嘌呤 + PRPP → IMP +PPi 鸟嘌呤 + PRPP → GMP + PPi 次黄嘌呤鸟嘌呤磷酸核糖转移酶（HGPRT）	腺嘌呤核苷 + ATP → AMP + ADP 腺苷激酶
组织定位	脑、骨髓	
生理意义	1. 可以节省从头合成时能量和一些氨基酸的消耗 2. 脑、骨髓等组织中只能进行嘌呤核苷酸的补救合成	
疾病	HGPRT 完全缺失的患儿，表现为自毁容貌征或称 Lesch-Nyhan 综合征	

（三）体内嘌呤核苷酸可以相互转变

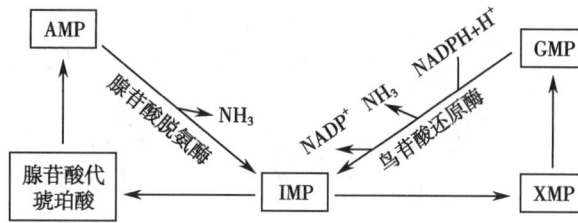

图9-6　体内嘌呤核苷酸可以相互转变

（四）脱氧核苷酸的生成在二磷酸核苷水平进行

NDP（ADP、GDP、CDP、UDP）→ dNDP（dADP、dGDP、dCDP、dUDP）

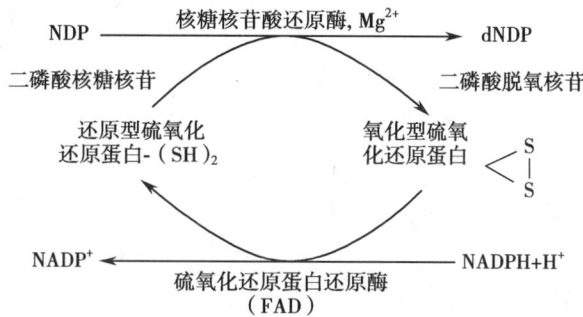

dNDP+ATP $\xrightarrow{激酶}$ dNTP+ADP

图9-7　脱氧核苷酸的生成

表9-6　核糖核苷酸还原酶的别构调节

作用物	主要促进剂	主要抑制剂
CDP	ATP	dATP、dGTP、dTTP
UDP	ATP	dATP、dGTP
ADP	dGTP	dATP、ATP
GDP	dTTP	dATP

（五）嘌呤核苷酸的抗代谢物

嘌呤核苷酸的抗代谢物是一些嘌呤、氨基酸或叶酸类似物。它们主要以竞争性抑制或"以假乱真"等方式干扰或阻断嘌呤核苷酸的合成代谢，从而进一步阻止核酸以及蛋白质的生物合成。肿瘤细胞的核酸及蛋白质合成十分旺盛，因此这些抗代谢物具有抗肿瘤作用（表9-7，图9-8）。

表9-7　嘌呤核苷酸抗代谢物分类及作用机制

抗代谢物类型	举例	作用机制
嘌呤类似物	6-巯基嘌呤（6-MP）、6-巯基鸟嘌呤、8-氮杂鸟嘌呤等	由于6-MP的结构与次黄嘌呤相似（唯一不同的是分子中C_6上由巯基取代）6-MP抑制核苷酸合成的作用机制如下： 1. 6-MP可在体内经磷酸核糖化生成6-MP核苷酸，由于后者结构与AMP，GMP相似，就可以抑制IMP转变为AMP及GMP的反应 2. 6-MP能通过直接竞争性抑制，阻止补救合成途径 3. 由于6-MP核苷酸结构与IMP相似，可以反馈抑制PRPP酰胺转移酶，从而阻止嘌呤核苷酸从头合成
氨基酸类似物	氮杂丝氨酸、6-重氮-5-氧正亮氨酸等	它们的结构与谷氨酰胺相似，可干扰谷氨酰胺在嘌呤核苷酸合成中的作用，从而抑制嘌呤核苷酸的合成
叶酸类似物	氨蝶呤、甲氨蝶呤等	因其结构与叶酸相似，能竞争性抑制二氢叶酸还原酶，使叶酸不能还原成二氢叶酸及四氢叶酸。因此嘌呤分子中来自一碳单位的C_8和C_2均得不到供应，从而抑制了嘌呤核苷酸的合成

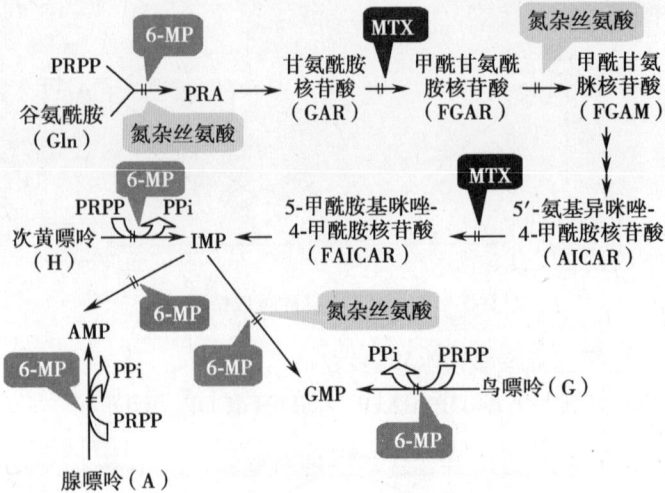

图 9-8　嘌呤核苷酸的抗代谢物的作用

二、嘌呤核苷酸的分解代谢终产物是尿酸

分解代谢的组织定位：主要在肝、小肠及肾中进行。

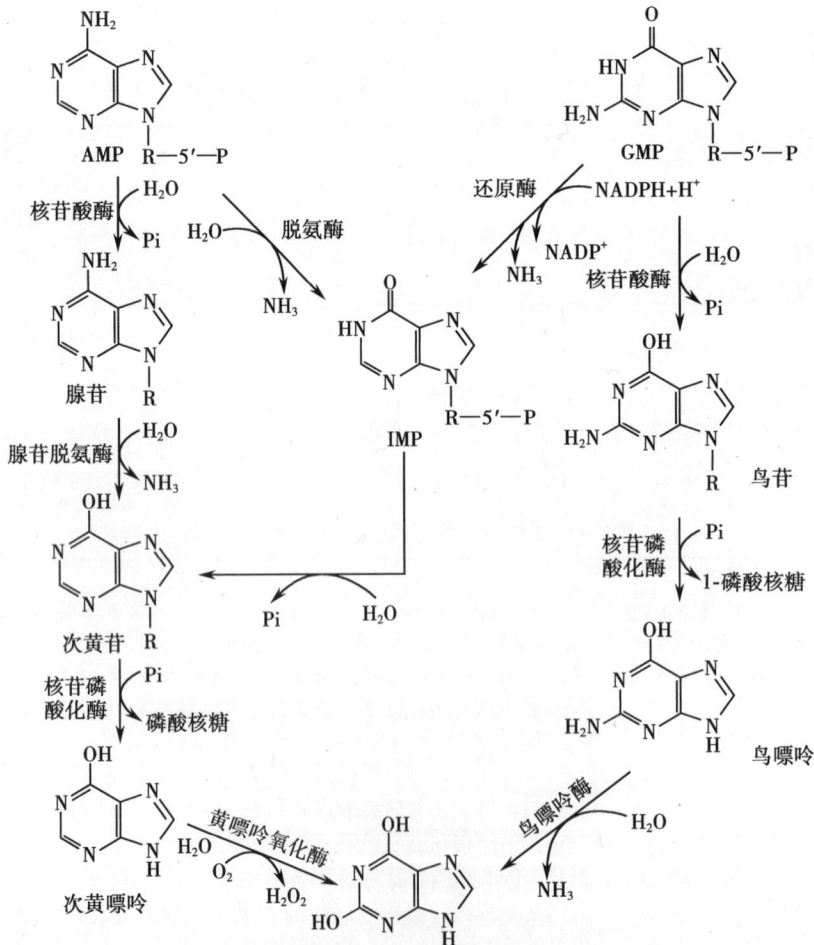

图 9-9　嘌呤核苷酸的分解代谢（黄嘌呤的生成）

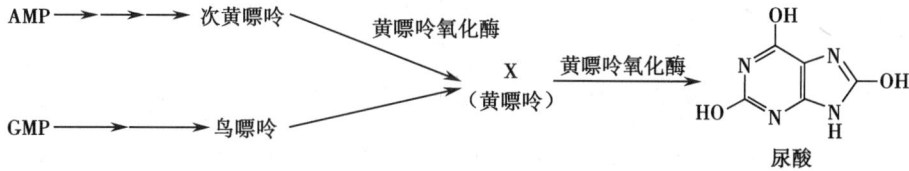

图 9-10　尿酸的生成（嘌呤核苷酸分解代谢的简化过程）

分解代谢的产物及血浆含量：分解产物为尿酸。正常人血尿酸含量为 0.12～0.36mmol/L（2～6mg%）。

表 9-8　嘌呤代谢与痛风的关系

痛风症的概念	尿酸的水溶性较差。当其含量超过 0.47mmol/L 时，尿酸盐将沉积于关节、软组织、软骨及肾等处，而导致关节炎、尿路结石及肾疾病等，即为原发性痛风症；若是肾功能障碍引起尿酸排出减少而产生的痛风属继发性痛风症
血尿酸增多的原因	（1）进食高嘌呤饮食；（2）体内核酸大量分解（如白血病、恶性肿瘤等）；（3）肾疾病导致尿酸排泄障碍时
痛风症的治疗与机制	临床上常用别嘌醇治疗痛风症。其机制是： （1）别嘌醇结构与次黄嘌呤相似，只是分子中 N_7 与 C_8 互换了位置，故可抑制黄嘌呤氧化酶，从而抑制尿酸生成。（2）别嘌醇与 PRPP 反应生成别嘌呤核苷酸，如此，既消耗 PRPP 而使其含量减少，同时别嘌呤核苷酸与 IMP 结构相似，它可反馈抑制嘌呤核苷酸从头合成的酶。这两方面的作用均可使嘌呤核苷酸的合成减少

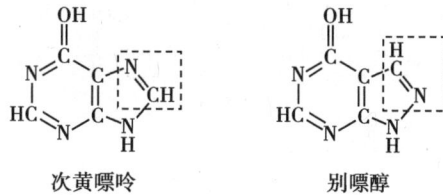

次黄嘌呤　　　　　　别嘌醇

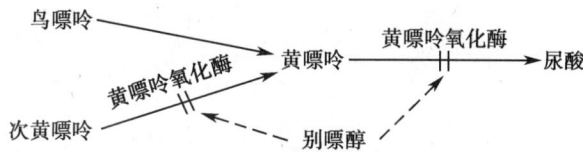

图 9-11　别嘌醇结构及作用机制

第三节　嘧啶核苷酸的合成与分解代谢

一、嘧啶核苷酸的合成也有从头合成和补救合成两种途径

嘧啶核苷酸的合成与嘌呤核苷酸一样有从头合成和补救合成两条途径。

（一）嘧啶核苷酸的从头合成比嘌呤核苷酸简单

合成原料：谷氨酰胺、CO_2 和天冬氨酸（图 9-12）。

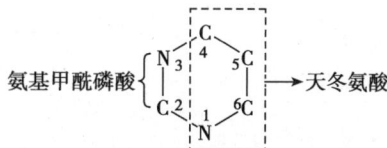

图 9-12　嘧啶碱合成的元素来源

1. 尿嘧啶核苷酸的合成过程见图 9-13。

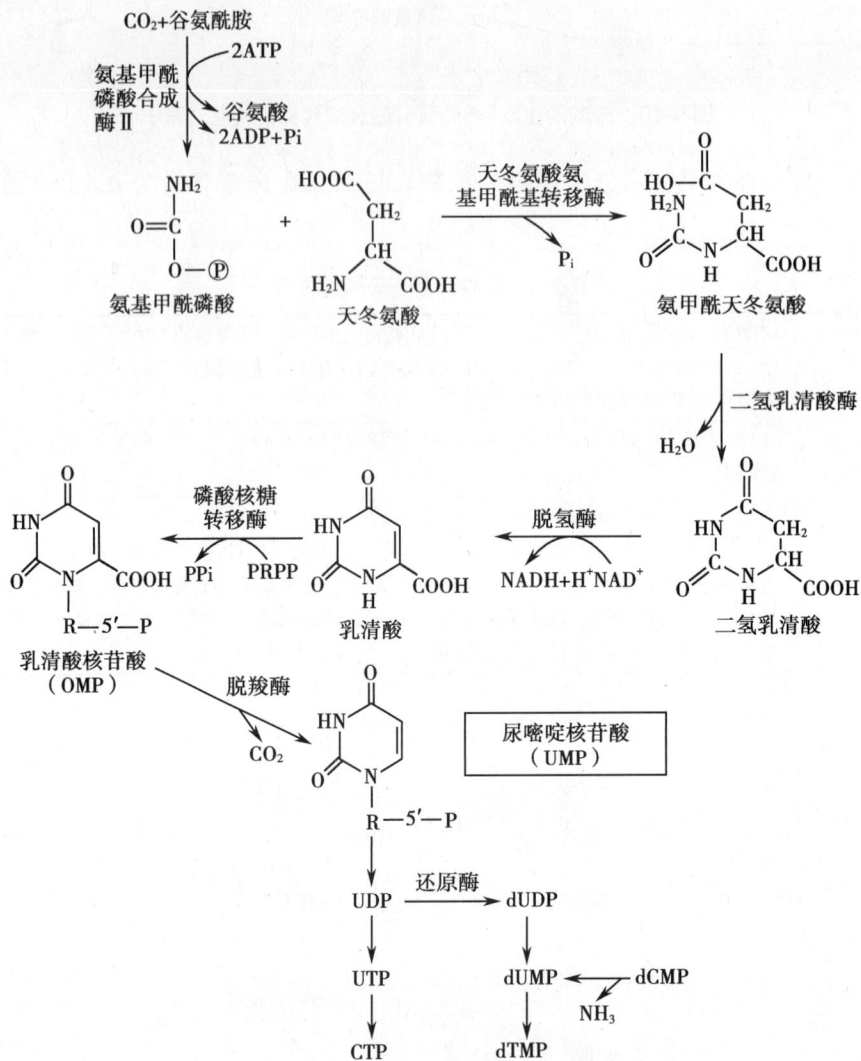

图 9-13 嘧啶核苷酸的合成代谢

关键酶：氨基甲酰磷酸合成酶Ⅱ（哺乳类动物细胞内），天冬氨酸氨基甲酰转移酶（细菌内）、PRPP 合成酶。

*注意区分氨基甲酰磷酸合成酶Ⅰ和氨基甲酰磷酸合成酶Ⅱ催化的化学反应和反应部位。

2. CTP 的合成　由 CTP 合成酶催化 UTP 合成 CTP，消耗一分子 ATP，由谷氨酰胺提供氨基。

3. dTMP 的合成　dTMP 是由脱氧尿嘧啶核苷酸（dUMP）经甲基化而生成的。反应由胸苷酸合酶（thymidylate synthase）催化（图 9-14）。

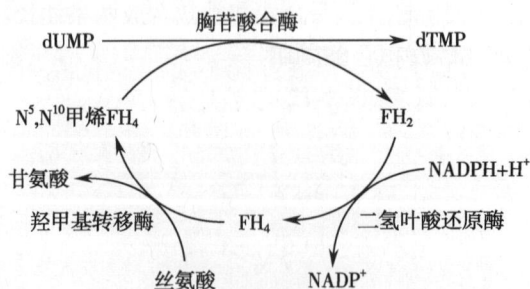

图 9-14 脱氧胸腺嘧啶核苷酸的合成过程

临床上，脱氧胸苷酸合成与二氢叶酸还原酶通常是癌瘤化疗药物的靶点。

表9-9　嘌呤和嘧啶核苷酸从头合成的比较

内容	嘌呤核苷酸	嘧啶核苷酸
原料	磷酸核糖、甘氨酸、谷氨酰胺 天冬氨酸、一碳单位、CO_2	磷酸核糖、谷氨酰胺、天冬氨酸、CO_2（不需要一碳单位）
方式	在磷酸核糖的基础上逐步合成嘌呤核苷酸	先合成嘧啶环，然后再与磷酸核糖连接而成
重要中间产物	次黄嘌呤核苷酸	乳清酸
调节酶	PRPP 合成酶、酰胺转移酶	天冬氨酸氨基甲酰转移酶（细菌），氨基甲酰磷酸合成酶Ⅱ（哺乳动物），PRPP 合成酶

嘧啶核苷酸从头合成的主要调节酶见图9-15。主要调节方式为反馈抑制。

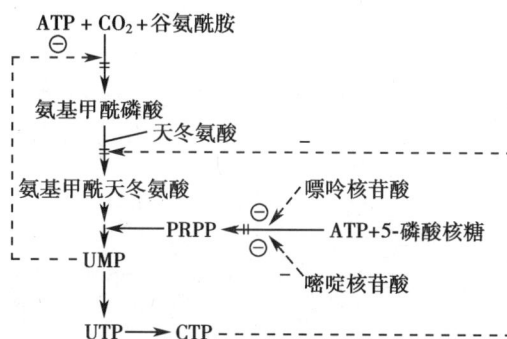

图 9-15　嘧啶核苷酸合成的调节
（－表示抑制）

（二）嘧啶核苷酸的补救合成

合成方式与嘌呤核苷酸类似。主要由嘧啶磷酸核糖转移酶催化合成。

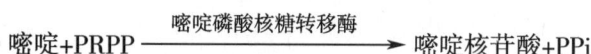

$$嘧啶 + PRPP \xrightarrow{\text{嘧啶磷酸核糖转移酶}} 嘧啶核苷酸 + PPi$$

此外，核苷激酶也能催化嘧啶核苷酸的补救合成。如：

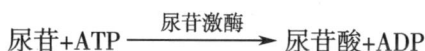

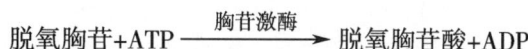

$$尿苷 + ATP \xrightarrow{\text{尿苷激酶}} 尿苷酸 + ADP$$

$$脱氧胸苷 + ATP \xrightarrow{\text{胸苷激酶}} 脱氧胸苷酸 + ADP$$

（三）嘧啶核苷酸的抗代谢物

嘧啶核苷酸的抗代谢物是嘧啶、氨基酸或叶酸等的类似物，作用机制与嘌呤类抗代谢物类似，主要是通过竞争性抑制作用抑制嘧啶核苷酸的合成。种类及作用机制见表9-10和图9-16。

表9-10　嘧啶核苷酸的抗代谢物及作用机制

抗代谢物类型	举例	作用机制
嘧啶类似物	5-氟尿嘧啶（5-FU）	其结构与胸腺嘧啶相似。5-FU 本身并无生物学活性，必须在体内转变成一磷酸脱氧氟尿嘧啶核苷（FdUMP）及三磷酸氟尿嘧啶核苷（FUTP）后，才能发挥作用。FdUMP 与 dUMP 有相似的结构，是胸苷酸合酶的抑制剂，可以阻断 dTMP 的合成。FUTP 可以 FUMP 的形式掺入 RNA 分子，异常核苷酸的掺入破坏了 RNA 的结构与功能
氨基酸类似物	氮杂丝氨酸	类似谷氨酰胺，抑制 CTP 的合成
叶酸类似物	甲氨蝶呤	干扰叶酸代谢，使 dUMP 不能利用一碳单位甲基化而生成 dTMP，进而影响 DNA 合成
核苷类似物	阿糖胞苷和安西他滨	阿糖胞苷能抑制 CDP 还原成 dCDP，影响 DNA 的合成

氮杂丝氨酸　　　　阿糖胞苷

$$UMP \longrightarrow UTP \xrightarrow{\quad} CTP \longrightarrow CDP \xrightarrow{\quad} dCDP$$

$$\downarrow$$

甲氨蝶呤

$$UDP \longrightarrow dUDP \longrightarrow dUMP \xrightarrow{\quad} dTMP$$

↑

5-氟尿嘧啶

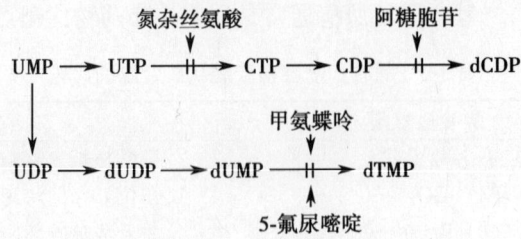

图9-16　氨基酸类似物、叶酸类似物的作用环节

二、嘧啶核苷酸的分解代谢

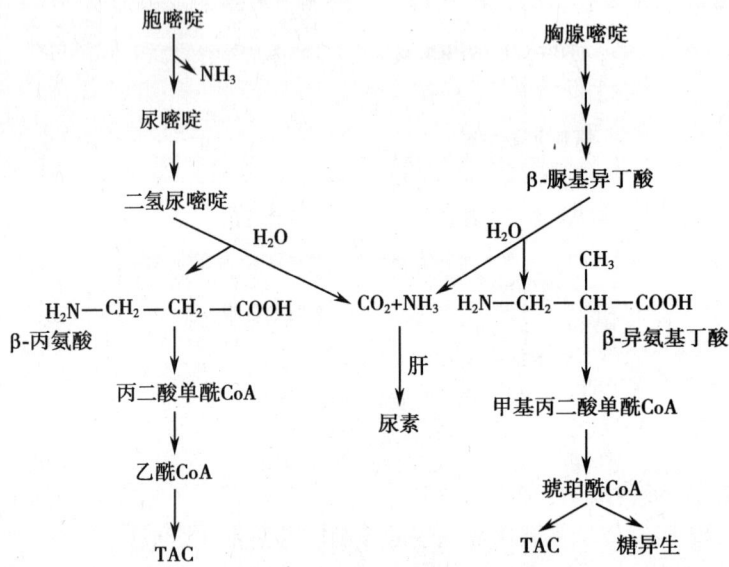

胞嘧啶　　　　　　　　　　　　　　胸腺嘧啶

　　↓ NH_3

尿嘧啶

　　↓

二氢尿嘧啶　　　　　　　　　　β-脲基异丁酸

　　　　H_2O　　　　　H_2O　　CH_3

$H_2N-CH_2-CH_2-COOH$　　　CO_2+NH_3　　$H_2N-CH_2-CH-COOH$

β-丙氨酸　　　　　　　　　　　　　　　　　β-异氨基丁酸

　　↓　　　　　　　　　　↓肝

丙二酸单酰CoA　　　　　　　尿素　　　　甲基丙二酸单酰CoA

　　↓　　　　　　　　　　　　　　　　　　↓

乙酰CoA　　　　　　　　　　　　　　琥珀酰CoA

　　↓　　　　　　　　　　　　　　　↙　　↘

TAC　　　　　　　　　　　　　TAC　　糖异生

图9-17　嘧啶碱的分解代谢

（高　旭）

第十章
代谢的整合与调节

代谢（metabolism）是指机体活细胞内的全部化学变化，其反应几乎全部是酶促反应。代谢是生命活动的物质基础。代谢分为分解代谢和合成代谢，由许多代谢途径组成，每一条代谢途径又包含一系列前后有关的酶促反应。有些不同的代谢途径会分享某些共同的酶促化学反应，所以，各种代谢途径相互联系、相互作用、相互协调和相互制约，形成一个网状的整体，即代谢具有整体性。

第一节　代谢的整体性

一、体内代谢过程相互联系形成一个整体

表 10-1　体内代谢整体性的特点

特点	说明
（1）代谢的整体性	生物体内物质各种各样，它们的代谢不是孤立进行的，同一时间机体有多种物质的代谢在进行，需要彼此间相互协调、相互依存，各种物质的代谢之间相互联系构成统一的整体，以确保细胞乃至机体的正常功能
（2）体内各种代谢物都具有共同的代谢池	人体主要营养物质既可以从食物中摄取，多数也可以在体内自身合成。在进行中间代谢时，机体不分彼此，无论自身合成的内源性营养物质和食物中摄取的外源性营养物质，均组成为共同的代谢池（metabolic pool），根据机体的营养状态和需要，同样进入各种代谢途径进行代谢
（3）机体代谢处于动态平衡	体内各种营养物质的代谢总是处于一种动态的平衡之中。我国著名的生物化学家刘思职院士曾将代谢的动态平衡高度哲理性地概括为："生者化，化又生，生化即化生；新必陈，陈乃谢，新陈恒代谢"
（4）氧化分解产生的 NADPH 为合成代谢提供所需的还原当量	体内生物合成反应需要还原当量 NADPH，主要来源于葡萄糖的磷酸戊糖途径

二、物质代谢与能量代谢相互关联

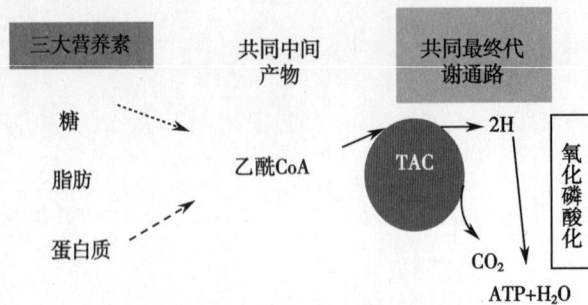

图 10-1 糖、脂质和蛋白质代谢概况

表 10-2 能量物质代谢的相互关联

特点	说明
能量物质的代谢相互联系	①糖、脂肪和蛋白质都可氧化分解供能
	②乙酰辅酶 A（CoA）是共同的中间代谢物
	③三羧酸循环和氧化磷酸化是分解的共同途径
	④释放出的能量均需转化为 ATP 的化学能
能量物质的代谢相互制约	①一般情况下，以糖和脂肪供能为主，并尽量节约蛋白质的消耗
	②任何一种供能物质的分解代谢占优势，常能抑制和节约其他供能物质的降解
	③ATP 在物质代谢能量调节中是重要的别构效应物，ATP/ADP 比值调节更为重要

三、糖、脂质和蛋白质代谢通过中间代谢物而相互联系

表 10-3 物质代谢之间的相互联系

相互联系	说明
（1）糖代谢与脂质代谢	①糖可以转变为脂肪
	②脂肪分解甘油可异生糖，绝大部分的脂肪酸不能在体内转变为糖，因为乙酰辅酶 A 不能转变成丙酮酸
	③脂肪分解代谢的强度及顺利进行，和糖代谢的正常进行密切相关
（2）糖代谢与氨基酸代谢	①20 种氨基酸除亮氨酸和赖氨酸外，其余都可转变为糖
	②糖可转变为非必需氨基酸
	③蛋白质能替代糖和脂肪供能，而糖和脂肪不能代替蛋白质
（3）脂质代谢与氨基酸代谢	①蛋白质可转变为脂质
	②脂质不能转变为氨基酸，仅甘油可先异生为糖，再转变为某些非必需氨基酸
（4）核酸与氨基酸及糖代谢	①某些氨基酸是合成核酸的重要原料
	②磷酸核糖由糖的磷酸戊糖途径提供

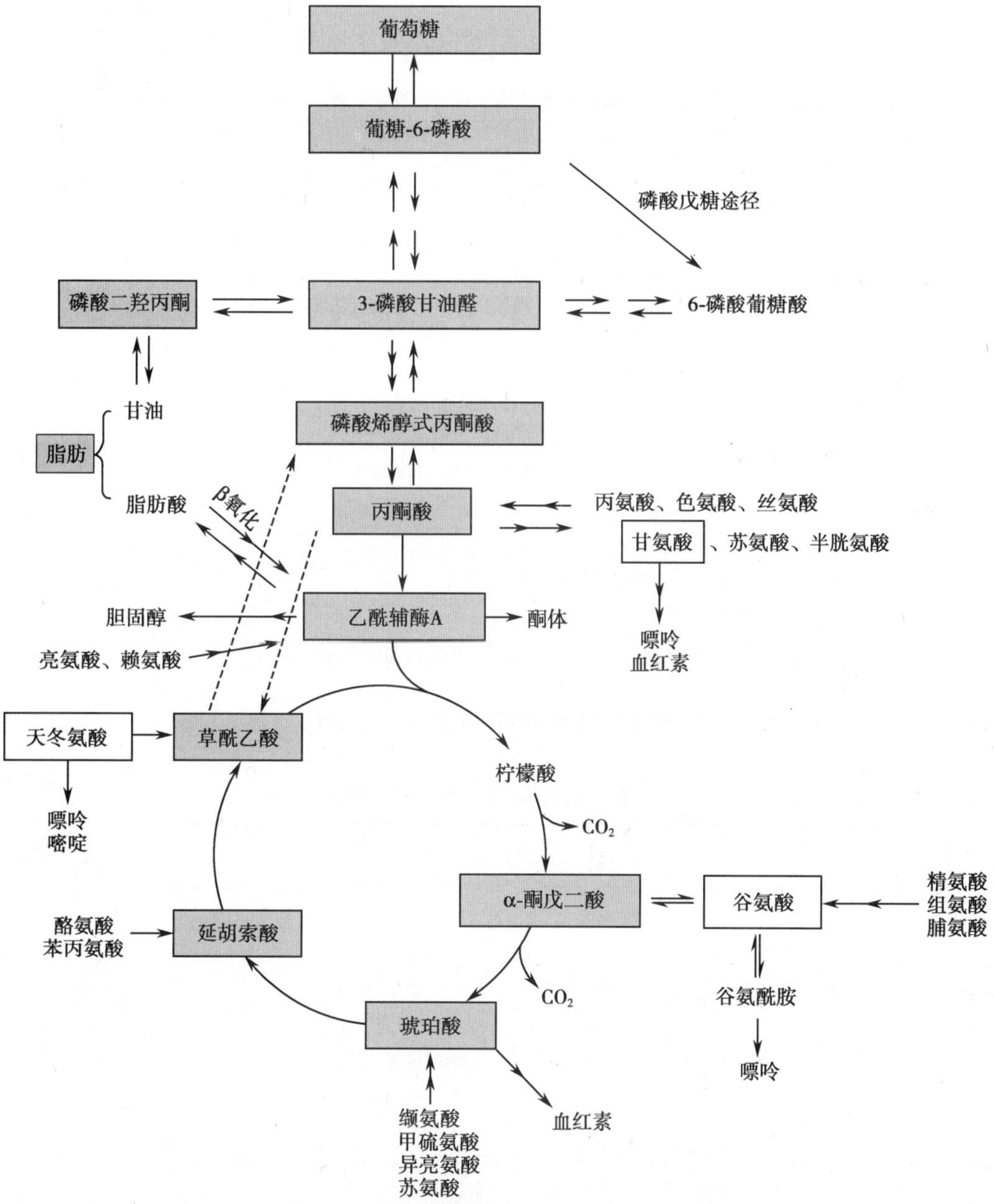

葡萄糖

葡糖-6-磷酸

磷酸戊糖途径

磷酸二羟丙酮　⇌　3-磷酸甘油醛　⇌ ⇌　6-磷酸葡糖酸

脂肪 { 甘油

脂肪酸

β氧化

磷酸烯醇式丙酮酸

丙酮酸　←→　丙氨酸、色氨酸、丝氨酸

甘氨酸 、苏氨酸、半胱氨酸

嘌呤
血红素

胆固醇　←　乙酰辅酶A　→　酮体

亮氨酸、赖氨酸

天冬氨酸　→　草酰乙酸

嘌呤
嘧啶

柠檬酸

CO_2

α-酮戊二酸　⇌　谷氨酸　←　精氨酸
组氨酸
脯氨酸

酪氨酸
苯丙氨酸 → 延胡索酸

CO_2

谷氨酰胺

嘌呤

琥珀酸　→　血红素

缬氨酸
甲硫氨酸
异亮氨酸
苏氨酸

图 10-2　糖、脂质、氨基酸代谢途径间的相互联系

第二节　代谢调节的主要方式

三级水平代谢调节 {

细胞水平代谢调节：酶水平的调节，主要是关键酶活性调节

激素水平代谢调节：内分泌细胞及内分泌器官，其分泌的激素可对其他细胞发挥代谢调节作用。

整体水平代谢调节：在中枢神经系统的控制下，或通过神经纤维及神经递质对靶细胞直接发生影响，或通过某些激素的分泌来调节某些细胞的代谢及功能，并通过各种激素的互相协调而对机体代谢进行综合调节。

图 10-3　高等生物三级代谢水平调节

一、细胞内物质代谢主要通过对关键酶活性的调节来实现

细
胞
水
平
的
代
谢
调
节

1. 细胞内酶呈隔离分布 能避免不同代谢途径之间彼此干扰，使同一代谢途径中的系列酶促反应能够更顺利地连续进行，既提高了代谢途径的进行速度，也有利于调控

2. 关键酶活性决定整个代谢途径的速度和方向

3. 关键酶活性调节方式

快速调节：通过改变酶的分子结构改变酶的活性进而改变酶促反应速度
（1）别构调节：别构效应剂通过改变酶分子构象改变酶活性
（2）化学修饰调节：酶蛋白肽链上某些氨基酸残基侧链可在另一酶的催化下发生可逆的共价修饰，从而改变酶活性。具有级联放大效应

迟缓调节：通过改变细胞内酶含量调节酶活性
（1）诱导或阻遏酶蛋白基因表达调节酶含量
（2）改变酶蛋白降解速度调节酶含量

图 10-4　细胞水平的代谢调节

关键
酶催
化的
反应
特点

① 常常催化一条代谢途径的第一步反应或分支点上的反应，速度最慢，其活性能决定整个代谢途径的总速度。
② 常催化单向反应或非平衡反应，其活性能决定整个代谢途径的方向。
③ 酶活性除受底物控制外，还受多种代谢物或效应剂调节。

图 10-5　关键酶所催化的反应具有的特点

表 10-4　主要代谢途径（多酶体系）在细胞内的分布

多酶体系	分布	多酶体系	分布
DNA、RNA 合成	细胞核	糖酵解	细胞质
蛋白质合成	内质网、细胞质	戊糖磷酸途径	细胞质
糖原合成	细胞质	糖异生	细胞质、线粒体
脂肪酸合成	细胞质	脂肪酸氧化	细胞质、线粒体
胆固醇合成	内质网、细胞质	多种水解酶	溶酶体
磷脂合成	内质网	三羧酸循环	线粒体
血红素合成	细胞质、线粒体	氧化磷酸化	线粒体
尿素合成	细胞质、线粒体		

表 10-5　某些重要代谢途径的关键调节酶

代谢途径	关键调节酶
糖酵解	己糖激酶
	磷酸果糖激酶 -1
	丙酮酸激酶
丙酮酸氧化脱羧	丙酮酸脱氢酶复合体
三羧酸循环	异柠檬酸脱氢酶
	α- 酮戊二酸脱氢酶复合体
	柠檬酸合酶
糖原分解	糖原磷酸化酶
糖原合成	糖原合酶
糖异生	丙酮酸羧化酶
	磷酸烯醇式丙酮酸羧激酶
	果糖二磷酸酶 -1
	葡糖 -6- 磷酸酶

续表

代谢途径	关键调节酶
脂肪酸合成	乙酰 CoA 羧化酶
脂肪酸分解	肉碱脂酰转移酶 I
胆固醇合成	HMG-CoA 还原酶

表 10-6　别构酶与别构调节的特点

特点	说明
(1) 别构酶多为寡聚体	由两个以上亚基组成的具有一定构象的聚合体。别构酶的亚基分为催化亚基和调节亚基,有的酶在同一亚基上存在催化部位和调节部位
(2) 别构调节酶活性	别构效应剂可以是酶的底物、反应的终产物或其他小分子代谢物。别构效应剂与酶分子的调节亚基(或部位)以非共价键结合,使酶的构象改变,调节酶活性
(3) 快速调节,非酶促反应	别构调节是快速调节,但非酶促反应,无放大效应,不消耗 ATP
(4) 动力学特征呈 S 形曲线	别构酶的动力学特征不符合米氏方程。正协同效应别构酶的反应速率对底物[S]的曲线呈 S 形,而不是矩形双曲线

表 10-7　一些代谢途径中的别构酶及其效应剂

代谢途径	别构酶	别构激活剂	别构抑制剂
糖酵解	磷酸果糖激酶 -1	F-2, 6-BP、AMP、ADP、F-1, 6-BP	柠檬酸、ATP
	丙酮酸激酶	F-1, 6-BP、ADP、AMP	ATP、丙氨酸
	己糖激酶		G-6-P
丙酮酸氧化脱羧	丙酮酸脱氢酶复合体	AMP、CoA、NAD$^+$、ADP	ATP、乙酰 CoA、NADH
三羧酸循环	柠檬酸合酶	乙酰 CoA、草酰乙酸、ADP	柠檬酸、NADH、ATP
	α- 酮戊二酸脱氢酶复合体		琥珀酰 CoA、NADH
	异柠檬酸脱氢酶	ADP、AMP	ATP
糖原分解	磷酸化酶(肌)	AMP	ATP、G-6-P
	磷酸化酶(肝)		葡萄糖、F-1, 6-BP、F-1-P
糖异生	丙酮酸羧化酶	乙酰 CoA	AMP
脂肪酸合成	乙酰辅酶 A 羧化酶	乙酰 CoA、柠檬酸、异柠檬酸	软脂酰 CoA、长链脂酰 CoA
氨基酸代谢	谷氨酸脱氢酶	ADP、GDP	ATP、GTP
嘌呤合成	PRPP 酰胺转移酶	PRPP	IMP、AMP、GMP
嘧啶合成	氨基甲酰磷酸合成酶 II		UMP

表 10-8　磷酸化 / 去磷酸化修饰对活性的调节

酶	化学修饰类型	酶活性改变
糖原磷酸化酶	磷酸化 / 去磷酸化	激活 / 抑制
磷酸化酶 b 激酶	磷酸化 / 去磷酸化	激活 / 抑制
糖原合酶	磷酸化 / 去磷酸化	抑制 / 激活
磷酸果糖激酶	磷酸化 / 去磷酸化	抑制 / 激活
丙酮酸脱氢酶	磷酸化 / 去磷酸化	抑制 / 激活
HMG-CoA 还原酶	磷酸化 / 去磷酸化	抑制 / 激活
HMG-CoA 还原酶激酶	磷酸化 / 去磷酸化	激活 / 抑制
乙酰 CoA 羧化酶	磷酸化 / 去磷酸化	抑制 / 激活
脂肪细胞甘油三酯脂肪酶	磷酸化 / 去磷酸化	激活 / 抑制

表 10-9　酶促化学修饰调节的特点

特点	说明
(1)共价修饰	绝大多数化学修饰酶都具有无活性和有活性两种形式,它们之间的正逆两向互变反应由不同的酶催化,均发生共价变化;而催化这互变反应的酶又受机体其他调节物质(如激素)的控制
(2)级联放大效应	由于化学修饰是酶促反应,故有瀑布式逐级放大效应,此效应一般比别构调节高
(3)耗能少	磷酸化与脱磷酸是常见的酶促化学修饰反应。一分子亚基磷酸化常消耗一分子 ATP,远远少于酶蛋白合成所需的能量,因此这种调节方式既经济又有效
(4)按需调节	在各种调控因素的控制下,酶促化学修饰调节同生理需要是相适应的,以调节代谢强度为主

表 10-10　别构调节与化学修饰调节的比较

调节方式	别构调节	化学修饰调节
酶分子特点	由两个以上亚基组成(催化亚基和调节亚基)	具有无活性(或低活性)、有活性(或高活性)两种形式
酶分子改变	别构剂(底物、代谢物、药物)与酶非共价键结合,引起酶分子构象改变,导致酶活性改变	由其他酶引起的共价键变化,正逆两向互变反应由不同的酶催化 (磷酸化/脱磷酸、甲基化/脱甲基、腺苷化/脱腺苷、乙酰化/脱乙酰化、SH/—S—S—)
能量变化	不消耗 ATP	消耗 ATP
放大效应	非酶促反应,无放大效应,效率低于化学修饰	酶促反应,有放大效应,效率高
动力学特征	S 形曲线	

表 10-11　酶含量的调节

调节对象	调节方式
酶蛋白合成	底物对酶合成的诱导作用:如食入蛋白质增多可诱导尿素循环的酶合成增加
	产物对酶合成的阻遏作用:如终产物胆固醇主要抑制 HMG-CoA 还原酶的生物合成
	激素对酶合成的诱导作用:如胰岛素诱导肝 HMG-CoA 还原酶合成,进而促进胆固醇合成
	药物对酶合成的诱导作用:如长期服用苯巴比妥的患者,可诱导羟化酶的合成,使药物代谢速率加快
酶蛋白降解	溶酶体中蛋白水解酶(不依赖 ATP 途径)
	蛋白酶体(依赖 ATP 途径)

二、激素通过特异性受体调节靶细胞的代谢

表 10-12　激素通过特异性受体调节物质代谢——激素作用特点

类别	膜受体激素	胞内受体激素
激素种类	胰岛素、生长素、促性腺激素、促甲状腺激素、甲状旁腺激素等蛋白类激素,生长因子等肽类激素及肾上腺素等儿茶酚胺类激素	类固醇激素、甲状腺激素、前列腺素、$1,25(OH)_2$-维生素 D、维生素 A 等
化学性质	水溶性(不能通过细胞膜)	脂溶性(能通过细胞膜)
受体性质	细胞膜上糖蛋白及脂蛋白	细胞质及核内糖蛋白及脂蛋白
信号转导方式	激素 → 与膜受体结合 → 胞内产生第二信使 → 激活蛋白激酶 → 促进酶或蛋白质化学修饰、基因表达 → 产生生物学效应、相应酶合成或抑制	激素 → 与胞内受体结合 → 受体构象改变 → 受体二聚化与激素反应元件结合 → 促进基因表达 → 产生生物学效应

表 10-13 饱食状态下机体三大物质代谢与膳食组成有关

膳食组成	体内激素变化	代谢变化
混合膳食	胰岛素水平中度升高	糖代谢供能为主 未分解的葡萄糖合成糖原和 VLDL 吸收的 TG 大部分储存在脂肪组织
高糖膳食	胰岛素水平明显升高,胰高血糖素水平降低	部分葡萄糖合成糖原和 VLDL,大部分葡萄糖直接被利用和在脂肪组织合成 TG
高蛋白膳食	胰岛素水平中度升高,胰高血糖素水平升高	肝糖原分解补充血糖 氨基酸主要异生为葡萄糖 部分直接到肌肉组织,部分合成 TG
高脂膳食	胰岛素水平降低,胰高血糖素水平升高	肝糖原分解补充血糖 肌组织氨基酸分解转化成丙酮酸,输送至肝异生为葡萄糖 吸收的 TG 输送到脂肪组织储存,脂肪组织分解 TG 输出 FFA 肝氧化 FFA 生成酮体

表 10-14 空腹时机体物质代谢特点

代谢途径	代谢改变
糖代谢	肝糖原分解补充血糖 肝糖异生补充血糖
脂质代谢	脂肪动员中度增加,供应肝和肌组织 酮体生成↑,供应肌组织
蛋白质代谢	肌肉部分氨基酸分解,补充肝糖异生的原料

表 10-15 短期饥饿时的机体代谢特点

代谢途径	代谢改变	结果
糖代谢	肝糖原显著减少 肝糖异生↑ 组织对葡萄糖的利用↓	血糖↓
脂质代谢	脂肪动员↑ 酮体生成↑	血脂肪酸↑ 血甘油↑ 血酮体↑
蛋白质代谢	蛋白质分解↑ 肌肉释放氨基酸↑	血丙氨酸↑ 谷氨酰胺↑

表 10-16 长期饥饿时的机体代谢特点

代谢途径	代谢改变	结果
脂质代谢	脂肪动员进一步加强	肝生成大量酮体,脑组织利用酮体增多,这对减少糖的利用、维持血糖、从而减少蛋白质的分解有一定意义
	肌肉优先利用脂肪酸作为能源	以保证酮体优先供应脑组织
蛋白质代谢	肌肉蛋白质分解减少	负氮平衡有所改善
	肌肉释放氨基酸减少	减少氨基酸的糖异生作用
糖代谢	乳酸和丙酮酸成为肝糖异生的主要来源	
	肾糖异生作用明显增强	占饥饿晚期糖异生总量的一半

表 10-17 应激时机体三大营养物代谢变化

代谢途径	代谢改变	结果
糖代谢	糖原合成↓	血糖↑
	糖原分解↑	血乳酸↑
	糖异生↑	糖尿↑
	组织对葡萄糖的利用↓	
脂质代谢	脂肪动员和分解↑	血脂肪酸↑
	脂肪合成↓	血酮体↑
	组织对脂肪酸的利用↑	
蛋白质代谢	蛋白质分解↑	负氮平衡
	肌肉释放丙氨酸↑	尿素氮↑
	尿素合成↑	

表 10-18 应激时机体各组织器官的代谢改变

内分泌腺/组织	激素及代谢变化	血中含量变化
腺垂体(垂体前叶)	ACTH 分泌增加	ACTH↑
	生长激素分泌增加	生长激素↑
胰腺 α-细胞	胰高血糖素分泌增加	胰高血糖素↑
胰腺 β-细胞	胰岛素分泌抑制	胰岛素↓
肾上腺髓质	去甲肾上腺素/肾上腺素分泌增加	肾上腺素↑
肾上腺皮质	皮质醇分泌增加	皮质醇↑
肝	糖原分解增加	葡萄糖↑
	糖原合成减少	
	糖异生增强	
	脂肪酸 β-氧化增加	
骨骼肌	糖原分解增加	乳酸↑
	葡萄糖的摄取利用减少	葡萄糖↑
	蛋白质分解增加	氨基酸↑
	脂肪酸 β-氧化增强	
脂肪组织	脂肪分解增强	游离脂肪酸↑
	葡萄糖摄取及利用减少	甘油↑
	脂肪合成减少	

表 10-19 肥胖是多因素引起的代谢失衡的结果

肥胖因素	激素	功能
抑制食欲激素功能障碍(食欲增强,能量摄入增加)	瘦蛋白 胆囊收缩素(CCK) α-促黑素(α-MSH)	抑制食欲和脂肪酸合成;促进脂肪酸氧化;增加解偶联蛋白表达,氧化磷酸化脱偶联 引起饱胀感,抑制食欲 刺激生理性饱胀感,抑制食欲
刺激食欲激素功能异常增加(不可控制的食欲增强)	生长激素释放肽 神经肽 Y	作用于下丘脑神经元,增强食欲;促进生长激素分泌增强食欲
脂连蛋白缺陷(脂肪分解代谢降低)	脂连蛋白	激活 AMP 激活的蛋白激酶,促进骨骼肌摄取氧化脂肪酸;抑制肝脂肪酸合成和糖异生;促进肝、骨骼肌摄取葡萄糖和酵解
胰岛素抵抗(食欲增加,分解代谢降低)	胰岛素	抑制神经肽 Y 释放和刺激促黑素产生——抑制食欲,减少能量摄入,增加产热和能量消耗; 促进骨骼肌、肝和脂肪组织分解代谢

第三节 体内重要组织和器官的代谢特点

表 10-20 重要器官或组织的主要供能代谢特点

器官或组织	主要代谢途径	主要代谢物	主要代谢产物	特定的酶	主要功能
肝	糖异生、脂肪酸 β- 氧化、脂肪合成、酮体合成、糖有氧氧化	乳酸、甘油、氨基酸、脂肪酸、葡萄糖	葡萄糖、VLDL、HDL、酮体	葡糖激酶、葡糖 -6- 磷酸酶、甘油激酶、磷酸烯醇式丙酮酸羧激酶	物质代谢的枢纽
脑	糖有氧氧化、糖酵解、氨基酸代谢	葡萄糖、氨基酸、酮体	乳酸、CO_2、H_2O		神经中枢
心肌	有氧氧化	乳酸、脂肪酸、酮体、葡萄糖	CO_2、H_2O	脂蛋白脂肪酶	泵出血液
骨骼肌	糖酵解、有氧氧化	葡萄糖、脂肪酸、酮体	乳酸、CO_2、H_2O	脂蛋白脂肪酶	肌肉收缩
脂肪组织	酯化脂肪酸、脂肪动员、合成脂肪	VLDL、CM	游离脂肪酸、甘油	脂蛋白脂肪酶、激素敏感性脂肪酶	储存脂肪
肾	糖异生、糖酵解	脂肪酸、葡萄糖、乳酸、甘油	葡萄糖	甘油激酶、磷酸烯醇式丙酮酸羧激酶	泌尿

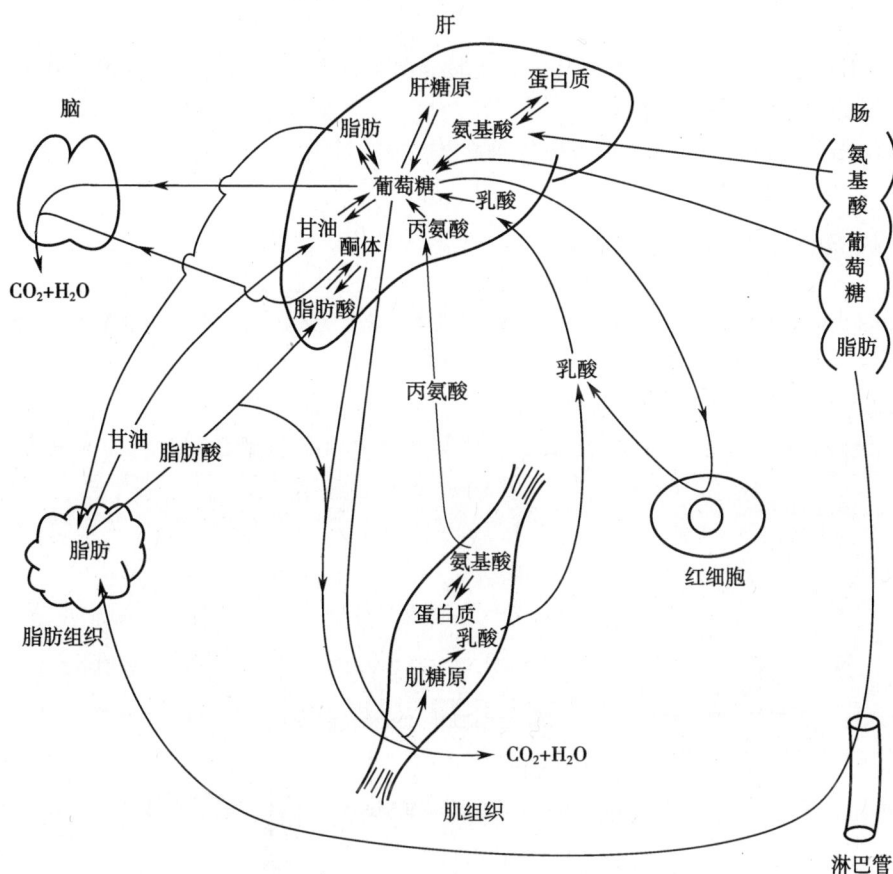

图 10-6 主要器官间的物质代谢联系

（孙 军）

141

第十一章
真核基因与基因组

基因（gene）：编码蛋白质或 RNA 等具有特定功能产物的、负载遗传信息的基本单位，除了某些以 RNA 为基因组的 RNA 病毒外，通常是指基因组中的一段 DNA 序列。基因包括编码序列（外显子）、间隔序列（内含子）及其 5′- 端非翻译区序列、3′- 端非翻译区序列。

基因组（genome）：指一个生物体内所有遗传信息的总和。

第一节　真核基因的结构与功能

基因功能：①储存遗传信息；②通过复制将遗传信息传递给子代；③作为基因表达模板，将遗传信息传递到蛋白质或 RNA 而呈现出表型。

基因组构（gene organization）：单个基因的组成结构及一个完整的生物体内基因的组织排列方式。

一、真核基因的基本结构

断裂基因（split gene）：真核基因结构是不连续性的，包含编码蛋白质或 RNA 的序列、单个编码序列间的间隔序列以及 5′- 端非翻译区序列、3′- 端非翻译区序列。

外显子（exon）：基因序列中，出现在成熟 mRNA 分子上的编码序列。

内含子（intron）：位于外显子之间，与 mRNA 剪接过程中被删除部分相对应的间隔序列。

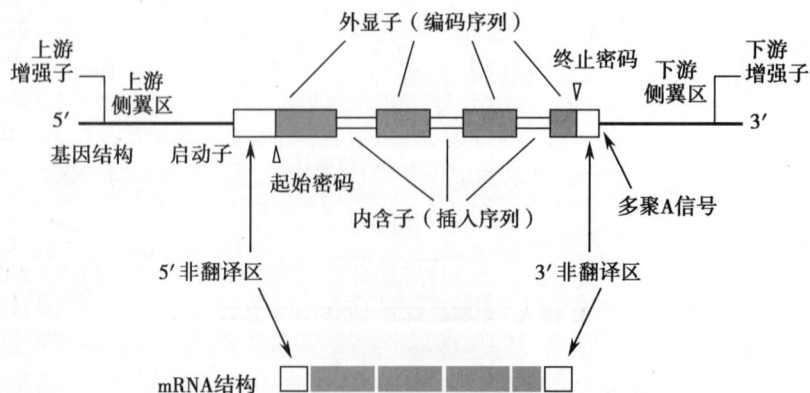

图 11-1　真核生物断裂基因

基因序号标记方式：一个基因的 5'- 端称为上游，3'- 端称为下游；基因序列中开始 RNA 链合成的第一个核苷酸所对应的碱基记为 +1，在此碱基上游的序列记为负数，向 5'- 端依次为 −1、−2 等；在此碱基下游的序列记为正数，向 3'- 端依次为 +2、+3 等。零不用于标记碱基位置。

高等真核生物绝大部分编码蛋白质的基因都有内含子，组蛋白编码基因例外。此外，编码 rRNA和一些 tRNA 的基因也都有内含子。

内含子的数量和大小决定了高等真核基因的大小。

外显子与内含子接头处有一段高度保守的序列，即内含子 5'- 末端多数以 GT 开始，3'- 末端多数以AG 结束，这一共有序列是真核基因中 RNA 剪接的识别信号。

二、基因编码区编码多肽链和特定的 RNA 分子

一个特定的成熟 RNA 分子的序列是由基因编码区中的 DNA 碱基序列及基因 5'- 端非翻译区序列、3'- 端非翻译区序列组成。无论是编码 RNA 还是编码蛋白质，基因编码序列决定了其编码产物的序列与功能。有些相同的 DNA 序列由于其起始位点的变化或 mRNA 不同的剪接方式可以编码不同的多肽链。

三、调控序列参与真核基因表达调控

旁侧序列（flanking sequence）：位于基因转录区前后，与基因紧邻并对基因表达起调控作用的 DNA序列，又称顺式作用元件（*cis*-acting element）。包括启动子、上游调控元件、增强子、绝缘子、沉默子、加尾信号和一些细胞信号反应元件等。

基因编码区（coding region）：在细胞内表达为蛋白质或功能 RNA 的 DNA 序列。

基因非编码区（non-coding region）：由单个编码序列间的间隔序列以及转录起始点后的基因 5'- 端非翻译区、3'- 端非翻译区序列组成。

基因调控区（regulatory region）：为表达基因所需的 DNA 序列，包括启动子、上游调控元件、增强子、绝缘子、沉默子、加尾信号和一些细胞信号反应元件等等。

启动子（promoter）：与 RNA 聚合酶结合并形成转录起始复合体的 DNA 序列。

增强子（enhancer）：增强真核基因启动子的工作效率的 DNA 序列。决定每一个基因在细胞内的表达水平。能够在相对于启动子的任何方向和任何位置（上游或者下游）上发挥增强作用。有时增强子序列也可位于内含子中。

沉默子（silencer）：抑制基因转录的特定 DNA 序列。

绝缘子（insulator）：阻碍增强子对启动子的作用，或者保护基因不受附近染色质环境影响的 DNA序列。

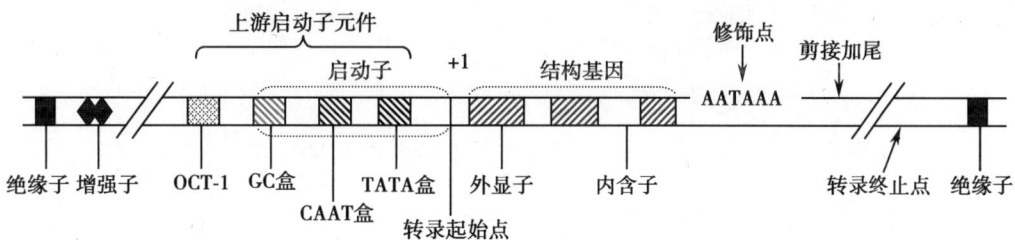

图 11-2 真核基因及调控序列的一般结构

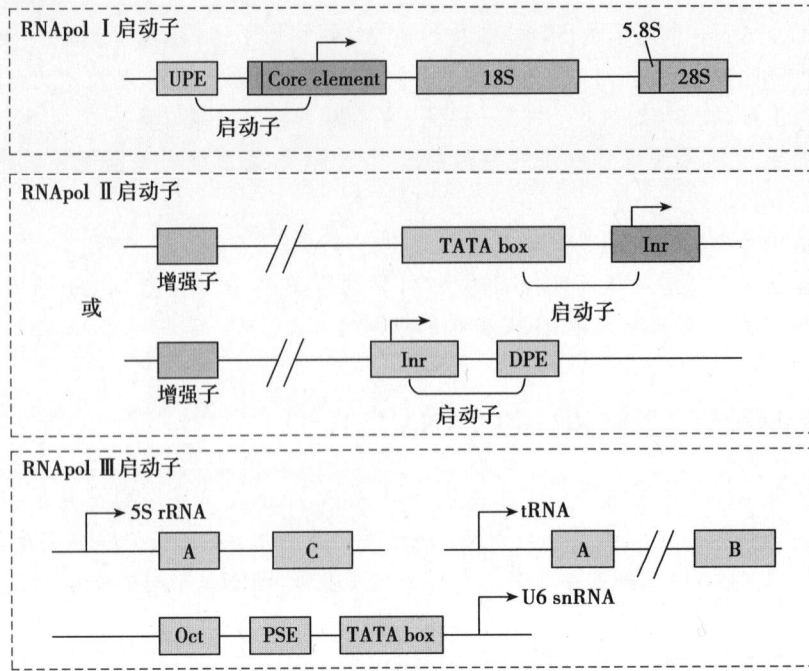

图 11-3 真核基因三类启动子

表 11-1 三种真核基因启动子的结构及特征

启动子种类	启动子结构特征	存在的基因
Ⅰ类启动子	包括核心元件（core element）和上游启动子元件（upstream promoter element, UPE）。富含 GC 碱基对。与 RNA 聚合酶Ⅰ结合	5.8S rRNA、18S rRNA、28S rRNA
Ⅱ类启动子	包括 TATA 盒、增强子和起始元件（initiator element）等，有的还可存在 CAAT 盒、GC 盒等特征序列。与 RNA 聚合酶Ⅱ结合	编码蛋白质基因和一些 snRNA 基因
Ⅲ类启动子	包括 A 盒、B 盒和 C 盒；八聚体寡核苷酸结合序列（8-base-pair binding sequence, Oct）、近侧序列元件（proximal sequence element, PSE）、TATA 盒。与 RNA 聚合酶Ⅲ结合	5S rRNA、tRNA、U6 snRNA 等

第二节 真核基因组的结构与功能

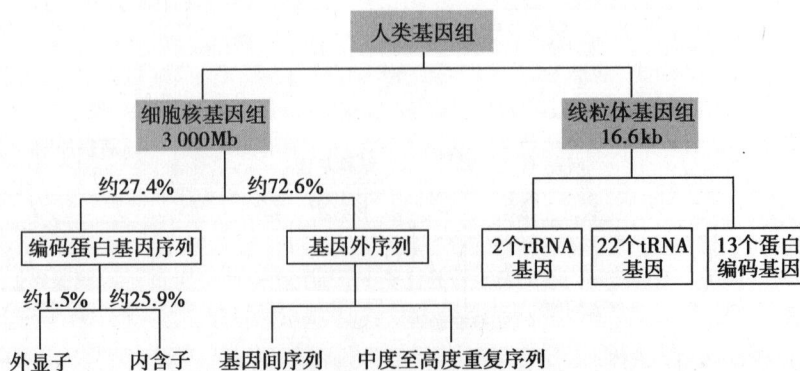

图 11-4 人的基因组构成

一、真核基因组具有独特的结构

真核基因组特点	1. 编码序列占全基因组 1%，远少于非编码序列；在一个基因的全部序列中，编码序列仅占 5% 左右
	2. 含有大量重复序列，人基因组中重复序列达到 50% 以上
	3. 存在多基因家族和假基因
	4. 具有可变剪接，产生不同蛋白质
	5.DNA 与蛋白质结合形成染色体，体细胞的基因组为二倍体

基因组的大小与基因数量和生物体复杂程度可能无直接相关性。

人基因组中有 2 万个左右基因，分布在 22 条常染色体和 2 条性染色体上，基因在不同染色体上分布并不均匀，19 号染色体基因密度最大，13 号和 Y 染色体的基因密度最小。

二、真核基因组中存在大量重复序列

反向重复序列（inverted repeat sequence）：两个相同顺序的互补拷贝在同一 DNA 链上反向排列而成，多散在于基因组中。

卫星 DNA（satellite DNA）：真核细胞染色体上高度重复核苷酸序列，主要存在于染色体的着丝粒区域，在人基因组中可占 10% 以上。其碱基组成中 GC 含量少，具有不同的浮力密度，在氯化铯密度梯度离心后呈现出与大多数 DNA 有差别的"卫星"条带而得名。

短散在核元件（short interspersed nuclear elements，SINEs）：又称为短散在重复序列（short interspersed repeat sequence），以散在方式分布于基因组中的较短重复序列，平均长度约为 300～500bp，大多数与单拷贝基因间隔排列，如：*Alu* 家族、*Kpn* I 家族和 *Hinf* 家族。

长散在核元件（long interspersed nuclear elements，LINEs）：又称为长散在重复序列（long interspersed repeat sequence），以散在方式分布于基因组中的较长（大于 1 000bp）重复序列，常具有转座活性。

表 11-2 真核基因重复序列特点和功能

种类	结构特点	功能
高度重复序列	1. 重复频率可达 10^6 次以上，不编码蛋白质或 RNA 2. 占人基因组长度的 20% 3. 主要为反向重复序列（inverted repeat sequence）和卫星 DNA（satellite DNA）	1. 参与复制水平的调节 2. 参与基因表达的调控 3. 参与染色体配对
中度重复序列	1. 重复数十至数千次的核苷酸序列，不编码蛋白质 2. 占人基因组长度的 12% 3. 分为短散在核元件、长散在核元件 4. rRNA 属于中度重复序列	可能类似于高度重复序列
低度重复序列	1. 又称单拷贝序列，出现一次或数次 2. 大多数为蛋白质编码的基因	编码不同蛋白质

三、真核基因组中存在大量的多基因家族与假基因

多基因家族（multigene family）：指由某一祖先基因经过重复和变异所产生的一组在结构相似、功能相关的基因。可以成簇分布在某一条染色体上，同时发挥作用，如组蛋白基因家族；也可以成簇分布在不同染色体上，如球蛋白基因家族。

基因超家族(superfamily gene):一些 DNA 序列相似,但功能不一定相关的若干个单拷贝基因或若干组基因家族。如免疫球蛋白基因超家族。

假基因(pseudogene):用 ψ 表示。基因组中存在的一段与正常基因非常相似但一般不能表达的 DNA 序列。按其来源分为经过加工的假基因和未经过加工的假基因,前者没有内含子,后者含有内含子。

四、线粒体 DNA 结构

线粒体 DNA(mitochondrial DNA, mtDNA):独立编码线粒体中的一些蛋白质的核外遗传物质。mtDNA 的结构为环状分子。

人的线粒体基因组全长 16 569bp,共编码 37 个基因,包括 13 个编码构成呼吸链多酶体系的一些多肽的基因、22 个编码 mt-tRNA 的基因、2 个编码 mt-rRNA(16S 和 12S)的基因。

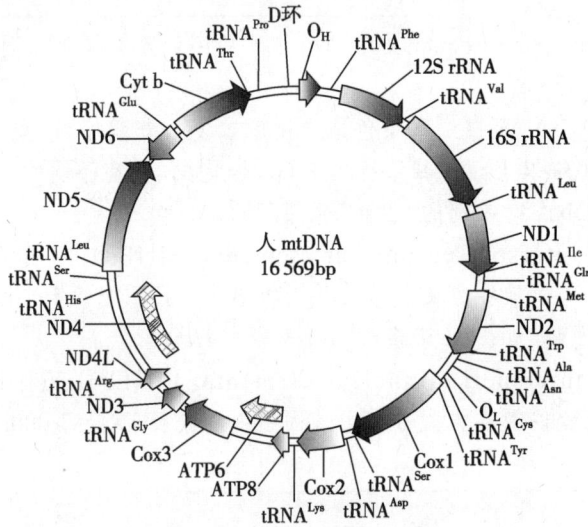

图 11-5 人的线粒体基因组

(汤立军)

第十二章
DNA 的合成

生物体内或细胞内进行的 DNA 合成主要包括 DNA 复制、DNA 修复合成和逆转录合成 DNA 等过程。本章只涉及 DNA 复制和逆转录过程，DNA 修复在第十三章专门讲述。

第一节 DNA 复制的基本规律

一、DNA 以半保留方式进行复制

半保留复制：在复制时，亲代双链 DNA 解开为两股单链，各自作为模板，依据碱基配对规律，合成序列互补的子链 DNA 双链。子代细胞的 DNA，一股单链从亲代完整地接受过来，另一股单链则完全重新合成，两个子细胞的 DNA 都和亲代 DNA 碱基序列一致，这种复制方式称为半保留复制。

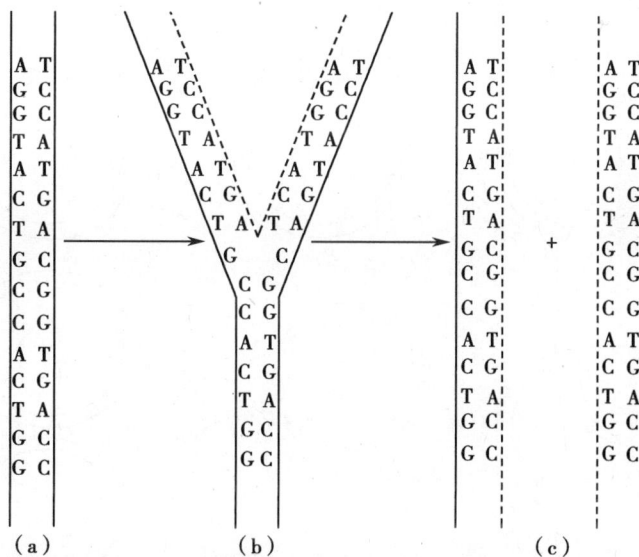

图 12-1 半保留复制保证子代和亲代 DNA 碱基序列一致
（a）母链 DNA；（b）复制过程打开的复制叉；（c）两个子代细胞的双链 DNA，实线链来自母链，虚线链是新合成的子链

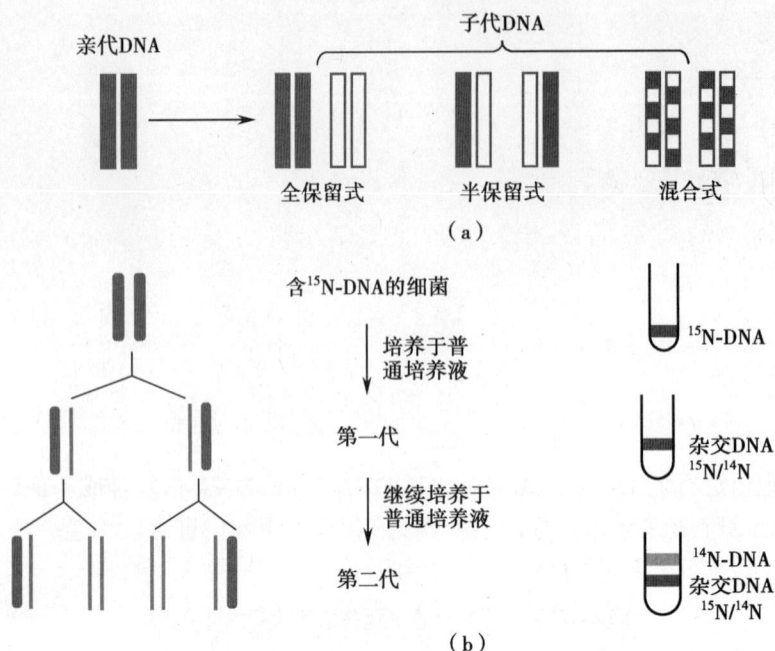

图 12-2　证明 DNA 半保留复制的经典实验

（a）DNA 复制方式的 3 种可能性；（b）^{15}N 标记 DNA 实验证明半保留复制假设

二、DNA 复制从起始点开始双向进行

原核生物基因组是环状 DNA，只有一个复制起点（origin，ori）。复制从起点开始，向两个方向解链，形成两个延伸方向相反的复制叉，称为双向复制（图 12-3）。

真核生物染色体有多个复制起点，呈多起点双向复制特征（图 12-4）。从一个 DNA 复制起点起始的 DNA 复制区域称为复制子（replicon）。复制子是含有一个复制起点的、独立完成复制的功能单位。

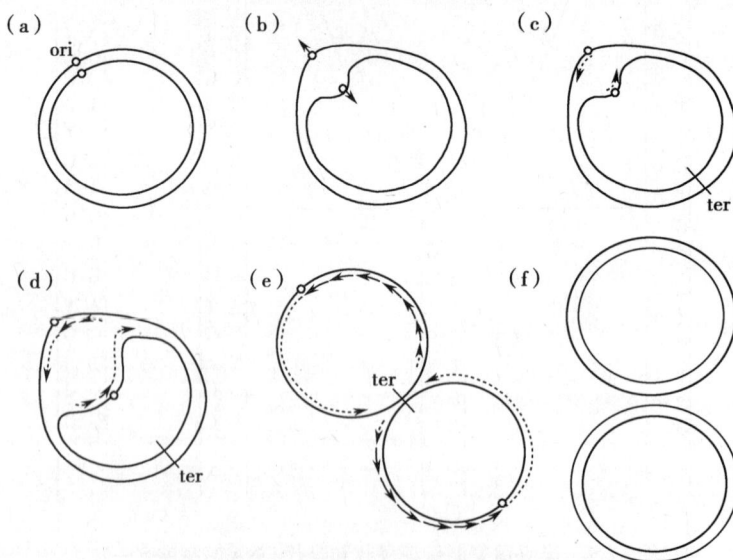

图 12-3　原核生物环状 DNA 分子由单复制起点开始双向复制

（a）具有单复制起点（ori）的环状 DNA 分子；（b）复制起点处 DNA 双链打开；（c）每一条母链上前导链开始合成；（d）模板双链进一步打开，前导链继续合成，同时后随链上的冈崎片段逐一合成；（e）模板链双链几乎全部分开，只在复制终止点（ter）处尚有一小段未分开；（f）复制完毕，得到两条序列一致的环状子链 DNA。图中虚线代表正在合成的 DNA 链，实线代表已经完成复制的 DNA 链，箭头方向代表 DNA 合成延伸的方向

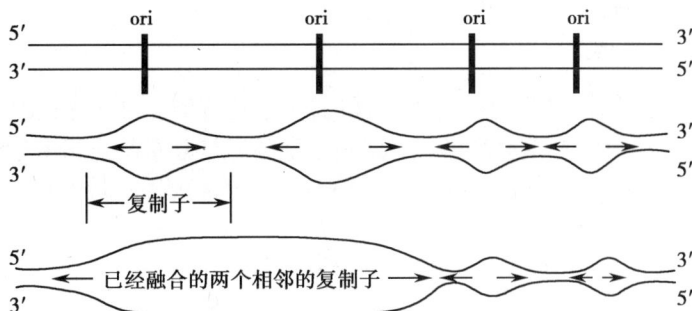

图 12-4　真核生物 DNA 是多个起始位点双向复制
箭头代表复制叉打开的方向

三、DNA 复制以半不连续方式进行

　　子链沿着母链模板复制，且只能从 5′ 至 3′ 方向延伸。在同一复制叉上只有一个解链方向。复制过程中，沿着解链方向生成的子链合成是连续的，称为前导链（leading strand），另一股链因为复制方向与解链方向相反，不能连续延长，只能随着模板链的逐步解开，逐段生成子链，这一不连续复制的链称为后随链（lagging strand）。后随链中不连续的 DNA 片段称为冈崎片段。前导链连续复制，后随链不连续复制的方式称为半不连续复制（图 12-5）。

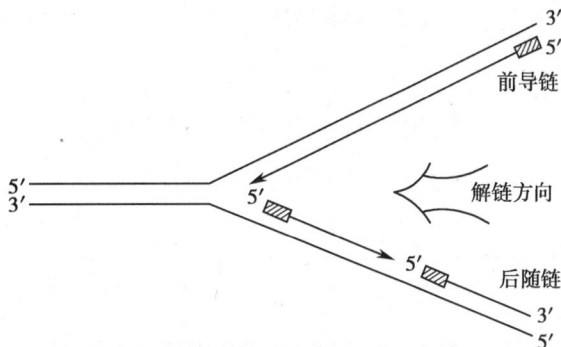

图 12-5　DNA 的半不连续复制

　　在一个复制子的同一条模板链上，以复制起点（ori）为分界点，分别由前导链和后随链合成。前导链和后随链都是从 5′ 至 3′ 方向延伸，而且后随链上的冈崎片段是按模板解链方向依次先后合成的，如图 12-6 所示。

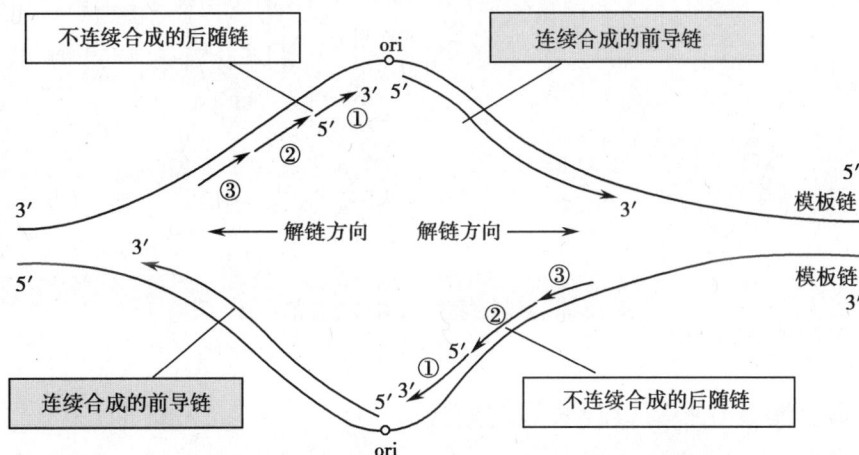

图 12-6　某一复制子上 DNA 的半不连续复制的分布情况
后随链上的冈崎片段合成先后顺序以①、②、③所示的顺序依次合成

四、DNA 复制具有高度保真性

"半保留复制"、严格的碱基配对原则确保亲代和子代之间遗传信息传递的绝对保真性；复制叉的复杂结构提高了复制的准确性；DNA 聚合酶的校读功能；复制后修复系统对错配的纠正，这些机制协同提高了复制的保真性。真核生物许多 DNA 聚合酶、复制酶以高保真运作（表 12-1）。

表 12-1　部分真核生物 DNA 聚合酶功能和结构

DNA 聚合酶	功能	结构
	高保真复制	
α	核 DNA 复制	350kD 四聚体
δ	后随链合成	250kD 四聚体
ε	前导链合成	350kD 四聚体
γ	线粒体 DNA 复制	200kD 二聚体
	高保真修复	
β	碱基切除修复	39kD 单体
	低保真修复	
ζ	碱基损伤旁路	异聚体
η	胸腺嘧啶二聚体旁路	单体
ι	减数分裂相关	单体
κ	碱基替换与缺失	单体

第二节　DNA 复制的酶学和拓扑学变化

核苷酸和核苷酸之间生成 3′, 5′- 磷酸二酯键而逐一聚合，是复制的基本化学反应（图 12-7）。

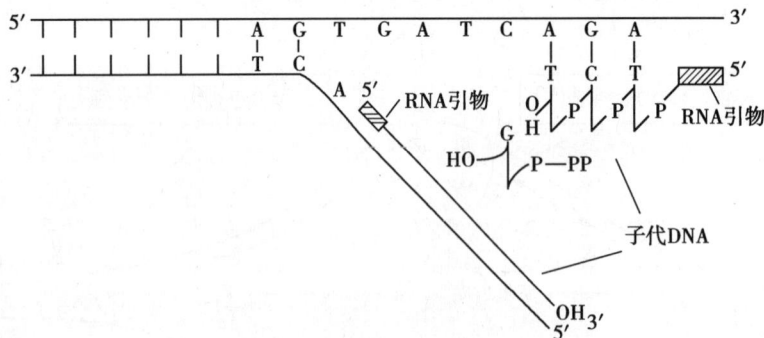

图 12-7　复制过程中脱氧核苷酸的聚合

一、DNA 聚合酶催化脱氧核苷酸间的聚合

（一）原核生物主要的 3 种 DNA 聚合酶

原核生物至少有 5 种 DNA 聚合酶。表 12-2 比较了三种常见的 DNA 聚合酶的主要特征。

表 12-2　原核生物的 DNA 聚合酶

	DNA pol Ⅰ	DNA pol Ⅱ	DNA pol Ⅲ
分子量 /kD	109	89.9	250
基因	*polA*	*polB*	*polC*
组成	1 条肽链	1 条肽链	多亚基不对称二聚体
分子数 / 细胞	400	30～50	20
$5' \to 3'$ 核酸外切酶活性	有	无	无
$3' \to 5'$ 核酸外切酶活性	有	有	有
$5' \to 3'$ 聚合酶活性	有	有	有
功能	主要在 DNA 损伤修复中发挥作用，在半保留复制中起到辅助作用	复制过程被损伤的 DNA 阻碍时重新启动复制叉	原核生物复制延长中真正起催化作用的酶

DNA pol Ⅲ 由 10 种亚基组成不对称异聚合体（图 12-8）。

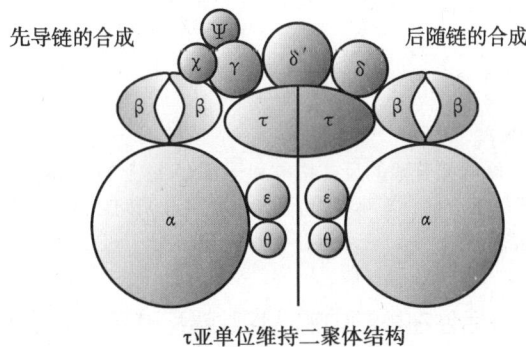

图 12-8　*E.Coli* DNA pol Ⅲ 全酶的分子结构

（二）常见的真核细胞 DNA 聚合酶有 5 种

表 12-3　真核生物的 DNA 聚合酶

DNA pol	$5' \to 3'$ 聚合活性	$3' \to 5'$ 核酸外切酶活性	功能
α	中	－	引物酶活性
β	?	－	DNA 修复
γ	高	＋	线粒体 DNA 复制
δ	高	＋	合成后随链
ε	高	＋	合成前导链

二、DNA 聚合酶的碱基选择和校对功能

生物体至少有 3 种机制实现保真性：①遵守严格的碱基配对规律；②聚合酶在复制延长中对碱基的选择功能；③复制出错时有即时的校对功能。

（一）复制的保真性依赖正确的碱基选择

DNA 复制保真的关键是正确的碱基配对，而碱基配对的关键又在于氢键的形成，错配碱基之间难以形成氢键。除化学结构限制外，DNA 聚合酶对碱基配对具有选择作用。

例如：嘌呤的化学结构能形成顺式和反式构象（图 12-9），其中反式构象利于嘌呤 - 嘧啶之间氢键（虚线）的形成。DNA pol Ⅲ 对嘌呤的不同构象表现不同亲和力，因此实现其选择功能。

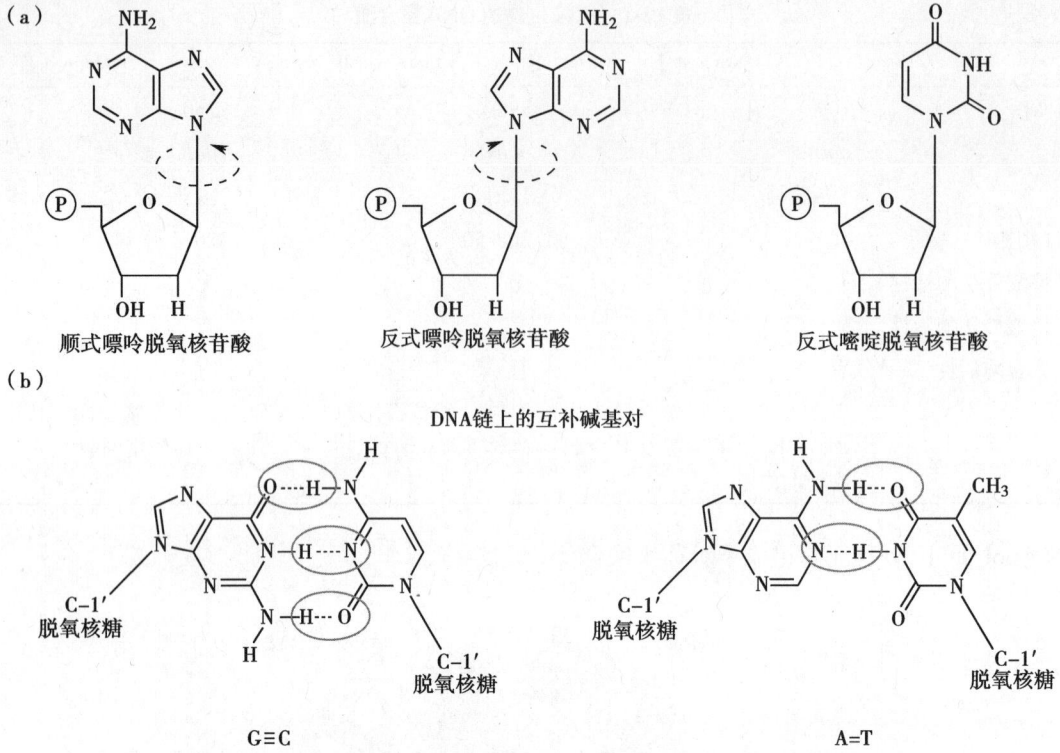

图 12-9　嘌呤核苷酸的反式构象利于 DNA 链上的碱基以氢键配对

（a）嘌呤脱氧核苷酸和嘧啶脱氧核苷酸都有顺式、反式的构象；（b）B-DNA 中 DNA 糖苷键总是反式，碱基之间才能以合适的空间距离形成氢键

（二）聚合酶中的核酸外切酶活性在复制中辨认切除错配碱基并加以校正

原核生物的 DNA pol Ⅰ、真核生物的 DNA pol δ 和 DNA pol ε 的 $3' \rightarrow 5'$ 核酸外切酶活性都很强，可以在复制过程中辨认并切除错配的碱基，对复制错误进行校正，此过程又称错配修复（mismatch repair）。图示 DNA pol Ⅰ 的校对功能（图 12-10）。

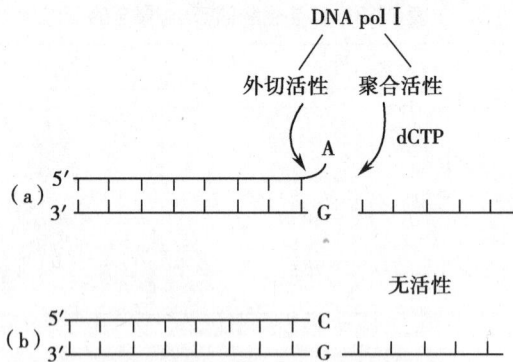

图 12-10　DNA pol Ⅰ 的校对功能

（a）DNA pol Ⅰ 的外切酶活性切除错配碱基，并用其聚合活性掺入正确配对的底物；

（b）碱基配对正确，DNA pol Ⅰ 并不表现外切酶活性

三、复制中的解链伴有 DNA 分子拓扑学变化

（一）多种酶参与 DNA 解链和稳定单链状态

复制起始时，需多种酶和辅助的蛋白质因子（表 12-4），共同解开并理顺 DNA 双链，且维持 DNA 分子在一段时间内处于单链状态。

表 12-4　原核生物复制起始的相关蛋白质

蛋白质（基因）	通用名	功能
DnaA（*dnaA*）		辨认复制起点
DnaB（*dnaB*）	解旋酶	解开 DNA 双链
DnaC（*dnaC*）		运送和协同 DnaB
DnaG（*dnaG*）	引物酶	催化 RNA 引物生成
SSB	单链结合蛋白 /DNA 结合蛋白	稳定已解开的单链 DNA
拓扑异构酶	拓扑异构酶Ⅱ又称促旋酶	解开超螺旋

（二）DNA 拓扑异构酶改变 DNA 超螺旋状态

DNA 拓扑异构酶（DNA topoisomerase），简称拓扑酶，广泛存在于原核及真核生物，主要分为Ⅰ型和Ⅱ型两种，最近还发现了拓扑酶Ⅲ。原核生物拓扑异构酶Ⅱ又称促旋酶（gyrase），真核生物的拓扑酶Ⅱ还有几种不同亚型。

DNA 双螺旋沿轴旋绕，复制解链也沿同一轴反向旋转，复制速度快，造成 DNA 分子打结、缠绕、连环现象。闭环状态的 DNA 又按一定方向扭转形成超螺旋（图 12-11）。拓扑酶既能水解，又能连接 DNA 分子中磷酸二酯键（图 12-12），可在将要打结或已打结处切口，下游的 DNA 穿越切口并作一定程度旋转，把结打开或解松，然后旋转复位连接。

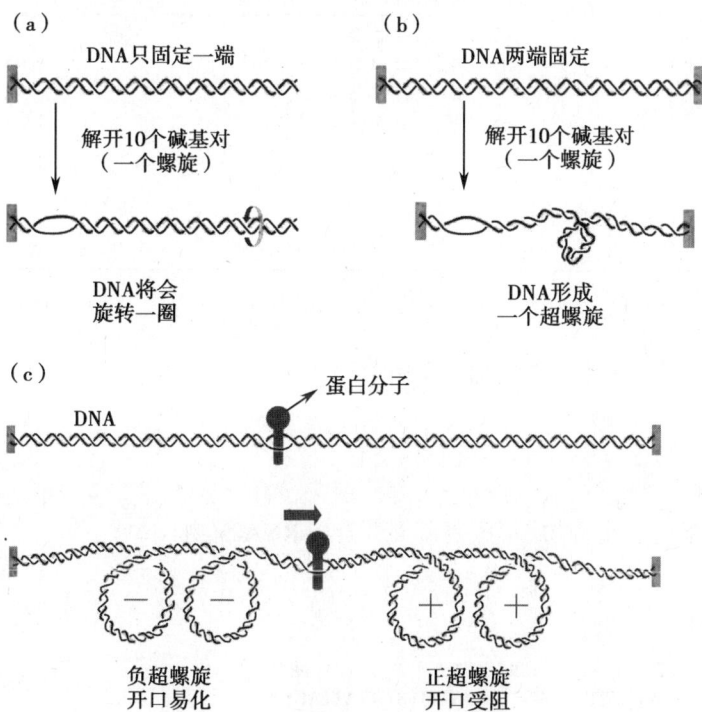

图 12-11　复制过程正超螺旋的形成

（a）代表螺旋一端固定，通过自由旋转不形成超螺旋结构；（b）代表两端固定，螺旋局部解开后，形成一个超螺旋；（c）蛋白质分子参与 DNA 复制过程，在其前方形成正超螺旋，在其后方形成负超螺旋

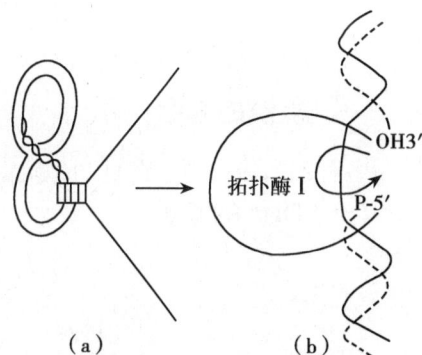

图 12-12　拓扑酶的作用方式

（b）是把（a）局部放大经拓扑酶Ⅰ作用，两个环变为一个环

四、DNA 连接酶连接复制中产生的单链缺口

DNA 连接酶（DNA ligase）把存在缺口（nick）的相邻两条单链 3'-OH 末端和 5'-P 末端连接起来，生成磷酸二酯键，从而把两段相邻的 DNA 链连成完整的链。图 12-13 示连接酶的催化作用。

DNA 连接酶在复制中起最后接合缺口的作用，在 DNA 修复、重组中也起接合缺口作用，也是基因工程的重要工具酶之一。

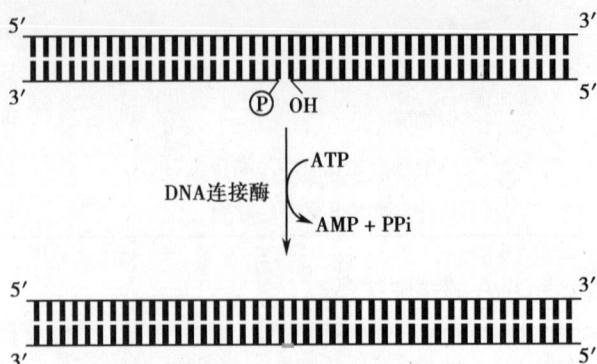

图 12-13　DNA 连接酶的作用

本章介绍了三种能够催化生成磷酸二酯键的酶，它们都能催化 3′, 5′- 磷酸二酯键生成，但对应的功能和对 ATP 的需求不一样，详见表 12-5。

表 12-5　三种酶催化生成磷酸二酯键的比较

	功能	ATP 需求	结果
DNA 聚合酶	在引物或延长中的新链 3′-OH 末端添加新的 dNTP	否	新链延伸，$(dNMP)_{n+1}$
连接酶	连接存在缺口（nick）的单链	需	不连续 → 连续链
拓扑酶	切断、整理因模板链打开造成的 DNA 分子打结、缠绕的问题	否 / 需	改变拓扑状态

第三节　原核生物 DNA 复制过程

一、复制的起始

各种酶和蛋白因子在复制起始点处装配起始复合物，形成复制叉并合成 RNA 引物。

（一）DNA 的解链

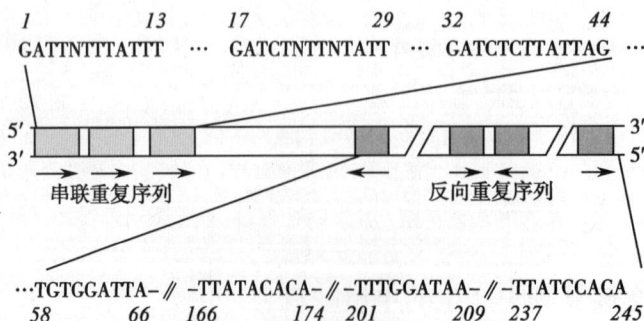

图 12-14　*E.coli* 复制起始点 oriC

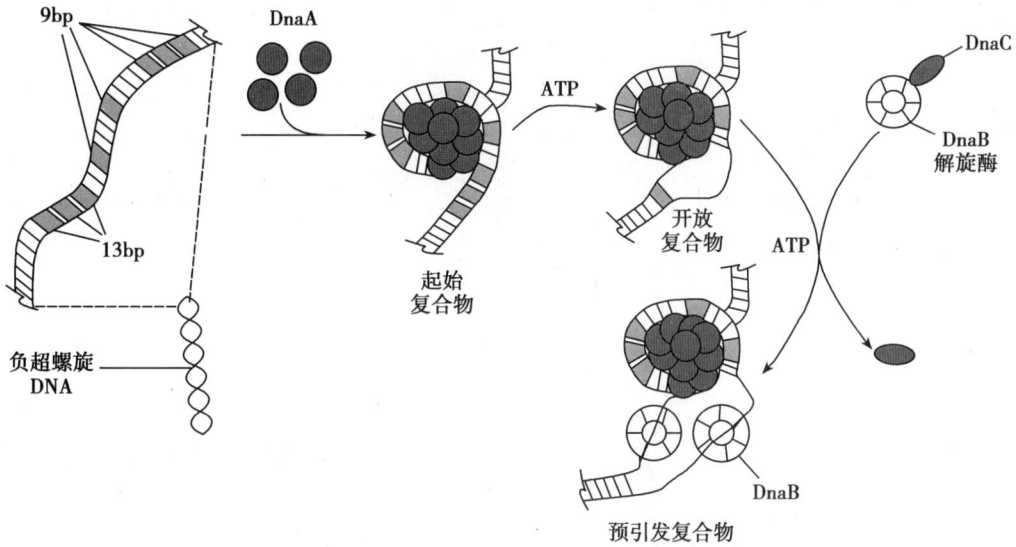

图 12-15　原核生物的复制起始部位及解链

（二）引物合成和起始复合物形成

在 DNA 双链解链基础上，形成了 DnaB、DnaC 蛋白与 DNA 复制起点相结合的复合体，此时引物酶进入。此时形成含有解旋酶 DnaB、DnaC、引物酶和 DNA 的复制起始区域共同构成的起始复合物结构（图 12-16）。起始复合物的蛋白质组分在 DNA 链上移动，在适当位置上，引物酶催化生成短链的 RNA 引物（图 12-17）。

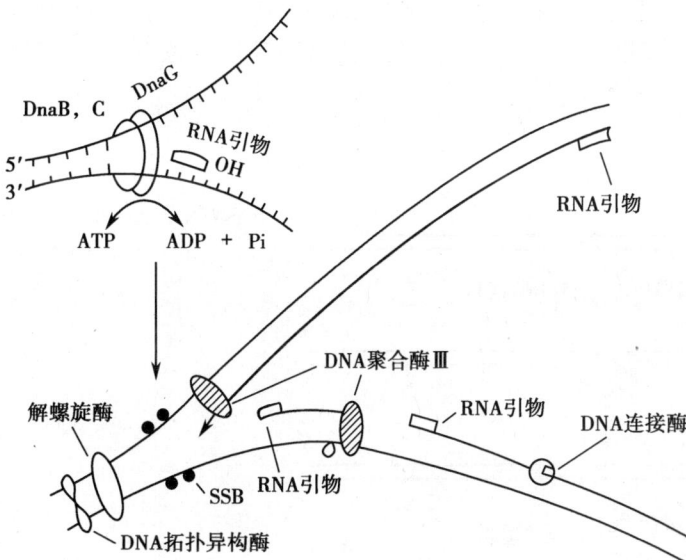

图 12-16　起始复合物和复制叉的生成

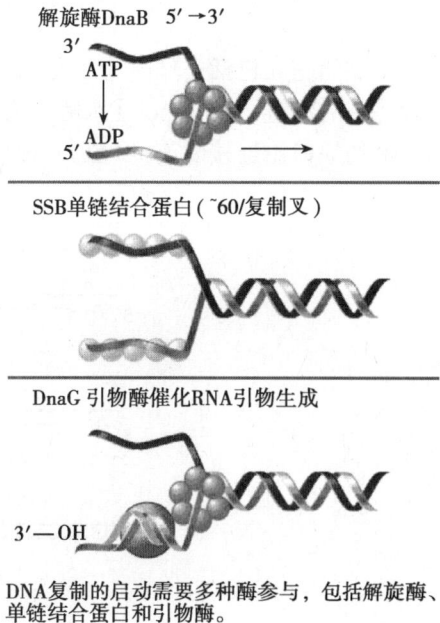

DNA复制的启动需要多种酶参与，包括解旋酶、单链结合蛋白和引物酶。

图 12-17　引物酶催化引物生成

二、DNA 链的延长

在同一个复制叉上，前导链的复制先于后随链，但两链是在同一个 DNA pol Ⅲ 催化下进行延长的。这是因为后随链的模板 DNA 可以折叠或绕成环状，进而与前导链正在延长的区域对齐（图 12-18）。

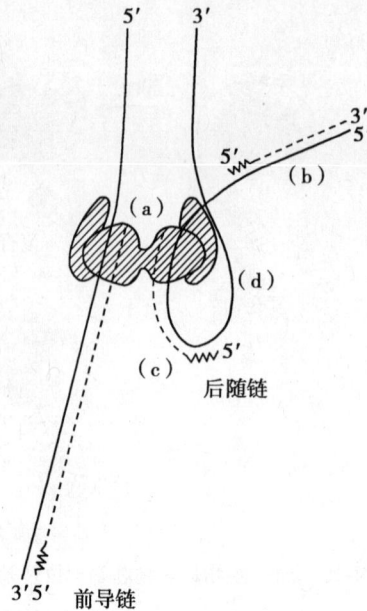

图 12-18　同一复制叉上前导链和后随链由相同的 DNA pol 催化延长
（a）DNA pol Ⅲ 的核心酶和 β 亚基；（b）～（d）分别是后随链的先复制、
正在复制和未复制的片段，实线是母链，虚线代表子链

三、复制的终止

原核生物基因是环状 DNA，复制是双向复制，从起点开始各进行 180°，同时在终止点上汇合［图 12-3（e）、（f）］。

复制的完成包括去除冈崎片段上的 RNA 引物和合成相应的与模板互补的 DNA，最后把 DNA 片段连接成完整的子链。DNA pol Ⅰ 水解引物并填补空隙（后复制的冈崎片段延长填补空隙），留下相邻的 3′-OH 和 5′-P 的缺口由连接酶连接（图 12-19）。

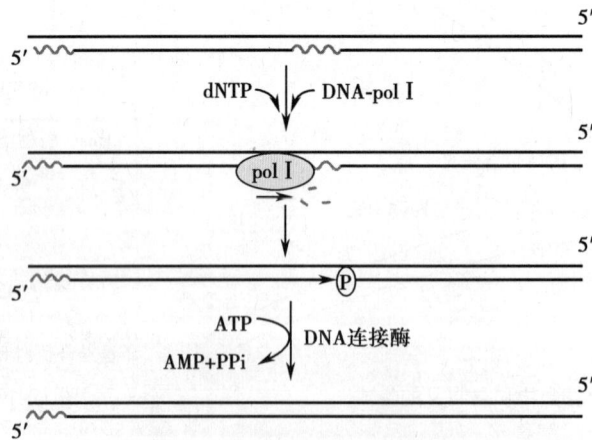

图 12-19　新链中的 RNA 引物被水解，空隙被 DNA 填补
灰色曲线代表 RNA 引物，黑色实线代表 DNA 链

第四节 真核生物 DNA 复制过程

一、真核生物 DNA 复制的起始与原核生物基本相似

真核生物 DNA 分布在许多染色体上，各自进行复制。每个染色体有上千个复制子，复制的起点很多。复制有时序性，即复制子以分组方式激活而不是同步启动（图 12-4）。

真核生物复制起始也是打开双链形成复制叉（图 12-20）。其中，DNA 聚合酶 α 主要进行引物的合成，而 DNA 聚合酶 ε/δ 进行前导链和后随链的合成。其他重要的辅助蛋白组分与功能见表 12-6。

表 12-6 真核 DNA 复制叉主要蛋白质和酶的功能

蛋白或酶	功能
RPA	单链 DNA 结合蛋白，激活 DNA 聚合酶，使解旋酶容易结合 DNA
PCNA	激活 DNA 聚合酶和 RFC 的 ATPase 活性
RFC	有依赖 DNA 的 ATPase 活性，结合于引物 - 模板链，激活 DNA 聚合酶，促使 PCNA 结合于引物 - 模板链
Pol α/ 引发酶	合成 RNA-DNA 引物
FEN1	核酸酶，切除 RNA 引物
RNase H I	核酸酶，切除 RNA 引物
DNA 连接酶 I	连接 DNA 片段
DNA 解旋酶	DNA 双螺旋解链，参与组装复制起始复合物
Tol I 和 Tol II	拓扑异构酶，去除负超螺旋（使解旋酶容易解旋），去除复制叉前方产生的正超螺旋

RPA：复制蛋白 A；RFC：复制因子 C；PCNA：增殖细胞核抗原

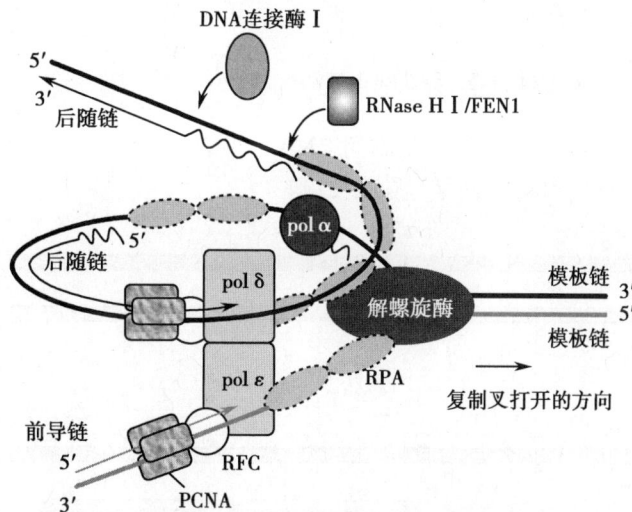

图 12-20 真核生物复制叉的移动及相关酶与蛋白的分布

二、真核生物复制的延长发生 DNA 聚合酶 α/δ 转换

DNA pol α 主要催化合成引物，然后迅速被具有连续合成能力的 DNA pol δ 和 DNA pol ε 所替换，这一过程称为聚合酶转换（图 12-21）。DNA pol δ 负责合成后随链，DNA pol ε 负责合成前导链。真核生物是以复制子为单位各自进行复制的，所以引物和后随链的冈崎片段都比原核生物的短。

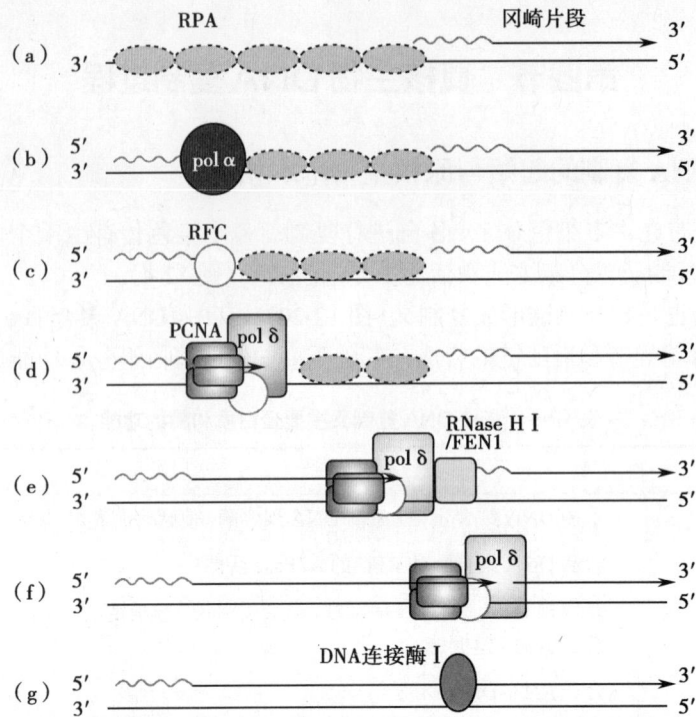

图 12-21　真核生物 DNA 复制中 pol α/δ 转换和后随链的生成

（a）后随链及模板；（b）pol α 正在合成第二个冈崎片段的 RNA-DNA 引物；（c）RFC 取代 pol α 并结合于 iDNA 的 3′ 端；（d）组装 pol δ 复合物；（e）DNA 延伸，去除引物；（f）RNase H I /FEN1 去除引物，冈崎片段继续合成并填补了引物去除后的空隙；（g）DNA 连接酶连接上下游两个冈崎片段

三、真核生物 DNA 合成后立即组装成核小体

复制后的染色质结构需要重新装配，原有组蛋白及新合成的组蛋白结合到复制叉后的 DNA 链上，真核生物 DNA 合成后立即组装成核小体。

四、端粒酶参与解决染色体末端复制问题

真核生物染色体两端 DNA 子链上最后复制的 RNA 引物，去除后留下空隙。剩下的 DNA 单链母链如果不填补成双链，就会被核内 DNase 酶解（图 12-22）。

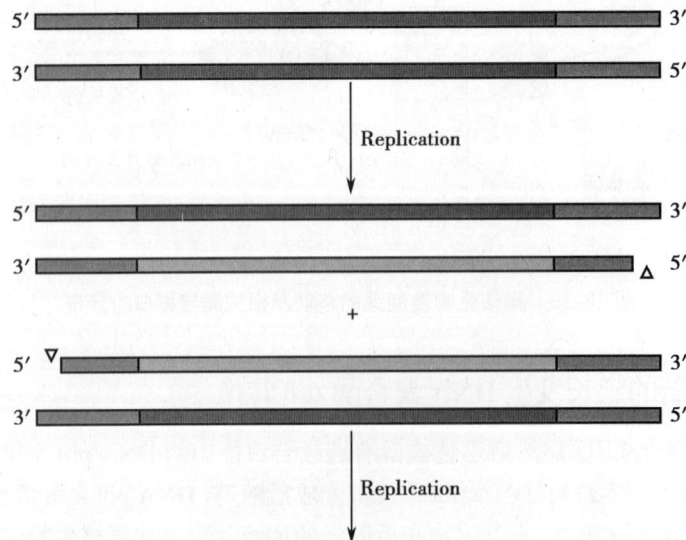

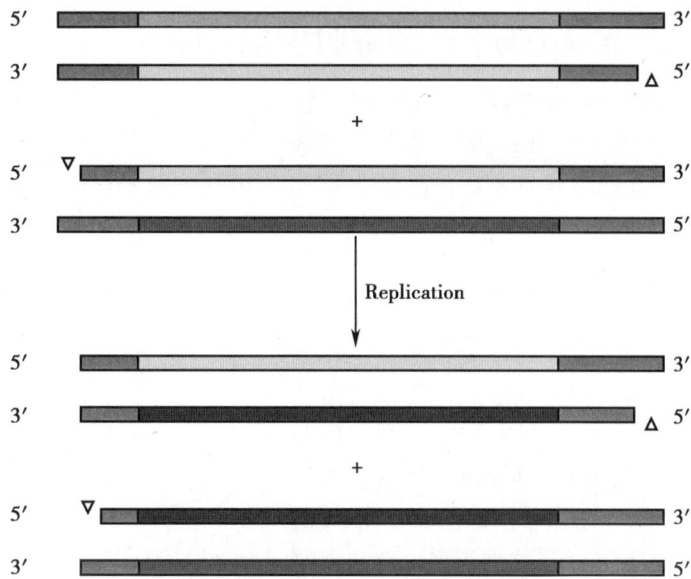

图 12-22　线性 DNA 复制的末端

端粒（telomere）是真核生物染色体线性 DNA 分子末端的结构，它与端粒结合蛋白紧密结合，像两顶帽子那样盖在染色体两端，因而得名。端粒结构的共同特点是富含 T, G 短序列的多次重复，并能反折成二级结构。

端粒酶由三部分组成：端粒酶 RNA（human telomerase RNA，hTR，约 150nt）、端粒酶协同蛋白（human telomerase associated protein 1，hTP1）和端粒酶逆转录酶（human telomerase reverse transcriptase，hTRT）。该酶兼有提供 RNA 模板和催化逆转录的功能。复制终止时，染色体端粒区域的 DNA 确有可能缩短或断裂。端粒酶通过一种称为爬行模型（inchworm model）的机制维持染色体的完整（图 12-23）。

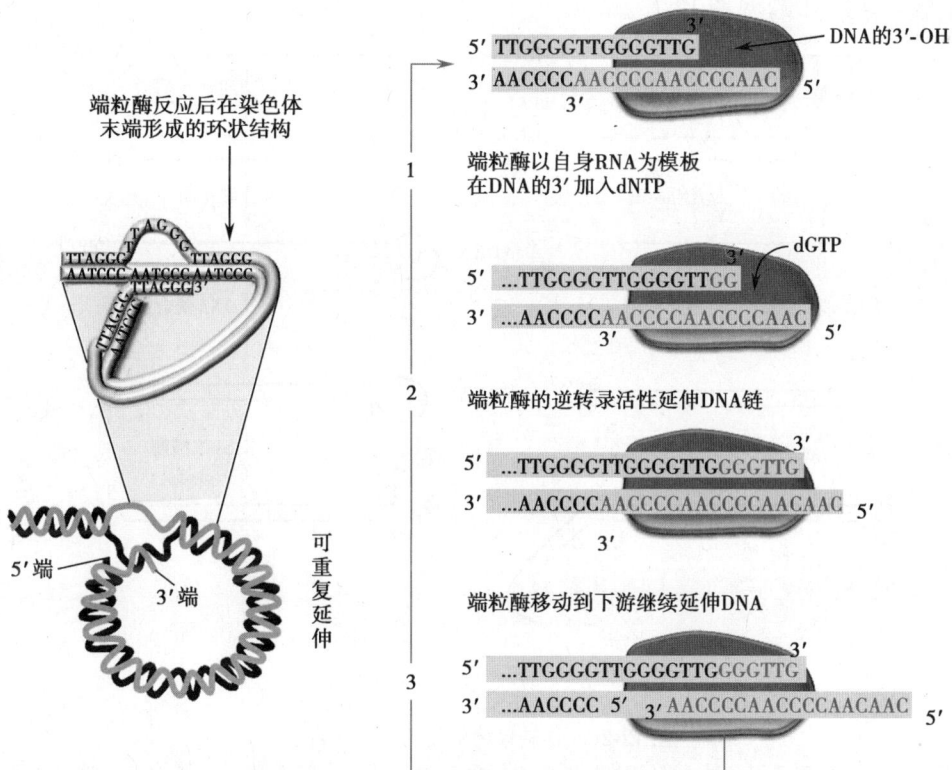

图 12-23　端粒中 DNA 的结构和端粒酶作用的爬行模型

五、真核生物染色体 DNA 在每个细胞周期中只能复制一次

真核生物在细胞分裂的合成期（S 期）合成 DNA。细胞分裂的时相变化称为细胞周期（cell cycle）。典型的细胞周期分为 4 期（图 12-24），在营养条件良好的环境下培养细胞，历程约 24 小时。

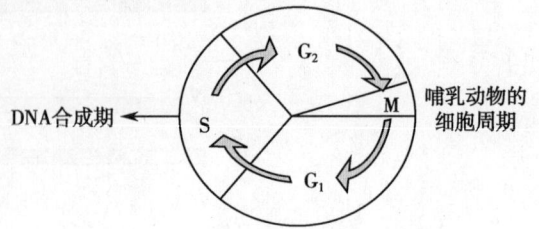

图 12-24　哺乳类动物的细胞周期

六、真核生物线粒体 DNA 按 D 环方式复制

D- 环复制（D-loop replication）是线粒体 DNA（mitochondrial DNA，mtDNA）的复制形式。复制时需合成引物。mtDNA 为双链，第一个引物以内环为模板延伸。至第二个复制起始点时，又合成另一个反向引物，以外环为模板进行反向的延伸。最后完成两个双链环状 DNA 的复制（图 12-25）。复制中呈字母 D 形状而得名。D 环复制的特点是复制起始点不在双链 DNA 同一位点，内、外环复制有时序差别。

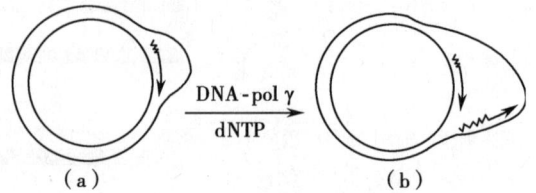

图 12-25　进行中的 D 环复制

（a）第一个引物在第一起始点上合成；（b）延长至第二起始点，合成第二引物

第五节　逆转录和其他复制方式

一、逆转录病毒的基因组是 RNA 以逆转录机制复制

RNA 病毒的基因组是 RNA 而不是 DNA，其复制方式是逆转录（reverse transcription），或称为反转录，因此也称为逆转录病毒（retrovirus）。以 RNA 为模板催化合成双链 DNA 的酶，称为逆转录酶（reverse transcriptase），全称是依赖于 RNA 的 DNA 聚合酶（RNA-dependent DNA polymerase）。从单链 RNA 到双链 DNA 的生成可分为三步，见图 12-26。

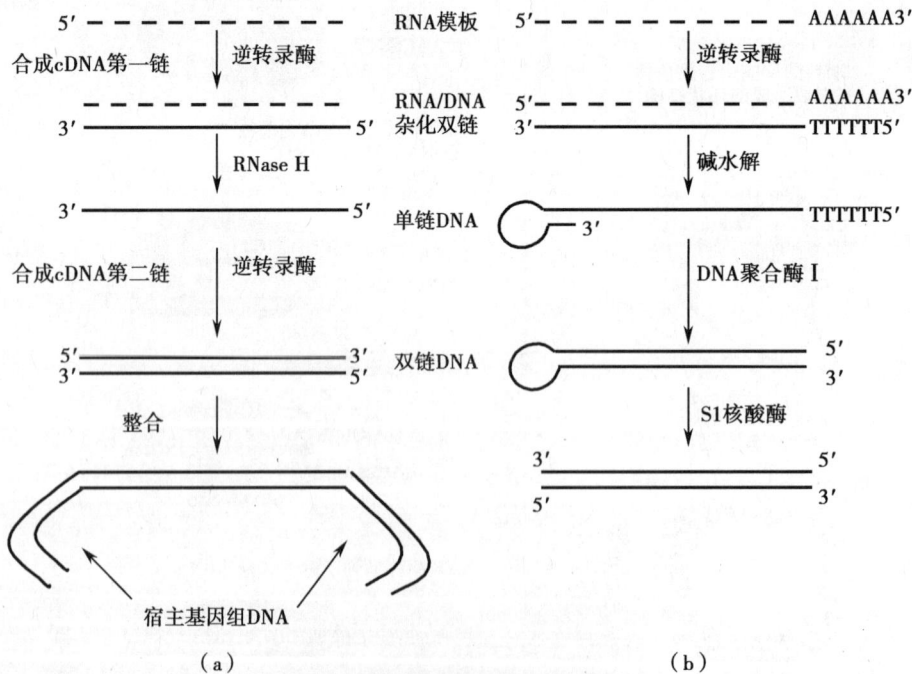

图 12-26　逆转录酶催化的 cDNA 合成

（a）逆转录病毒细胞内复制。病毒的 tRNA 可作为 cDNA 第二链合成的引物；（b）试管内合成 cDNA。单链 cDNA 的 3′ 端能够形成发夹状的结构作为引物，在大肠杆菌聚合酶 I Klenow 作用下，合成 cDNA 的第二链

二、逆转录的发现发展了中心法则

逆转录酶和逆转录现象，是分子生物学研究中的重大发现。中心法则认为，DNA 的功能兼有遗传信息的传代和表达，因此 DNA 处于生命活动的中心位置。逆转录现象说明：至少在某些生物，RNA 同样兼有遗传信息传代与表达功能。这是对传统的中心法则的挑战。

（袁　洁）

第十三章
DNA 损伤和损伤修复

DNA 损伤（DNA damage）是指各种体内外因素所导致的 DNA 组成与结构的变化。DNA 损伤的同时即伴有 DNA 损伤修复系统的启动。生物的多样性依赖于 DNA 突变与 DNA 损伤修复之间的平衡。

第一节　DNA 损伤

一、多种因素通过不同机制导致 DNA 损伤

表 13-1　导致 DNA 损伤的因素

	类型	原因	结果
体内因素	DNA 复制错误	1. 碱基错配 2. 片段缺失或插入	1. DNA 复制的错配 2. 新生的 DNA 上重复序列拷贝数发生变化
	DNA 结构自身的不稳定性	1. 受热、环境 pH 值变化 2. 自发脱氨基	1. 碱基丢失或脱落 2. 碱基的转变
	机体代谢过程中产生的活性氧	碱基氧化	碱基修饰（如鸟嘌呤等）
体外因素	物理因素	1. 电离辐射	1. 碱基氧化修饰 2. 碱基环结构的破坏与脱落 3. DNA 链交联或断裂
		2. 非电离辐射（紫外线）	1. DNA 链交联或断裂 2. 形成胸腺嘧啶二聚体等
	化学因素	1. 自由基 2. 碱基类似物 3. 碱基修饰物、烷化剂 4. 嵌入染料	1. 导致碱基、核糖、磷酸基损伤 2. 碱基对的置换 3. 改变被修饰碱基的配对性质 4. 复制过程中出现核苷酸的缺失、移码或插入
	生物因素	病毒产生的毒素和代谢产物	诱变作用

胸腺嘧啶二聚体（thymine dimer，TT）结构是由于吸收低波长紫外线后，DNA 分子中同一条链相邻的两个胸腺嘧啶碱基以共价键连接而形成（图 13-1）。嘧啶二聚体也是 DNA 链内交联的典型例子。

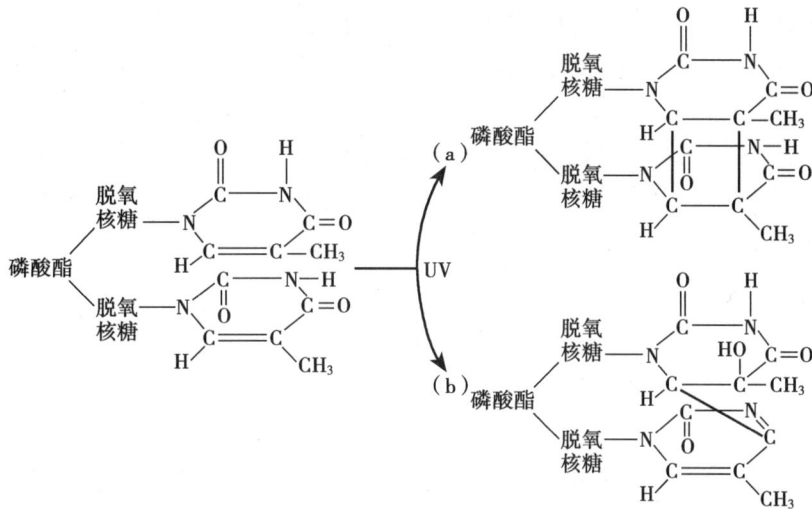

图 13-1 胸腺嘧啶二聚体的形成

二、DNA 损伤有多种类型

根据 DNA 分子结构改变的不同，DNA 损伤有碱基脱落、碱基结构破坏、嘧啶二聚体形成、DNA 单链或双链断裂和 DNA 交联等多种类型（表 13-2）。

表 13-2 DNA 的损伤类型

损伤类型	原因
碱基损伤与糖基破坏	化学毒物
碱基之间发生错配	碱基类似物的掺入
	碱基修饰剂的作用
	自发碱基错配
DNA 链发生断裂	电离辐射
	化学毒剂
	磷酸二酯键的断裂
	脱氧戊糖的破坏
	碱基的损伤和脱落
DNA 的共价交联	紫外线照射

DNA 链损伤有多种交联形式（图 13-2）。DNA 链间交联（DNA interstrand cross-linking）是 DNA 双螺旋链中的一条链上的碱基与另一条链上的碱基以共价键结合。而 DNA 链内交联（DNA intrastrand cross-linking）则是 DNA 分子中同一条链中的两个碱基以共价键结合。DNA 分子与蛋白质以共价键结合的情况称为 DNA- 蛋白质交联（DNA-protein cross-linking）。

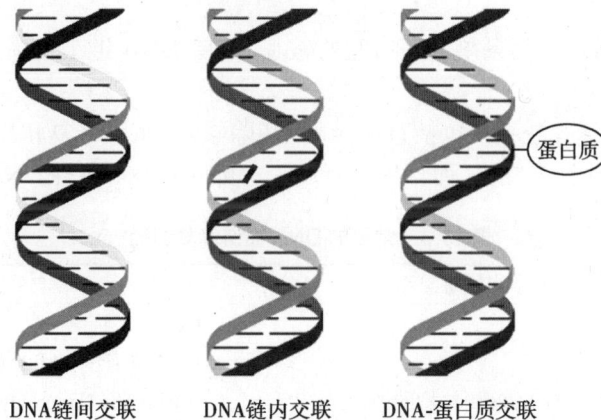

DNA链间交联　　　DNA链内交联　　　DNA-蛋白质交联

图 13-2 DNA 链的共价交联

碱基置换中,DNA链的一种嘌呤被另一种嘌呤取代或者一种嘧啶被另一种嘧啶取代,称为转换(transition)。而嘌呤和嘧啶的相互取代则称之为颠换(transversion)(图13-3)。

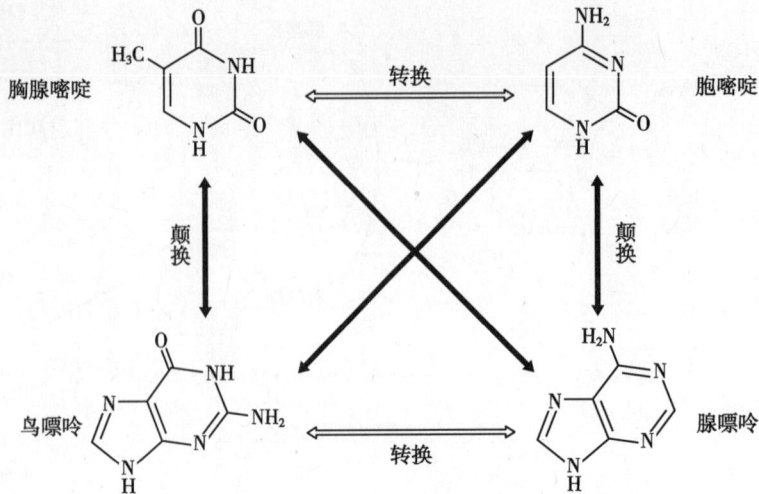

图 13-3　DNA 中的碱基置换

由于密码子的简并性,碱基置换可以造成改变氨基酸编码的错义突变(missense mutation)、变为终止密码子的无义突变(nonsense mutation)和不改变氨基酸编码的同义突变(same sense mutation)(图13-4)。

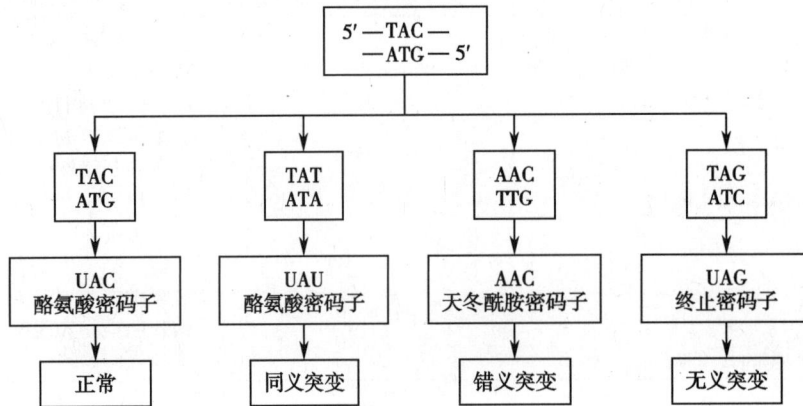

图 13-4　碱基置换的结果

第二节　DNA 损伤修复

DNA损伤修复是纠正DNA两条单链间错配的碱基,清除DNA链上受损的碱基或糖基,恢复DNA正常结构的过程。

常见的DNA损伤修复途径或系统包括直接修复、切除修复、重组修复和损伤跨越修复等(表13-3)。一种DNA损伤可通过多种途径来修复,而一种修复途径也可同时参与多种DNA损伤的修复过程。

表 13-3　常见的 DNA 损伤修复途径

修复途径	修复对象	参与修复的酶或蛋白质
光复活修复	嘧啶二聚体	DNA 光裂合酶
碱基切除修复	受损的碱基	DNA 糖苷酶、AP 核酸内切酶
核苷酸切除修复	嘧啶二聚体、DNA 螺旋结构的改变	大肠杆菌:UvrA、UvrB、UvrC 和 UvrD 人:XPA、XPB、XPC、……XPG 等

续表

修复途径	修复对象	参与修复的酶或蛋白质
错配修复	复制与重组中出现的碱基配对错误	大肠杆菌：MutH、MutL、MutS 人：MLH1、MSH2、MSH3、MSH6 等
重组修复	双链断裂	RecA、Ku、DNA PKcs、XRCC4
损伤跨越修复	大范围的损伤或复制中来不及修复的损伤	RecA、LexA、其他类型 DNA 聚合酶

一、DNA 损伤的直接修复

直接修复是最简单的一种 DNA 损伤的修复方式，即修复酶直接作用于受损的 DNA，将之恢复为原来的结构（表 13-4、图 13-5）。

表 13-4　DNA 损伤的直接修复

修复方式	参与修复的酶或蛋白	修复对象	修复机制
嘧啶二聚体的直接修复（光复活修复）	光裂合酶	嘧啶二聚体	波长 300～500nm 的可见光激发下，光裂合酶可将嘧啶二聚体解聚为原来的单体核苷酸形式，完成修复
烷基化碱基的直接修复	烷基转移酶	受损的碱基	特异的烷基转移酶将烷基从核苷酸转移到自身肽链上，修复 DNA 的同时自身发生不可逆转的失活
单键断裂的直接修复	DNA 连接酶	部分 DNA 单链的断裂	DNA 连接酶催化 DNA 双螺旋结构中一条链上缺口处的 5′- 磷酸基团与相邻片段的 3′- 羟基之间形成磷酸二酯键，从而直接参与部分 DNA 单链断裂的修复

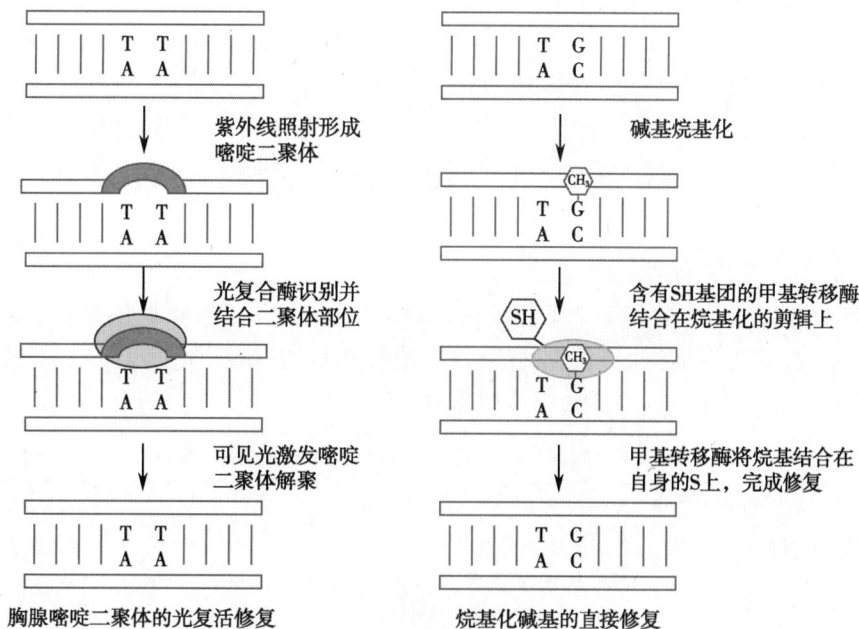

图 13-5　胸腺嘧啶二聚体与烷基化碱基的直接修复

二、切除修复是最普遍的 DNA 损伤修复方式

切除修复是生物界最普通的一种 DNA 修复方式，它并不局限于某种特殊原因造成的损伤，而能一般性地识别和纠正 DNA 链及 DNA 双螺旋结构的变化。依据识别损伤机制的不同，又分为碱基切除修复和核苷酸切除修复两种类型。两种类型的修复主要过程都包括：识别、切除、合成和连接（图 13-6）。

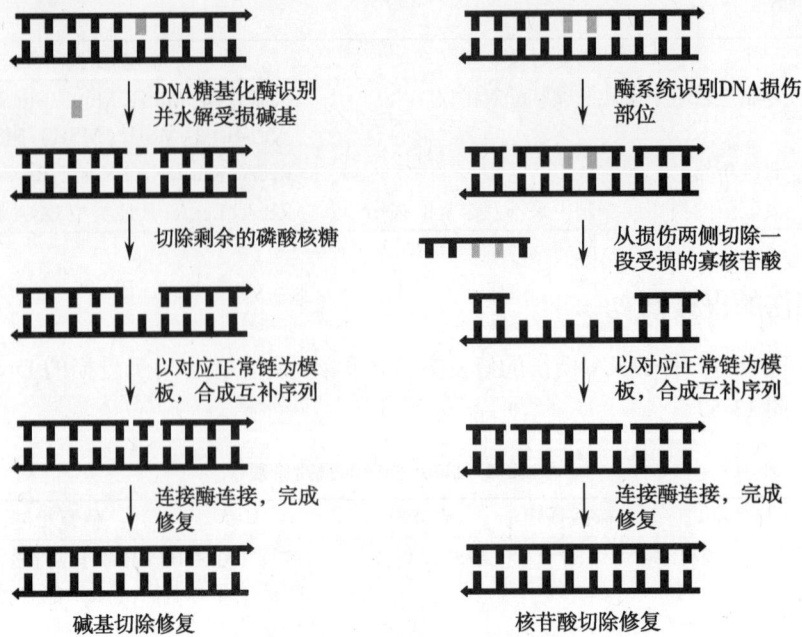

图 13-6　DNA 损伤的切除修复

表 13-5　人类 XP 相关的 DNA 损伤核苷酸切除修复系统缺陷基因

基因名称	编码蛋白细胞定位	编码蛋白的主要功能
XPA	细胞核	可能结合受损的 DNA，为切除修复复合体其他因子到达 DNA 受损部位指示方向
XPB	细胞核	在 DNA 切除修复中，发挥解旋酶的功能
XPC	细胞核	可能是受损 DNA 的识别蛋白
XPD	细胞核	转录因子 TFⅡH 的一个亚单位，与 XPB 一起，在受损 DNA 修复中，发挥解旋酶的功能
XPE	细胞核	主要结合受损 DNA 的嘧啶二聚体处
XPF	细胞核	结构专一性 DNA 修复核酸内切酶，在 DNA 损伤切除修复中，在受损 DNA 的 5′-端切口
XPG	细胞核	镁依赖的单链核酸内切酶，在 DNA 损伤切除修复中，在受损 DNA 的 3′-端切口

三、DNA 严重损伤时需要重组修复

　　DNA 分子的双链断裂是一种极为严重的损伤，需要重组修复。重组修复是指依靠重组酶系，将另一段未受损伤的 DNA 移到损伤部位，提供正确的模板，进行修复的过程（图 13-7）。依据机制的不同，重组修复可分为同源重组修复和非同源末端连接重组修复（表 13-6）。

表 13-6　同源重组修复和非同源末端连接重组修复

修复方式	参与修复的关键蛋白	关键蛋白的作用	修复特点
同源重组修复	RecA 蛋白（重组酶）	1. 识别和容纳 DNA 链 2. 在 ATP 存在的情况下，与损伤的 DNA 单链区结合，使 DNA 伸展 3. 识别一段与受损 DNA 序列相同的姐妹链，并使之与受损 DNA 链交叉互补，并分别以结构正常的两条 DNA 链为模板重建损伤链	生成的新片段具有很高的忠实性
非同源末端连接重组修复	1. DNA 依赖的蛋白激酶（DNA-PK） 2. XRCC4	1. DNA-PK 可促进双链断裂的重接 2. XRCC4 与 DNA 连接酶形成复合物，并增强连接酶的活力，在 DNA 连接酶与组装在 DNA 末端的 DNA-PK 复合物相结合的过程中起中间体作用	修复的 DNA 序列中可能存在一定的错误。当发生错误的位置不在必需基因上时，依然可以维持受损细胞的存活

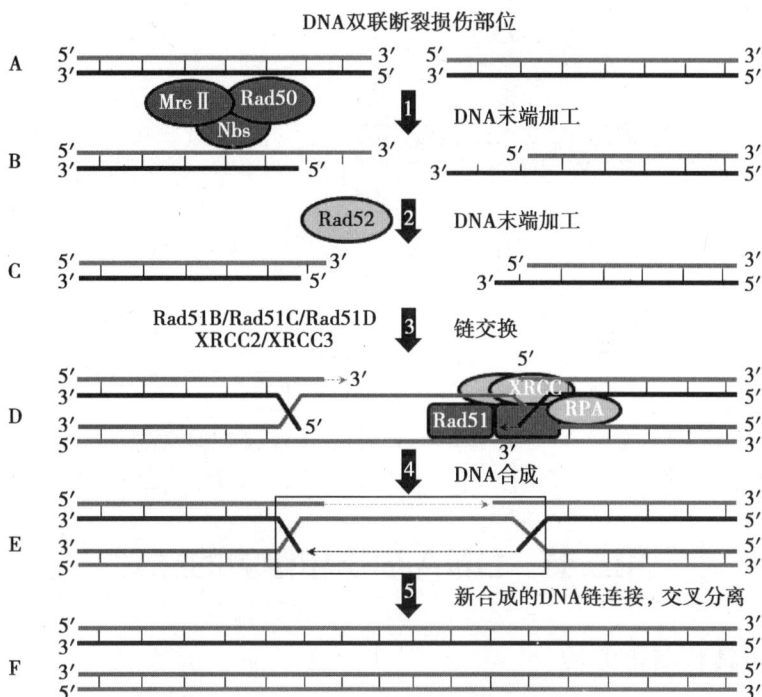

图 13-7　DNA 的同源重组修复

四、跨越损伤 DNA 合成是一种差错倾向性 DNA 损伤修复

当 DNA 双链大范围损伤,无法进行有效修复系统时,细胞诱导应急途径,跨过损伤部位先进行复制,再设法修复。根据损伤部位跨越机制不同,分为重组跨越损伤修复与合成跨越损伤修复(图 13-8)。

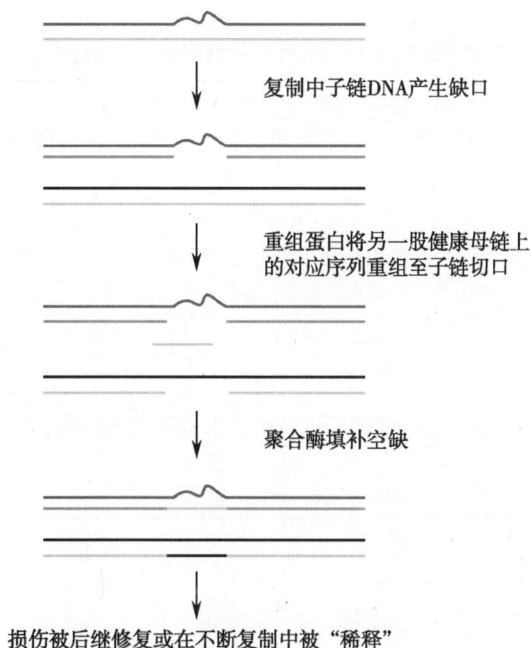

图 13-8　DNA 的重组跨越损伤修复

合成跨越损伤修复时,诱导产生的新 DNA 聚合酶的活性低,识别碱基的精确度差,一般无校对功能,因此,这种合成跨越损伤复制过程的出错率会大大增加,是大肠杆菌 SOS 反应或 SOS 修复的一部分(图 13-9)。

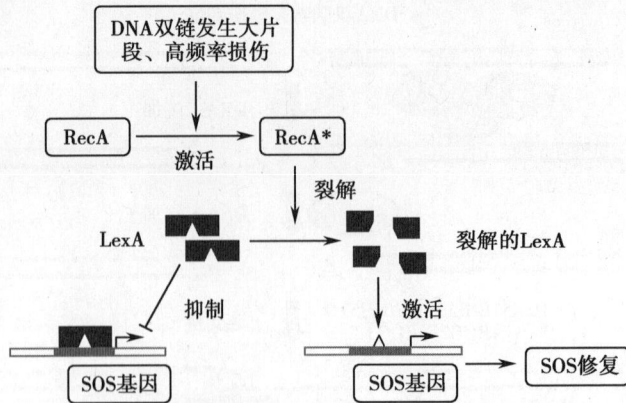

图 13-9　SOS 修复中 LexA-RecA 操纵子作用机制

第三节　DNA 损伤和修复的意义

一、DNA 损伤具有双重效应

DNA 损伤通常有两个生物学后果：一是给 DNA 带来永久性的改变即突变，可能改变基因的编码序列或者基因的调控序列，成为进化的分子基础；二是 DNA 的这些改变使得 DNA 不能用作复制和转录的模板，使细胞的功能出现障碍，重则死亡。

二、DNA 损伤修复障碍与肿瘤等多种疾病相关

细胞中 DNA 损伤的生物学后果，主要取决于 DNA 损伤的程度和细胞的修复能力。因此，DNA 损伤与肿瘤、衰老以及免疫性疾病等多种疾病的发生有着密切的关联（表 13-7）。

表 13-7　DNA 损伤修复障碍与疾病的关系

疾病	与 DNA 损伤修复的关系	病例
肿瘤	DNA 损伤可致原癌基因的激活或使抑癌基因失活，而修复功能异常是细胞恶变的重要机制	遗传性非息肉性结肠癌 家族遗传性乳腺癌 卵巢癌
遗传病	切除修复功能缺陷或对 DNA 碱基损伤耐受的缺陷	着色性干皮病 共济失调 - 毛细血管扩张症 人毛发低硫营养不良症 柯卡尼综合征 范科尼贫血
衰老	DNA 修复能力随年龄增加而逐渐衰退，致突变细胞数、染色体畸变率也相应增加	早老症 沃纳综合征
免疫性疾病	DNA 修复功能先天性缺陷者的免疫系统也常有缺陷	肿瘤

（盛德乔）

第十四章
RNA 的合成

生物体以 DNA 为模板合成 RNA 的过程称为转录，意指将 DNA 的碱基序列转抄成 RNA。DNA 分子上的遗传信息是决定蛋白质氨基酸序列的原始模板，mRNA 是蛋白质合成的直接模板。通过 RNA 的生物合成，遗传信息从染色体的贮存状态转送至胞质，从功能上衔接 DNA 和蛋白质这两种生物大分子。RNA 合成有两种方式（表 14-1）：一是 DNA 指导的 RNA 合成，此为生物体内的主要合成方式，也是本章介绍的主要内容。另一种是 RNA 指导的 RNA 合成，此种方式常见于病毒。

表 14-1 RNA 生物合成的种类

	模板	酶	功能	举例
转录	双链 DNA 的一条链	转录酶（依赖于 DNA 的 RNA 聚合酶，DDRP）	DNA 模板依赖性的 RNA 合成	原核和真核细胞 RNA 转录
RNA 复制	RNA 单链	复制酶（依赖于 RNA 的 RNA 聚合酶，RDRP）	RNA 复制	RNA 噬菌体、SARS 病毒 RNA 复制

细胞内有 mRNA、rRNA 和 tRNA 三种主要的 RNA，在真核细胞内还有核小 RNA（表 14-2）。最近在真核细胞内发现 miRNA 等多种非编码 RNA。

表 14-2 细胞的主要 RNA 类型（以真核细胞为例）

	种类	含量（占全部 RNA 的百分比）	稳定性	功能
核糖体 RNA（rRNA）	28S, 18S, 5.8S, 5S	80%	很稳定	提供蛋白质合成的场所
信使 RNA（mRNA）	30 000～100 000 种	2%～5%	不稳定至很稳定	蛋白质合成的模板
转运 RNA（tRNA）	60 种	15%	很稳定	蛋白质合成时运输氨基酸
核小 RNA（snRNA）	30 种	≤1%	很稳定	mRNA 剪接

转录是以双链 DNA 中的一条链作为模板合成 RNA 的过程，而逆转录是在逆转录酶的作用下以 RNA 为模板合成 DNA 的过程（表 14-3）。

表 14-3 转录和逆转录的区别

	RNA 转录	逆转录
原料	NTP	dNTP
模板	双链 DNA 中的一股链	单链 RNA
酶	转录酶	逆转录酶
方向	$5' \rightarrow 3'$	$5' \rightarrow 3'$
产物	RNA	DNA

第一节 原核生物转录的模板和酶

众多的物质参与转录的过程(表 14-4)。DNA 双链只需其中一股单链用作转录模板。按碱基配对规律催化核苷酸聚合的酶是依赖于 DNA 的 RNA 聚合酶(DNA-dependent RNA polymerase,DDRP),简称 RNA 聚合酶,或者 RNA pol。

表 14-4　参与转录的物质

原料	NTP(ATP, UTP, GTP, CTP)
模板	DNA 双链中一股单链
酶	依赖于 DNA 的 RNA 聚合酶(DDRP),简称 RNA 聚合酶(RNA pol)
其他	蛋白质因子,镁离子等

一、原核生物转录的模板

能转录出 RNA 的 DNA 区段,称为结构基因(图 14-1)。转录为不对称转录,在 DNA 分子双链上,一股链用作模板指引转录,另一股链不转录。

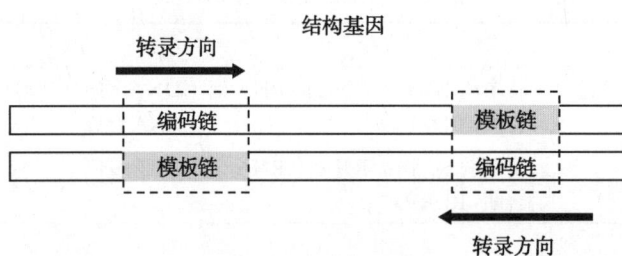

图 14-1　结构基因

DNA 双链中按碱基配对规律能指引转录生成 RNA 的一股单链,称为模板链(template strand),相对的另一股单链是编码链(coding strand)。转录产物若是 mRNA,则可用作翻译模板,按遗传密码决定氨基酸的序列。转录和复制一样,产物链是从 5′ 向 3′ 方向延长的(图 14-2)。

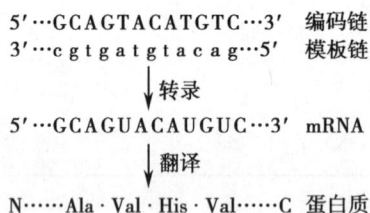

图 14-2　DNA 模板链、编码链与 RNA 转录产物

总之,在 RNA 的生物合成中,其反应体系以 DNA 模板,原料为三磷酸核糖核苷酸、RNA 聚合酶、Mg^{2+} 和 Mn^{2+},合成方向为 $5′ \rightarrow 3′$。连接方式为 3′,5′ 磷酸二酯键。

二、RNA 聚合酶催化 RNA 合成

(一) RNA 聚合酶能直接启动 RNA 链的合成

RNA 聚合酶催化合成 RNA 是以 DNA 为模板,通过在 RNA 的 3′- 羟基端加入核苷酸,延长 RNA 链而合成 RNA(图 14-3)。总的反应可以表示为:

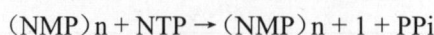

$$(NMP)n + NTP \rightarrow (NMP)n + 1 + PPi$$

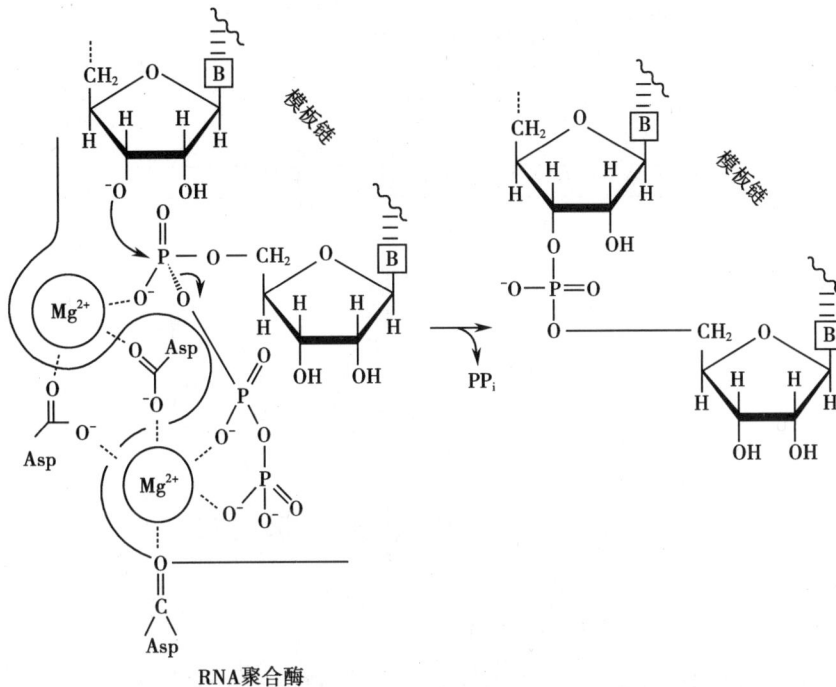

图 14-3　依赖于 DNA 的 RNA 聚合酶催化 RNA 合成的机制

（二）RNA 聚合酶由多个亚基组成

目前已研究得比较透彻的是大肠杆菌（*E.coli*）的 RNA 聚合酶。其分子量约 480kD，由 5 种亚基 $\alpha_2\beta\beta'\omega$ 和 σ 组成六聚体的蛋白质。各亚基及功能见表 14-5。

表 14-5　大肠杆菌 RNA 聚合酶组分

亚基	分子量	亚基数目	功能
α	36 512	2	决定哪些基因被转录
β	150 618	1	与转录全过程有关（催化）
β'	155 613	1	结合 DNA 模板（开链）
ω	11 000	1	β' 折叠和稳定性；σ 募集
σ	70 263	1	辨认起始点

$\alpha_2\beta\beta'\omega$ 亚基合称核心酶（core enzyme）。σ 亚基的功能是辨认转录起始点。σ 亚基加上核心酶（$\alpha_2\beta\beta'\omega\sigma$）称为全酶（holoenzyme）。转录起始需要全酶，转录延长阶段则仅需核心酶。全酶的不同是因为 σ 亚基不同。

三、RNA 聚合酶结合到启动子上启动转录

（一）RNA 聚合酶结合到启动子上

RNA 聚合酶和 DNA 的特殊序列——启动子（promoter）结合后，就能启动 RNA 合成。启动子是 RNA 聚合酶在转录起始上游的结合序列。原核生物以 RNA 聚合酶全酶结合到 DNA 的启动子上而启动转录，其中由 σ 亚基辨认启动子，其他亚基相互配合。

（二）启动子的保守序列

以开始转录的 5′- 端第一位核苷酸位置为 +1，用负数表示上游的碱基序数，发现 −35 和 −10 区 A-T 配对比较集中。−10 区的一致性序列 TATAAT，称为 Pribnow 盒（Pribnow box）。−35 区一致性序列是 TTGACA，是 RNA 聚合酶对转录起始的辨认位点（recognition site）（图 14-4）。

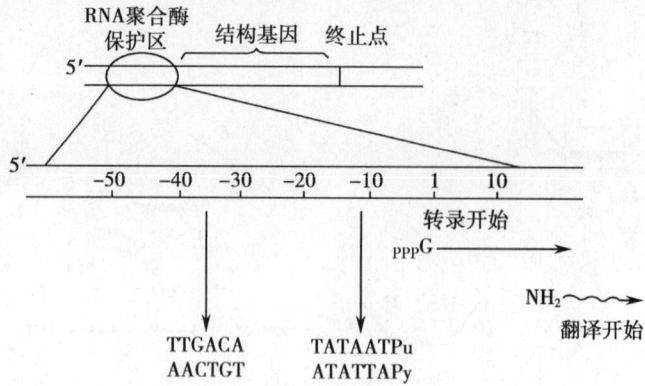

图 14-4 大肠杆菌启动子保守序列

第二节 原核生物的转录过程

一、转录起始需要 RNA 聚合酶全酶

转录全过程均需 RNA 聚合酶催化，起始过程需全酶。由 σ 亚基辨认起始点，并结合到启动子上，形成闭合转录复合体（closed transcription complex），DNA 双链打开，闭合转录复合体变成开放转录复合体，然后转录开始，形成第一个磷酸二酯键（图 14-5）。

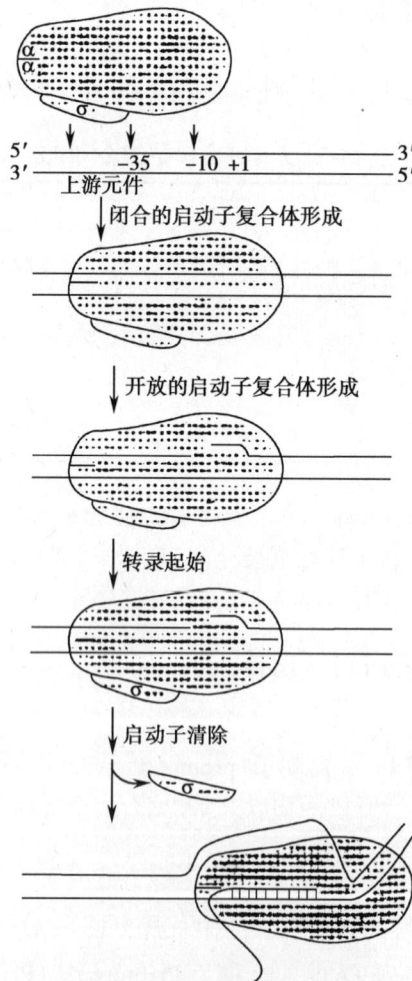

图 14-5 大肠杆菌的转录起始和延长

二、RNA 聚合酶核心酶独立延长 RNA 链

第一个磷酸二酯键生成后，σ 亚基即从转录起始复合物上脱落，核心酶连同四磷酸二核苷酸，继续结合于 DNA 模板上，酶沿 DNA 链前移，进入延长阶段。转录起始生成 RNA 的第一位，即 5′- 端总是三磷酸嘌呤核苷 GTP 或 ATP，又以 GTP 更为常见。RNA 链 5′- 端结构在转录延长中一直保留，至转录完成。RNA 脱落后，仍带有这 5′- 端的结构。

RNA 链延长时，局部的 DNA 双螺旋解开，合成完成后的部分又重新恢复双螺旋结构，形成约 17bp 的"转录泡"(transcription bubble)。大肠杆菌 RNA 聚合酶使 DNA 双螺旋解开的范围，8bp 的 RNA-DNA 杂合体就在其间（图 14-6）。

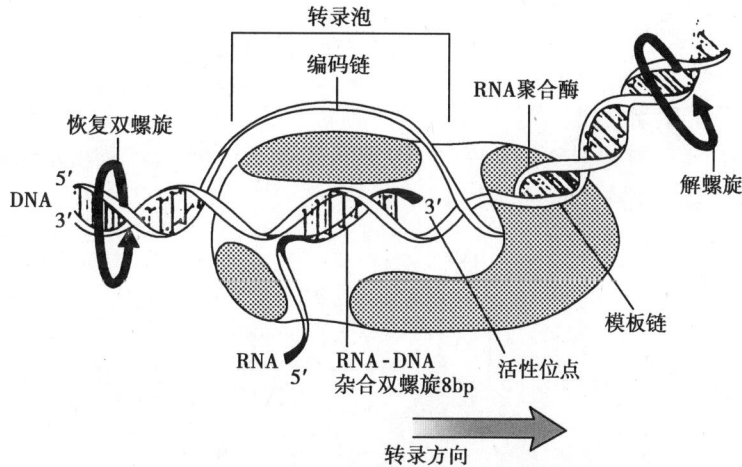

图 14-6 转录空泡

三、原核生物的转录延长时蛋白质的翻译也同时进行

在电子显微镜下观察原核生物的转录，可看到像羽毛状图形的多聚核糖体结构（图 14-7）。原核生物转录和翻译同步进行。真核生物有核膜把转录和翻译隔成不同的细胞内区间，因此没有这种现象。

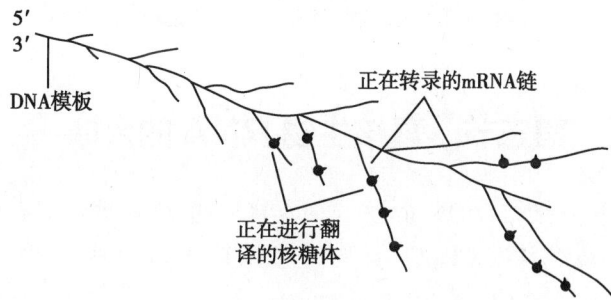

图 14-7 电子显微镜下原核生物的转录现象

四、原核生物转录终止分为依赖 ρ（Rho）因子与非依赖 ρ 因子两大类

RNA 聚合酶在 DNA 模板上停顿下来不再前进，转录产物 RNA 链从转录复合物上脱落下来，转录终止。依据是否需要蛋白质因子的参与，原核生物转录终止分为依赖 ρ（Rho）因子与非依赖 ρ 因子两大类。

（一）依赖 ρ 因子的转录终止

Rho 因子有 ATP 酶活性和解旋酶（helicase）的活性。Rho 因子与 RNA 转录产物结合，结合后 Rho 因子和 RNA 聚合酶都可发生构象变化，从而使 RNA 聚合酶停顿，解旋酶的活性使 DNA/RNA 杂化双链拆离，利于产物从转录复合物中释放（图 14-8）。

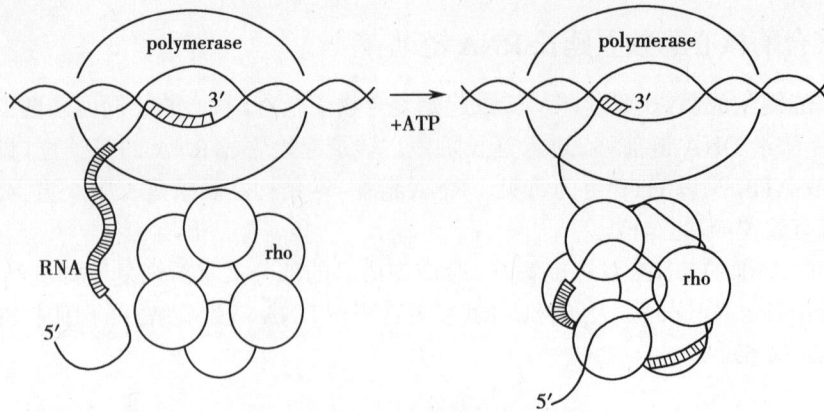

图 14-8　依赖 ρ 因子的转录终止

（二）非依赖 ρ 因子的转录终止

DNA 模板上靠近终止处有些特殊碱基序列，转录出 RNA 后，RNA 产物可形成鼓槌状的茎环（stem-loop）或称发夹（hairpin）结构来终止转录（图 14-9）。

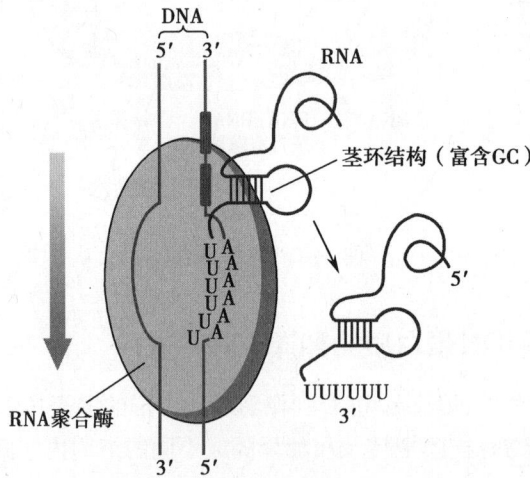

图 14-9　非依赖 ρ 因子的转录终止模式

第三节　真核生物 RNA 的合成

原核生物 RNA 聚合酶可直接结合 DNA 模板，而真核生物 RNA 聚合酶需与辅助因子结合后才结合模板，所以两者的转录起始过程有较大区别，转录终止也不相同。真核细胞和原核细胞转录的比较见表 14-6。

表 14-6　真核细胞和原核细胞转录的比较

	酶	RNA 聚合酶与 DNA 结合	顺反子	转录因子	远端调控序列	模板有无核小体	mRNA 转录后修饰	转录与翻译
原核细胞	依赖于 DNA 的 RNA 聚合酶，1 种	直接结合	多顺反子	无	无	无	无	同步
真核细胞	依赖于 DNA 的 RNA 聚合酶，3 种	间接结合	单顺反子	多个转录因子参与转录起始复合物组装	有	有	加帽、加尾和剪接	不同步（转录在核内，翻译在核外）

一、真核生物有多种依赖于 DNA 的 RNA 聚合酶

（一）真核生物至少有三种不同的 RNA 聚合酶

真核生物具有 3 种不同的 RNA 聚合酶（表 14-7），分别是 RNA 聚合酶Ⅰ（RNA pol Ⅰ）、RNA 聚合酶Ⅱ（RNA pol Ⅱ）和 RNA 聚合酶Ⅲ（RNA pol Ⅲ）。

表 14-7　真核生物的 RNA 聚合酶

种类	Ⅰ	Ⅱ	Ⅲ
转录产物	45S rRNA	前体 mRNA，lncRNA，piRNA，miRNA	tRNA，5S rRNA，snRNA
对鹅膏蕈碱的反应	耐受	极敏感	中度敏感
定位	核仁	核内	核内

（二）真核生物的 RNA 聚合酶由大亚基和小亚基组成

三种真核生物的 RNA 聚合酶都有两个不同的大亚基和十几个小亚基，其组成有五种核心亚基，四种共有亚基和酶特异性亚基。RNA 聚合酶Ⅱ最大亚基的羧基末端有一段共有序列（consensus sequence）为 Tyr-Ser-Pro-Thr-Ser-Pro-Ser 的重复序列片段，称为羧基末端结构域（carboxyl-terminal domain，CTD）。RNA 聚合酶Ⅰ和 RNA 聚合酶Ⅲ没有 CTD。所有真核生物的 RNA 聚合酶Ⅱ都具有 CTD，CTD 对于维持细胞的活性是必需的。

二、顺式作用元件和转录因子在真核生物转录起始中有重要作用

RNA 聚合酶Ⅱ催化基因转录的过程，可以分为 3 个期：起始期（RNA 聚合酶Ⅱ和通用转录因子形成闭合复合体）、延长期和终止期，起始和延长期都有相关的蛋白质参与。

（一）与转录起始有关的顺式作用元件

不同物种、不同细胞或不同的基因，可以有不同的上游 DNA 序列，但都可统称为顺式作用元件（cis-acting element），一个典型的真核生物基因上游序列示意如图 14-10。

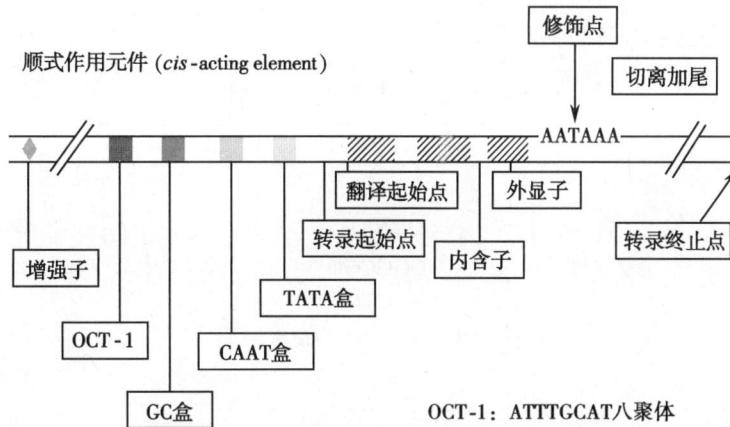

图 14-10　一个典型的真核生物基因上游序列

　　1. 核心启动子　多数真核生物起始点上游有共同的 TATA 序列，称为 Hogness 盒或 TATA 盒（TATA box）。是 RNA 聚合酶辨认和结合位点，通常被认为是启动子的核心序列。某些真核生物基因如管家基因（housekeeping gene）也可以没有 TATA 盒。许多 RNA 聚合酶Ⅱ识别的启动子具有保守的共有序列：位于转录起始点附近的起始子（intiator，Inr）。

　　2. 上游启动子元件（upstream promoter element、promoter-proximal element）　启动子之外还有上游元件（GC 盒、CAAT 盒和 OCT-1 等），结合 Sp1 等转录因子，调控通用转录因子与 TATA 盒的结合。

　　3. 增强子（enhancer）　是能够结合特异基因调节蛋白，促进邻近或远隔特定基因表达的 DNA 序列。

（二）转录因子

1. 反式作用因子（*trans*-acting factors）和转录因子（transcription factors，TF） RNA 聚合酶Ⅱ启动转录时需要转录因子才能形成具有活性的转录复合体。能直接、间接辨认和结合转录上游区段 DNA 的蛋白质，统称为反式作用因子。

反式作用因子包括通用转录因子或基本转录因子（basal transcription factor）和特异转录因子。

直接或间接结合 RNA 聚合酶的转录调控因子，则称为通用转录因子。真核生物主要的 TFⅡ的功能已清楚，列于表 14-8。

表 14-8　参与 RNA-pol Ⅱ转录的 TFⅡ

转录因子	功能
TFⅡD	含 TBP 亚基，结合启动子的 TATA 盒 DNA 序列
TFⅡA	辅助和加强 TBP 与 DNA 的结合
TFⅡB	结合 TFⅡD，稳定 TFⅡD-DNA 复合物；介导 RNA pol Ⅱ的募集
TFⅡE	募集 TFⅡH 并调节其激酶和解旋酶活性；结合单链 DNA，稳定解链状态
TFⅡF	结合 RNA pol Ⅱ并随其进入转录延长阶段，防止其与 DNA 的接触
TFⅡH	解旋酶和 ATPase 酶活性；作为蛋白激酶参与 CTD 磷酸化

TBP: TATA binding protein，TATA 结合蛋白；CTD: carboxyl terminal domain，RNA-polⅡ大亚基羧基末端结构域

2. 转录因子种类（表 14-9）

表 14-9　Ⅱ型基因中的四类转录因子

通用机制	结合部位	具体组分	功能
通用转录因子	TBP 结合 TATA 盒	TBP, TFⅡA, B, E, G, F 和 H	转录定位和起始
辅激活因子		TAFs 和中介子	在聚合酶和转录因子间起中介作用
上游因子	启动子上游元件	SP1、ATF、CTF 等	协助基本转录因子
可诱导因子	增强子等元件	如 MyoD、HIF-1 等	时空（组织）特异性地调控转录

3. 转录因子结合特定的 DNA 序列（表 14-10）

表 14-10　转录因子结合序列

元件	共同序列	因子
TATA 盒	TATAAA	TBP
CAAT 盒	CCAATC	C/EBP, NF-Y
GC 盒	GGGCGG	Sp1
	CAACTGAC	MyoD
	T/CGGA/CN$_5$GCCAA	NF1
Ig 八聚体	ATGCAAAT	Oct1, 2, 4, 6
AP1	TGAG/CTC/AA	Jun, Fos, ATF
血清反应	GATGCCCATA	Jun, Fos, ATF
热休克	（NGAAN）$_3$	HSF

（三）转录前起始复合物

1. 转录因子参与闭合复合体的组装　具有转录活性的闭合复合体形成过程中，先由 TBP 结合启动子的 TATA 盒，然后 TFⅡB 与 TBP 结合，TFⅡB-TBP 复合体再与由 RNA 聚合酶Ⅱ和 TFⅡF 组成的复合体结合，最后是 TFⅡE 和 TFⅡH 加入，形成闭合复合体，装配完成。

2. TFⅡH 参与闭合复合体成为开放复合体的过程　TFⅡH 具有解旋酶（helicase）活性，能使转录起始点附近的 DNA 双螺旋解开，使闭合复合体成为开放复合体；TFⅡH 还具有激酶活性，能使 RNA 聚合

酶Ⅱ的 CTD 磷酸化，使开放复合体的构象发生改变，启动转录。当合成一段含有 30 个核苷酸的 RNA 时，TFⅡE 和 TFⅡH 释放，RNA 聚合酶Ⅱ进入转录延长期（图 14-11）。此后，大多数的 TF 脱离转录前起始复合物（pre-initiation complex，PIC）。

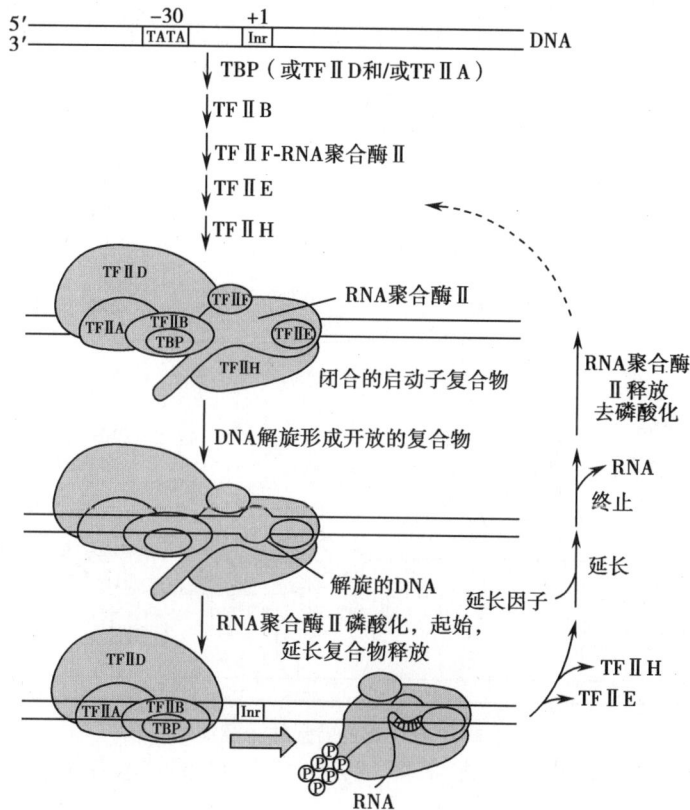

图 14-11　真核 RNA 聚合酶Ⅱ与通用转录因子的作用过程

三、真核生物转录延长过程中不与翻译同步

真核生物转录延长过程与原核生物大致相似，但因有核膜相隔，没有转录与翻译同步的现象。真核生物基因组 DNA 在双螺旋结构的基础上，与多种组蛋白组成核小体高级结构。RNA 聚合酶前移处处都遇上核小体。转录延长可以观察到核小体移位和解聚现象（图 14-12）。

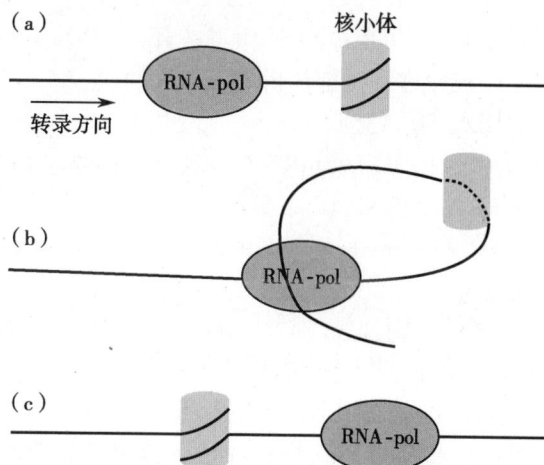

图 14-12　真核生物转录延长中的核小体移位

（a）RNA 聚合酶前移将遇到核小体；（b）原来绕在组蛋白上的 DNA 解聚及弯曲；（c）一个区段转录完毕，核小体移位

四、真核生物的转录终止和加尾修饰同时进行

真核生物的转录终止是和转录后修饰密切相关的。真核生物 mRNA 有多聚腺苷酸[poly(A)]尾巴结构,是转录后才加进去的,因为在模板链上没有相应的多聚胸苷酸[poly(dT)]。转录不是在 poly(A)的位置上终止,而是超出数百个乃至上千个核苷酸后才停顿。已发现,在读码框架的下游,常有一组共同序列 AATAAA,再下游还有相当多的 GT 序列。这些序列称为转录终止的修饰点(图 14-13)。

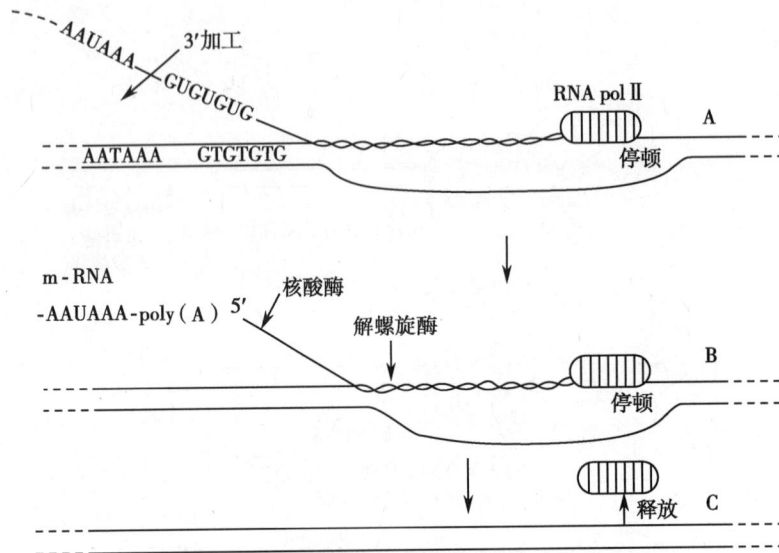

图 14-13　真核生物的转录终止及加尾修饰
转录越过修饰点后,mRNA 在修饰点处被切断,随即加入 poly(A)尾及 5′-帽子结构。

第四节　真核生物前体 RNA 的加工和降解

真核生物转录生成的 RNA 分子是初级 RNA 转录物(primary RNA transcript),在细胞核中经过加工,成为具有功能的成熟的 RNA。

一、真核生物前体 mRNA 经首、尾修饰、剪接和编辑加工后才能成熟

真核生物 mRNA 转录后,需要进行 5′-末端和 3′-末端(首、尾部)的修饰,以及对 mRNA 进行剪接(splicing),才能成为成熟的 mRNA,被转运到核糖体指导蛋白质翻译。

(一)前体 mRNA 在 5′-末端加入"帽"结构

前体 mRNA(precursor mRNA)也称为初级 mRNA 转录物(primary mRNA transcript),或核内不均一核 RNA(heterogeneous nuclear RNA,hnRNA)。大多数真核 mRNA 的 5′-末端有 7-甲基鸟嘌呤的帽结构,由加帽酶(capping enzyme)和甲基转移酶(methyltransferase)催化完成(图 14-14)。5′-帽结构可以使 mRNA 免遭核酸酶的攻击,也能与帽结合蛋白质复合体(cap-binding complex of protein)结合,并参与mRNA 和核糖体的结合,启动蛋白质的生物合成。

(二)前体 mRNA 在 3′端特异位点断裂并加上多聚腺苷酸尾

真核 mRNA,除了组蛋白的 mRNA,在 3′-端都有 80~250 个多聚腺苷酸[poly(A)]尾结构,poly(A)尾的出现是不依赖于 DNA 模板的。加尾过程在核内完成。尾部修饰是和转录终止同时进行的过程。poly(A)可能是维持 mRNA 作为翻译模板的活性,以及增加 mRNA 本身稳定性的因素。

前体 mRNA 分子的断裂和加多聚腺苷酸尾是多步骤过程(图 14-15)。

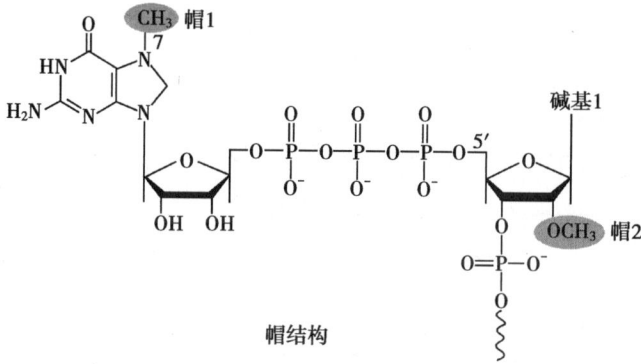

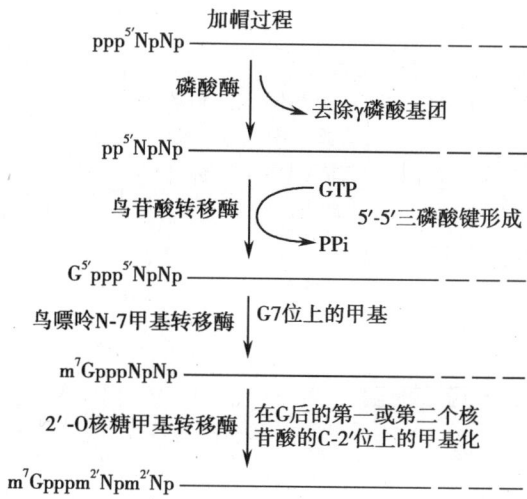

图 14-14 真核 mRNA 的 5′- 帽结构及形成过程

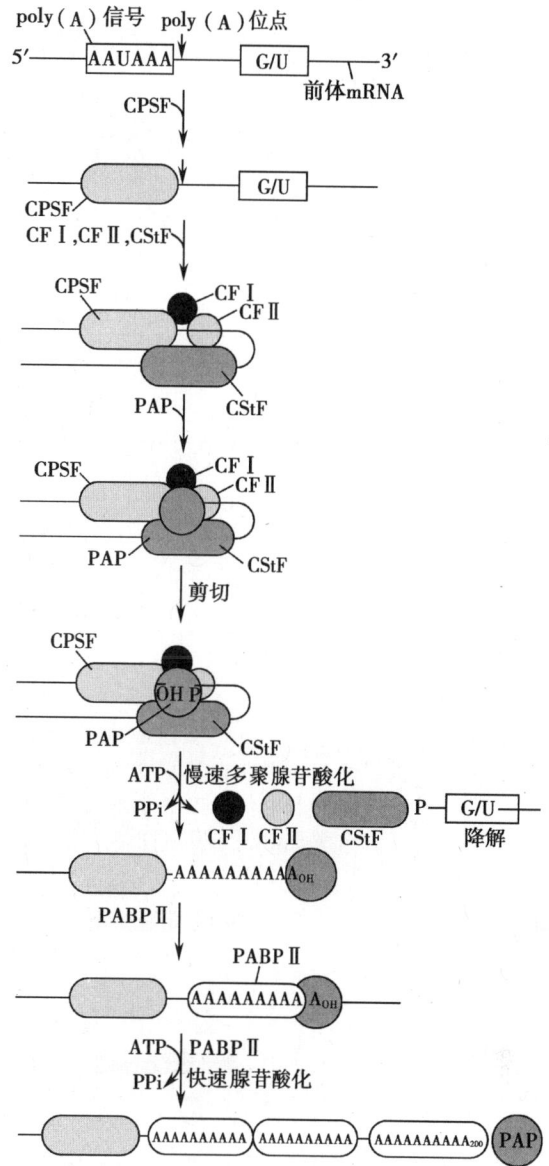

图 14-15 真核 mRNA 3′- 多聚腺苷酸化过程

CPSF：断裂和多聚腺苷酸化特异性因子；CF Ⅰ：断裂因子Ⅰ；CFⅡ：断裂因子Ⅱ；CStF：断裂激动因子；PAP：多聚腺苷酸聚合酶；PABPⅡ：多聚腺苷酸结合蛋白Ⅱ

（三）前体 mRNA 的剪接主要是去除内含子

1. 内含子形成套索 RNA 被剪接　剪接首先涉及套索 RNA（lariat RNA）的形成，即内含子区段弯曲，使相邻的两个外显子互相靠近而利于剪接。

2. 内含子在剪接接口处剪除　前体 mRNA 含有可被剪接体所识别的特殊序列，其内含子两端存在一定的序列保守性。内含子含有 5′- 剪接位点（5′-splice site）、剪接分支点（branch point）和 3′- 剪接位点（3′-splice site）。

3. 剪接过程需二次转酯反应　剪接过程的化学反应称为二次转酯反应（图 14-17）。

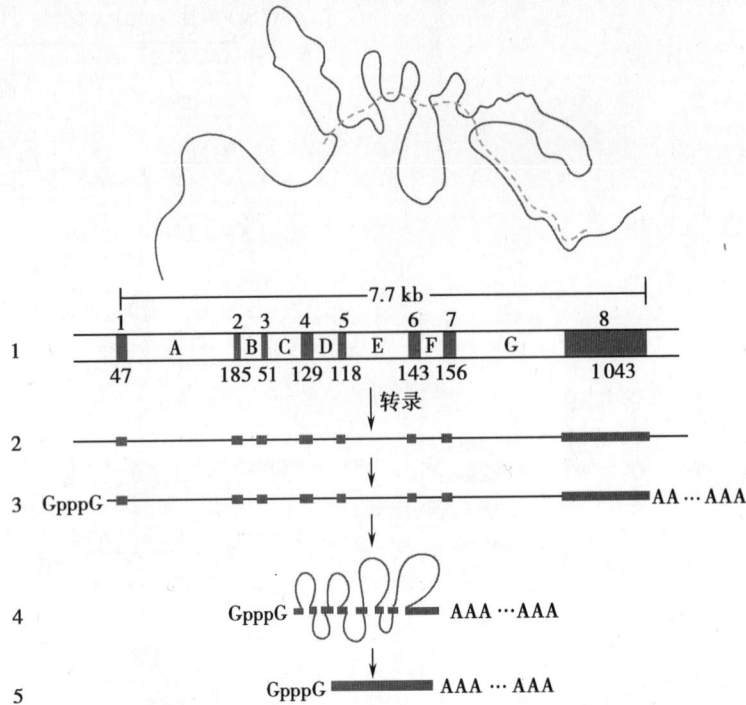

图 14-16 卵清蛋白基因及其转录、转录后修饰

1. 卵清蛋白基因；2. 初级转录产物 hnRNA；3. hnRNA 的首、尾修饰；4. 剪接过程中套索 RNA 的形成；5. 胞质中出现的 mRNA，套索已去除。图上方为成熟 mRNA 与基因 DNA 杂交的电镜所见，虚线代表 mRNA，实线为 DNA 模板

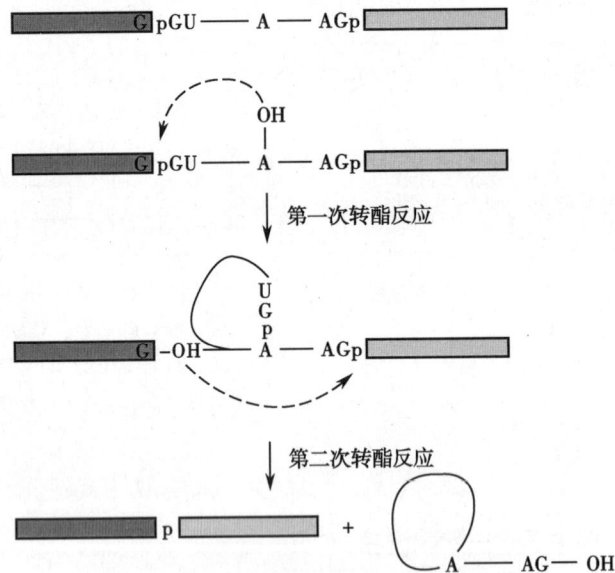

图 14-17 剪接过程的二次转酯反应
箭头示由核糖的 3'-OH 对磷酸二酯键的亲电子攻击

4. 剪接体是内含子剪接场所 mRNA 前体剪接的场所发生在剪接体（spliceosome），因此这类内含子称为剪接体内含子。剪接体由 5 种核小 RNA（snRNA）和 100 多种蛋白质装配而成复合体。每种 snRNA 和多种蛋白质结合，形成核小核糖核蛋白颗粒（small nuclear ribonucleoprotein particle，snRNP），它与 hnRNA 结合，使内含子形成套索并拉近上、下游外显子。剪接体其生成和作用如下（图 14-18）：

5. 前体 mRNA 分子有剪切和剪接两种模式 剪切是指减去内含子后，在上游的外显子 3'- 端进行多聚腺苷酸化，不进行相邻外显子的连接反应。剪接是指剪切后将相邻的外显子片段连接起来。

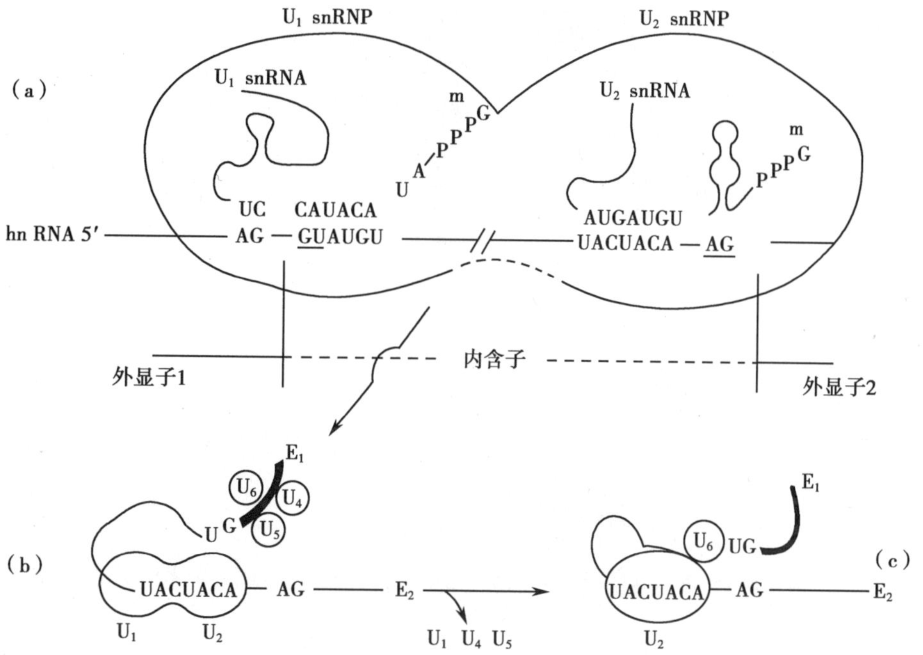

图 14-18　snRNP 与 hnRNA 结合成为剪接体

（a）snRNA 与边界序列有配对关系，利于剪接体生成；（b）U4，U5，U6 加入形成完整剪接体，内含子形成套索；（c）U2U6 形成催化中心

6. 前体 mRNA 分子可发生可变剪接　有些真核生物前体 mRNA 能被加工成结构有所不同的 mRNA，称为可变剪接或选择性剪接。这种前体 mRNA 分子具有一个以上加多聚腺苷酸的断裂和多聚腺苷酸化的位点，可采用剪切（图 14-19a）和 / 或选择性剪接（alternative splicing）模式（图 14-19b）。

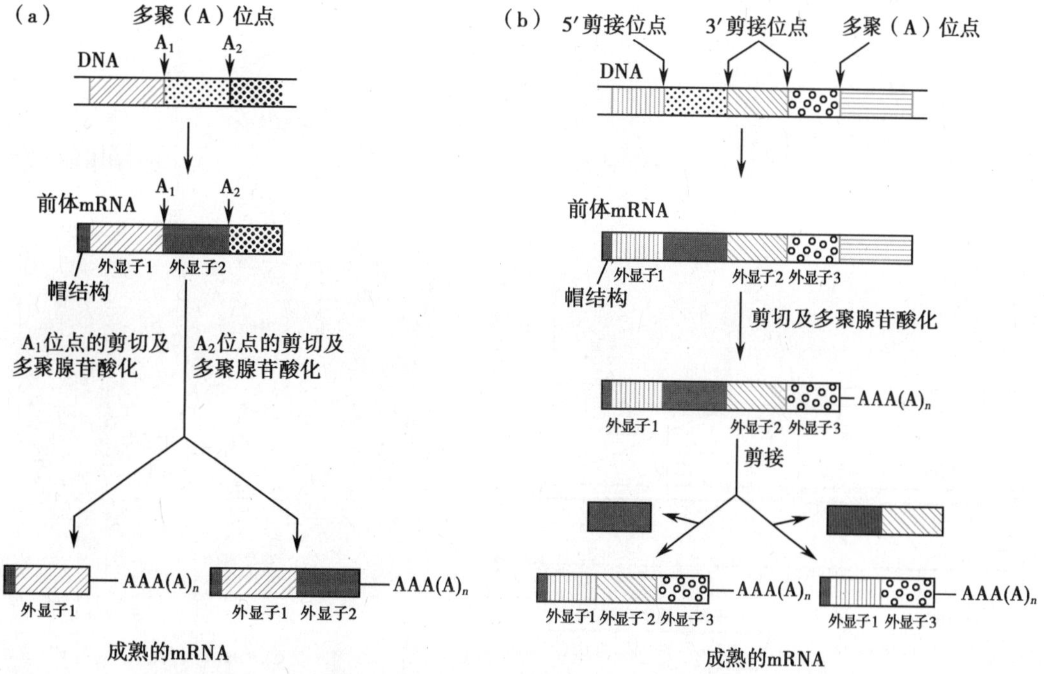

图 14-19　真核细胞基因的前体 mRNA 分子交替加工的两种机制

（四）mRNA 编辑是对基因的编码序列进行转录后加工

有些基因的蛋白质产物的氨基酸序列与基因初级转录物的序列并不完全对应，mRNA 上的一些序列在转录后发生改变，称为 RNA 编辑（editing）。比如，*apoB-100* 基因的 mRNA 在肝细胞和小肠黏膜细胞编码不同的蛋白质（图 14-20）。

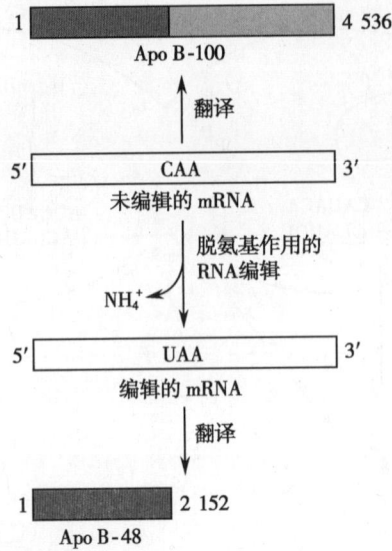

图 14-20　在肝细胞、小肠黏膜细胞进行的 *apoB-100* 基因的 mRNA 编码不同大小的蛋白质

二、真核前体 rRNA 经过剪切形成不同类别的 rRNA

真核细胞的 rRNA 基因（rDNA）生成 45S 的转录产物，经剪接后，生成成熟的 18S rRNA、5.8S 及 28S 的 rRNA（图 14-21）。

真核生物核内都可发现一种 rRNA 成熟后，就在核仁上装配，与核糖体蛋白质一起形成核糖体，输出至胞质（图 14-22）。

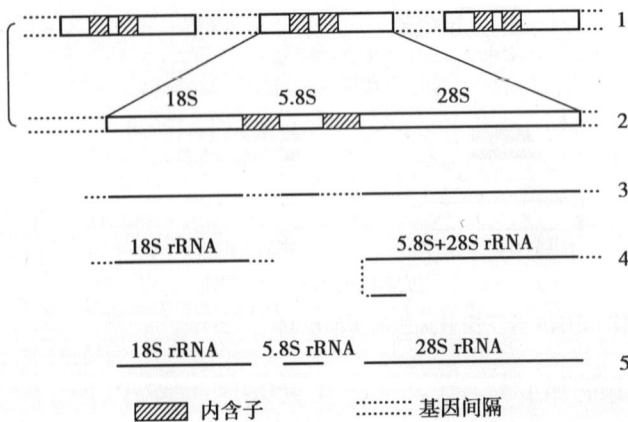

图 14-21　真核前体 rRNA 转录后剪切

1、2. rDNA，斜线为内含子，虚线是基因间隔；3. 45S 转录产物；
4. 剪接；5. 终产物

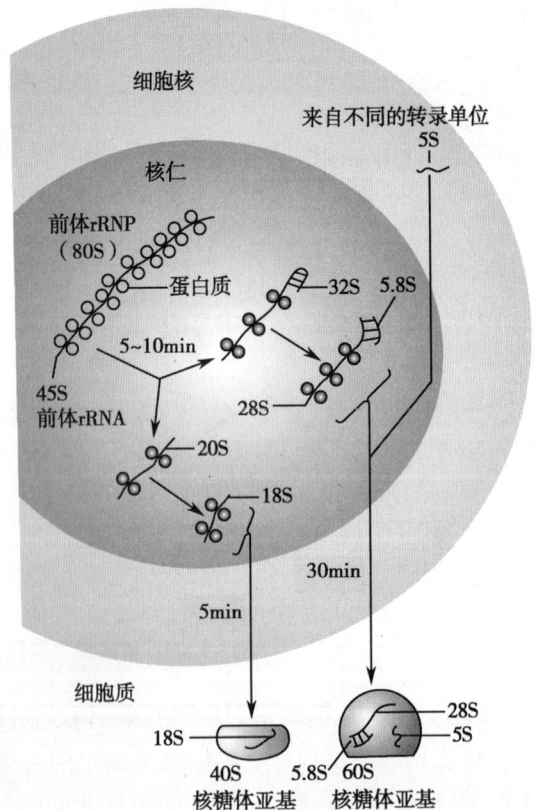

图 14-22　核糖体的形成

三、真核前体 tRNA 的加工包括核苷酸的碱基修饰

真核生物的大多数细胞有 40～50 种不同的 tRNA 分子。前体 tRNA 分子加工为成熟的 tRNA（图 14-23）有 4 方面变化。第一，5′- 端的 16 个核苷酸序列由 RNase P 切除；第二，3′- 端的 2 个核苷酸由 RNase D 切除，再由核苷酸转移酶（nucleotidyltransferases）加上 CCA（图 14-24）；第三，茎 - 环结构的一些核苷酸的碱基经化学修饰为稀有碱基（图 14-25）；第四，剪接切除内含子。催化 tRNA 剪接的是蛋白质，而不是 RNA（图 14-24）。

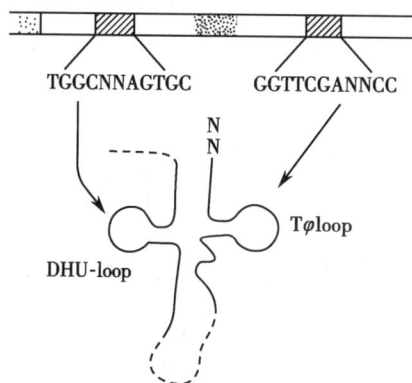

图 14-23　RNA pol Ⅲ 转录的基因及其初级转录产物
虚线是转录后加工要被剪除的部分，3′ 的 CAA-OH 也是加工生成的

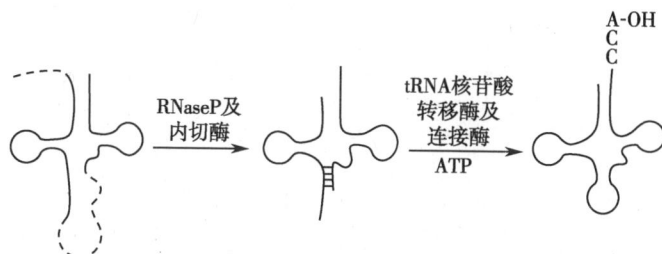

图 14-24　tRNA 的剪接是酶促反应
内切酶由 tRNA 基因内含子编码

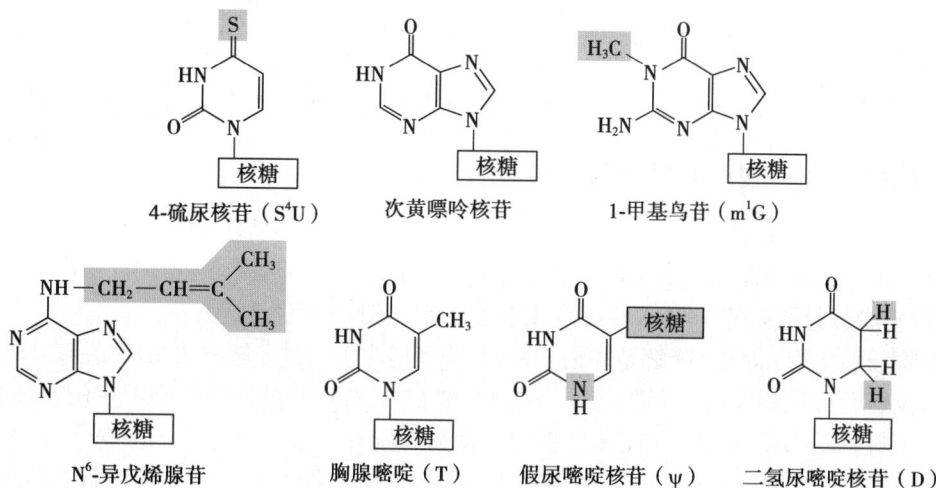

4-硫尿核苷（S⁴U）　　次黄嘌呤核苷　　1-甲基鸟苷（m¹G）

N⁶-异戊烯腺苷　　胸腺嘧啶（T）　　假尿嘧啶核苷（ψ）　　二氢尿嘧啶核苷（D）

图 14-25　tRNA 分子中的稀有碱基

四、RNA 催化一些内含子的自剪接

在没有任何蛋白质情况下，四膜虫编码的 rRNA 前体能准确地剪接去除内含子，这种由 RNA 分子催化自身内含子剪接的反应称为自剪接（self-splicing）。在其他单细胞生物体、线粒体、叶绿体的 rRNA 前体，一些噬菌体的 mRNA 前体及细菌 tRNA 前体也发现有这类自身剪接的内含子，并称之为组 Ⅰ 型内含子（group Ⅰ intron）。某些线粒体和叶绿体的 mRNA 前体具有另一类自身剪接的内含子，称为组 Ⅱ 型内含子（group Ⅱ intron），这类内含子的剪接与前面介绍的前体 mRNA 内含子剪接相同，但是没有剪接体参与（图 14-26）。自身剪接内含子的 RNA 具有催化功能，是一种核酶（ribozyme）。

除组Ⅰ型和组Ⅱ型内含子外，组Ⅲ型内含子是常见的形成套索结构后剪接，也称为剪接体内含子。大多数 mRNA 基因有此类内含子（图 14-26）。

tRNA 基因及其初级转录产物中的内含子，剪接过程主要是由蛋白质酶而不是 RNA 催化的，需要 ATP，与上面的三类内含子有所不同。

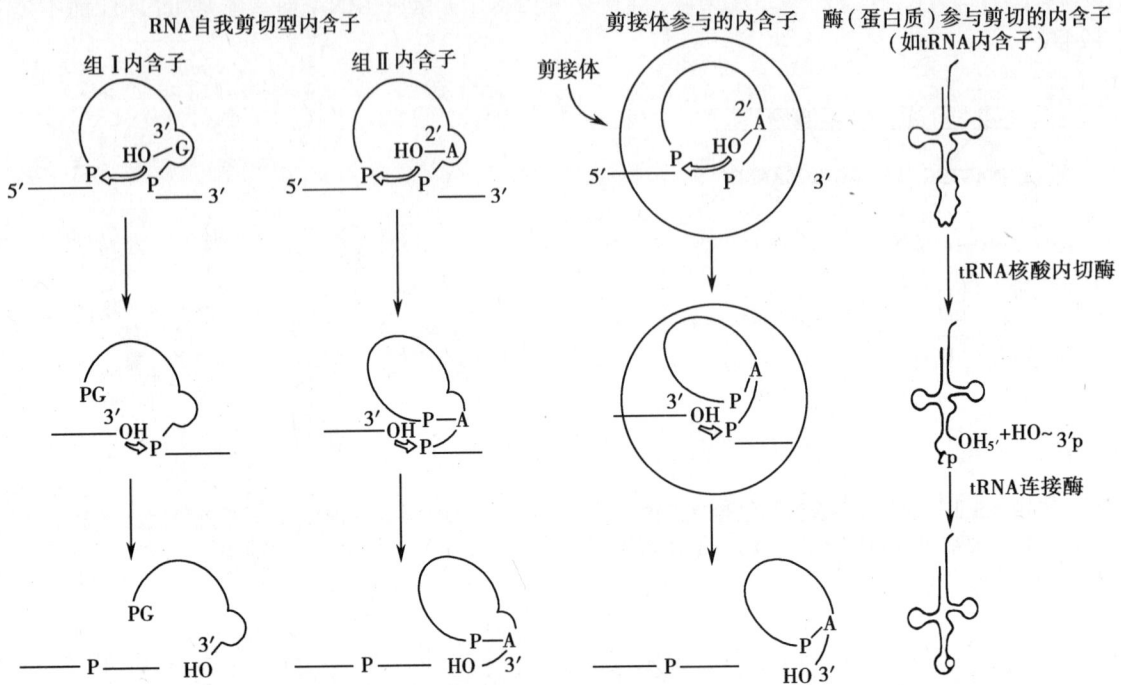

图 14-26　内含子的种类

五、真核 RNA 在细胞内的降解有多种途径

真核细胞的 mRNA 降解途径可分为两类：正常转录物的降解和异常转录物的降解。正常转录物是指细胞产生的有正常功能的 mRNA。异常转录物是细胞产生的一些非正常转录物。

（一）依赖于脱腺苷酸化的 mRNA 降解是重要的正常 mRNA 代谢途径

依赖于脱腺苷酸化的 mRNA 降解是体内 mRNA 降解的主要方式（图 14-27a）。脱腺苷酸化反应后进行脱帽反应。脱腺苷酸化和脱帽反应结束后，mRNA 被 $5' \rightarrow 3'$ 核酸外切酶识别并水解。部分 mRNA 在脱腺苷酸化后不进行脱帽反应，而由 $3' \rightarrow 5'$ 核酸外切酶识别并水解。少部分 mRNA 可以不经过脱腺苷酸化反应而直接进行脱帽反应（图 14-27b）。脱帽反应后 mRNA 被 $5' \rightarrow 3'$ 核酸外切酶识别并水解。有些 mRNA 也可以被核糖核酸内切酶参与的降解途径降解（图 14-27c）。

其他如微 RNA（microRNA）和 RNA 干扰（RNAi）诱导的 mRNA 降解途径，是细胞内基因表达调控的方式之一。

（二）无义介导的 mRNA 降解是一种重要的真核生物细胞 mRNA 质量监控机制

细胞在对前体 mRNA 进行剪接加工时，异常的剪接反应会在可读框架内产生无义的终止密码子，常称作提前终止密码子（premature termination codon, PTC）。PTC 也可由错误转录而产生。无义介导的 mRNA 降解（nonsensemediated mRNA decay, NMD）通过识别和降解含有 PTC 的转录产物防止有潜在毒性的截短蛋白的产生。外显子拼接复合体（exon-junction complex, EJC）是诱导无义介导的 mRNA 降解的重要因子（图 14-28）。

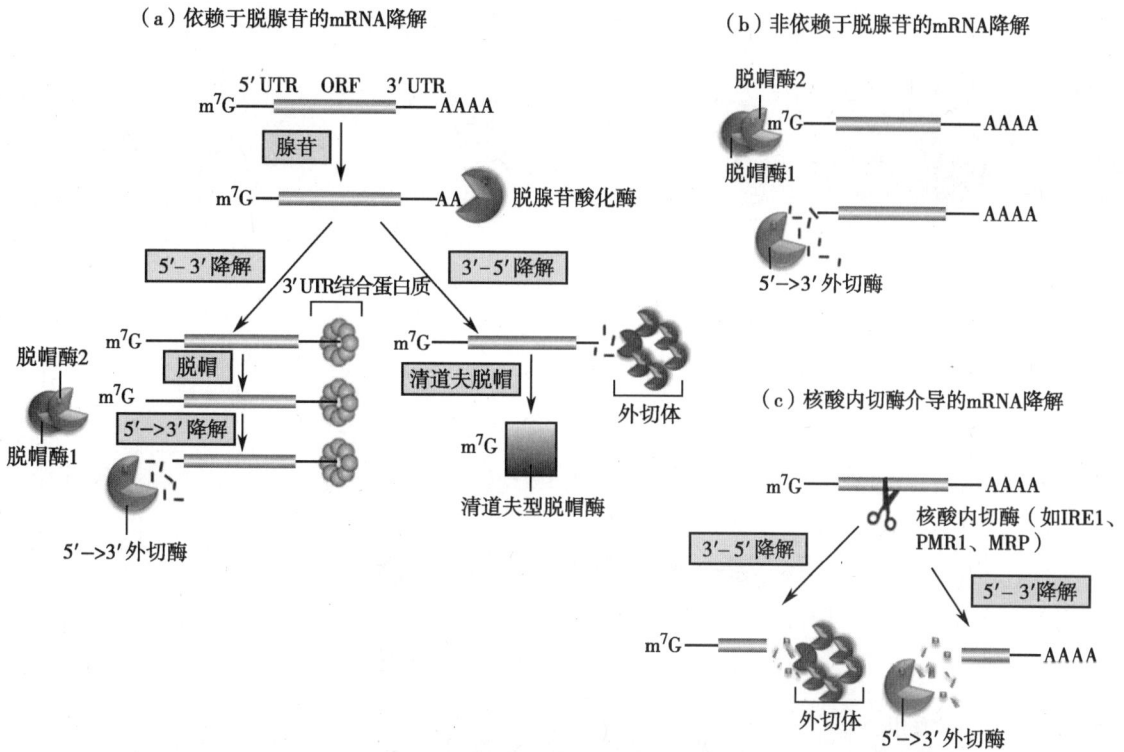

图 14-27　正常 mRNA 的降解途径
（a）依赖于脱腺苷的 mRNA 降解；（b）非依赖于脱腺苷的 mRNA 降解；（c）核酸内切酶介导的 mRNA 降解

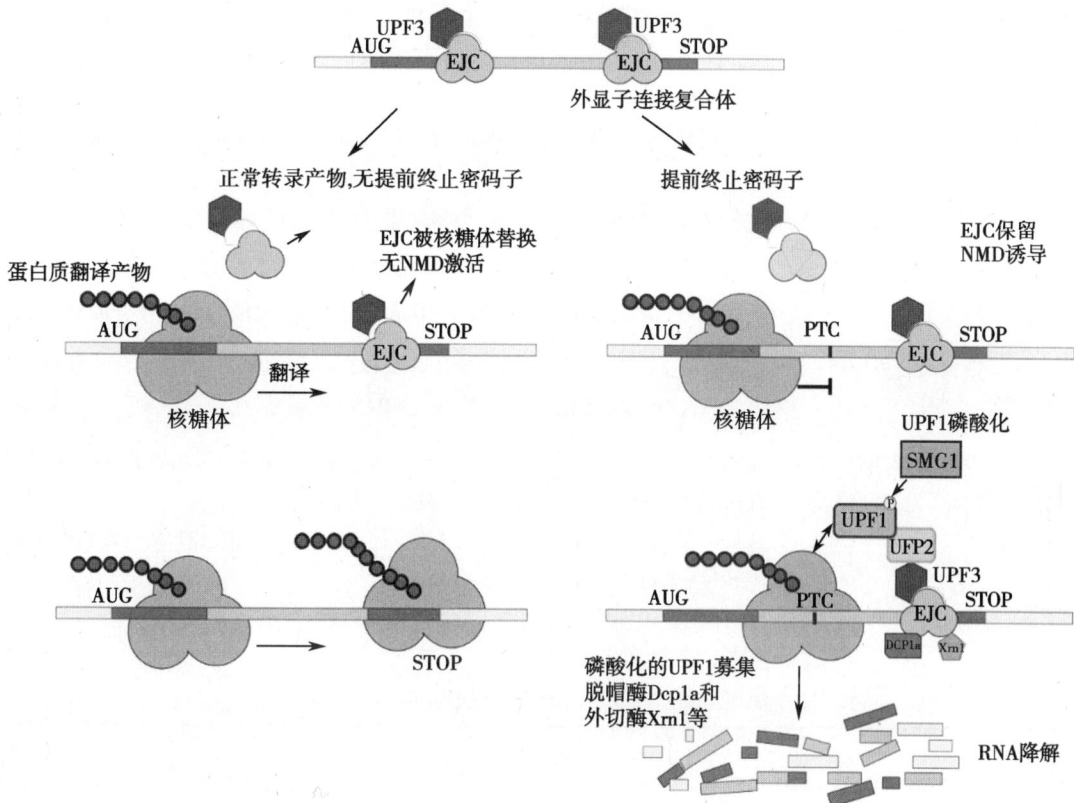

图 14-28　无义介导的 mRNA 降解
AUG，翻译起始点；UPF，无义转录物调节因子；EJC，外显子拼接复合体；PTC，提前终止密码子

（张玉祥）

第十五章
蛋白质的合成

翻译（translation）：mRNA 分子中的遗传信息被具体地翻译成蛋白质的氨基酸排列顺序的过程。

第一节　蛋白质合成体系

表 15-1　蛋白质合成体系组成及作用

组成成员	作用	特点
mRNA	模板	mRNA 中密码子的特点： 方向性：阅读方向从 mRNA 的起始密码子 AUG 开始，按 5′ → 3′ 的方向逐一阅读，直至终止密码子 连续性：密码子被连续阅读，没有间隔 简并性：一种氨基酸可由多个密码子编码 摆动性：mRNA 密码子与 tRNA 的反密码子配对有时并不严格遵循 Watson-Crick 碱基配对原则。摆动多出现在反密码子的第 1 位碱基与密码子的第 3 位碱基配对之间 通用性：低等生物如细菌到人类都使用同一套遗传密码
tRNA	转运氨基酸	tRNA 的—CCA 末端 3′-OH 与氨基酸结合，反密码子环识别 mRNA 密码子。一种氨基酸可与多种 tRNA 特异结合，但是一种 tRNA 只能转运一种特定的氨基酸
核糖体	蛋白质合成场所	核糖体有 3 个功能部位：A 位结合氨酰 tRNA，称氨酰位；P 位结合肽酰 tRNA，称肽酰位；E 位释放已经卸载了氨基酸的 tRNA，称排出位
多种蛋白质因子和酶	参与蛋白质合成的起始、延长和终止	起始因子：保持核糖体大小亚基分离；促进起始 tRNA 搬运氨基酸与小亚基结合；真核起始因子还促进 mRNA 与核糖体结合 延长因子：促进氨酰 tRNA 进入 A 位；促进 mRNA-肽酰 tRNA 由 A 位移至 P 位；促进 tRNA 卸载与释放 释放因子：识别终止密码子。原核细胞有 3 种，真核细胞只有 1 种 肽酰转移酶：催化肽键生成 氨酰 tRNA 合成酶：催化氨基酸与 tRNA 结合

移码突变（frameshift mutation）：若可读框中插入或缺失了非 3 的倍数的核苷酸，导致后续氨基酸编码序列改变，使得其编码的蛋白质彻底丧失或改变原有功能。

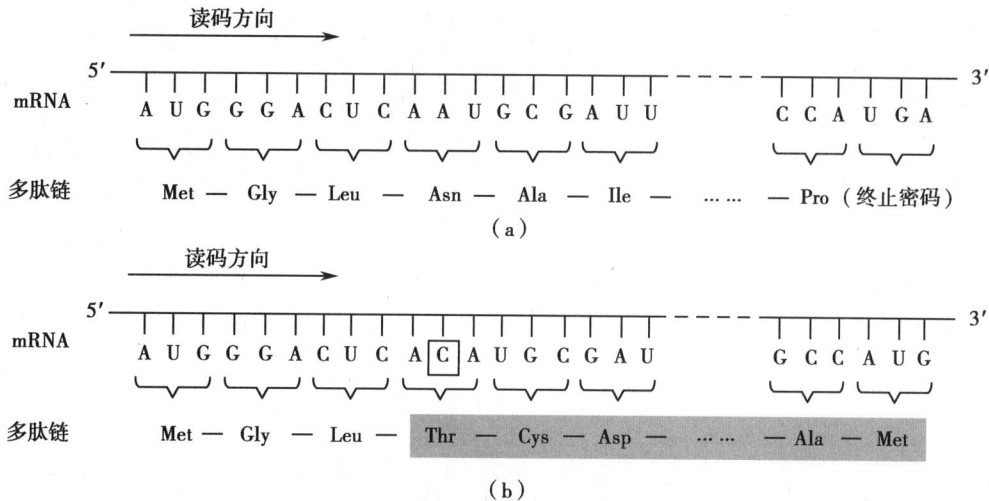

图 15-1　遗传密码的方向性、连续性与框移突变

(a)氨基酸的排列顺序对应于 mRNA 序列中密码子的排列顺序；(b)核苷酸插入导致框移突变，框内为插入的核苷酸

表 15-2　20 种编码氨基酸的密码子数

氨基酸	密码子数	氨基酸	密码子数
丙氨酸	4	亮氨酸	6
精氨酸	6	赖氨酸	2
天冬酰胺	2	甲硫氨酸	1
天冬氨酸	2	苯丙氨酸	2
半胱氨酸	2	脯氨酸	4
谷氨酰胺	2	丝氨酸	6
谷氨酸	2	苏氨酸	4
甘氨酸	4	色氨酸	1
组氨酸	2	酪氨酸	2
异亮氨酸	3	缬氨酸	4

　　不同的氨基酸由 1、2、3、4 或 6 个密码子编码；为同一种氨基酸编码的各密码子称为简并性密码子，也称同义密码子；遗传密码的简并性可降低基因突变的生物学效应。

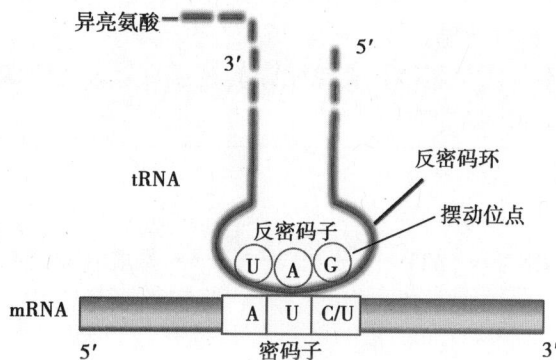

图 15-2　密码子与反密码子的摆动配对

表 15-3　密码子与反密码子的摆动配对

tRNA 反密码子第 1 位碱基	I	U	G	A	C
mRNA 密码子第 3 位碱基	U,C,A	A,G	C,U	U	G

摆动配对能使一种 tRNA 识别 mRNA 序列中的多种简并性密码子

表 15-4 线粒体基因组的某些密码子编码方式不同于通用遗传密码

密码子	核基因组 编码信息	线粒体基因组 编码信息
AUA	异亮氨酸	甲硫氨酸、起始密码子
AGA	精氨酸	终止密码子
AGG	精氨酸	终止密码子
UGA	终止密码子	色氨酸

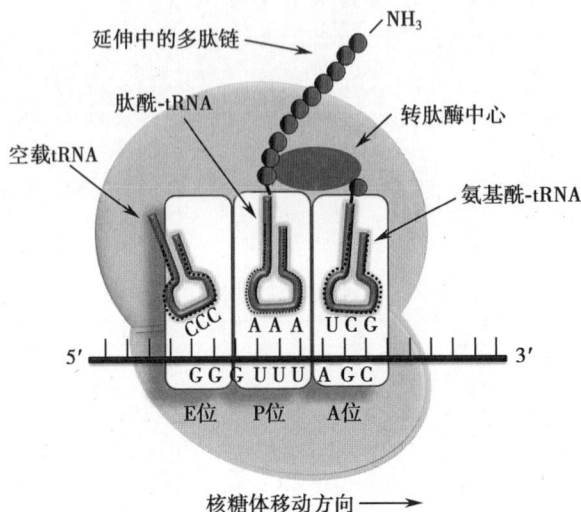

图 15-3 核糖体在翻译中的功能部位

第二节 氨基酸与 tRNA 的连接

（1）氨基酸与特异的 tRNA 结合形成的氨酰 tRNA 是氨基酸的活化形式。

（2）氨酰 tRNA 合成酶对底物氨基酸和 tRNA 的特异性决定氨基酸与 tRNA 连接的准确性。消耗 2 个高能磷酸键。一种氨酰 tRNA 合成酶只识别 1 种氨基酸，同时识别 1 个或多个相关 tRNA。

（3）氨酰 tRNA 合成酶有校对功能。

（4）肽链合成的起始需要特殊的起始氨酰 tRNA：真核生物起始氨酰 tRNA 是 $Met\text{-}tRNAi^{Met}$；原核生物的起始氨酰 tRNA 是 $fMet\text{-}tRNA^{fMet}$。

总反应式：

反应过程：

反应举例：

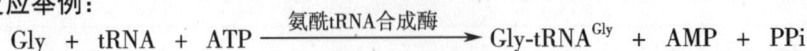

第三节　肽链的生物合成过程

一、翻译起始复合物的装配启动肽链合成

表 15-5　原核生物与真核生物肽链合成的起始过程的比较

肽链合成起始	步骤	参与成员
原核生物	①核糖体大、小亚基分离	IF1 和 IF3 因子参与
	②小亚基与 mRNA 定位结合	16S rRNA 识别 mRNA 上游 SD 序列
	③fMet-tRNA^{fMet} 与小亚基结合	fMet-tRNA^{fMet} 与 IF2 识别结合 AUG
	④核糖体大亚基结合	IF2 携带的 GTP 酶水解促进 3 种 IF 释放,翻译起始复合物形成
真核生物	①核糖体大、小亚基分离	eIF1A、eIF3 参与
	②Met-tRNAi^{Met} 与小亚基结合	eIF2 与 Met-tRNAi^{Met} 结合,eIF5 与 eIF5B 加入,形成 43S 前起始复合物
	③小亚基与 mRNA 定位结合	由 eIF4F(eIF4E、eIF4A、eIF4G)介导,形成 48S 起始复合物
	④核糖体大亚基结合	eIF5 与 eIF5B 参与促进起始因子释放,翻译起始复合物形成

相关知识

（1）原核生物的小亚基通过识别 mRNA 的 SD 序列而精确识别起始 AUG。真核生物的 mRNA 通过 eIF4F 而与 43S 前起始复合物结合,组成 48S 起始复合物,该复合物扫描定位起始 AUG。

（2）原核生物的起始 fMet-tRNA^{fMet} 识别结合 mRNA 的起始密码 AUG,而真核生物起始 Met-tRNAi^{Met} 先于 mRNA 结合小亚基,构成 43S 前起始复合物。

（3）真核生物的 mRNA 的 5′- 帽(有的 mRNA 的翻译起始依赖于 mRNA 上的内部核糖体进入位点)和 3′- 多聚(A)尾为正确起始所必需。

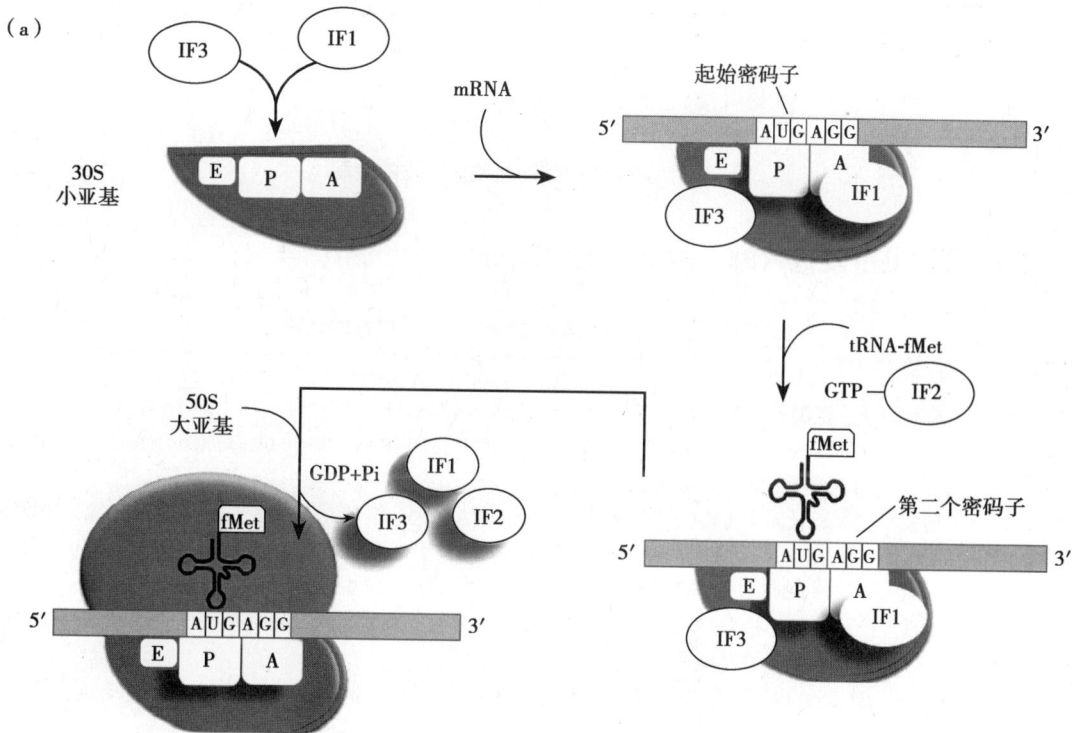

（b）

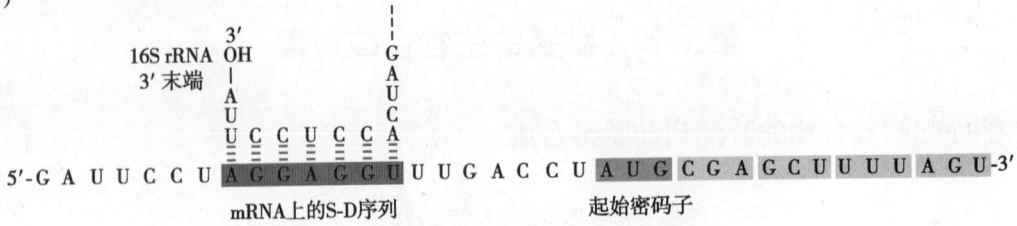

图 15-4　原核生物翻译起始复合物的装配
（a）原核生物翻译起始复合物的装配过程；（b）小亚基 16S rRNA 与 mRNA 上 SD 序列的定位结合

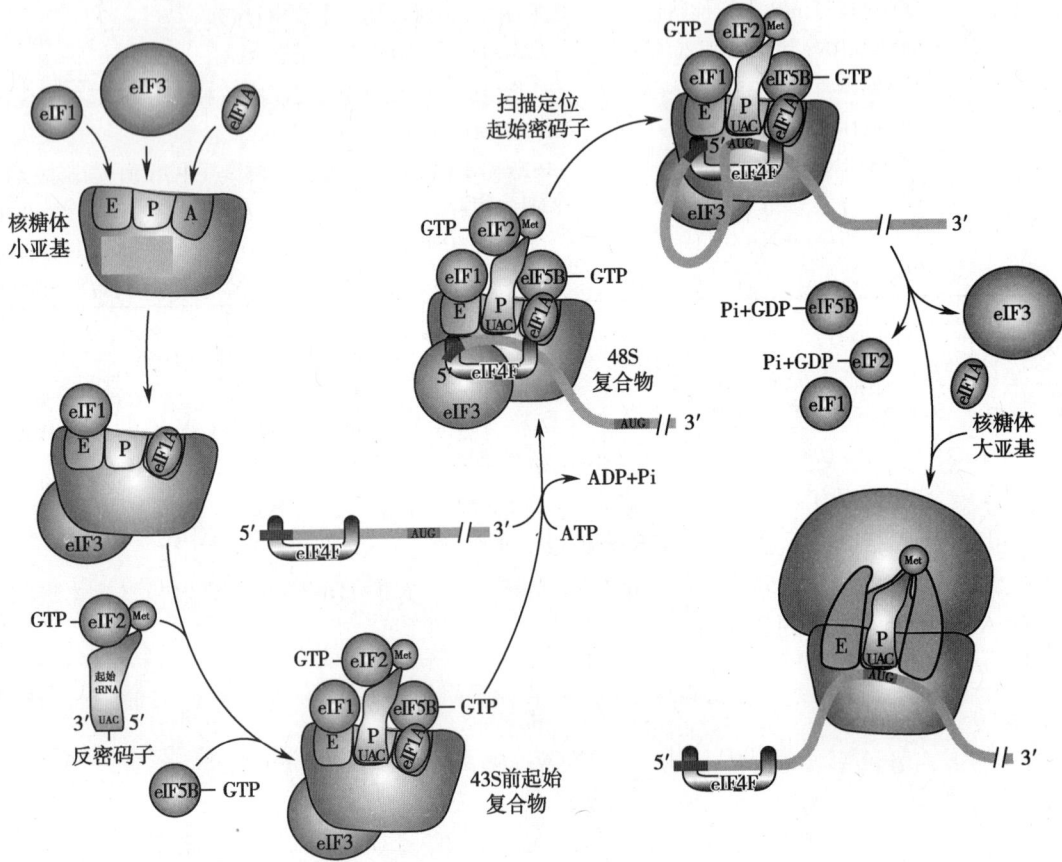

图 15-5　真核生物翻译起始复合物的装配

二、在核糖体上重复进行的三步反应延长肽链

表 15-6　原核生物与真核生物肽链延长过程的比较

肽链延长	过程	参与成员
原核生物	进位	氨酰 tRNA 与 GTP-EF-Tu 结合进入 A 位，GTP 水解促使 GDP-EF-Tu 释放
	成肽	肽酰转移酶（23S rRNA）催化 A 位和 P 位的 tRNA 携带的氨基酸缩合成肽，P 位 tRNA 卸载所携带的氨基酸或肽
	转位	延长因子 EF-G 催化核糖体向 mRNA 的 3′- 端移动一个密码子的距离，原来 P 位的空载 tRNA 移到 E 位，随后脱离核糖体。而位于 A 位的肽酰 tRNA 移到 P 位。A 位空出
真核生物	进位	需 eEF1 协助氨酰 tRNA 进入 A 位，需 GTP 水解供能
	成肽	肽酰转移酶（28S rRNA）催化 A 位和 P 位的 tRNA 携带的氨基酸缩合成肽，P 位 tRNA 卸载所携带的氨基酸或肽
	转位	延长因子 eEF2 催化反应，大致过程与原核相似，新的氨酰 tRNA 进入 A 位后，产生的别构效应使 E 位空载 tRNA 脱离核糖体

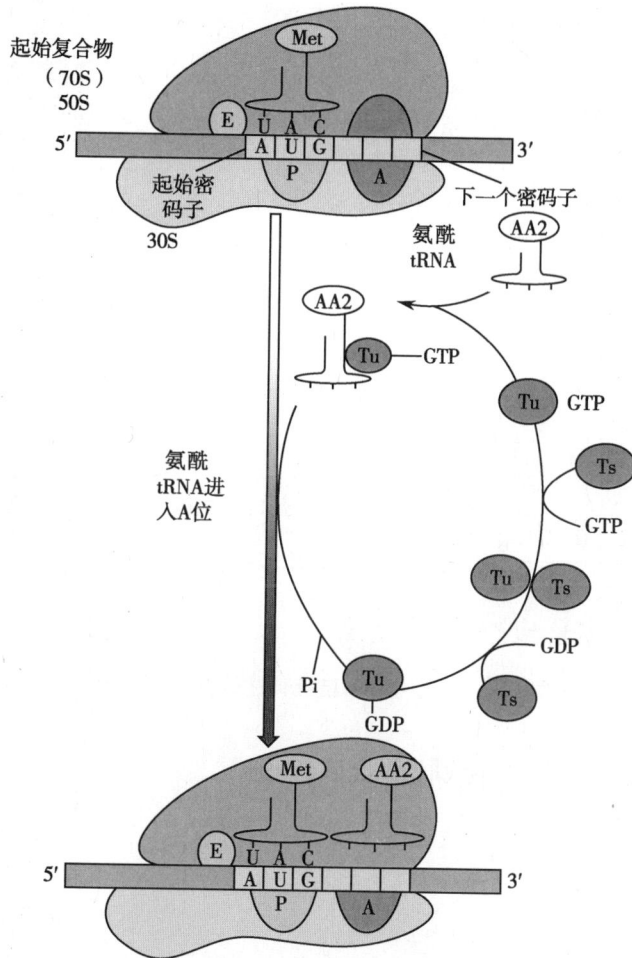

图 15-6　原核生物肽链延长过程的进位

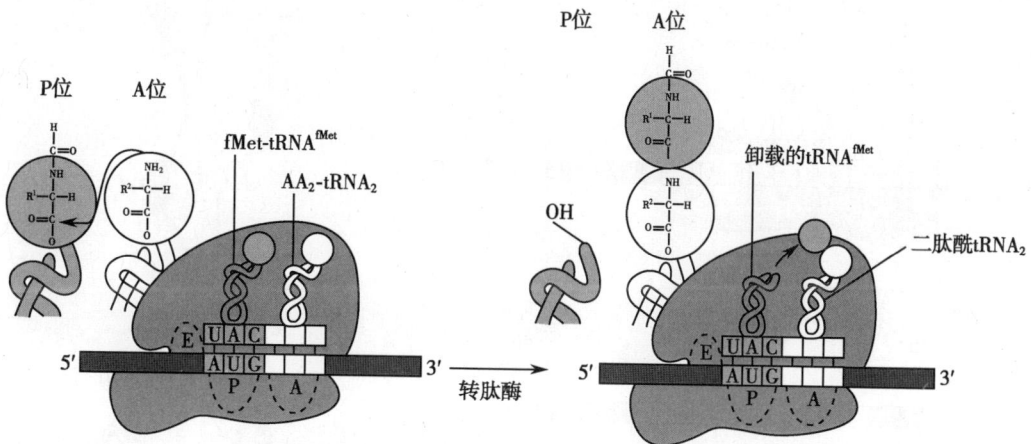

图 15-7　原核生物肽链延长过程的肽键形成（成肽）

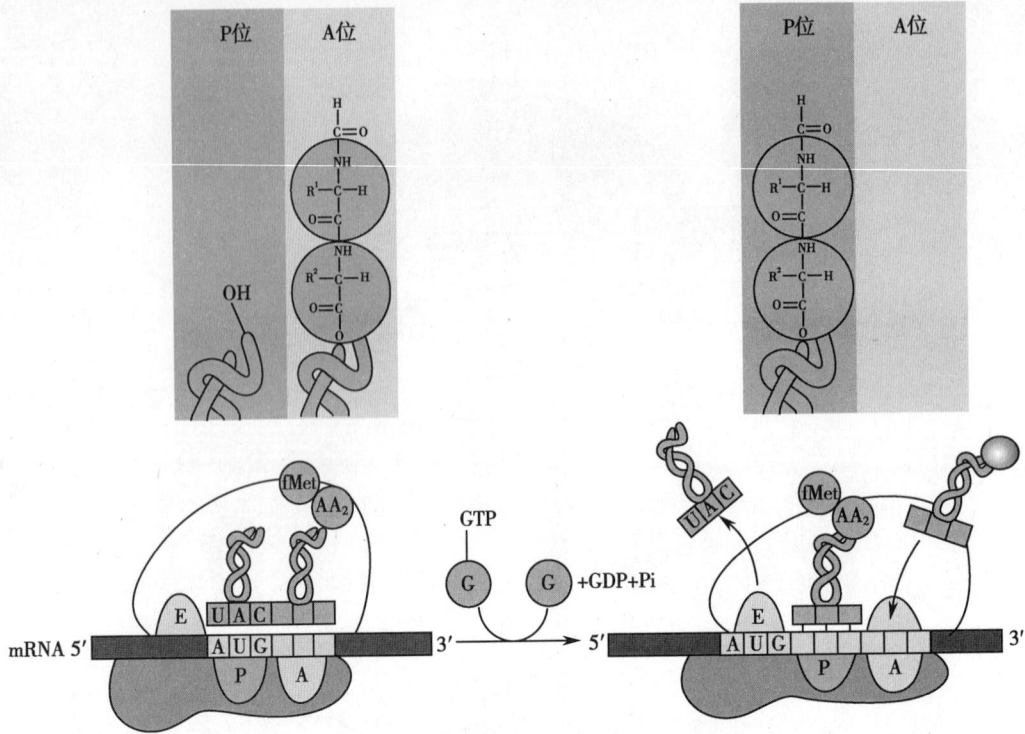

图 15-8 原核生物肽链延长过程的核糖体转位

三、终止密码子和释放因子导致肽链合成停止

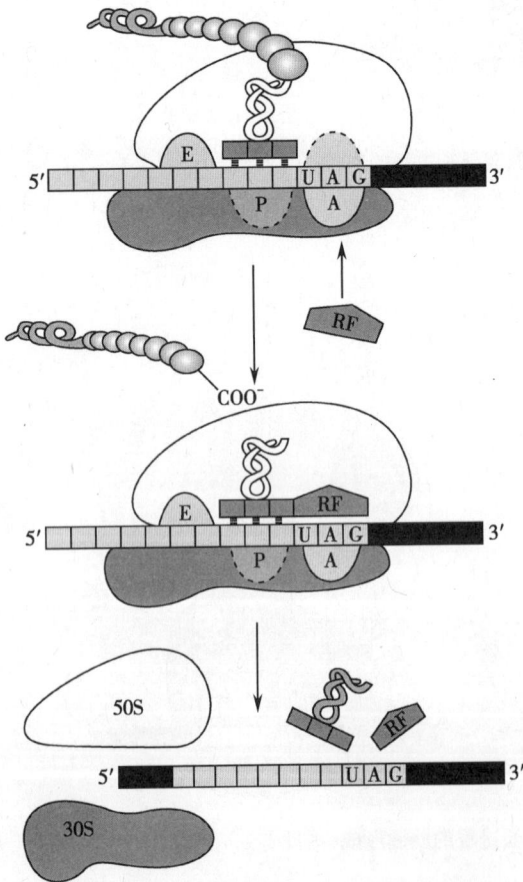

图 15-9 原核生物肽链合成的终止过程

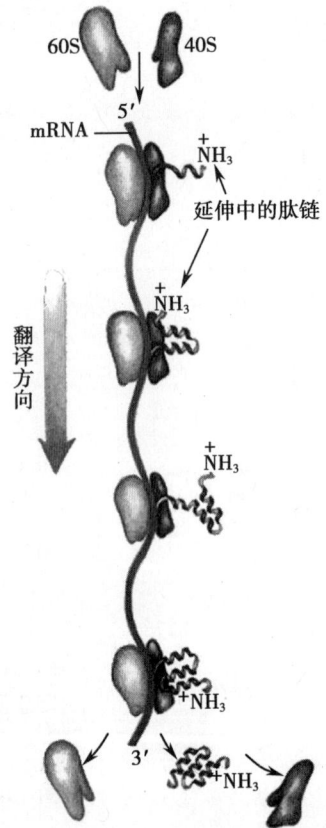

图 15-10 多聚核糖体

表 15-7 原核生物与真核生物肽链合成的比较

	原核生物	真核生物
mRNA	一条 mRNA 编码几种蛋白质（多顺反子） 转录后很少加工 转录、翻译和 mRNA 的降解可同时发生	一条 mRNA 编码一种蛋白质（单顺反子） 转录后进行首、尾修饰及剪接 mRNA 在核内合成，加工后进入细胞液，再作为模板指导肽链合成
核糖体	30S 小亚基 +50S 大亚基 ↔ 70S 核糖体	40S 小亚基 +60S 大亚基 ↔ 80S 核糖体
起始阶段	起始氨酰 tRNA 为 fMet-tRNA^{fMet} 核糖体小亚基先与 mRNA 结合，再与 fMet-tRNA^{fMet} 结合 mRNA 的 SD 序列与 16S rRNA 3'- 端的一段互补序列结合 有 3 种 IF 参与起始复合物的形成	起始氨酰 tRNA 为 Met-tRNAi^{Met} 核糖体小亚基先与 Met-tRNAi^{Met} 结合，再与 mRNA 结合 mRNA 的帽子结构与帽子结合蛋白复合物结合 有至少 10 种 eIF 参与起始复合物的形成
延长阶段	延长因子为 EF-Tu、EF-Ts 和 EF-G	延长因子为 eEF-1α、eEF-1βγ 和 eEF-2
终止阶段	释放因子为 RF-1、RF-2 和 RF-3	释放因子为 eRF

第四节 蛋白质合成后的加工和靶向输送

翻译后加工（post-translational processing）：是指蛋白质在翻译后还要经过折叠形成三级结构、或者亚基聚合形成四级结构、或者水解作用切除一些肽段或氨基酸，或对某些氨基酸残基的侧链基团进行化学修饰等，才能成为有活性的成熟蛋白质的过程（表 15-8）。

蛋白质靶向输送（protein targeting）或蛋白质分拣（protein sorting）：蛋白质合成后在细胞内被定向输送到其发挥作用部位的过程（表 15-9、表 15-10）。

表 15-8 蛋白质翻译后加工方式

	方式	参与的成员
翻译后加工	新生肽链折叠	热激蛋白 70 家族：Hsp70 与未折叠蛋白质的疏水区结合，可避免蛋白质因高温而变性，同时防止新生肽链过早折叠，有助于多肽链正确折叠 伴侣蛋白：为非自发性折叠肽链提供正确折叠的微环境。大肠杆菌的伴侣系统是 GroEL/ GroES，真核细胞是 Hsp60 异构酶：蛋白质二硫键异构酶（protein disulfide isomerase，PDI）和肽基脯氨酰基顺反异构酶（peptidyl-prolyl *cis-trans* isomerase，PPI）
	肽链水解	原核生物：约半数成熟蛋白质的 N- 端经脱甲酰基酶切除 N- 甲酰基而保留甲硫氨酸，另一部分被氨基肽酶水解而去除 N- 甲酰甲硫氨酸 真核生物：分泌蛋白和跨膜蛋白质的前体分子的 N- 端都含有信号肽（signal peptide）序列，在蛋白质成熟过程中需要被切除。有些情况下，C- 端的氨基酸残基也需要被酶切除
	氨基酸残基的化学修饰	存在 100 多种修饰性氨基酸，使蛋白质的功能具有多样性。常见修饰包括：磷酸化、糖基化、羟基化、甲基化、乙酰化、硒化
	亚基聚合形成四级结构	由 2 条以上肽链构成的蛋白质，其亚基相互聚合时所需要的信息蕴藏在肽链的氨基酸序列之中，聚合过程具有一定顺序

表 15-9 蛋白质的亚细胞定位分拣信号

蛋白质种类	信号序列	结构特点
分泌蛋白和膜蛋白质	信号肽	由 13～36 个氨基酸残基组成，位于新生肽链 N- 端
核蛋白质	核定位序列	由 4～8 个氨基酸残基组成，通常包含连续的碱性氨基酸（Arg 或 Lys），在肽链的位置不固定
内质网蛋白质	内质网滞留信号	肽链 C- 端的 Lys-Asp-Glu-Leu 序列
核基因组编码的线粒体蛋白质	线粒体前导肽	由 20～35 个氨基酸残基组成，位于新生肽链 N- 端
溶酶体蛋白质	溶酶体靶向信号	甘露糖 -6- 磷酸

表 15-10　蛋白质靶向输送过程

蛋白质类型	过程
分泌蛋白质	游离核糖体上,新合成肽链的 N- 端信号肽与信号识别颗粒(signal recognition particle,SRP)结合 → 与内质网膜上 SRP 的受体结合 → 肽链穿过内质网膜上肽转位复合物形成的跨膜通道,进入内质网 → 信号肽酶切除信号肽 → 剩余肽链折叠成高级构象,从内质网出芽成囊泡 → 高尔基体 → 细胞膜 → 蛋白质分泌至胞外
内质网蛋白质	内质网内蛋白质由粗面内质网上的核糖体合成 → 进入内质网腔 → 内质网出芽成囊泡 → 高尔基体 → 肽链 C- 端的滞留信号与内质网受体结合 → 肽链重回内质网
线粒体蛋白质	新合成的线粒体蛋白质与热激蛋白或线粒体输入刺激因子结合 → 线粒体外膜 → 肽链的前导肽序列识别线粒体外膜的受体复合物 → 穿过线粒体内外膜的转运体通道,进入线粒体基质 → 前导肽序列被切除,肽链折叠为有功能构象
质膜蛋白质	新合成的跨膜蛋白质 → 结合在内质网膜上 → 由内质网出芽成囊泡 → 高尔基体 → 细胞膜(单次跨膜蛋白质含有 1 个停止转移序列,多次跨膜蛋白质含有多个停止转移序列)
核蛋白质	游离核糖体合成的核蛋白质与胞质中核输入因子结合形成复合物,被导向核孔 → 利用 Ras 相关核蛋白质(Ran)分解 GTP 供能,复合物由核孔进入细胞核内 → 核输入因子离开复合物,出核,循环利用

第五节　蛋白质合成的干扰和抑制

表 15-11　蛋白质合成抑制剂作用机制

蛋白质合成抑制剂	作用位点		机制	举例
抗生素	抑制肽链合成起始		引起 mRNA 在核糖体上错位、影响起始氨酰 tRNA 的就位和 IF3 的功能	伊短菌素
			引起 mRNA 在核糖体上错位	密旋霉素
			结合原核 23S rRNA,阻止 fMet-tRNA^{fMet} 的转位	晚霉素
	抑制肽链延伸	干扰进位	结合 30S 亚基的 A 位,抑制氨酰 tRNA 的进位	四环素
			降低 EF-Tu 的 GTP 酶活性,抑制 EF-Tu 与氨酰 tRNA 的结合	粉霉素
			阻止 EF-Tu 从核糖体释出	黄色霉素
		引起读码错误	与 30S 亚基结合,引起读码错误	链霉素
			与 16S rRNA 及 rpS12 结合,引起读码错误	潮霉素 B 和新霉素
		影响成肽	结合核糖体 50S 亚基,通过阻止肽酰转移而抑制肽键形成	氯霉素
			作用于 A 位和 P 位,阻止 tRNA 进入这两个位置,抑制肽键形成	林可霉素
			与核糖体 50S 亚基中肽链排出通道结合,阻止新生肽链从核糖体大亚基中排出	红霉素
			结构与酪氨酰 tRNA 相似,在翻译中取代酪氨酰 tRNA 而进入核糖体 A 位,中断肽链合成	嘌呤霉素
			抑制真核生物核糖体肽酰转移酶的活性	放线菌酮
		影响转位	抑制 EF-G 的转位酶活性,阻止核糖体转位	夫西地酸、硫链丝菌肽和微球菌素
			结合核糖体 30S 亚基,阻碍小亚基变构,抑制转位	大观霉素
毒素	抑制肽链延伸影响转位		eEF2 发生 ADP- 核糖基化修饰,导致 eEF2 失活	白喉毒素
	降解核糖体		真核生物核糖体 28S rRNA 的一个腺苷酸发生脱嘌呤反应,导致 28S rRNA 降解	蓖麻毒蛋白

（贾竹青）

第十六章
基因表达调控

第一节 基因表达与基因表达调控的基本概念与特点

一、基因表达产生有功能的蛋白质和RNA

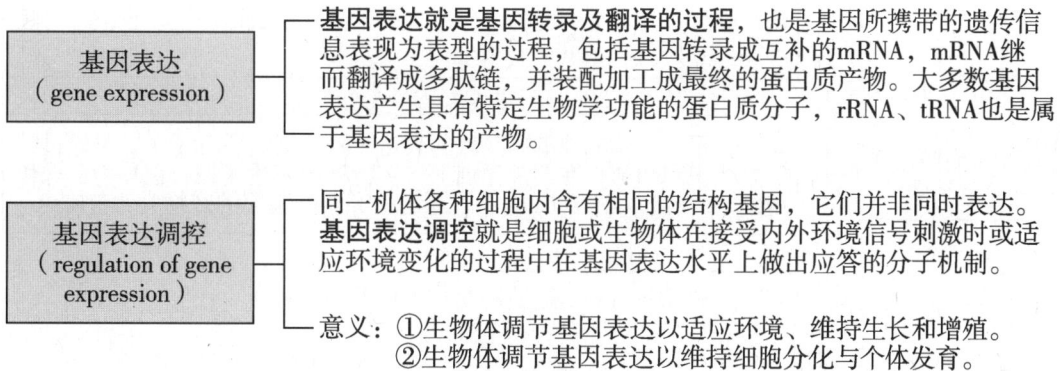

基因表达
（gene expression） —— **基因表达就是基因转录及翻译的过程**，也是基因所携带的遗传信息表现为表型的过程，包括基因转录成互补的mRNA，mRNA继而翻译成多肽链，并装配加工成最终的蛋白质产物。大多数基因表达产生具有特定生物学功能的蛋白质分子，rRNA、tRNA也是属于基因表达的产物。

基因表达调控
（regulation of gene expression）
—— 同一机体各种细胞内含有相同的结构基因，它们并非同时表达。**基因表达调控**就是细胞或生物体在接受内外环境信号刺激时或适应环境变化的过程中在基因表达水平上做出应答的分子机制。

—— 意义：①生物体调节基因表达以适应环境、维持生长和增殖。
②生物体调节基因表达以维持细胞分化与个体发育。

二、基因表达具有时间特异性和空间特异性

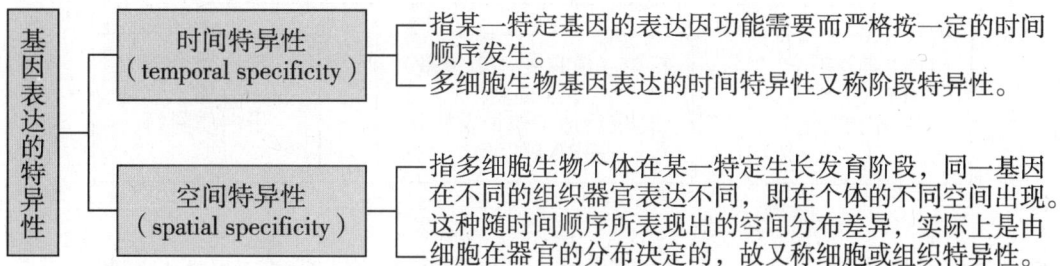

基因表达的特异性

时间特异性
（temporal specificity）
—— 指某一特定基因的表达因功能需要而严格按一定的时间顺序发生。
多细胞生物基因表达的时间特异性又称阶段特异性。

空间特异性
（spatial specificity）
—— 指多细胞生物个体在某一特定生长发育阶段，同一基因在不同的组织器官表达不同，即在个体的不同空间出现。这种随时间顺序所表现出的空间分布差异，实际上是由细胞在器官的分布决定的，故又称细胞或组织特异性。

一定阶段同一个体内不同组织细胞表现为**差异基因表达**（differential gene expression），即特异的基因表达模式（gene expression pattern）。细胞内基因表达的种类和强度即**基因表达谱**（gene expression profile）决定了细胞的状态和功能。

三、基因表达的方式存在多样性

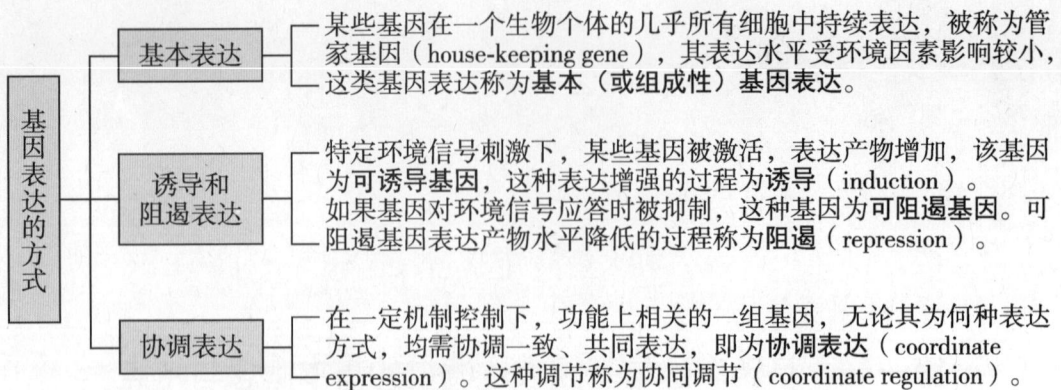

基因表达的方式
- **基本表达**——某些基因在一个生物个体的几乎所有细胞中持续表达，被称为管家基因（house-keeping gene），其表达水平受环境因素影响较小，这类基因表达称为**基本（或组成性）基因表达**。
- **诱导和阻遏表达**——特定环境信号刺激下，某些基因被激活，表达产物增加，该基因为**可诱导基因**，这种表达增强的过程为**诱导**（induction）。如果基因对环境信号应答时被抑制，这种基因为**可阻遏基因**。可阻遏基因表达产物水平降低的过程称为**阻遏**（repression）。
- **协调表达**——在一定机制控制下，功能上相关的一组基因，无论其为何种表达方式，均需协调一致、共同表达，即为**协调表达**（coordinate expression）。这种调节称为**协同调节**（coordinate regulation）。

四、基因表达受调控序列和调节分子共同调节

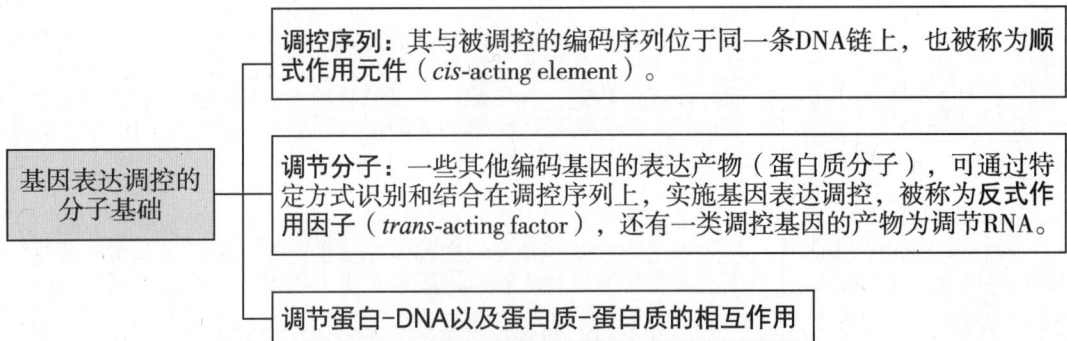

基因表达调控的分子基础
- 调控序列：其与被调控的编码序列位于同一条DNA链上，也被称为顺式作用元件（*cis*-acting element）。
- 调节分子：一些其他编码基因的表达产物（蛋白质分子），可通过特定方式识别和结合在调控序列上，实施基因表达调控，被称为反式作用因子（*trans*-acting factor），还有一类调控基因的产物为调节RNA。
- 调节蛋白-DNA以及蛋白质-蛋白质的相互作用

五、基因表达调控呈现多层次和复杂性

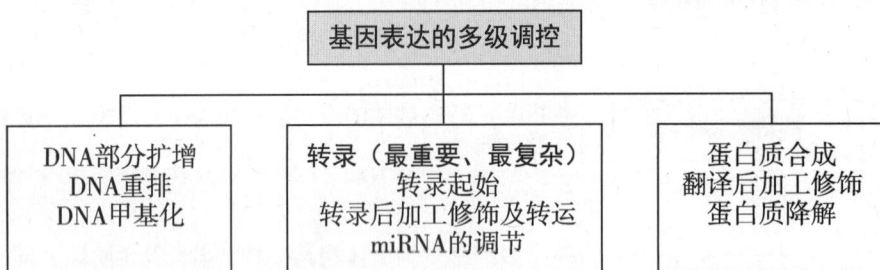

基因表达的多级调控
- DNA部分扩增　DNA重排　DNA甲基化
- 转录（最重要、最复杂）　转录起始　转录后加工修饰及转运　miRNA的调节
- 蛋白质合成　翻译后加工修饰　蛋白质降解

第二节　原核基因表达调控

一、操纵子是原核基因转录调控的基本单位

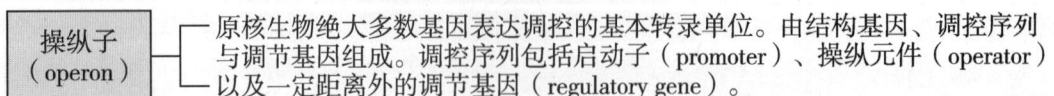

操纵子（operon）——原核生物绝大多数基因表达调控的基本转录单位。由结构基因、调控序列与调节基因组成。调控序列包括启动子（promoter）、操纵元件（operator）以及一定距离外的调节基因（regulatory gene）。

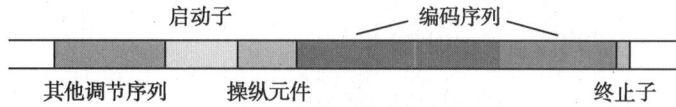

图 16-1 操纵子结构示意图

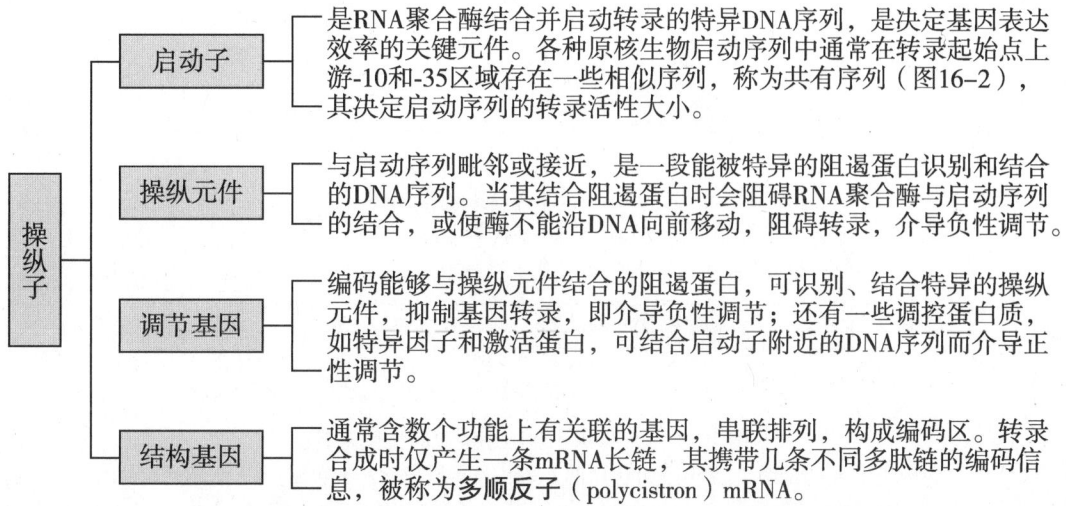

	启动子					
操纵子	启动子	─	是RNA聚合酶结合并启动转录的特异DNA序列，是决定基因表达效率的关键元件。各种原核生物启动序列中通常在转录起始点上游-10和-35区域存在一些相似序列，称为共有序列（图16-2），其决定启动序列的转录活性大小。			
	操纵元件	─	与启动序列毗邻或接近，是一段能被特异的阻遏蛋白识别和结合的DNA序列。当其结合阻遏蛋白时会阻碍RNA聚合酶与启动序列的结合，或使酶不能沿DNA向前移动，阻碍转录，介导负性调节。			
	调节基因	─	编码能够与操纵元件结合的阻遏蛋白，可识别、结合特异的操纵元件，抑制基因转录，即介导负性调节；还有一些调控蛋白质，如特异因子和激活蛋白，可结合启动子附近的DNA序列而介导正性调节。			
	结构基因	─	通常含数个功能上有关联的基因，串联排列，构成编码区。转录合成时仅产生一条mRNA长链，其携带几条不同多肽链的编码信息，被称为多顺反子（polycistron）mRNA。			

	-35区		-10区		RNA转录起始
trp	TTGACA	N17	TTAACT	N7	A
tRNA^{Tyr}	TTTACA	N16	TATGAT	N7	A
lac	TTTACA	N17	TATGTT	N6	A
recA	TTGATA	N16	TATAAT	N7	A
Ara BAD	CTGACG	N16	TACTGT	N6	A
共有序列	TTGACA		TATAAT		

图 16-2 五种 E.coli 启动序列中的共有序列

启动序列的 -10 区域的 TATAAT（Pribnow box）和 -35 区域的 TTGACA 为共有序列

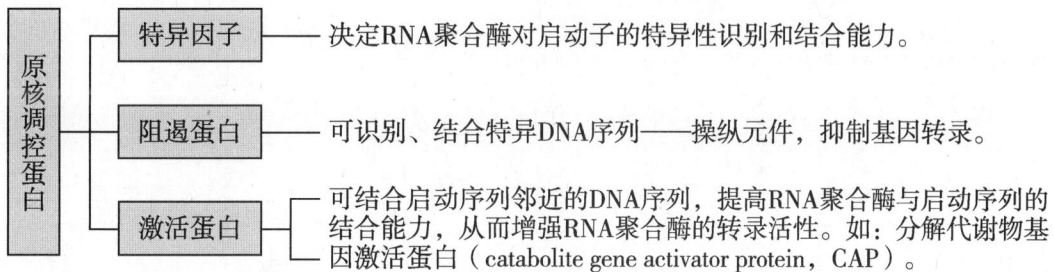

	特异因子	─	决定RNA聚合酶对启动子的特异性识别和结合能力。
原核调控蛋白	阻遏蛋白	─	可识别、结合特异DNA序列——操纵元件，抑制基因转录。
	激活蛋白	─	可结合启动序列邻近的DNA序列，提高RNA聚合酶与启动序列的结合能力，从而增强RNA聚合酶的转录活性。如：分解代谢物基因激活蛋白（catabolite gene activator protein，CAP）。

二、乳糖操纵子是典型的诱导型调控

1. 乳糖操纵子（*lac* operon）受阻遏蛋白的负性调节

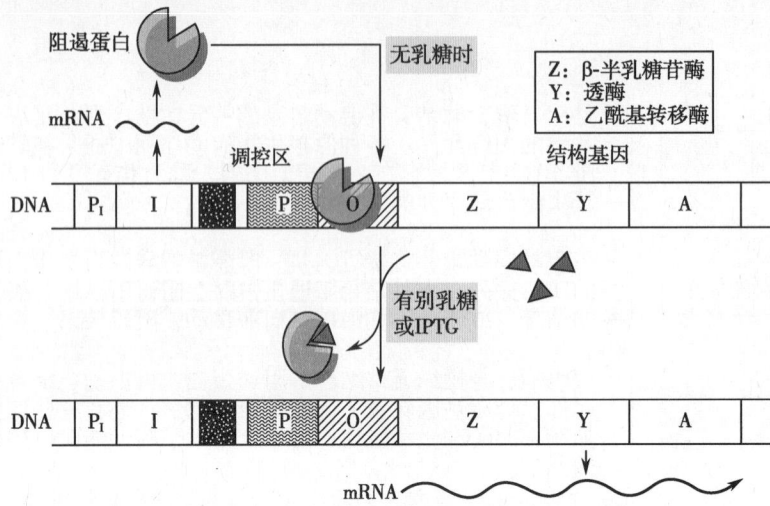

图 16-3　*lac* 操纵子与阻遏蛋白的负性调节
阻遏蛋白由具有独立启动序列（PI）的 I 基因编码生成后，与操纵序列（O 序列）结合，阻碍 RNA 聚合酶与启动子 P 结合，使操纵子受阻遏，结构基因（Z、Y 及 A）表达处于关闭状态。别乳糖或其类似物异丙基硫代 -β-*D*- 半乳糖苷（isopropylthio-β-*D*-galactoside，IPTG）等诱导剂可结合阻遏蛋白，使其构象变化而去阻遏

2. 乳糖操纵子受 CAP 的正性调节

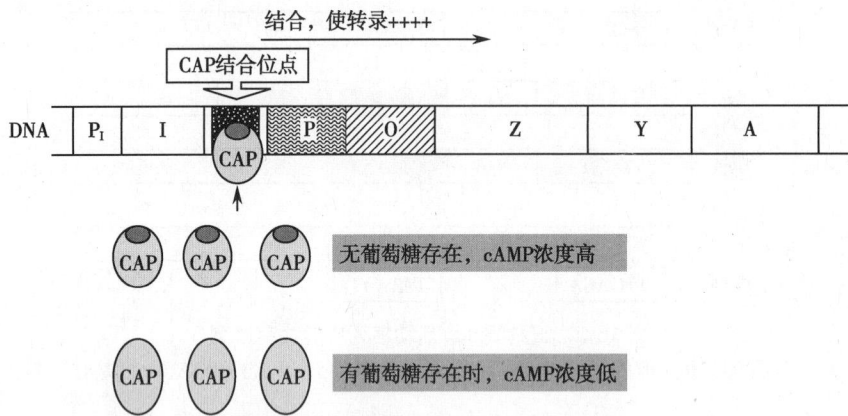

图 16-4　CAP 对 *lac* 操纵子的正性调节
有葡萄糖存在时，葡萄糖降低 cAMP 浓度，阻碍 cAMP 与 CAP 结合，抑制 *lac* 操纵子转录，使细菌只能利用葡萄糖

3. *lac* 操纵子的协同调节

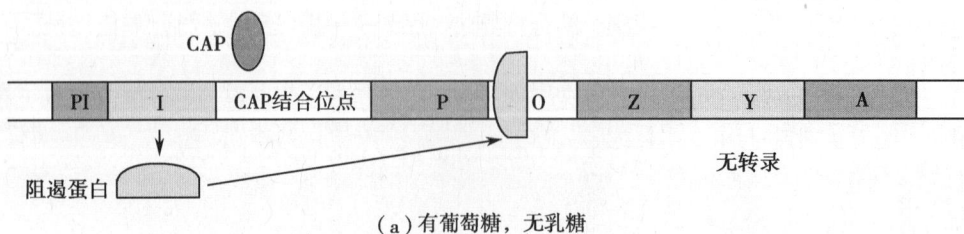

（a）有葡萄糖，无乳糖

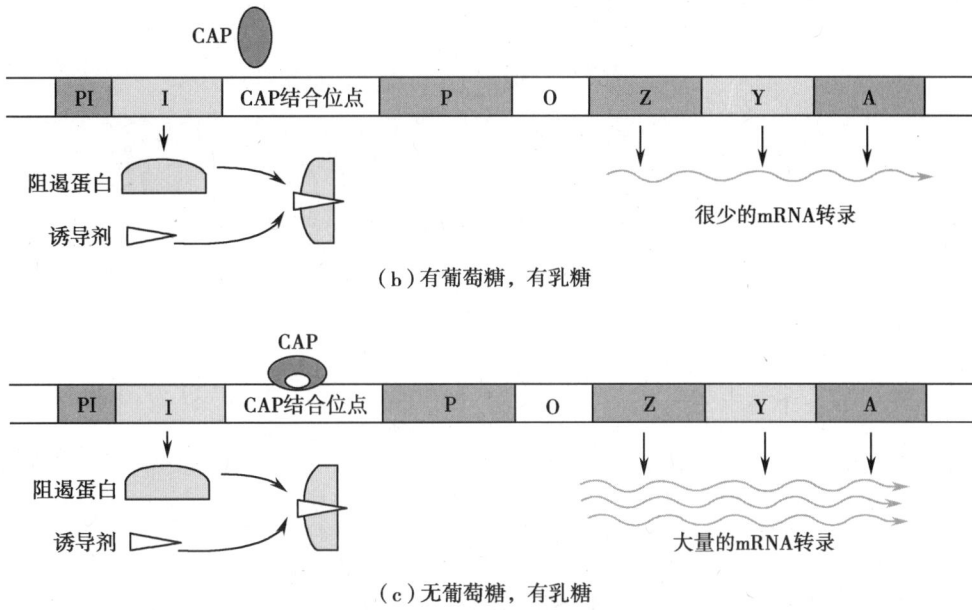

图 16-5　*lac* 操纵子的协同调节

（a）当葡萄糖存在，没有乳糖存在时，阻遏蛋白封闭转录，CAP 不能发挥作用；（b）当乳糖存在时，去阻遏，但因有葡萄糖存在，CAP 不能发挥作用；（c）当葡萄糖不存在，乳糖存在时，既去阻遏，CAP 又能发挥作用，对 *lac* 操纵子有强的诱导调节

三、色氨酸操纵子通过阻遏作用和衰减作用抑制基因表达

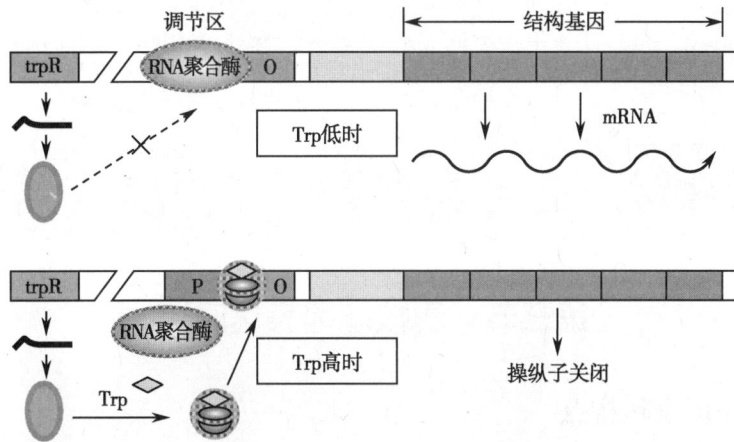

图 16-6　色氨酸操纵子（ *trp* operon ）的产物阻遏作用

细胞内无 Trp 时，阻遏蛋白不能与操纵元件结合，*trp* 操纵子处于开放状态；当细胞内 Trp 浓度较高时，Trp 作为辅阻遏物与阻遏蛋白形成复合物并结合到操纵元件上，关闭 *trp* 操纵子，阻遏各种色氨酸合成酶的表达

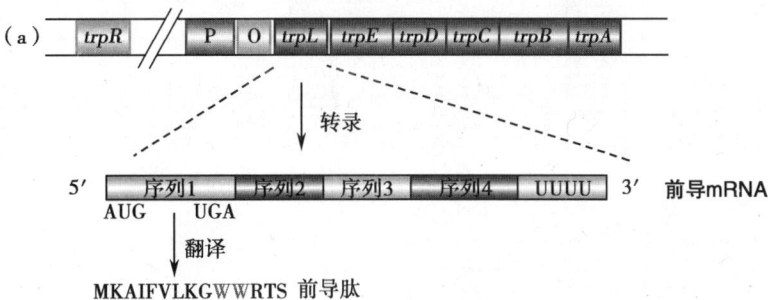

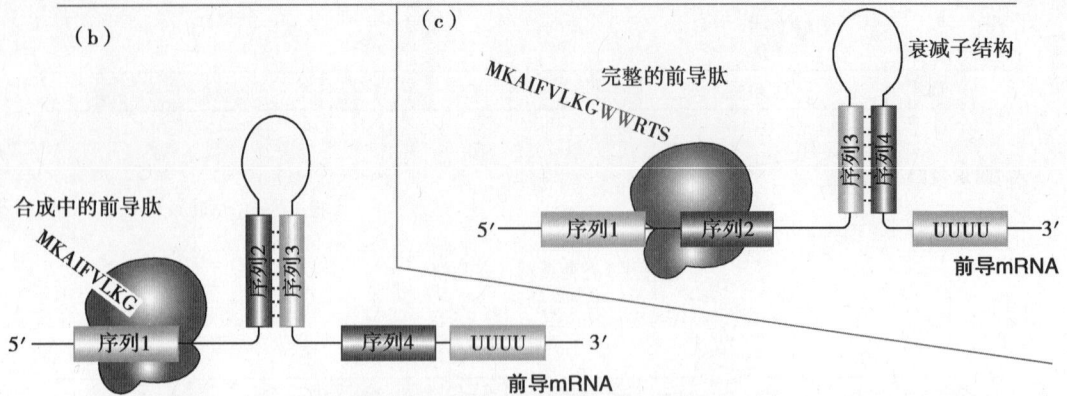

图 16-7 *trp* 操纵子的结构及其转录衰减机制

（a）前导序列（衰减子，attenuator）的结构特征（可转录产生一段长度为 162bp、内含 4 个特殊短序列的 mRNA），其序列 1 可翻译成为一个 14 个氨基酸残基的前导肽；（b）在 Trp 低浓度时，核糖体停滞在序列 1 上，2/3 发卡结构形成，转录继续进行；（c）在 Trp 高浓度时，前导肽的翻译顺利完成，形成 3/4 发卡结构和多聚 U 序列使得转录提前终止

四、原核基因表达在翻译水平受到精细调控

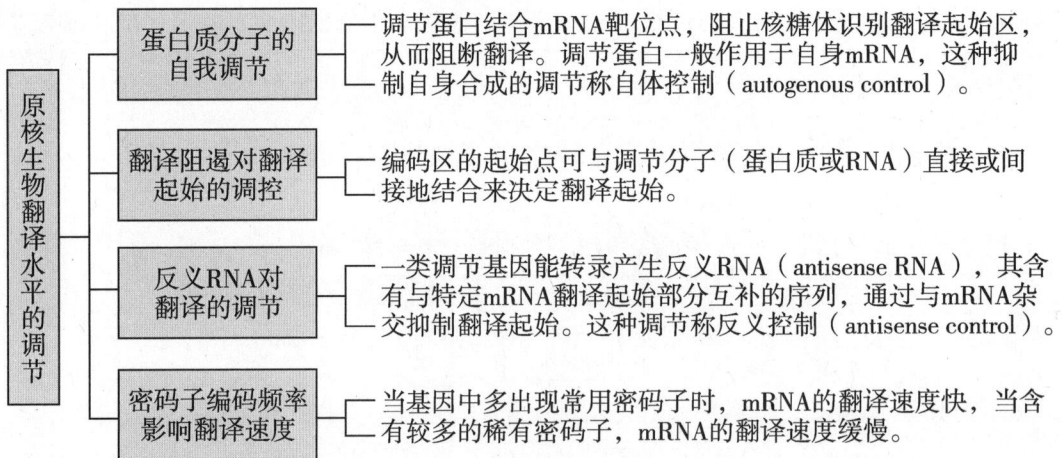

原核生物翻译水平的调节	蛋白质分子的自我调节	调节蛋白结合mRNA靶位点，阻止核糖体识别翻译起始区，从而阻断翻译。调节蛋白一般作用于自身mRNA，这种抑制自身合成的调节称自体控制（autogenous control）。
	翻译阻遏对翻译起始的调控	编码区的起始点可与调节分子（蛋白质或RNA）直接或间接地结合来决定翻译起始。
	反义RNA对翻译的调节	一类调节基因能转录产生反义RNA（antisense RNA），其含有与特定mRNA翻译起始部分互补的序列，通过与mRNA杂交抑制翻译起始。这种调节称反义控制（antisense control）。
	密码子编码频率影响翻译速度	当基因中多出现常用密码子时，mRNA的翻译速度快，当含有较多的稀有密码子，mRNA的翻译速度缓慢。

第三节 真核基因表达调控

一、真核细胞基因表达特点

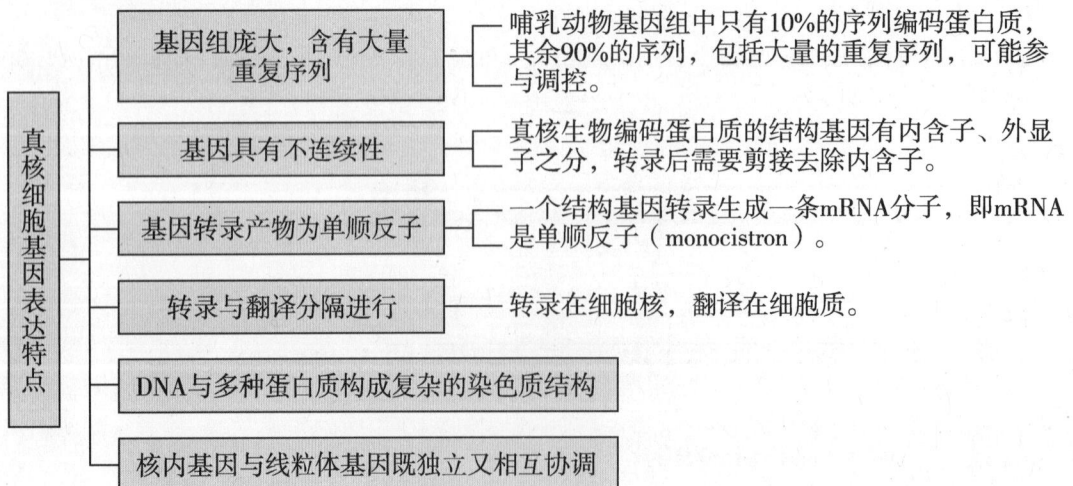

真核细胞基因表达特点	基因组庞大，含有大量重复序列	哺乳动物基因组中只有10%的序列编码蛋白质，其余90%的序列，包括大量的重复序列，可能参与调控。
	基因具有不连续性	真核生物编码蛋白质的结构基因有内含子、外显子之分，转录后需要剪接去除内含子。
	基因转录产物为单顺反子	一个结构基因转录生成一条mRNA分子，即mRNA是单顺反子（monocistron）。
	转录与翻译分隔进行	转录在细胞核，翻译在细胞质。
	DNA与多种蛋白质构成复杂的染色质结构	
	核内基因与线粒体基因既独立又相互协调	

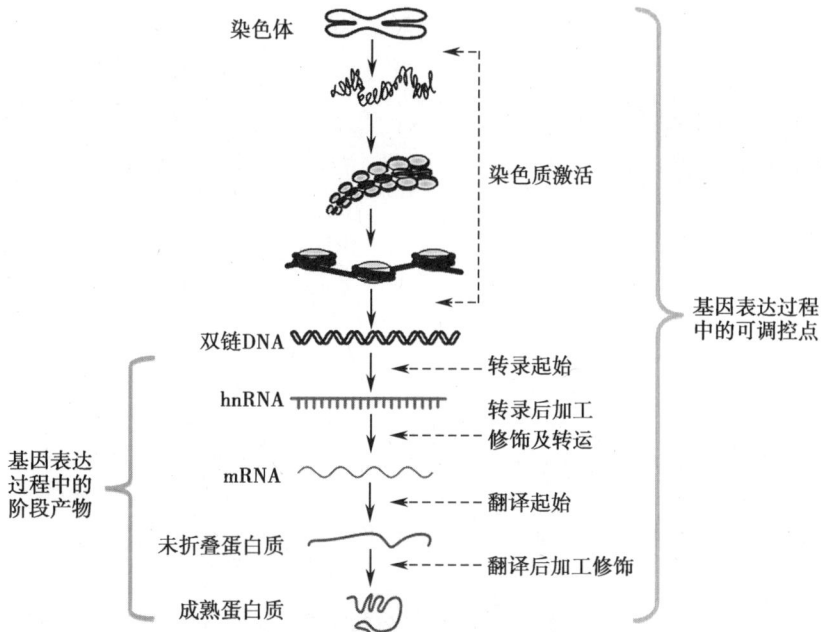

图 16-8 真核生物基因表达的多层次复杂调控

二、染色质结构与真核基因表达密切相关

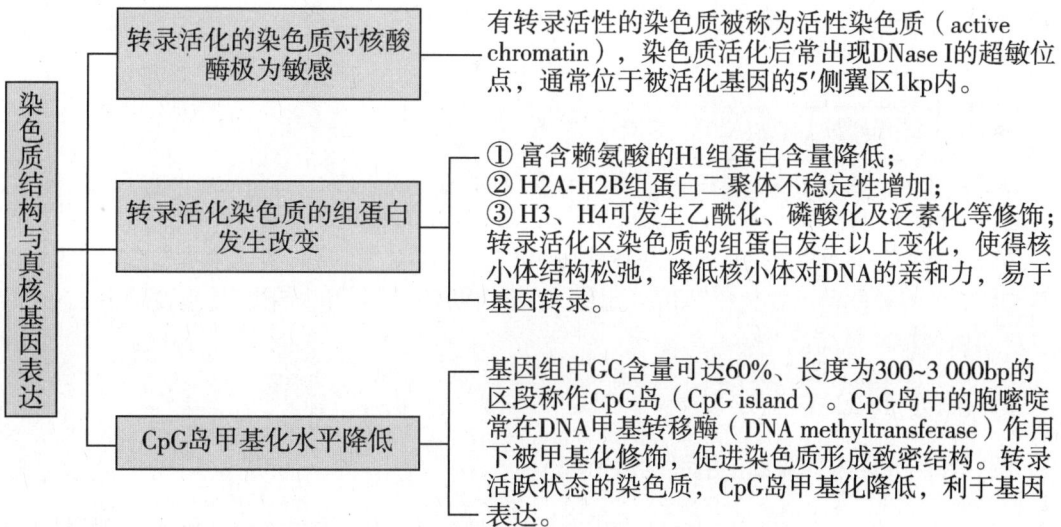

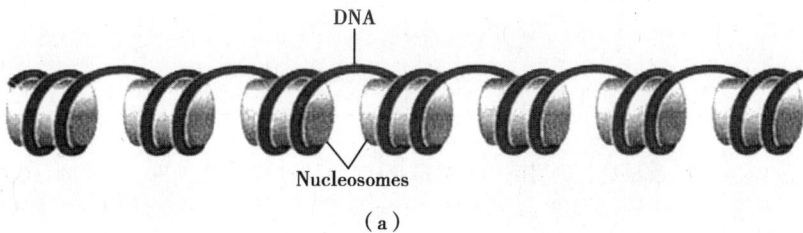

染色质结构与真核基因表达	转录活化的染色质对核酸酶极为敏感	有转录活性的染色质被称为活性染色质（active chromatin），染色质活化后常出现DNase I的超敏位点，通常位于被活化基因的5′侧翼区1kp内。
	转录活化染色质的组蛋白发生改变	① 富含赖氨酸的H1组蛋白含量降低； ② H2A-H2B组蛋白二聚体不稳定性增加； ③ H3、H4可发生乙酰化、磷酸化及泛素化等修饰； 转录活化区染色质的组蛋白发生以上变化，使得核小体结构松弛，降低核小体对DNA的亲和力，易于基因转录。
	CpG岛甲基化水平降低	基因组中GC含量可达60%、长度为300~3 000bp的区段称作CpG岛（CpG island）。CpG岛中的胞嘧啶常在DNA甲基转移酶（DNA methyltransferase）作用下被甲基化修饰，促进染色质形成致密结构。转录活跃状态的染色质，CpG岛甲基化降低，利于基因表达。

（a）

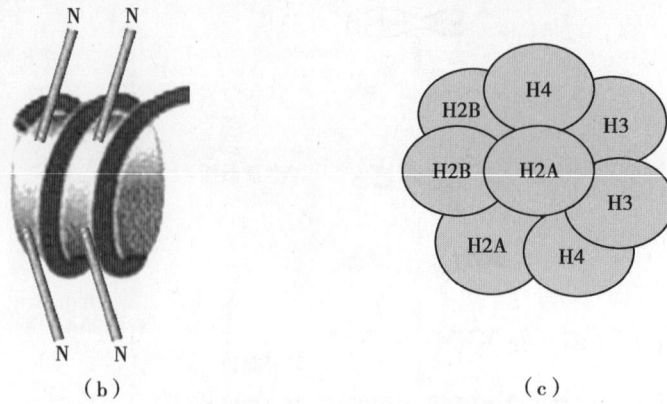

图 16-9　核小体及组蛋白结构

(a)组蛋白与 DNA 组成的核小体,是真核细胞染色质的主要结构单位;(b)组蛋白的氨基端伸出核小体外,形成组蛋白尾巴,是发生组蛋白修饰(乙酰化、磷酸化和甲基化等)的位点;(c)四种组蛋白(H2A、H2B、H3 和 H4 各 2 个分子)组成的八聚体

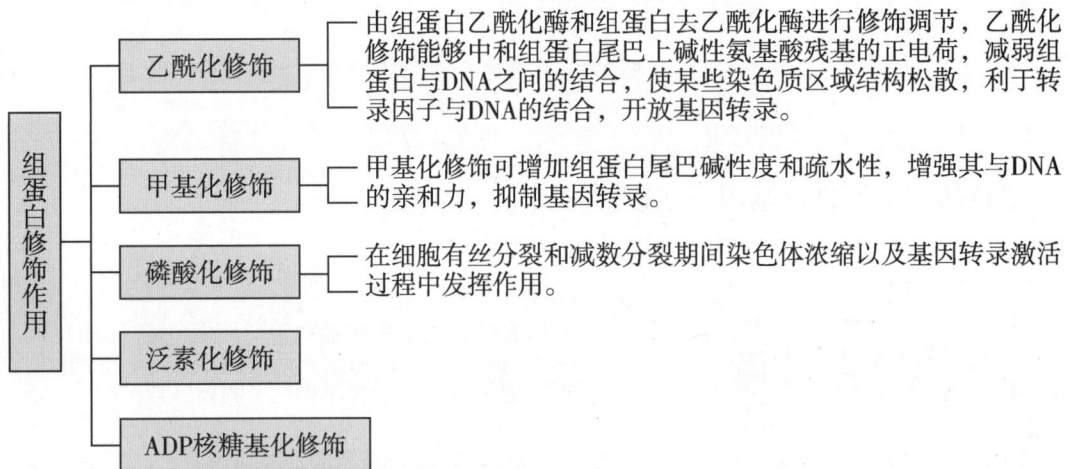

表观遗传(epigenetic inheritance):染色质结构对基因表达的影响可以遗传给子代细胞,其机制是细胞内存在着具有维持甲基化作用的 DNA 甲基转移酶,可以在 DNA 复制后,依照亲本 DNA 链的甲基化位置催化子链 DNA 在相同位置上发生甲基化。此外,组蛋白的乙酰化、甲基化以及非编码小 RNA 的调控等都属于表观遗传调控的范畴。

三、转录起始的调节

(一)顺式作用元件是转录起始的关键调节部位

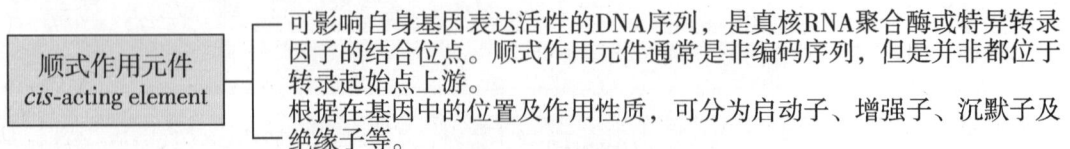

表 16-1　真核基因顺式作用元件

名称	特点
启动子 (promoter)	是 RNA 聚合酶结合位点周围的一组转录控制组件。真核生物启动子序列远较原核生物长且复杂,一般包括转录起始点及其上游 100~200bp 序列,包含有一个以上的功能组件(如 TATA 盒、GC 盒、CAAT 盒)

名称	特点
增强子 （enhancer）	是一种能提高转录效率的顺式调控元件，由若干功能组件组成，核心组件常为 8～12bp。与被调控基因位于同一条 DNA 链上，是结合特异转录因子、增强启动子转录活性的 DNA 序列。需要有启动子才能发挥作用，其发挥作用的方式通常与方向、距离无关，和启动子常交错覆盖或连续
沉默子 （silencer）	是一类基因表达的负性调控元件，当其结合特异蛋白因子时，对基因转录起抑制作用。其作用也与方向、距离无关
绝缘子 （insulator）	位于增强子或沉默子与启动子之间，与特异蛋白因子结合后，阻碍增强子或沉默子对启动子的作用。其作用也与方向无关

（二）转录因子是转录调控的关键分子

转录因子

真核基因的转录调节蛋白又称转录调节因子或转录因子（transcription factor，TF）。绝大多数TF表达后进入细胞核内，通过识别、结合特异的顺式作用元件而增强或降低相应基因表达。这是一种基因编码蛋白质对另一基因转录的反式激活或反式抑制的调节作用，故TF又被称为反式作用因子（*trans*-acting factors）。

某些TF则是特异识别、结合自身基因的调节序列，顺式调节自身基因的转录，即为顺式作用蛋白。

大多TF是DNA结合蛋白，通过与DNA或与蛋白质相互作用参与DNA-蛋白质复合物的形成，影响RNA聚合酶活性，调节基因转录。

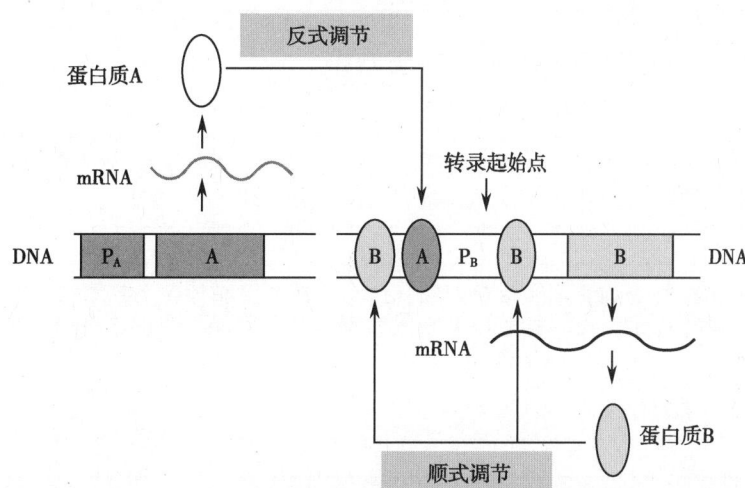

图 16-10　反式与顺式作用蛋白

蛋白质 A 由它的编码基因表达后，通过与 B 基因特异的顺式作用元件的识别、结合，反式激活 B 基因的转录，蛋白质 A 即反式作用蛋白或反式作用因子。B 基因产物也可特异识别、结合自身基因的调节序列，顺式调节自身基因的开启或关闭，因此，B 调节蛋白称为顺式作用蛋白发挥顺式调节作用

表 16-2　转录因子分类

种类	特点
通用转录因子	是 RNA 聚合酶结合启动子介导基因转录时所必需的一类辅助蛋白质，对所有基因都是必需的，故又称为基本转录因子，如 TFⅡD。通用转录因子的存在没有组织特异性
特异转录因子	为个别基因转录所必需，决定该基因表达的时间空间特异性。分为转录激活因子（如增强子结合蛋白）及转录抑制因子（如沉默子结合蛋白） 特异转录因子的含量、活性和细胞内定位随时都受到细胞所处环境的影响，组织特异性转录因子在细胞分化和组织发育过程中具有重要作用

表 16-3　转录因子作用的结构特点

结构域	分类	特点
DNA 结合域	锌指模体 (zinc finger)	含锌离子的"指"状结构，约由 23 个氨基酸残基，形成 1 个 α- 螺旋和 2 个反向平行的 β- 折叠结构。α- 螺旋上的 2 个 Cys 和 2 个 His 与中心的锌离子配价结合，稳定锌指结构。每个锌指可伸入 DNA 双螺旋的大沟内
	碱性螺旋 - 环 - 螺旋模体 (basic helix-loop-helix, bHLH)	两个 α- 螺旋由一个短肽段形成的环所连接，其中一个 α- 螺旋的 N- 端富含碱性氨基酸残基，是与 DNA 结合的结合域。bHLH 模体常以二聚体形式存在，两个 α- 螺旋的碱性区刚好嵌入 DNA 双螺旋的大沟内
	碱性亮氨酸拉链模体 (basic leucine zipper, bZIP)	蛋白质 C- 端每隔 6 个氨基酸是一个疏水性亮氨酸残基，出现在 α- 螺旋的同一侧，使两个肽链结合成二聚体，形同拉链。二聚体的 N- 端碱性区借助其正电荷与 DNA 骨架的磷酸基团结合
转录激活域	酸性激活结构域	形成带负电荷的 β- 折叠，通过与 TFⅡD 的相互作用协助转录起始复合物的组装，促进转录
	谷氨酰胺富含结构域	与 GC 盒结合，激活转录
	脯氨酸富含结构域	与 CAAT 盒结合，激活转录
二聚化结构域		是最常见的介导蛋白质 - 蛋白质相互作用的结构域，二聚化作用与 bZIP、bHLH 结构有关

（三）转录起始复合物的组装是转录调控的主要方式

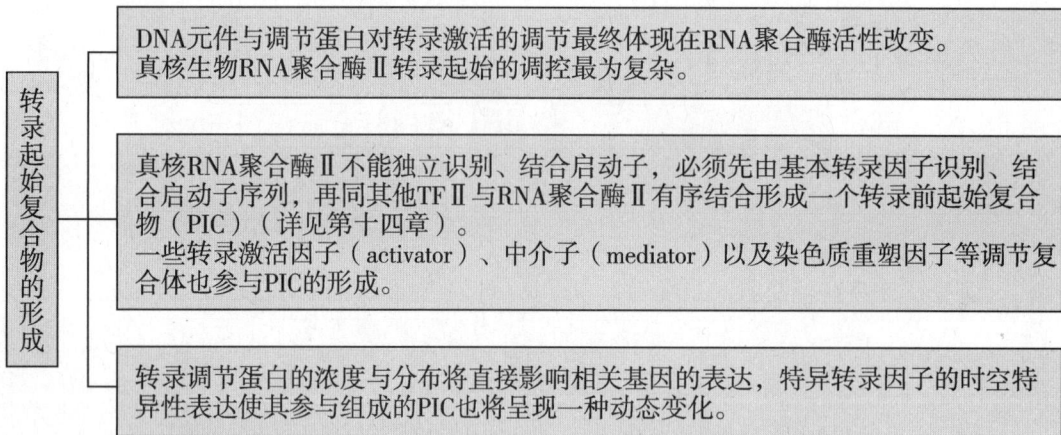

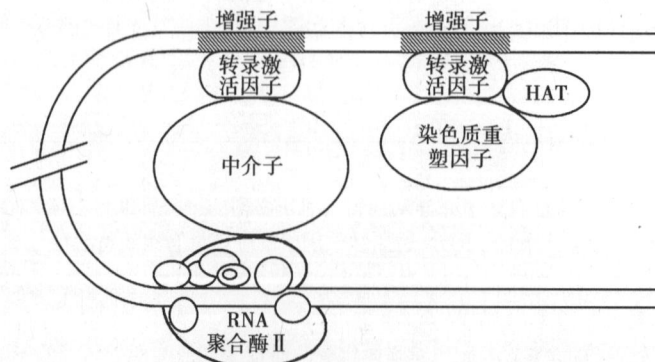

DNA元件与调节蛋白对转录激活的调节最终体现在RNA聚合酶活性改变。真核生物RNA聚合酶Ⅱ转录起始的调控最为复杂。

真核RNA聚合酶Ⅱ不能独立识别、结合启动子，必须先由基本转录因子识别、结合启动子序列，再同其他TFⅡ与RNA聚合酶Ⅱ有序结合形成一个转录前起始复合物（PIC）（详见第十四章）。
一些转录激活因子（activator）、中介子（mediator）以及染色质重塑因子等调节复合体也参与PIC的形成。

转录调节蛋白的浓度与分布将直接影响相关基因的表达，特异转录因子的时空特异性表达使其参与组成的PIC也将呈现一种动态变化。

（转录起始复合物的形成）

图 16-11　转录激活因子参与转录起始复合物的形成

四、转录后调控主要影响真核 mRNA 的结构与功能

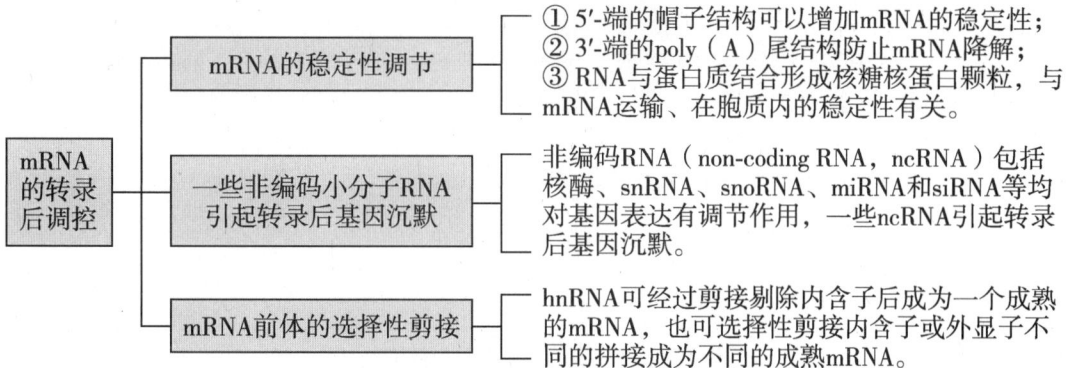

mRNA 的转录后调控
- mRNA的稳定性调节 — ① 5′-端的帽子结构可以增加mRNA的稳定性；② 3′-端的poly（A）尾结构防止mRNA降解；③ RNA与蛋白质结合形成核糖核蛋白颗粒，与mRNA运输、在胞质内的稳定性有关。
- 一些非编码小分子RNA引起转录后基因沉默 — 非编码RNA（non-coding RNA，ncRNA）包括核酶、snRNA、snoRNA、miRNA和siRNA等均对基因表达有调节作用，一些ncRNA引起转录后基因沉默。
- mRNA前体的选择性剪接 — hnRNA可经过剪接剔除内含子后成为一个成熟的mRNA，也可选择性剪接内含子或外显子不同的拼接成为不同的成熟mRNA。

五、真核基因表达在翻译及翻译后仍可受到调控

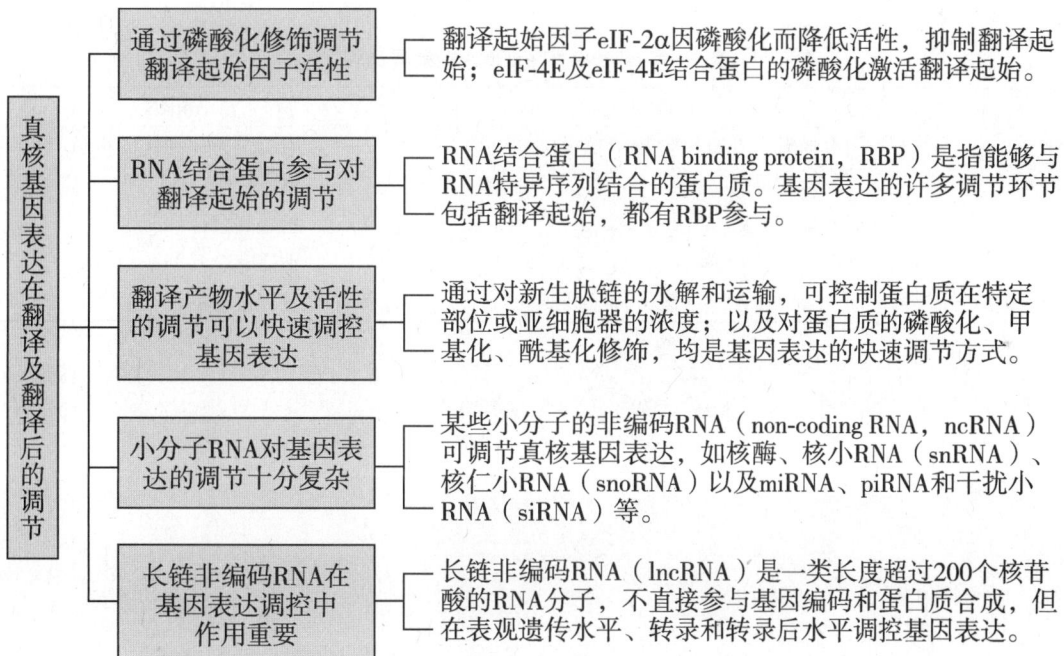

真核基因表达在翻译及翻译后的调节
- 通过磷酸化修饰调节翻译起始因子活性 — 翻译起始因子eIF-2α因磷酸化而降低活性，抑制翻译起始；eIF-4E及eIF-4E结合蛋白的磷酸化激活翻译起始。
- RNA结合蛋白参与对翻译起始的调节 — RNA结合蛋白（RNA binding protein，RBP）是指能够与RNA特异序列结合的蛋白质。基因表达的许多调节环节包括翻译起始，都有RBP参与。
- 翻译产物水平及活性的调节可以快速调控基因表达 — 通过对新生肽链的水解和运输，可控制蛋白质在特定部位或亚细胞器的浓度；以及对蛋白质的磷酸化、甲基化、酰基化修饰，均是基因表达的快速调节方式。
- 小分子RNA对基因表达的调节十分复杂 — 某些小分子的非编码RNA（non-coding RNA，ncRNA）可调节真核基因表达，如核酶、核小RNA（snRNA）、核仁小RNA（snoRNA）以及miRNA、piRNA和干扰小RNA（siRNA）等。
- 长链非编码RNA在基因表达调控中作用重要 — 长链非编码RNA（lncRNA）是一类长度超过200个核苷酸的RNA分子，不直接参与基因编码和蛋白质合成，但在表观遗传水平、转录和转录后水平调控基因表达。

1. 微 RNA（microRNA，miRNA）

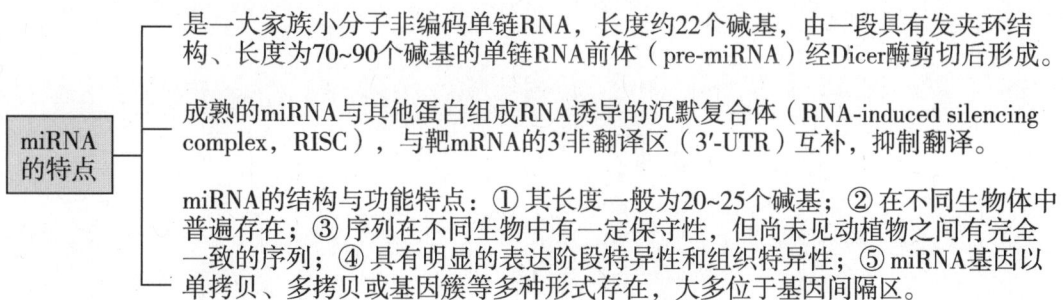

miRNA的特点
- 是一大家族小分子非编码单链RNA，长度约22个碱基，由一段具有发夹环结构、长度为70~90个碱基的单链RNA前体（pre-miRNA）经Dicer酶剪切后形成。
- 成熟的miRNA与其他蛋白组成RNA诱导的沉默复合体（RNA-induced silencing complex，RISC），与靶mRNA的3′非翻译区（3′-UTR）互补，抑制翻译。
- miRNA的结构与功能特点：① 其长度一般为20~25个碱基；② 在不同生物体中普遍存在；③ 序列在不同生物中有一定保守性，但尚未见动植物之间有完全一致的序列；④ 具有明显的表达阶段特异性和组织特异性；⑤ miRNA基因以单拷贝、多拷贝或基因簇等多种形式存在，大多位于基因间隔区。

205

2. 干扰小 RNA（siRNA）

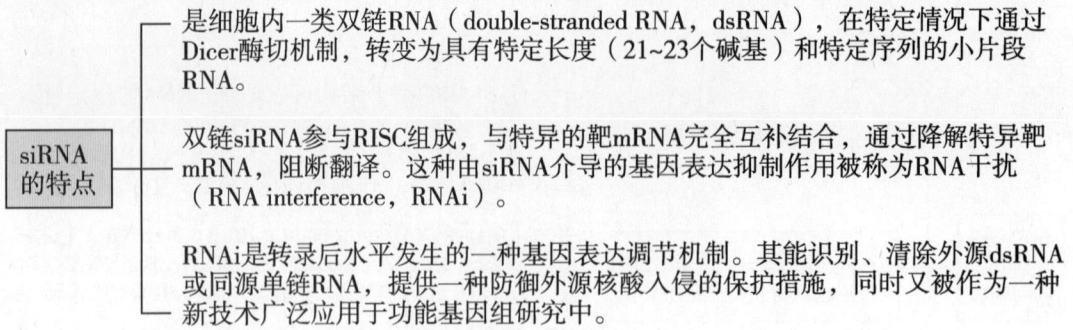

| siRNA 的特点 |

是细胞内一类双链RNA（double-stranded RNA，dsRNA），在特定情况下通过Dicer酶切机制，转变为具有特定长度（21~23个碱基）和特定序列的小片段RNA。

双链siRNA参与RISC组成，与特异的靶mRNA完全互补结合，通过降解特异靶mRNA，阻断翻译。这种由siRNA介导的基因表达抑制作用被称为RNA干扰（RNA interference，RNAi）。

RNAi是转录后水平发生的一种基因表达调节机制。其能识别、清除外源dsRNA或同源单链RNA，提供一种防御外源核酸入侵的保护措施，同时又被作为一种新技术广泛应用于功能基因组研究中。

3. miRNA 和 siRNA 的比较

miRNA和siRNA的共同点

| 均由Dicer酶切割产生的非编码小分子RNA | 长度都在22个碱基左右 | 都与沉默复合物（RISC）形成复合体 | 与mRNA作用而引起基因沉默 |

表 16-4 siRNA 和 miRNA 的差异比较

项目	siRNA	miRNA
前体	内源或外源长双链 RNA 诱导产生	内源发夹环结构的转录产物
结构	双链分子	单链分子
功能	降解 mRNA	阻遏其翻译
靶 mRNA 结合	需完全互补	不需完全互补
生物学效应	抑制转座子活性和病毒感染	发育过程的调节

（喻 红）

第十七章
细胞信号转导的分子机制

细胞通信（cell communication）是指在多细胞生物中，细胞间或细胞内高度精确和高效地发送与接收信息，并通过放大机制引起快速的细胞生理反应的过程。

细胞对来自外界的刺激或信号发生反应，通过细胞内多种分子相互作用引发一系列有序反应，将细胞外信息传递到细胞内，并据以调节细胞代谢、增殖、分化、功能活动和凋亡的过程称为信号转导（signal transduction）。

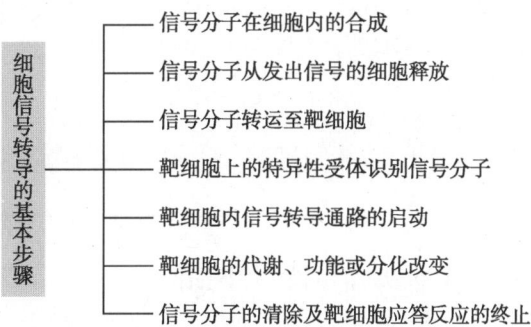

图 17-1　细胞信号转导的基本过程

第一节　细胞信号转导概述

一、细胞外化学信号有可溶性和膜结合性两种形式

表 17-1　可溶性信号分子的分类

	神经分泌	内分泌	旁分泌及自分泌
化学信号	神经递质	激素	细胞因子
作用距离	nm	m	mm
受体位置	膜受体	膜或胞内受体	膜受体
举例	乙酰胆碱、谷氨酸	胰岛素、甲状腺激素、生长激素	表皮生长因子、白细胞介素、神经生长因子

二、细胞经由特异性受体接收细胞外信号

受体（receptor）为细胞膜上或细胞内能特异识别生物活性分子并与之结合，进而引起生物学效应的特殊蛋白质，个别糖脂也具有受体作用。能够与受体特异性结合的分子称为配体（ligand）。配体分为水溶性和脂溶性两类。受体与配体的相互作用高度专一、有很高的亲和力，且具有可饱和性和可逆性，受体的分布和含量具有组织和细胞特异性，并呈现特定的作用模式。

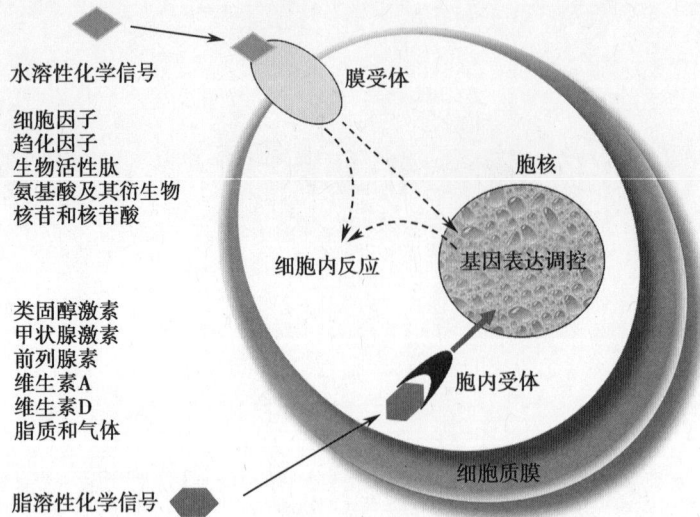

图 17-2 受体分布于细胞膜上或细胞内

表 17-2 三种膜受体的特点

特性	离子通道受体	G 蛋白偶联受体	酶偶联受体
配体	神经递质	神经递质,激素,趋化因子,外源刺激(味、光)	生长因子,细胞因子
结构	蛋白质寡聚体形成的孔道	单体	具有或不具有催化活性的单体
跨膜区段数目	4 个	7 个	1 个
功能	离子通道	激活 G 蛋白	激活蛋白激酶
细胞应答	去极化与超极化	去极化与超极化、调节蛋白质功能和表达水平	调节蛋白质的功能和表达水平,调节细胞分化和增殖

三、细胞内多条信号转导途径形成信号转导网络

由一组特定信号转导分子形成的有序化学变化并导致细胞行为发生改变的过程称为信号转导途径。不同的信号转导途径之间具有广泛的相互作用,形成复杂的信号转导网络。

受体及信号转导分子传递信号的基本方式包括:①改变下游信号转导分子的构象;②改变下游信号转导分子的细胞内定位;③信号转导分子复合物的形成或解聚;④改变小分子信使的细胞内浓度或分布等。

信号转导分子:介导信号在细胞内传递的所有分子
信号转导通路:信号转导过程信号转导分子的排列方式
信号转导网络:信号转导通路交叉联系形成的调控系统

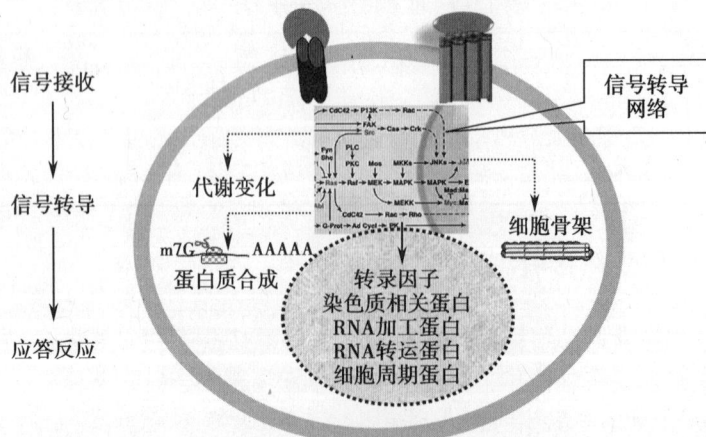

图 17-3 细胞信号转导基本方式示意图

第二节　细胞内信号转导分子

细胞信号转导网络系统的结构基础是一些能传递信号的蛋白质分子和一些小分子活性物质,这些分子统称为信号转导分子(signal transducer),其中小分子活性物质常被称为第二信使(second messenger)。

表 17-3　细胞内信号转导分子(细胞内信使)

小分子信使(第二信使)	蛋白质分子信使
肌醇 -1,4,5- 三磷酸(IP$_3$)	GTP 结合蛋白
甘油二酯(DAG)	蛋白激酶、蛋白磷酸酶
Ca^{2+}	转录因子
环腺苷酸(cAMP)、环鸟苷酸(cGMP)	衔接蛋白
NO、CO、H$_2$S	支架蛋白
神经酰胺	
花生四烯酸	

IP$_3$: inositol-1,4,5-triphosphate; DAG: diacylglycerol; cAMP: cyclic AMP; cGMP: cyclic GMP

一、第二信使结合并激活下游信号转导分子

细胞内第二信使具有以下共同特点:①在完整细胞中,其浓度或分布可在细胞外信号的作用下发生迅速改变;②该分子类似物可模拟细胞外信号的作用;③阻断该分子的变化可阻断细胞对外源信号的反应;④作为别构效应剂在细胞内有特定的靶蛋白分子。

小分子信使及其代谢酶

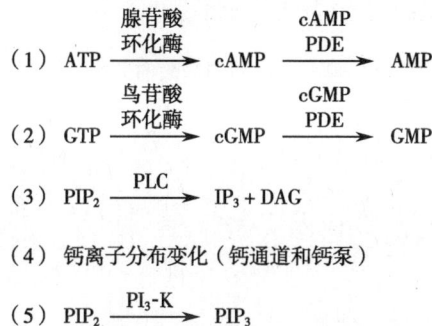

$$(1)\ ATP \xrightarrow{\text{腺苷酸环化酶}} cAMP \xrightarrow[PDE]{cAMP} AMP$$

$$(2)\ GTP \xrightarrow{\text{鸟苷酸环化酶}} cGMP \xrightarrow[PDE]{cGMP} GMP$$

$$(3)\ PIP_2 \xrightarrow{PLC} IP_3 + DAG$$

(4)钙离子分布变化(钙通道和钙泵)

$$(5)\ PIP_2 \xrightarrow{PI3-K} PIP_3$$

图 17-4　细胞内主要第二信使的代谢

PDE: phosphodiesterase,磷酸二酯酶;PIP$_2$: phosphatidyalinosital-4,5-diphosphate,磷脂酰肌醇 -4,5,- 二磷酸;PLC: phospholipase C,磷脂酶 C;PI3-K: phosphatidyalinosital-3-kinase,磷脂酰肌醇 3 激酶;PIP$_3$: phosphatidyalinosital-3,4,5-triphosphate,磷脂酰肌醇 -3,4,5,- 三磷酸

表 17-4　细胞内主要的第二信使及其作用

名称	细胞内浓度调节	代表性靶分子	参与调节的生理功能举例
cAMP	AC 催化生成;cAMP 依赖性 PDE 催化水解	PKA,离子通道	代谢、转录、味觉、嗅觉
cGMP	GC 催化生成;cGMP 依赖性 PDE 催化水解	PKG	心肌及平滑肌收缩
IP$_3$	PLC 催化生成	IP$_3$ 受体(细胞内钙离子通道)	同 Ca^{2+}
DAG	PLC 催化生成	PKC	转录、细胞骨架、细胞增殖

名称	细胞内浓度调节	代表性靶分子	参与调节的生理功能举例
Ca^{2+}	钙通道开放导致细胞质 Ca^{2+} 增加；钙泵	PKC、钙调蛋白	转录、细胞骨架、细胞增殖
PIP_3	PI3-K 催化生成	PKB	代谢、细胞黏附、细胞凋亡
NO	NOS 催化生成	GC、细胞色素	心肌及平滑肌收缩、氧化应激

AC: adenylate cyclase，腺苷酸环化酶；GC: guanylate cyclase，鸟苷酸环化酶；PK: protein kinase，蛋白激酶；NOS: nitric oxide synthase，NO 合酶

二、蛋白质作为细胞内信号转导分子

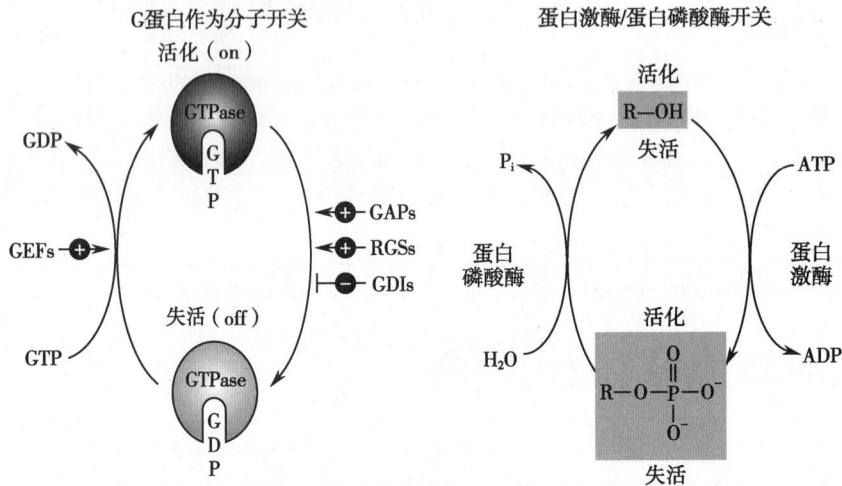

图 17-5　细胞内的重要分子开关

GEF: guanine nucleotide exchange factor，鸟苷酸交换因子；GAP: GTPase activating protein，GTP 酶活化蛋白；RGS: regulators of G-protein signaling，G 蛋白信号调节蛋白；GDI: guanine nucleotide dissociation inhibitor，鸟苷酸解离抑制因子

（一）蛋白激酶 / 蛋白磷酸酶是信号途径的开关分子

表 17-5　蛋白激酶的分类

激酶	磷酸基团的受体
蛋白质丝 / 苏氨酸激酶	丝 / 苏氨酸羟基
蛋白质酪氨酸激酶	酪氨酸的酚羟基
蛋白质组 / 赖 / 精氨酸激酶	咪唑环、胍基、ε- 氨基
蛋白质半胱氨酸激酶	巯基
蛋白质天冬 / 谷氨酸激酶	酰基

表 17-6　细胞内重要的蛋白激酶举例

种类	亚类及名称	上游活性调节分子	重要底物	生理及病理作用
蛋白质丝 / 苏氨酸激酶	PKA	cAMP	糖原合酶、转录因子 CREB	糖代谢、脂质代谢、转录
	PKB	PIP_3	糖原合酶激酶、caspase 9	代谢、细胞黏附、细胞凋亡
	PKC	DAG、Ca^{2+}	转录因子 c-Fos、质膜的 Ca^{2+} 通道	转录、细胞骨架、细胞增殖
	PKG	cGMP	肌球蛋白、NOS	心肌及平滑肌收缩
	CaM-PK	Ca^{2+}-CaM	AC、NOS	肌收缩、应激

种类	亚类及名称		上游活性调节分子	重要底物	生理及病理作用
蛋白质丝/苏氨酸激酶	MAPK 级联		Ras	转录因子 c-Fos、c-Jun	细胞增殖、炎症及其他应激反应
	CDK		细胞周期素		细胞周期调控
	TGFβ 受体		TGFβ	Smad	细胞增殖、分化
蛋白质酪氨酸激酶	受体型 PTK、EGFR、InsR 等		EGF、胰岛素等	自身磷酸化、IRS-1 等	细胞增殖、分化
	细胞质内 PTK	Src、Lyn、Fyn 等	受体活化	TCR、BCR	细胞活化
		Syk、ZAP70 等	受体活化		细胞活化
		JAK 家族	受体活化	STAT	细胞活化
		Btk、Tec 等			细胞活化
	细胞核内 PTK、Abl 等				细胞周期调节

MAPK：mitogen activated protein kinase，丝裂原激活的蛋白激酶；CDK：cyclin dependent kinase，细胞周期素依赖性蛋白激酶；PTK：protein tyrosine kinase，蛋白质酪氨酸激酶；CaM：calmodulin，钙调蛋白；STAT：signal transducer and activator of transcription，信号转导子和转录活化子；TGF：transforming growth factor，转化生长因子；EGF：Epidermal growth factor，表皮生长因子；CREB：cAMP responsive element-binding protein，环磷腺苷效应元件结合蛋白；TCR：T cell receptor，T 细胞受体；BCR：B cell receptor，B 细胞受体；IRS：insulin receptor substrate，胰岛素受体底物

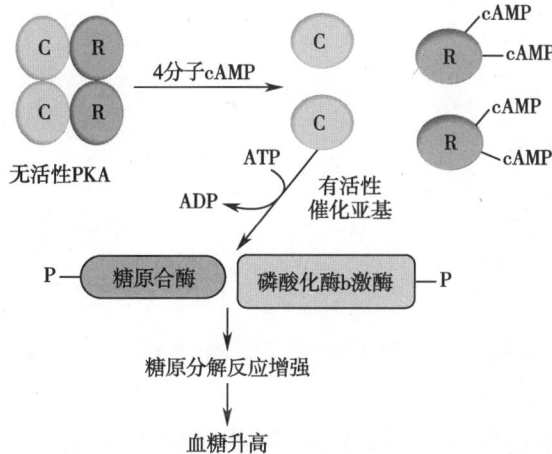

图 17-6 蛋白激酶（以 PKA 为例）作为第二信使的靶分子被激活

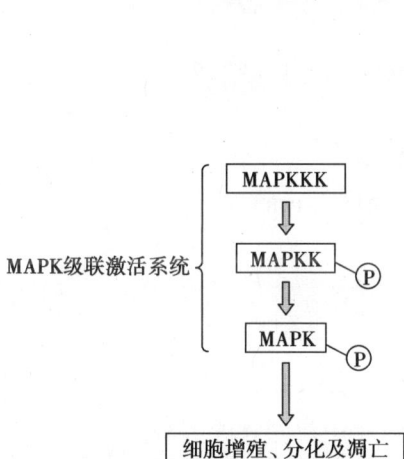

图 17-7 蛋白激酶 MAPK 经级联磷酸化而激活

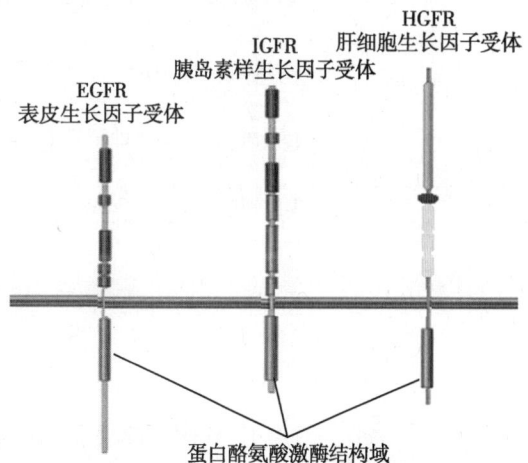

图 17-8 部分受体型 PTK 结构示意图

表 17-7　非受体型 PTK 的主要作用

基因家族名称	举例	细胞内定位	主要功能
Src 家族	Src、Fyn、Lck、Lyn 等	常与受体结合存在于质膜内侧	接受受体传递的信号发生磷酸化而激活,通过催化底物的酪氨酸磷酸化向下游传递信号
ZAP70 家族	ZAP70、Syk	与受体结合存在于质膜内侧	接受 T 或 B 淋巴细胞抗原受体的信号
Tec 家族	Btk、Itk、Tec 等	存在于细胞质	位于 ZAP70 和 Src 家族下游接受 T 或 B 淋巴细胞抗原受体的信号
JAK 家族	JAK1、JAK2、JAK3 等	与一些白细胞介素受体结合存在于质膜内侧	介导白细胞介素受体活化信号
核内 PTK	Abl、Wee	细胞核	参与转录过程或细胞周期的调节

（二）G 蛋白的 GTP/GDP 结合状态决定信号途径的开关

鸟苷酸结合蛋白（guanine nucleotide binding protein，G protein）简称 G 蛋白，亦称 GTP 结合蛋白。G 蛋白的共同特点是结合的核苷酸为 GTP 时处于活化形式，作用于下游分子使相应信号途径开放；这些 G 蛋白自身均具有 GTP 酶活性，可将结合的 GTP 水解为 GDP，回到非活化状态，使信号途径关闭。目前已知的 G 蛋白主要有 αβγ 三聚体 G 蛋白和低分子量 G 蛋白两大类。

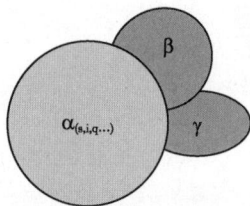

图 17-9　与 G 蛋白偶联受体相结合的 αβγ 三聚体 G 蛋白

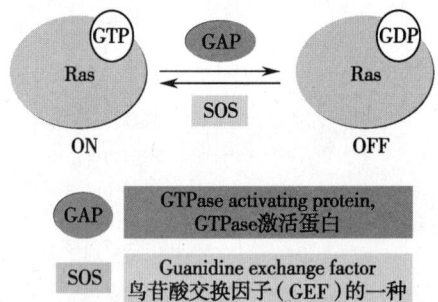

图 17-10　低分子量 G 蛋白 Ras 的活化及其调控因子

（三）蛋白质相互作用结构域介导信号转导途径中蛋白质的相互作用

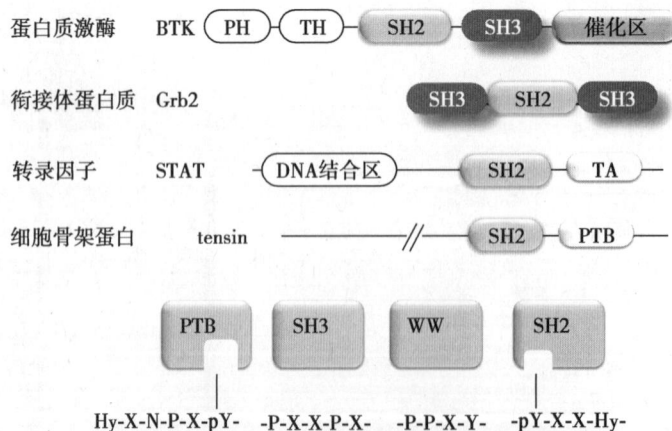

图 17-11　信号转导分子中蛋白质相互作用结构域的分布及作用

图上方为蛋白质相互作用结构域在四个不同种类蛋白质中的分布，下方为几种结构域可识别和结合的结构

表 17-8　蛋白质相互作用结构域及其识别模体举例

蛋白质相互作用结构域	缩写	存在分子种类	识别模体
Src homology 2	SH2	蛋白激酶、磷酸酶、衔接蛋白等	含磷酸化酪氨酸模体
Src homology 3	SH3	衔接蛋白、磷脂酶、蛋白激酶等	富含脯氨酸模体
pleckstrin homology	PH	蛋白激酶、细胞骨架调节分子等	磷脂衍生物
protein tyrosine binding	PTB	蛋白激酶、衔接蛋白等	含磷酸化酪氨酸模体

（四）衔接蛋白和支架蛋白连接信号途径与网络

> 衔接蛋白（adaptor protein）连接上游信号转导分子与下游信号转导分子；支架蛋白（scaffold protein）可同时结合多个位于同一信号转导途径中的转导分子。

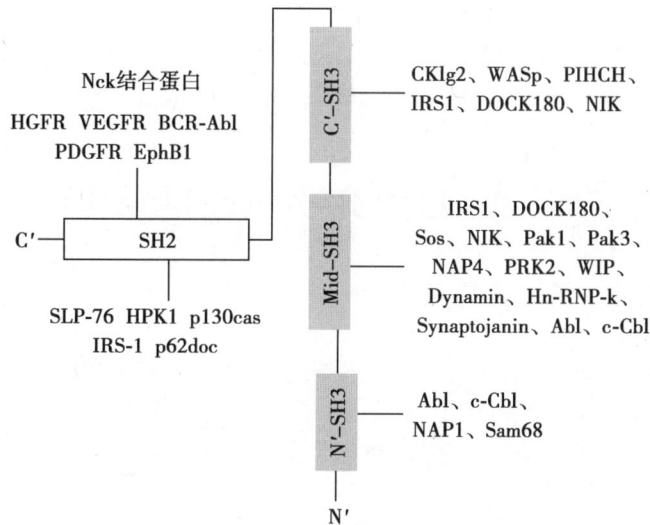

图 17-12　衔接蛋白的结构和作用示意图

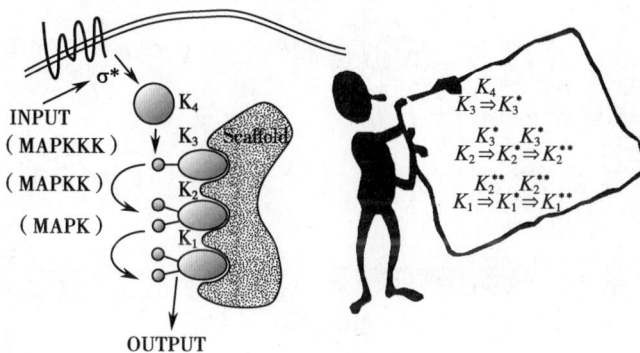

图 17-13　支架蛋白的结构和作用示意图

（五）许多转录因子参与信号转导及应答

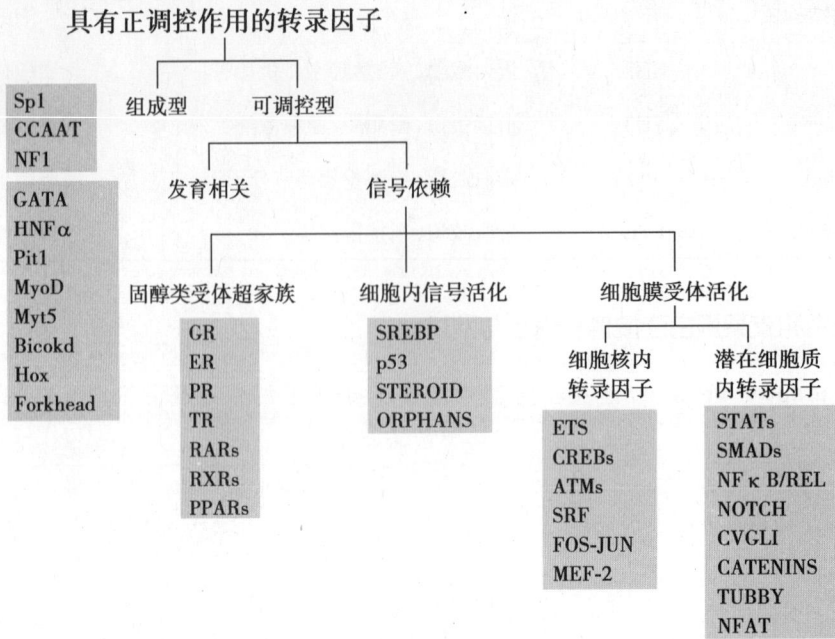

图 17-14 转录因子的分类

第三节 细胞受体介导的细胞内信号转导

一、细胞内受体通过分子迁移传送信号

细胞内受体多为转录因子。当脂溶性配体进入细胞后，有些可与其位于胞核内的受体相结合形成配体-受体复合物；有些则先与其在胞质内的受体结合，然后以配体-受体复合物的形式穿过核孔进入核内。总之，被配体活化的胞内受体通常最终都要与 DNA 的顺式作用元件结合，在转录水平调节基因表达。脂溶性激素的受体所结合的 DNA 顺式作用元件，称为激素反应元件（hormone response element，HRE）。

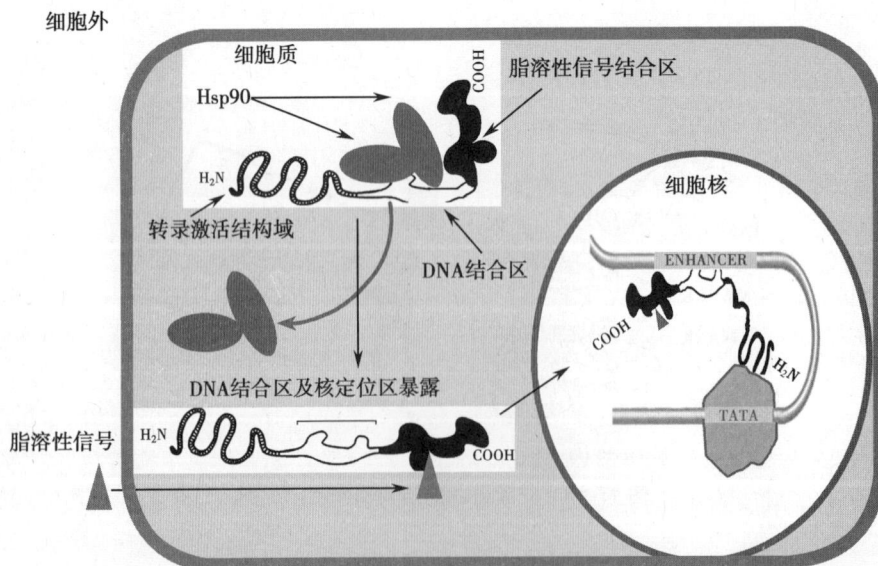

图 17-15 细胞内受体结构及作用机制示意图

表 17-9　激素反应元件举例

激素举例	受体所识别的 DNA 特征序列
肾上腺皮质激素	5′-AGAACAXXXTGTTCT-3′ 3′-TCTTGTXXXACAAGA-5′
雌激素	5′-AGGTCAXXXTGACCT-3′ 3′-TCCAGTXXXACTGGA-5′
甲状腺激素	5′-AGGTCATGACCT-3′ 3′-TCCAGTACTGGA-5′

二、离子通道型受体将化学信号转变为电信号

离子通道型受体是一类自身为离子通道的受体。这种离子通道与受电位控制的离子通道不同，它们的开放或关闭直接受化学配体的控制，称为配体门控受体型离子通道（ligand-gated receptor channel），这些化学配体主要为神经递质。

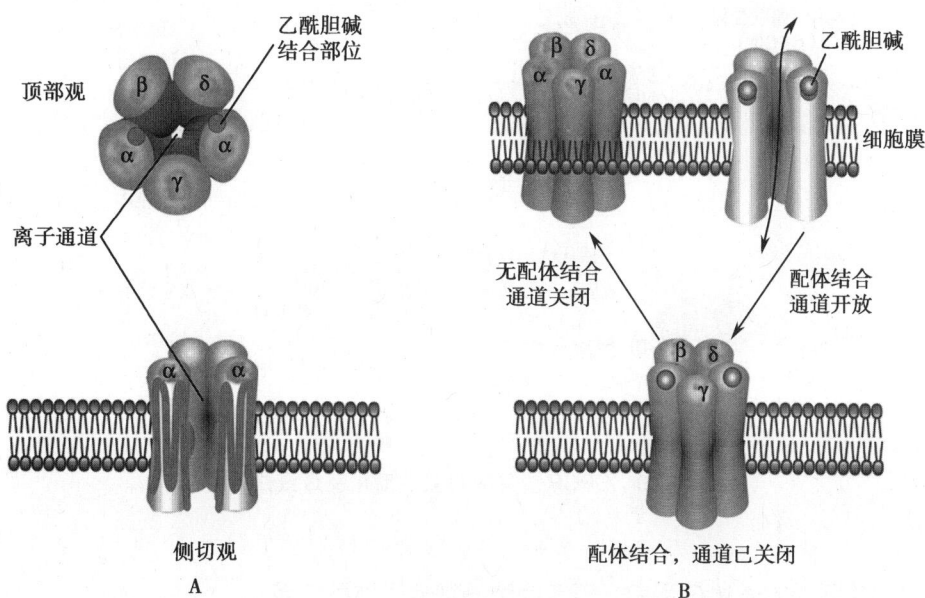

图 17-16　N 型乙酰胆碱受体的结构与功能模式图

三、G 蛋白偶联受体通过 G 蛋白和小分子信使介导信号转导

G 蛋白偶联受体（G protein coupled receptor，GPCR）又称七次跨膜受体，该类受体的胞内部分与前已述及的 αβγ 三聚体 G 蛋白相结合，而且受体信号转导的第一步反应都是活化 G 蛋白。该类受体接收包括多种神经递质、肽类激素、趋化因子等化学信号。

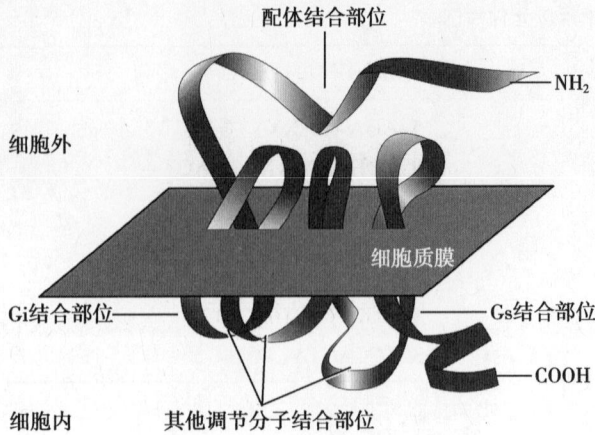

图 17-17　GPCR 的基本结构

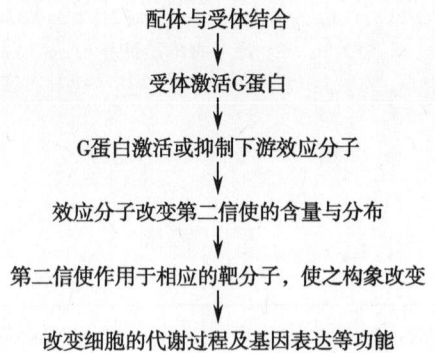

配体与受体结合

受体激活G蛋白

G蛋白激活或抑制下游效应分子

效应分子改变第二信使的含量与分布

第二信使作用于相应的靶分子，使之构象改变

改变细胞的代谢过程及基因表达等功能

图 17-18　GPCR 介导的信号转导的基本模式

（一）G 蛋白的活化启动信号转导

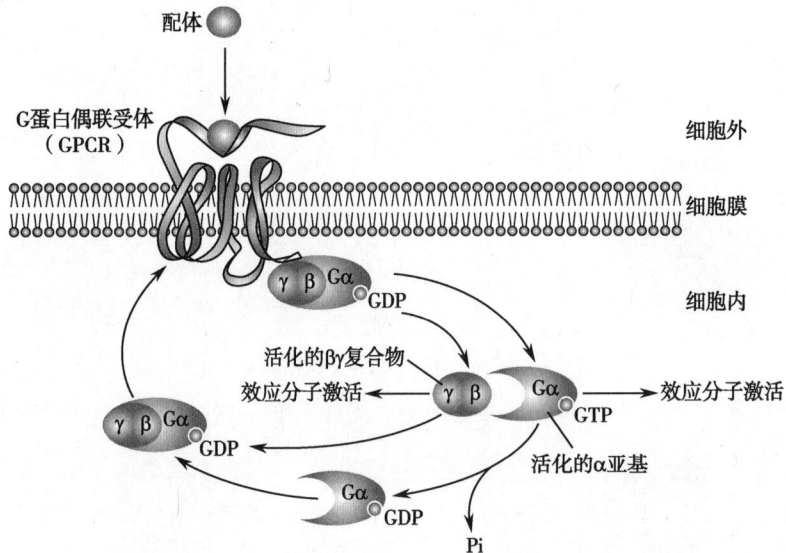

图 17-19　GPCR 介导的 G 蛋白活化及 G 蛋白循环

（二）G 蛋白偶联受体通过 G 蛋白—第二信使—靶分子发挥作用

表 17-10　哺乳类动物细胞中的 Gα 亚基种类及效应

Gα 种类	效应	产生的第二信使	第二信使的靶分子
α_s	AC 活化↑	cAMP↑	PKA 活性↑
α_i	AC 活化↓	cAMP↓	PKA 活性↓
α_q	PLC 活化↑	Ca^{2+}、IP_3、DAG↑	PKC 活性↑
α_t	cGMP-PDE 活性↑	cGMP↓	Na^+ 通道关闭

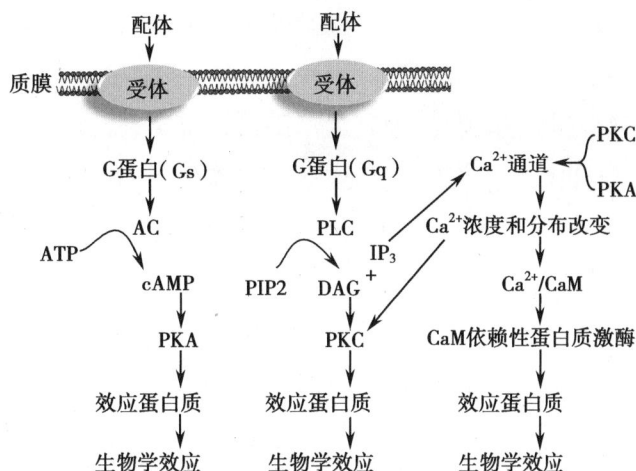

图 17-20　GPCR 介导的信号转导

表 17-11　利用 AC—cAMP—PKA 途径转导信号的部分化学信号

促肾上腺皮质激素	组织胺（H₂ 受体）	前列腺素 E1, E2
促肾上腺皮质素释放素	促黄体素	5- 羟色胺（1a）、5- 羟色胺（2）
多巴胺	促黑细胞激素（MSH）	促生长素抑制素
肾上腺素	嗅觉分子	味觉分子
胰高血糖素	甲状旁腺激素	

表 17-12　利用 PLC-IP3/DAG—PKC 途径转导信号的部分化学信号

乙酰胆碱	光（果蝇）	5- 羟色胺
ATP	促胃泌素释放肽	促甲状腺素释放素
肾上腺素能激动剂	谷氨酸	抗利尿激素
血管肾张素Ⅱ	促性腺素释放激素	组织胺（H₁ 受体）

四、酶偶联受体主要通过蛋白质修饰或相互作用传递信号

酶偶联受体通常为单跨膜受体，大多为糖蛋白，其信号转导的共同特征是需要直接依赖酶的催化作用作为信号传递的第一步反应。

表 17-13　具有各种催化活性的受体

英文名	中文名	举例
receptor tyrosine kinase（RTK）	受体型酪氨酸激酶	EGFR、Ins-R 等
tyrosine kinase-coupled receptor（TKCR）	酪氨酸激酶偶联受体	IFN-R、IL-R、T 细胞抗原受体等
receptor tyrosine phosphatase（RTP）	受体型酪氨酸磷酸酶	CD45
receptor serine/threonine kinase（RSTK）	受体型丝 / 苏氨酸激酶	TGFβR、骨形成蛋白受体等
receptor guanylate cyclase（RGC）	受体型鸟苷酸环化酶	心房钠尿肽受体、NO/CO 受体等

EGFR: epidermal growth factor，表皮生长因子受体；Ins-R: insulin receptor，胰岛素受体；IFN-R: interferon receptor，干扰素受体；IL-R: interleukin receptor，白细胞介素受体；TGFβR: transforming growth factor β receptor，转化生长因子 β 受体

（一）MAPK途径的主要特点是具有MAPK的级联反应

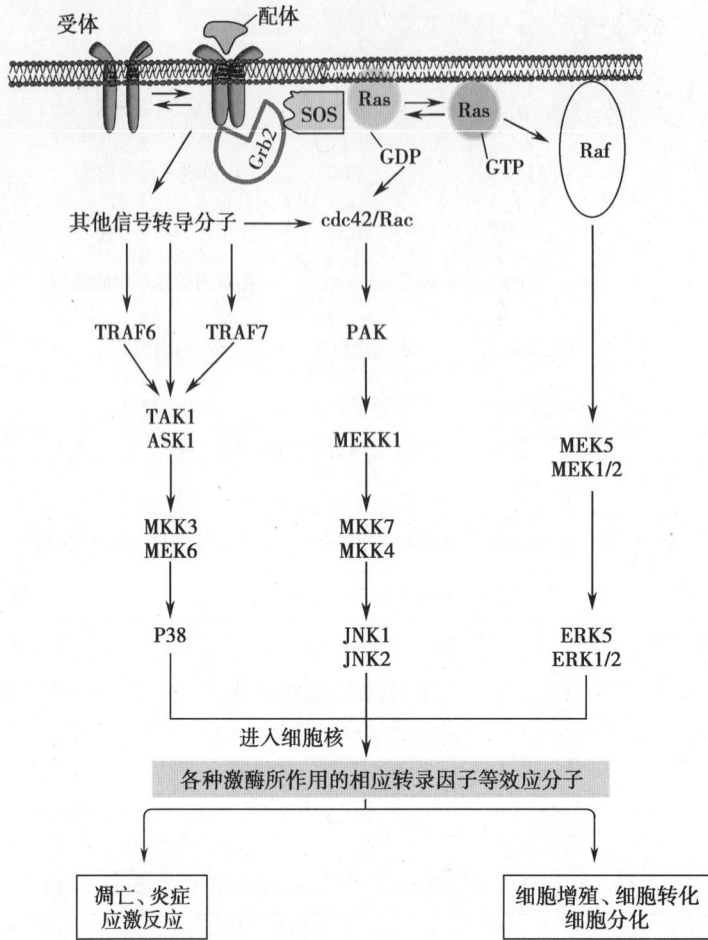

图 17-21　RTK 介导的主要的 MAPK 信号转导途径

Ras-MAPK 途径是 EGFR 的主要信号途径之一（图 17-22）。

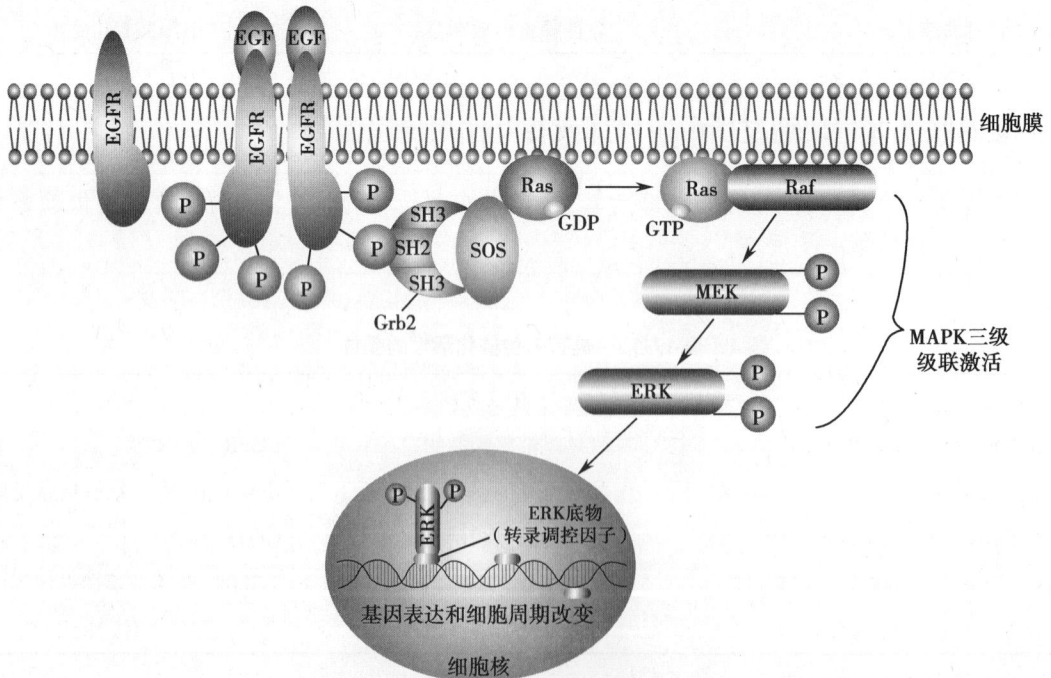

图 17-22　EGFR 介导的信号转导途径

（二）JAK-STAT 途径转导白细胞介素受体信号

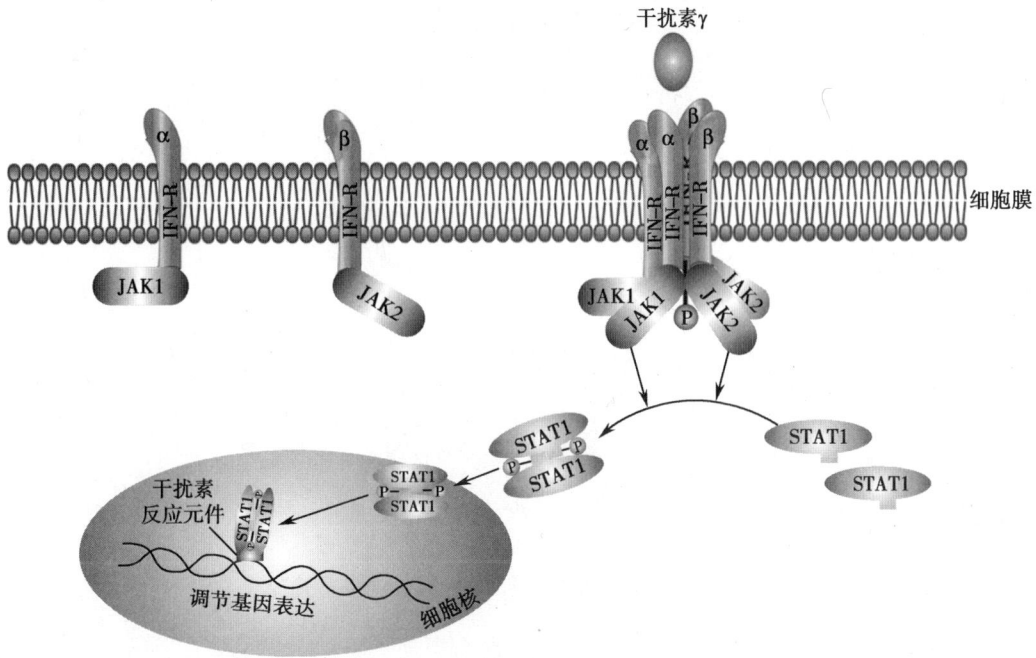

图 17-23　JAK-STAT 信号转导途径

（三）NF-κB 是重要的炎症和应激反应信号转导分子

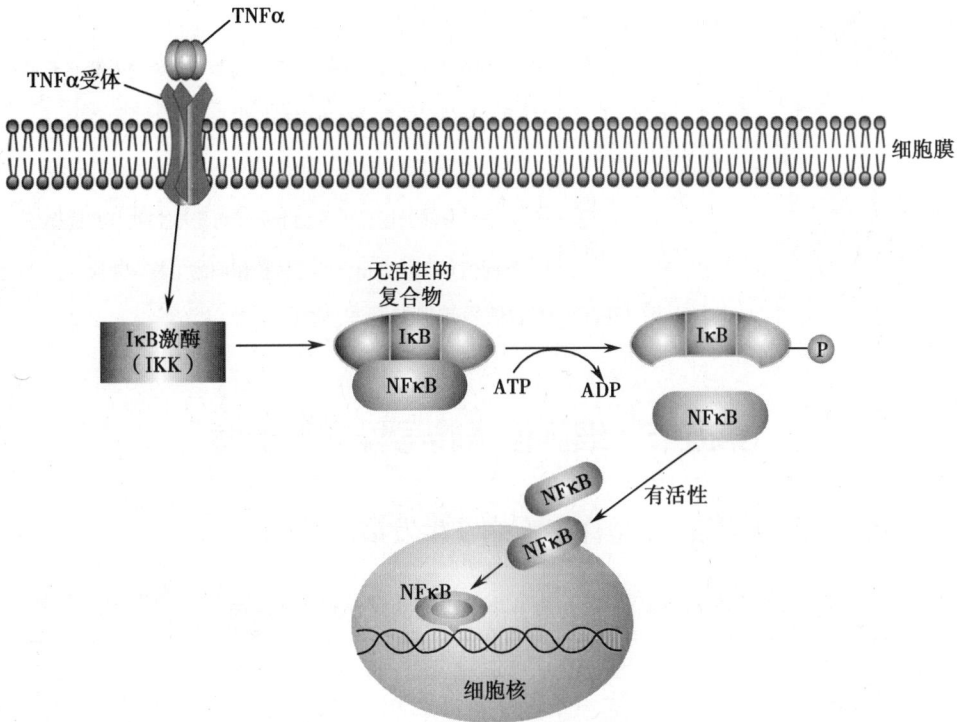

图 17-24　NF-κB 信号转导途径

（四）TGFβ受体是蛋白质丝/苏氨酸激酶

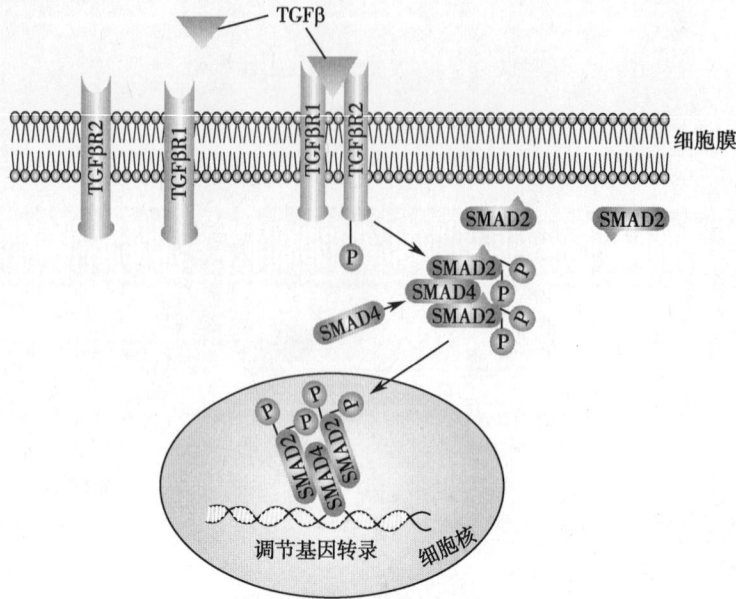

图 17-25　TGFβ 受体介导的 SMAD 信号转导途径

第四节　细胞信号转导的基本规律

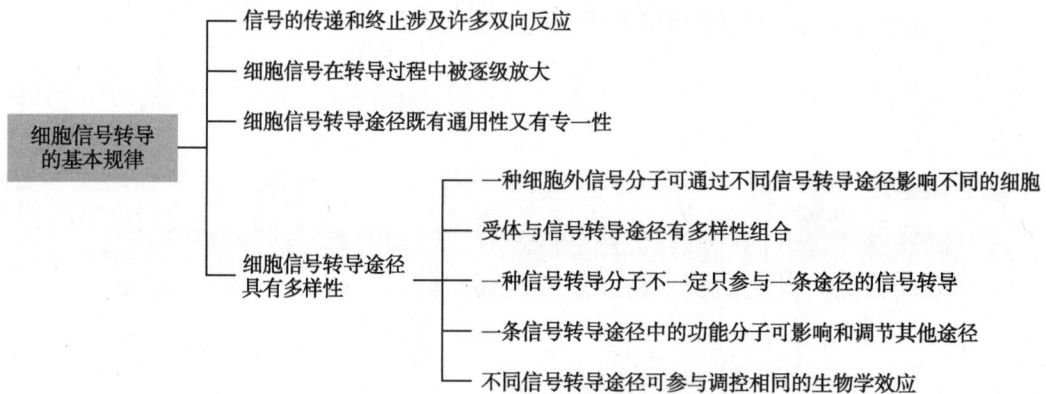

图 17-26　细胞信号转导的基本规律

第五节　细胞信号转导异常与疾病

一、信号转导分子的结构改变是许多疾病发生发展的基础

表 17-14　信号转导分子发生功能异常的可能原因

原因	表型变化
信号转导分子自身的基因突变 基因编码区或调控区 错义突变或缺失突变 生殖细胞（遗传性）或体细胞（非遗传性）	**mRNA 异常**：mRNA 水平较正常低或高、mRNA 大小异常、mRNA 稳定性降低或升高 **蛋白质构象改变**：活性升高或降低、细胞内定位改变、相互作用分子变化、调节方式变化、稳定性增强或下降

续表

原因	表型变化
特异性转录调控因子的异常	mRNA 水平较正常低或高
调控因子的异常	活性升高或降低、细胞内定位改变、相互作用分子变化、调节方式变化、稳定性增强或下降

表 17-15　细胞信号转导中的分子异常种类

信号转导分子种类	功能变化
受体	受体数目的增加、减少或缺如；受体结构异常导致亲和力下降或增强；基因突变导致异常受体产生
细胞内信号转导分子 各种蛋白激酶、蛋白磷酸酶、接头蛋白、GTP 结合蛋白、转录因子、细胞骨架蛋白等	活性升高或降低、细胞内定位改变、相互作用分子变化、调节方式变化、稳定性增强或下降
细胞效应相关分子 能量代谢酶类、细胞周期调节因子、核酸和蛋白质合成体系分子、细胞存活与凋亡调节和效应分子、离子通道	活性升高或降低、细胞内定位改变、相互作用分子变化、调节方式变化、稳定性增强或下降

表 17-16　受体异常所致疾病举例

疾病种类	累及的受体
遗传性受体病	
非胰岛素依赖型糖尿病（基因突变型）	胰岛素受体
侏儒症	生长激素受体
维生素 D_3 抵抗性佝偻病	1, 25- 二羟维生素 D_3 受体
甲状腺激素抵抗症	甲状腺激素受体
糖皮质激素抵抗症	糖皮质激素受体
假性黄体功能不全	孕酮受体
自身免疫性受体病	
B 型胰岛素抵抗症	胰岛素受体
重症肌无力	乙酰胆碱受体
甲状腺功能亢进症（Graves 病）	促甲状腺激素受体
甲状腺功能低下症	促甲状腺激素受体
原发性慢性肾上腺皮质功能减退症（Addison 病）	促肾上腺皮质激素受体
恶性贫血	促胃液素受体
其他受体疾病	
单纯性肥胖症	胰岛素受体
非胰岛素依赖型糖尿病	胰岛素受体
帕金森病	多巴胺受体
阿尔茨海默症（Alzheimer 症）	胰岛素受体、5- 羟色胺受体、多巴胺 D_2 受体
新生儿呼吸窘迫综合征	糖皮质激素受体
精神分裂症	多巴胺 D_2 受体
心功能衰竭	β_2、α_1、β_1 肾上腺素能受体
肾上腺皮质功能亢进症（Cushing 病）	糖皮质激素受体
应激与休克	糖皮质激素受体、肾上腺素能受体、乙酰胆碱受体、阿片受体、P 物质受体、TNF 受体、IL-1β 受体

表 17-17 部分 GNAS1（G 蛋白编码基因）突变所导致的疾病

疾病名称	$G_{\alpha s}$ 变化	GNAS1 突变类型
Albright 遗传性骨发育不全	$G_{\alpha s}$ 活性降低	R258W、R258A、L99P、S250R；N 端缺失突变，移码突变、提前终止等
生长激素分泌过剩型垂体瘤	$G_{\alpha s}$ 活性升高	R201H、Q227R、R201C
Mccune-Albright 综合征	$G_{\alpha s}$ 活性升高	R201H
ACTH 分泌过剩型垂体瘤	$G_{\alpha s}$ 活性升高	Q227R、Q227H、R201S

二、细胞信号转导分子是重要的药物作用靶位

表 17-18 非选择性信号转导药物举例

靶分子	化合物
Ras	L-744832，Ras^{Asn17} 显性
PI3-K	wortmannin
MEK/MKK1	PD098059
Cdk2	Olomoucine
Cdc2	丁内酯 1，L86-8275
PKC	苔藓抑素（bryostatin）
$Pp60^{c-src}$	PPI

表 17-19 选择性信号转导药物举例

靶分子	化合物
EGFR	PD153035、DAPH1、RG13022、AG1478、抗体
HER-2/neu	AG879 类似物、抗 HER-2 抗体
雌激素受体	他莫昔芬，IC1182780
PD-1	抗体
$P210^{bcr-abl}$	伊马替尼、尼罗替尼
PDGFR	AG1295/6、CGP53716、AG490
JAK2	AG1112、AG957

（何凤田）

第十八章
血液的生物化学

血液（blood）（图 18-1）是流动于心血管系统内的液体组织，主要发挥运输物质的作用。

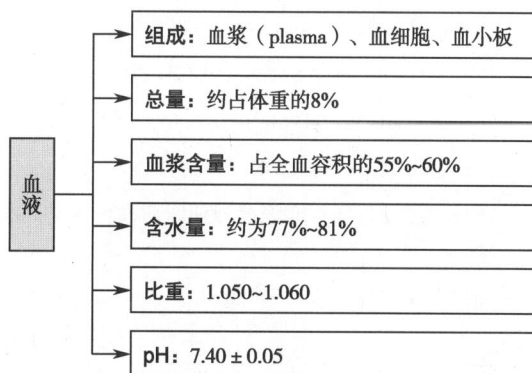

图 18-1　血液的性质

血液凝固后析出淡黄色透明液体，称作血清（serum）。

血浆的固体成分可分为无机物和有机物两大类（图 18-2）。

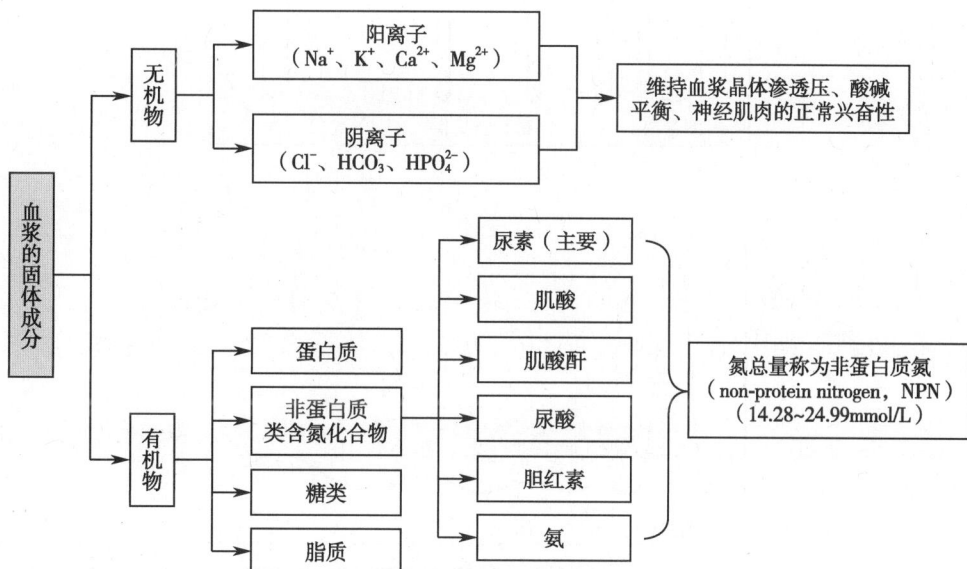

图 18-2　血浆的固体成分

第一节　血浆蛋白质

一、血浆蛋白质的分类与性质

人血浆中蛋白质总浓度为 $70\sim75$g/L。血浆蛋白质既有单纯蛋白质又有结合蛋白质,如糖蛋白和脂蛋白,血浆中还有几千种抗体。

(一)血浆蛋白质的分类

1. 血浆蛋白质按功能分类

表 18-1　血浆蛋白质按功能分类

种类	血浆蛋白质
凝血系统蛋白质	12 种凝血因子(除 Ca^{2+} 外)
纤溶系统蛋白质	纤溶酶原、纤溶酶、激活剂及抑制剂等
补体系统蛋白质	C1、C2、C3、C4、C5、C6、C7、C8、C9
免疫球蛋白	IgG、IgA、IgM、IgD、IgE
脂蛋白	CM、VLDL、LDL、HDL
血浆蛋白酶抑制剂	酶原激活抑制剂、血液凝固抑制剂、纤溶酶抑制剂、激肽释放抑制剂、内源性蛋白酶及其他蛋白酶抑制剂
载体蛋白	清蛋白、运铁蛋白、铜蓝蛋白
未知功能的血浆蛋白质	

2. 血浆蛋白质按分离方法分类　电泳是最常用的分离蛋白质的方法。以 pH 8.6 的巴比妥溶液作缓冲液,可将血浆蛋白质分成 5 条区带:清蛋白(albumin,又称白蛋白)、α_1 球蛋白(globulin)、α_2 球蛋白、β 球蛋白和 γ 球蛋白(图 18-3、表 18-2)。

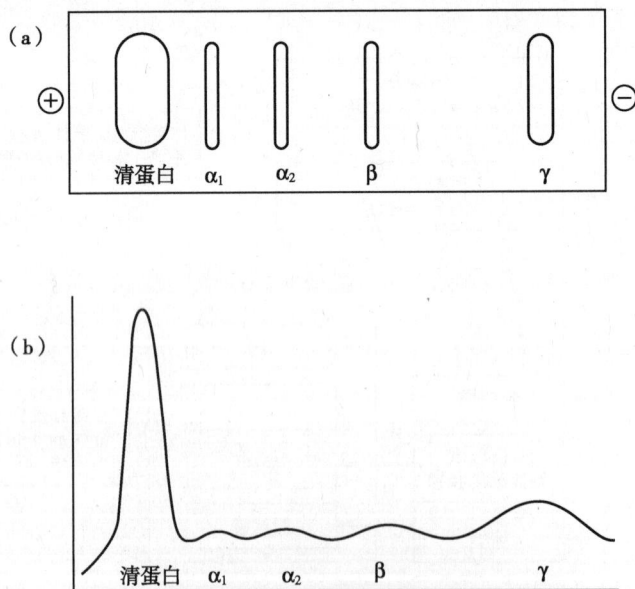

图 18-3　血浆蛋白质的醋酸纤维素薄膜电泳图谱
(a)染色后的图谱;(b)光密度扫描后的电泳峰

表 18-2　血浆蛋白质的种类、生成部位、主要功能和正常含量

血浆蛋白质种类	生成部位	主要功能	正常含量 /（g/100ml 血浆）
清蛋白	肝	维持血浆渗透压、运输	3.8～4.8
α 球蛋白	主要在肝	营养运输	1.5～3.0
α₁ 球蛋白			
α₂ 球蛋白			
β 球蛋白	大部分在肝	运输	
γ 球蛋白	主要在肝外	免疫	
纤维蛋白原	肝	凝血	0.2～0.4

（二）血浆蛋白质的性质

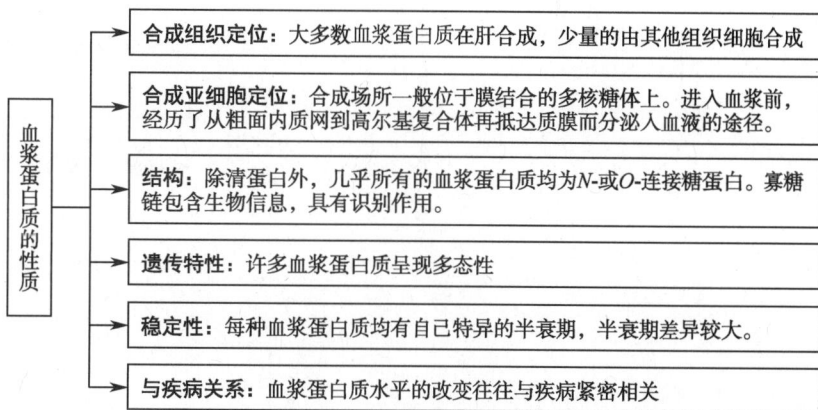

血浆蛋白质的性质
- **合成组织定位**：大多数血浆蛋白质在肝合成，少量的由其他组织细胞合成
- **合成亚细胞定位**：合成场所一般位于膜结合的多核糖体上。进入血浆前，经历了从粗面内质网到高尔基复合体再抵达质膜而分泌入血液的途径。
- **结构**：除清蛋白外，几乎所有的血浆蛋白质均为N-或O-连接糖蛋白。寡糖链包含生物信息，具有识别作用。
- **遗传特性**：许多血浆蛋白质呈现多态性
- **稳定性**：每种血浆蛋白质均有自己特异的半衰期，半衰期差异较大。
- **与疾病关系**：血浆蛋白质水平的改变往往与疾病紧密相关

图 18-4　血浆蛋白质的性质

二、血浆蛋白质功能

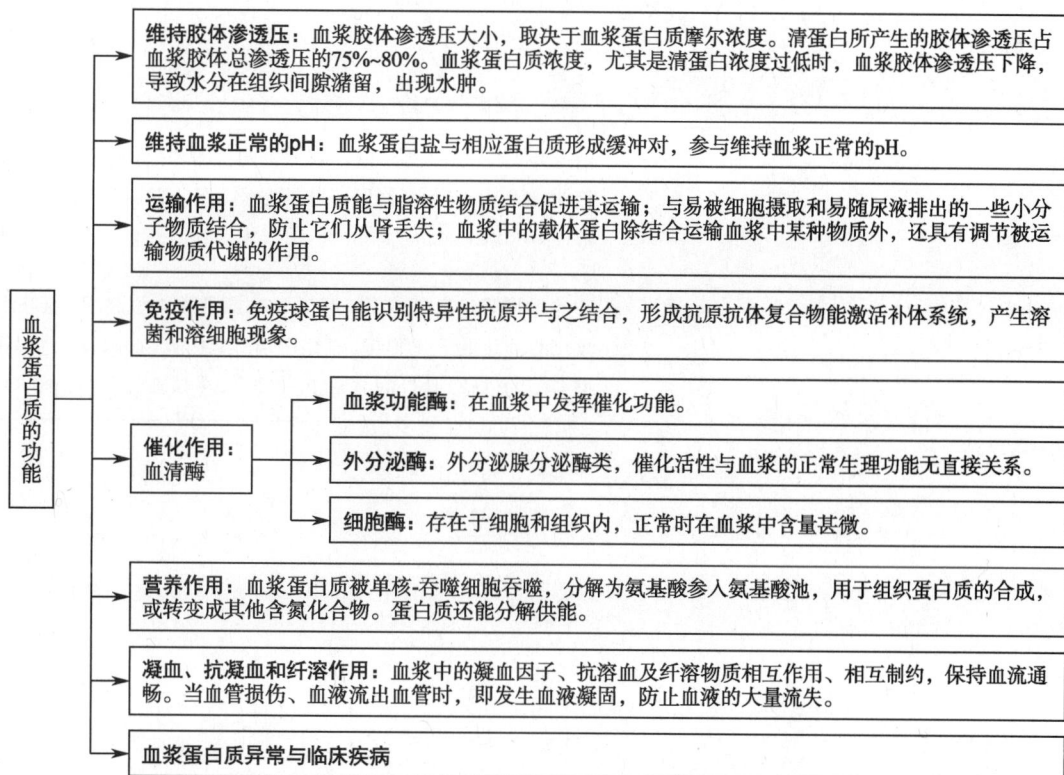

血浆蛋白质的功能
- **维持胶体渗透压**：血浆胶体渗透压大小，取决于血浆蛋白质摩尔浓度。清蛋白所产生的胶体渗透压占血浆胶体总渗透压的75%~80%。血浆蛋白质浓度，尤其是清蛋白浓度过低时，血浆胶体渗透压下降，导致水分在组织间隙潴留，出现水肿。
- **维持血浆正常的pH**：血浆蛋白盐与相应蛋白质形成缓冲对，参与维持血浆正常的pH。
- **运输作用**：血浆蛋白质能与脂溶性物质结合促进其运输；与易被细胞摄取和易随尿液排出的一些小分子物质结合，防止它们从肾丢失；血浆中的载体蛋白除结合运输血浆中某种物质外，还具有调节被运输物质代谢的作用。
- **免疫作用**：免疫球蛋白能识别特异性抗原并与之结合，形成抗原抗体复合物能激活补体系统，产生溶菌和溶细胞现象。
- **催化作用**：血清酶
  - **血浆功能酶**：在血浆中发挥催化功能。
  - **外分泌酶**：外分泌腺分泌酶类，催化活性与血浆的正常生理功能无直接关系。
  - **细胞酶**：存在于细胞和组织内，正常时在血浆中含量甚微。
- **营养作用**：血浆蛋白质被单核-吞噬细胞吞噬，分解为氨基酸参入氨基酸池，用于组织蛋白质的合成，或转变成其他含氮化合物。蛋白质还能分解供能。
- **凝血、抗凝血和纤溶作用**：血浆中的凝血因子、抗溶血及纤溶物质相互作用、相互制约，保持血流通畅。当血管损伤、血液流出血管时，即发生血液凝固，防止血液的大量流失。
- **血浆蛋白质异常与临床疾病**

图 18-5　血浆蛋白质的功能

第二节　血红素的合成

血红蛋白（hemoglobin，Hb）是红细胞中最主要的成分，由珠蛋白和血红素（heme）组成。血红素是 Hb 的辅基，也是肌红蛋白、细胞色素、过氧化物酶等的辅基。

一、血红素的合成过程

表 18-3　血红素的生物合成过程

反应步骤及部位	反应过程及酶
①δ- 氨基 -γ- 酮戊酸（ALA）的合成：线粒体 琥珀酰 CoA 与甘氨酸缩合生成 ALA（图 18-6）	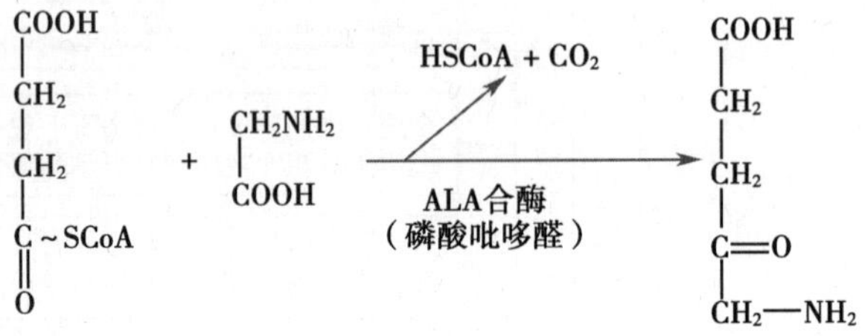 （图 18-6）
②胆色素原（PBG）的合成：胞质 2 分子 ALA 脱水缩合生成 1 分子胆色素原（图 18-7）	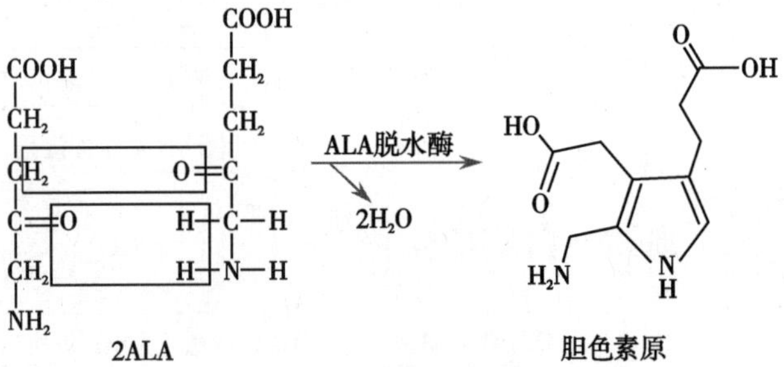 （图 18-7）
③尿卟啉原与粪卟啉原的合成：胞质	由尿卟啉原 I 同合酶、尿卟啉原 III 同合酶、尿卟啉原 III 脱羧酶依次催化，4 分子胆色素原经线状四吡咯、尿卟啉原 III，生成粪卟啉原 III（图 18-8）
④血红素的生成：线粒体	粪卟啉原 III 进入线粒体，经粪卟啉原 III 氧化脱羧酶、原卟啉原 IX 氧化酶催化的氧化脱羧、氧化等步骤，生成原卟啉 IX，进而在亚铁螯合酶的催化，原卟啉 IX 和 Fe^{2+} 结合，生成血红素（图 18-8）

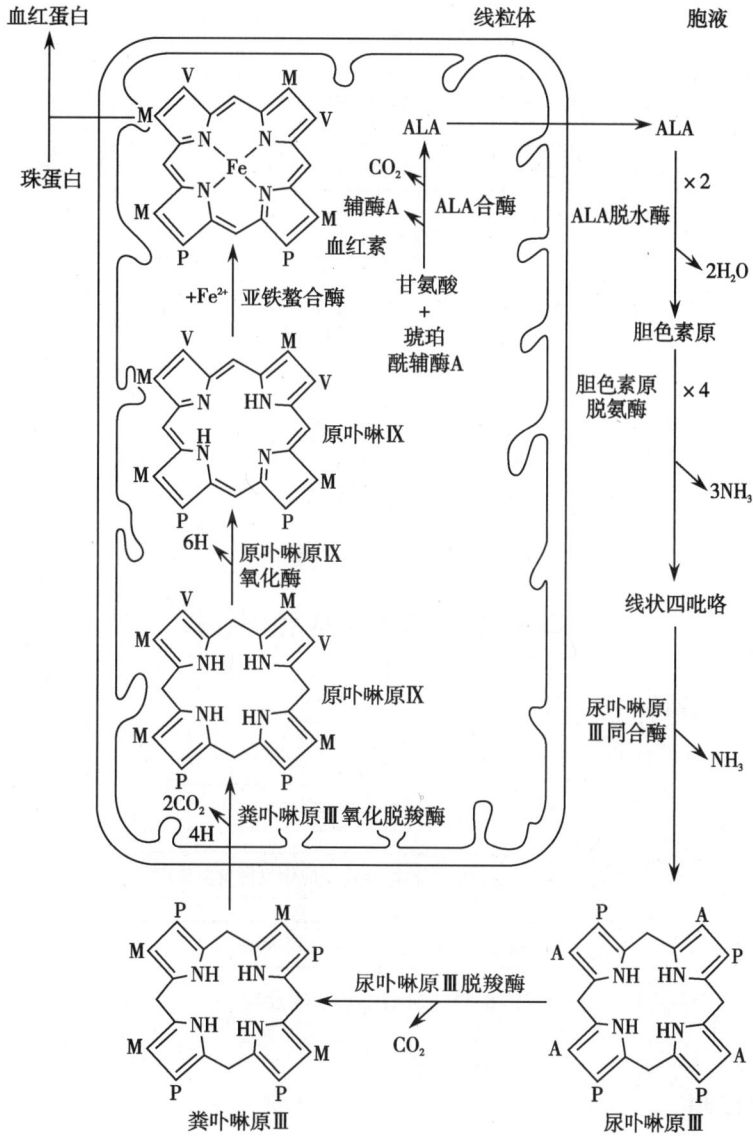

图 18-8　血红素的合成过程

二、血红素的合成特点

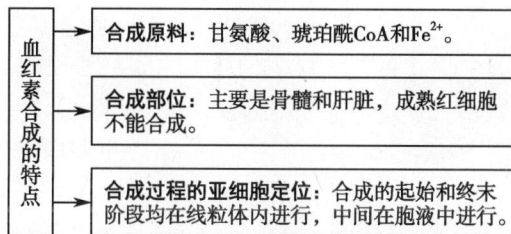

图 18-9　血红素的合成特点

三、血红素合成的调节

血红素的合成受多种因素的调节（图 18-10），其中最主要的调节步骤是 ALA 的合成。

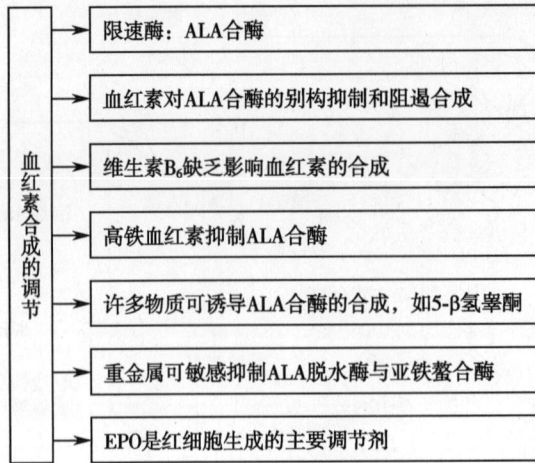

图 18-10　血红素合成的调节

第三节　血细胞物质代谢

血液中存在有多种血细胞(图 18-11)。

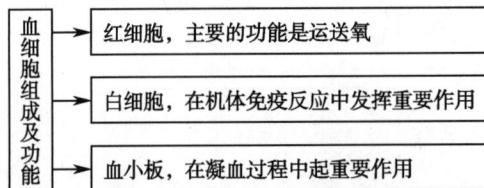

图 18-11　血细胞的组成及功能

一、红细胞的代谢

红细胞是血液中最主要的细胞,它是在骨髓中由造血干细胞定向分化而成的红系细胞。红系细胞发育过程经历了原始红细胞、早幼红细胞、中幼红细胞、晚幼红细胞、网状红细胞等阶段,最后才成为成熟红细胞(图 18-12,见文末彩插)。

在成熟过程中,红细胞发生一系列形态和代谢的改变(表 18-4)。

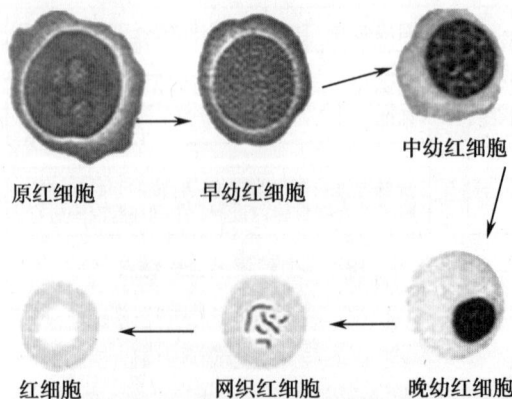

图 18-12　红细胞发育过程及形态变化

表 18-4　红细胞成熟过程中的代谢变化

代谢能力	有核红细胞	网织红细胞	成熟红细胞
分裂增殖能力	+	−	−
DNA 合成	+*	−	−
RNA 合成	+	−	−
RNA 存在	+	+	−
蛋白质合成	+	+	−
血红素合成	+	+	−
脂质合成	+	+	−
三羧酸循环	+	+	−
氧化磷酸化	+	+	−
糖酵解	+	+	+
磷酸戊糖途径	+	+	+

注:"+","−"分别表示该途径有或无

*晚幼红细胞为"−"

　　葡萄糖是成熟红细胞的主要能量物质,其中 90%～95% 经糖酵解通路和 2,3- 二磷酸甘油酸(2,3-bisphosphoglycerate,2,3-BPG)支路进行代谢,5%～10% 通过磷酸戊糖途径进行代谢。

（一）糖酵解是红细胞获得能量的唯一途径

　　红细胞中存在催化糖酵解所需要的所有的酶和中间代谢物(表 18-5),糖酵解是红细胞获得能量的唯一途径,糖酵解的基本反应和其他组织相同。

表 18-5　红细胞中糖酵解中间产物的浓度　　　　　　　　　　　　　　　　单位: mol/L

糖酵解中间产物	动脉血	静脉血
葡糖 -6- 磷酸	30.0	24.8
果糖 -6- 磷酸	9.3	3.3
果糖 -1,6- 二磷酸	0.8	1.3
磷酸丙糖	4.5	5.0
3- 磷酸甘油酸	19.2	16.5
2- 磷酸甘油酸	5.0	1.0
磷酸烯醇式丙酮酸	10.8	6.6
丙酮酸	87.5	143.2
2,3- 二磷酸甘油酸	3 400.0	4 940.0

红细胞糖代谢产生的 ATP 主要用于以下的生理活动(图 18-13):

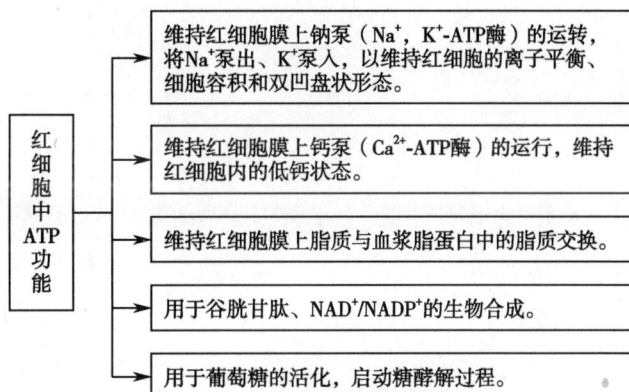

图 18-13　红细胞中的 ATP 主要功能

（二）红细胞的糖酵解存在2,3-二磷酸甘油酸支路

红细胞内的糖酵解还存在一个特殊途径——2,3-二磷酸甘油酸（2,3-BPG）支路（图18-14），2,3-BPG支路占糖酵解的15%～50%。

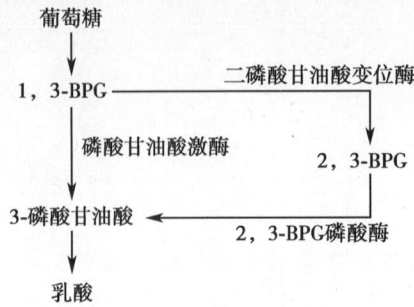

图18-14　2,3-二磷酸甘油酸支路

红细胞内2,3-BPG主要功能是调节血红蛋白的运氧功能。2,3-BPG的负电基团与血红蛋白的2个β亚基的带正电基团形成盐键（图18-15），从而使血红蛋白分子的T构象更趋稳定，降低Hb与O_2的亲和力。当血流流过PO_2较低的组织时，红细胞中2,3-BPG的存在则显著增加O_2释放，以供组织需要。在PO_2相同条件下，随2,3-BPG浓度增大，HbO_2释放的O_2增多。人体能通过改变红细胞内2,3-BPG的浓度来调节对组织的供氧。

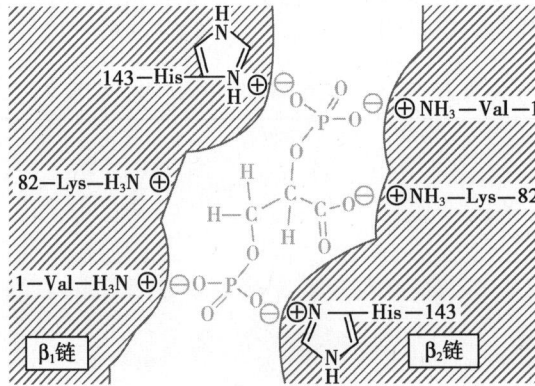

图18-15　2,3-二磷酸甘油酸与血红蛋白的结合

（三）磷酸戊糖途径提供NADPH维持红细胞的完整性

磷酸戊糖途径是红细胞产生NADPH的唯一途径。红细胞中的NADPH能维持细胞内还原型谷胱甘肽（GSH）的含量（图18-16），使红细胞免遭外源性和内源性氧化剂的损害。

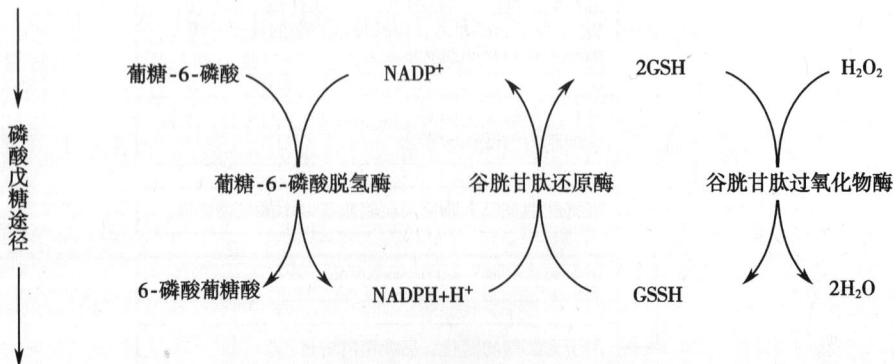

图18-16　谷胱甘肽的氧化与还原及其有关代谢

红细胞具有高铁血红蛋白（methemoglobin，MHb）还原系统（图18-17），催化MHb还原成Hb。

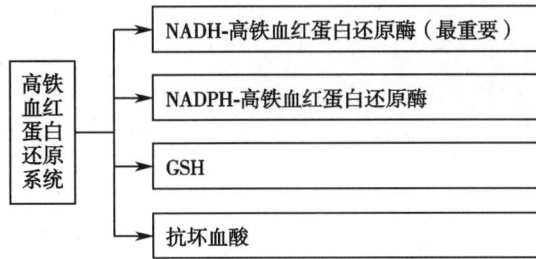

图 18-17　红细胞内高铁血红蛋白还原系统

（四）高铁血红素促进珠蛋白的合成

血红素的氧化产物高铁血红素能促进珠蛋白的生物合成，其机制见图18-18。

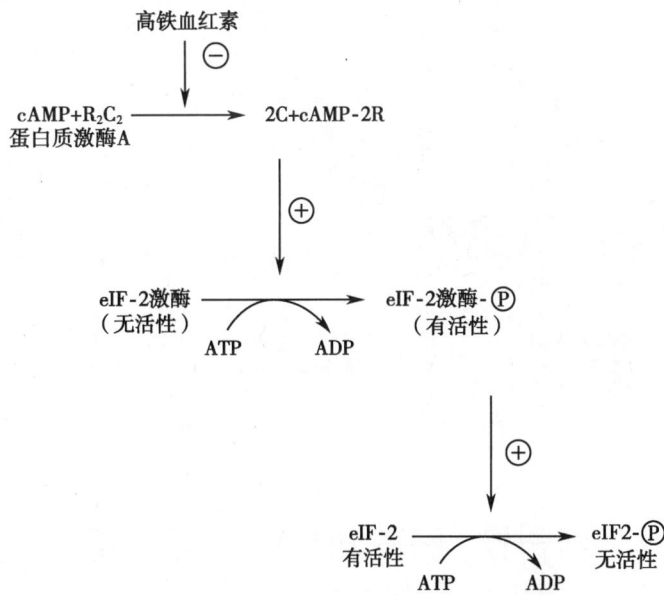

图 18-18　高铁血红素对起始因子 2 的调节

二、白细胞的代谢

人体白细胞由粒细胞、淋巴细胞和单核巨噬细胞三大系统组成。主要功能是对外来入侵起抵抗作用，白细胞的代谢（图18-19）与白细胞的功能密切相关。

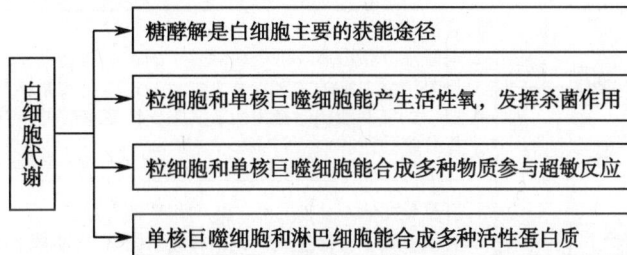

图 18-19　白细胞的代谢特点

（刘　琳）

第十九章
肝的生物化学

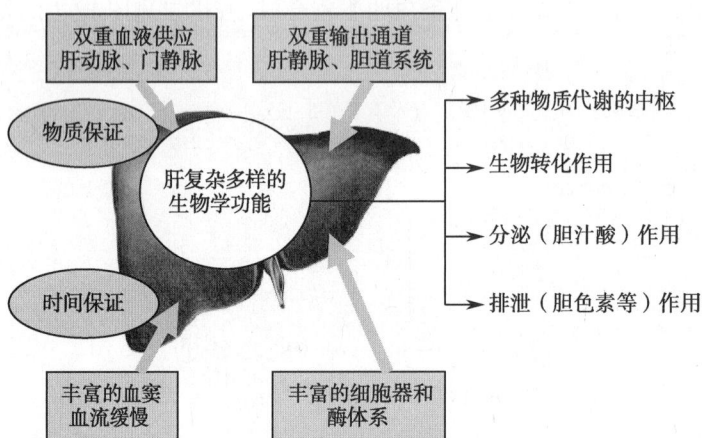

图 19-1　肝的组织形态结构特点

第一节　肝在物质代谢中的作用

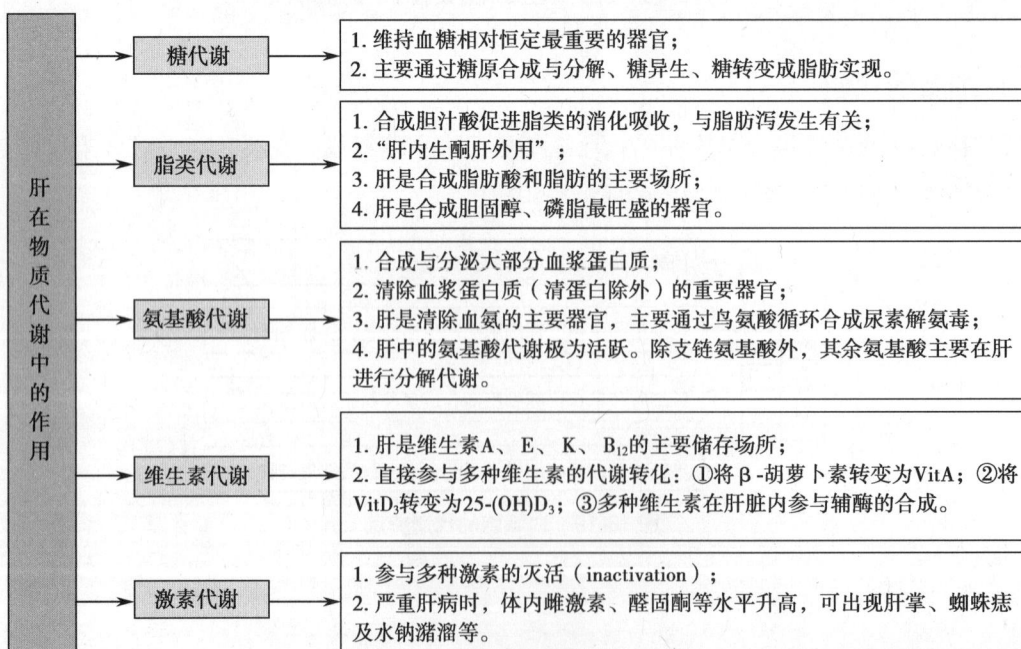

图 19-2　肝在物质代谢中的作用

第二节　肝的生物转化作用

一、肝的生物转化作用是机体重要的保护机制

　　人体内有些物质的存在不可避免，这些物质既不能作为构建组织细胞的成分，又不能作为能源物质，其中一些还对人体有一定的生物学效应或潜在的毒性作用。机体在排出这些物质之前，需进行代谢转变，使其水溶性提高，极性增强，易于通过胆汁或尿排出，这一过程称为生物转化作用（biotransformation）。肝是机体内生物转化最重要的器官。

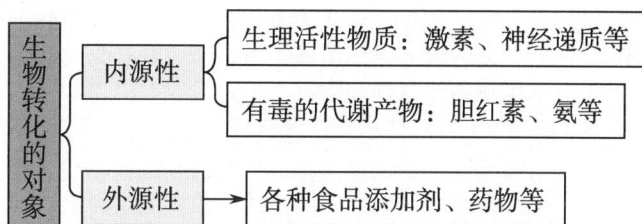

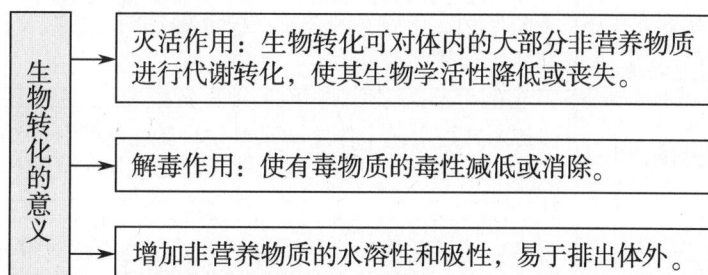

生物转化的对象
- 内源性
  - 生理活性物质：激素、神经递质等
  - 有毒的代谢产物：胆红素、氨等
- 外源性 → 各种食品添加剂、药物等

生物转化的意义
- 灭活作用：生物转化可对体内的大部分非营养物质进行代谢转化，使其生物学活性降低或丧失。
- 解毒作用：使有毒物质的毒性减低或消除。
- 增加非营养物质的水溶性和极性，易于排出体外。

　　不能将肝的生物转化作用一概看作是"解毒作用"。

二、肝的生物转化作用包括两相反应

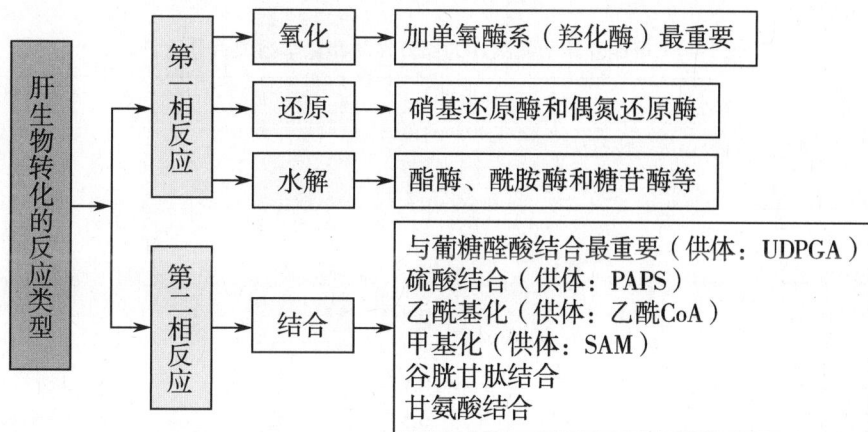

肝生物转化的反应类型
- 第一相反应
  - 氧化 → 加单氧酶系（羟化酶）最重要
  - 还原 → 硝基还原酶和偶氮还原酶
  - 水解 → 酯酶、酰胺酶和糖苷酶等
- 第二相反应
  - 结合
    - 与葡糖醛酸结合最重要（供体：UDPGA）
    - 硫酸结合（供体：PAPS）
    - 乙酰基化（供体：乙酰CoA）
    - 甲基化（供体：SAM）
    - 谷胱甘肽结合
    - 甘氨酸结合

三、肝的生物转化作用的特点

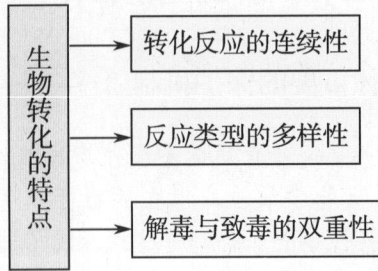

```
           ┌──→ 转化反应的连续性
生物转化    │
的特点  ────┼──→ 反应类型的多样性
           │
           └──→ 解毒与致毒的双重性
```

四、影响肝生物转化作用的因素

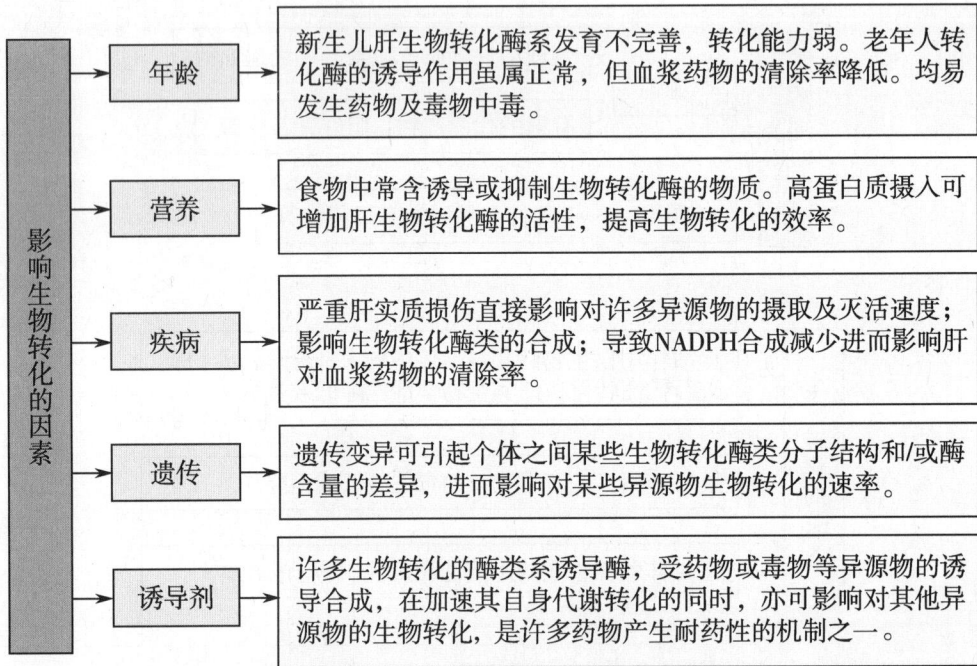

```
                    ┌── 年龄 ──→ 新生儿肝生物转化酶系发育不完善，转化能力弱。老年人转
                    │            化酶的诱导作用虽属正常，但血浆药物的清除率降低。均易
                    │            发生药物及毒物中毒。
                    │
                    ├── 营养 ──→ 食物中常含诱导或抑制生物转化酶的物质。高蛋白质摄入可
影响生              │            增加肝生物转化酶的活性，提高生物转化的效率。
物转化   ───────────┤
的因素              ├── 疾病 ──→ 严重肝实质损伤直接影响对许多异源物的摄取及灭活速度；
                    │            影响生物转化酶类的合成；导致NADPH合成减少进而影响肝
                    │            对血浆药物的清除率。
                    │
                    ├── 遗传 ──→ 遗传变异可引起个体之间某些生物转化酶类分子结构和/或酶
                    │            含量的差异，进而影响对某些异源物生物转化的速率。
                    │
                    └── 诱导剂 ─→ 许多生物转化的酶类系诱导酶，受药物或毒物等异源物的诱
                                 导合成，在加速其自身代谢转化的同时，亦可影响对其他异
                                 源物的生物转化，是许多药物产生耐药性的机制之一。
```

第三节　胆汁与胆汁酸的代谢

一、胆汁的主要固体成分是胆汁酸盐

表 19-1　肝胆汁和胆囊胆汁的部分性质和化学组成百分比　　　　　　　　　　　　单位：%

	肝胆汁	胆囊胆汁
比重	1.009～1.013	1.026～1.032
pH	7.1～8.5	5.5～7.7
水	96～97	80～86
固体成分	3～4	14～20
无机盐	0.2～0.9	0.5～1.1
黏蛋白	0.1～0.9	1～4
胆汁酸盐	0.5～2	1.5～10
胆色素	0.05～0.17	0.2～1.5
总脂质	0.1～0.5	1.8～4.7
胆固醇	0.05～0.17	0.2～0.9
磷脂	0.05～0.08	0.2～0.5

二、胆汁酸有游离型、结合型及初级、次级之分

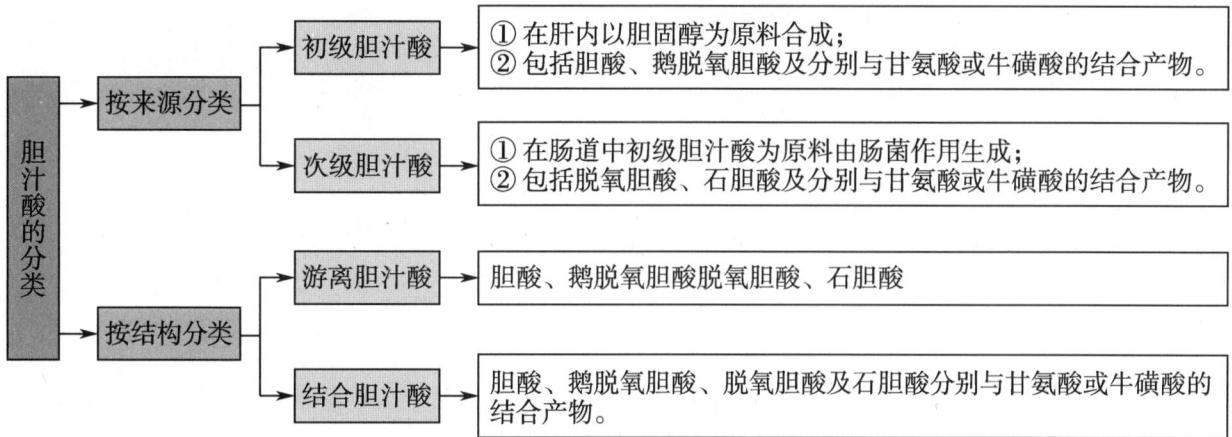

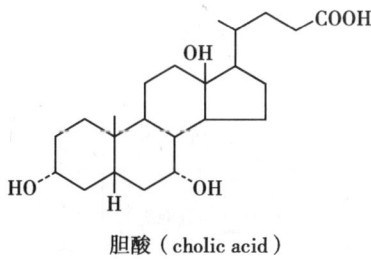

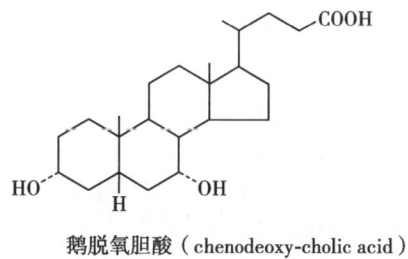

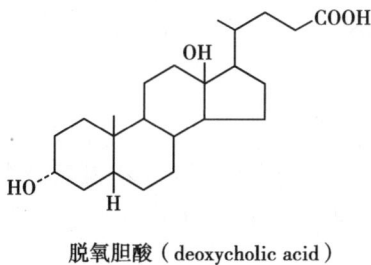

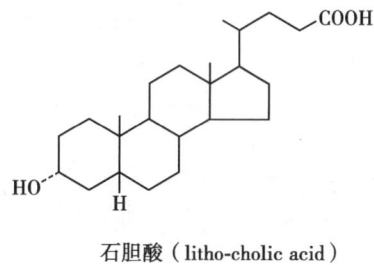

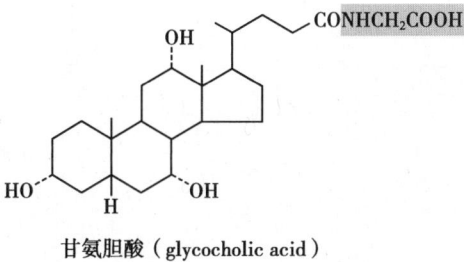

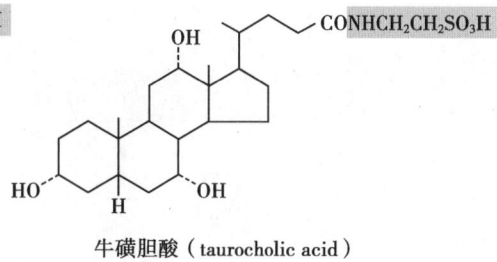

胆汁酸的分类	按来源分类	初级胆汁酸	① 在肝内以胆固醇为原料合成； ② 包括胆酸、鹅脱氧胆酸及分别与甘氨酸或牛磺酸的结合产物。
		次级胆汁酸	① 在肠道中初级胆汁酸为原料由肠菌作用生成； ② 包括脱氧胆酸、石胆酸及分别与甘氨酸或牛磺酸的结合产物。
	按结构分类	游离胆汁酸	胆酸、鹅脱氧胆酸脱氧胆酸、石胆酸
		结合胆汁酸	胆酸、鹅脱氧胆酸、脱氧胆酸及石胆酸分别与甘氨酸或牛磺酸的结合产物。

胆酸（cholic acid）　　　　　　　鹅脱氧胆酸（chenodeoxy-cholic acid）

脱氧胆酸（deoxycholic acid）　　　　石胆酸（litho-cholic acid）

甘氨胆酸（glycocholic acid）　　　　牛磺胆酸（taurocholic acid）

图 19-3　几种主要胆汁酸的结构式

三、胆汁酸的生理功能

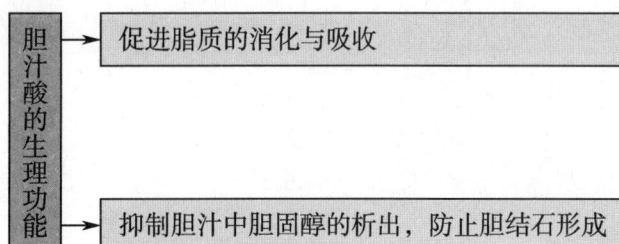

胆汁酸的生理功能	促进脂质的消化与吸收
	抑制胆汁中胆固醇的析出，防止胆结石形成

四、胆汁酸的代谢及胆汁酸的肠肝循环

（一）初级胆汁酸在肝内以胆固醇为原料生成

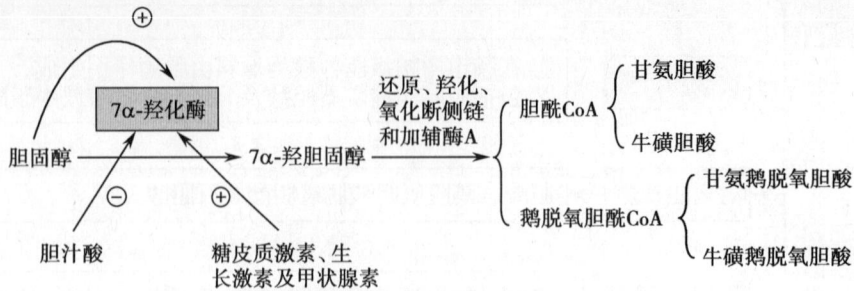

图 19-4　初级胆汁酸的合成

（二）次级胆汁酸在肠道由肠菌作用生成

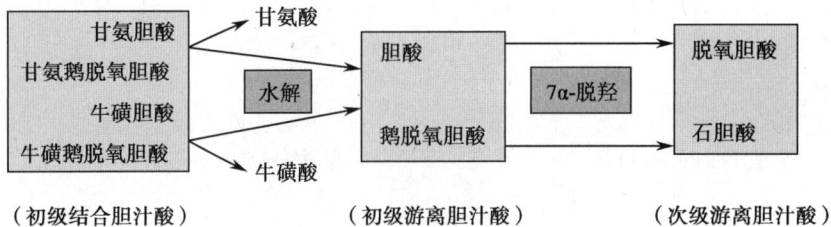

图 19-5　次级胆汁酸的合成

（三）胆汁酸的肠肝循环使有限的胆汁酸库存循环利用

进入肠道的各类胆汁酸约 95% 以上被重吸收经门静脉入肝，肝细胞将游离胆汁酸再合成为结合胆汁酸，并与新合成的结合胆汁酸一道再排入肠道，这一过程称为胆汁酸的肠肝循环。

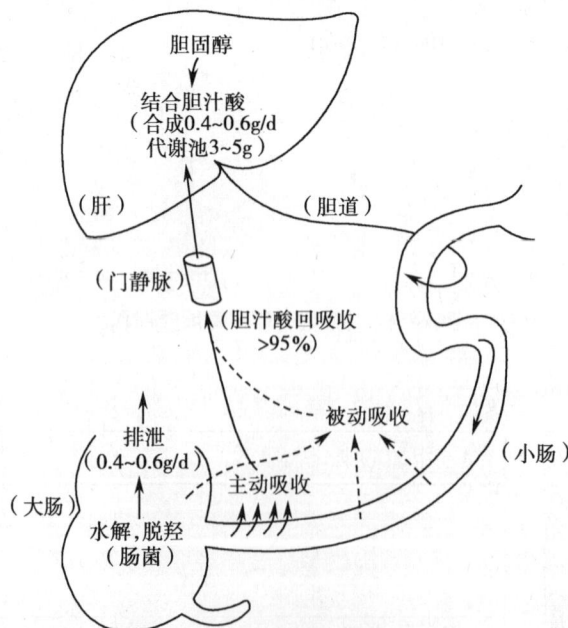

图 19-6　胆汁酸的来源与去向

第四节　胆色素的代谢与黄疸

胆色素（bile pigment）是体内铁卟啉类化合物的主要分解代谢产物，包括胆绿素（biliverdin）、胆红素（bilirubin）、胆素原（bilinogen）和胆素（bilin）。

一、胆红素是铁卟啉类化合物的降解产物

体内铁卟啉类化合物包括血红蛋白、肌红蛋白、细胞色素、过氧化氢酶和过氧化物酶等。

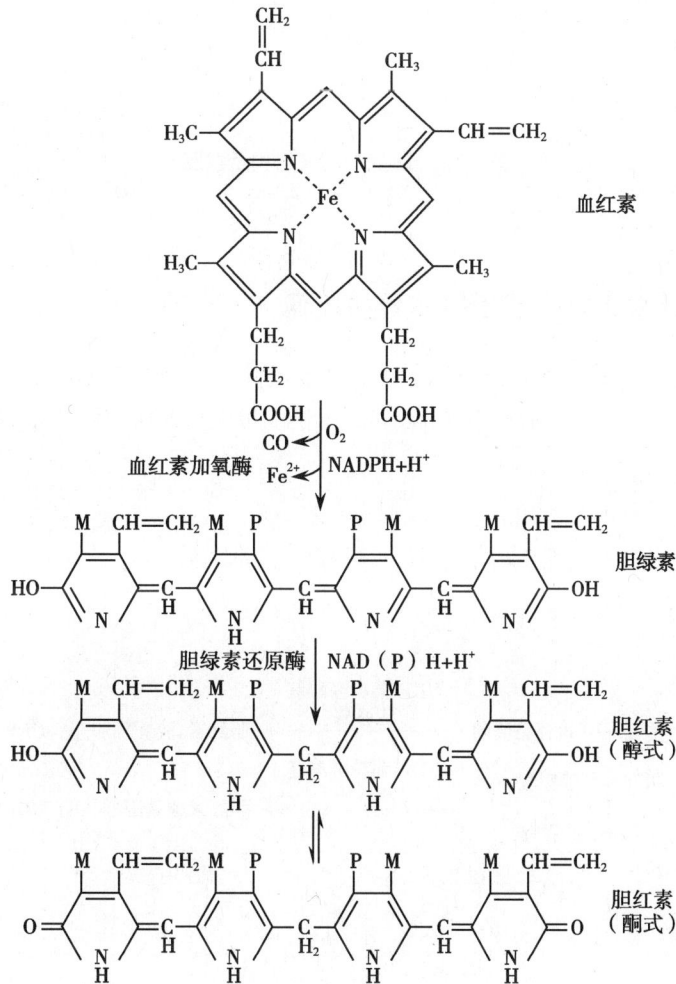

图 19-7　胆红素的生成

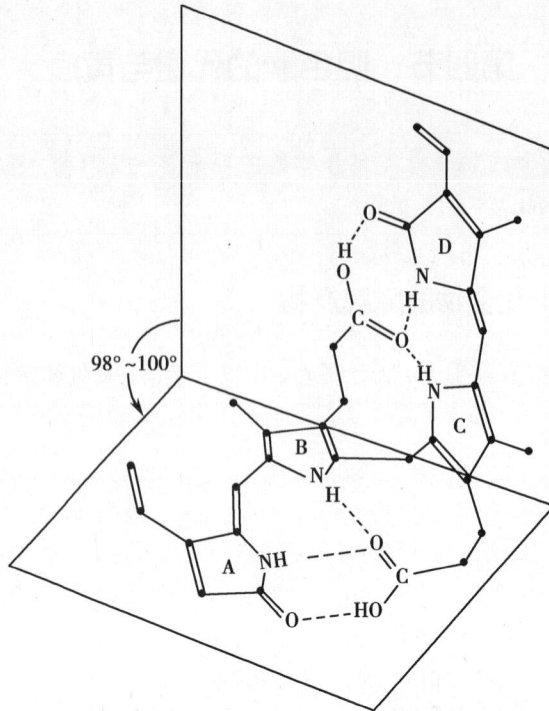

图 19-8　胆红素空间结构示意图

二、血液中的胆红素主要与清蛋白结合而运输

　　血液中胆红素 - 清蛋白复合体的存在，一则增加了胆红素的水溶性便于运输；另则还能限制其透过细胞膜造成对组织细胞的损伤，起到暂时性解毒作用。但其根本性的解毒依赖在肝脏与葡糖醛酸结合的生物转化作用。

三、胆红素在肝细胞中转变成结合胆红素并泌入胆小管

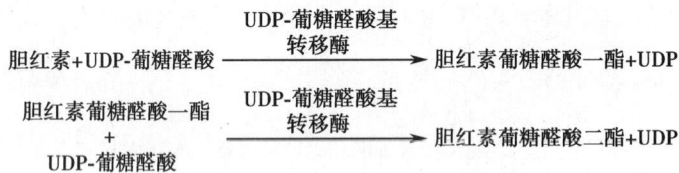

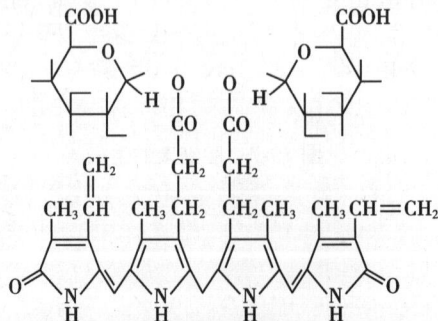

图 19-9　葡糖醛酸胆红素的生成与结构

表 19-2　两种胆红素理化性质的比较

理化性质	未结合胆红素	结合胆红素
同义名称	间接胆红素、游离胆红素	直接胆红素、肝胆红素
与葡糖醛酸结合	未结合	结合
水溶性	小	大
脂溶性	大	小
透过细胞膜的能力及毒性	大	小
能否透过肾小球滤过经尿排出	不能	能

四、胆红素在肠道内转化为胆素原和胆素

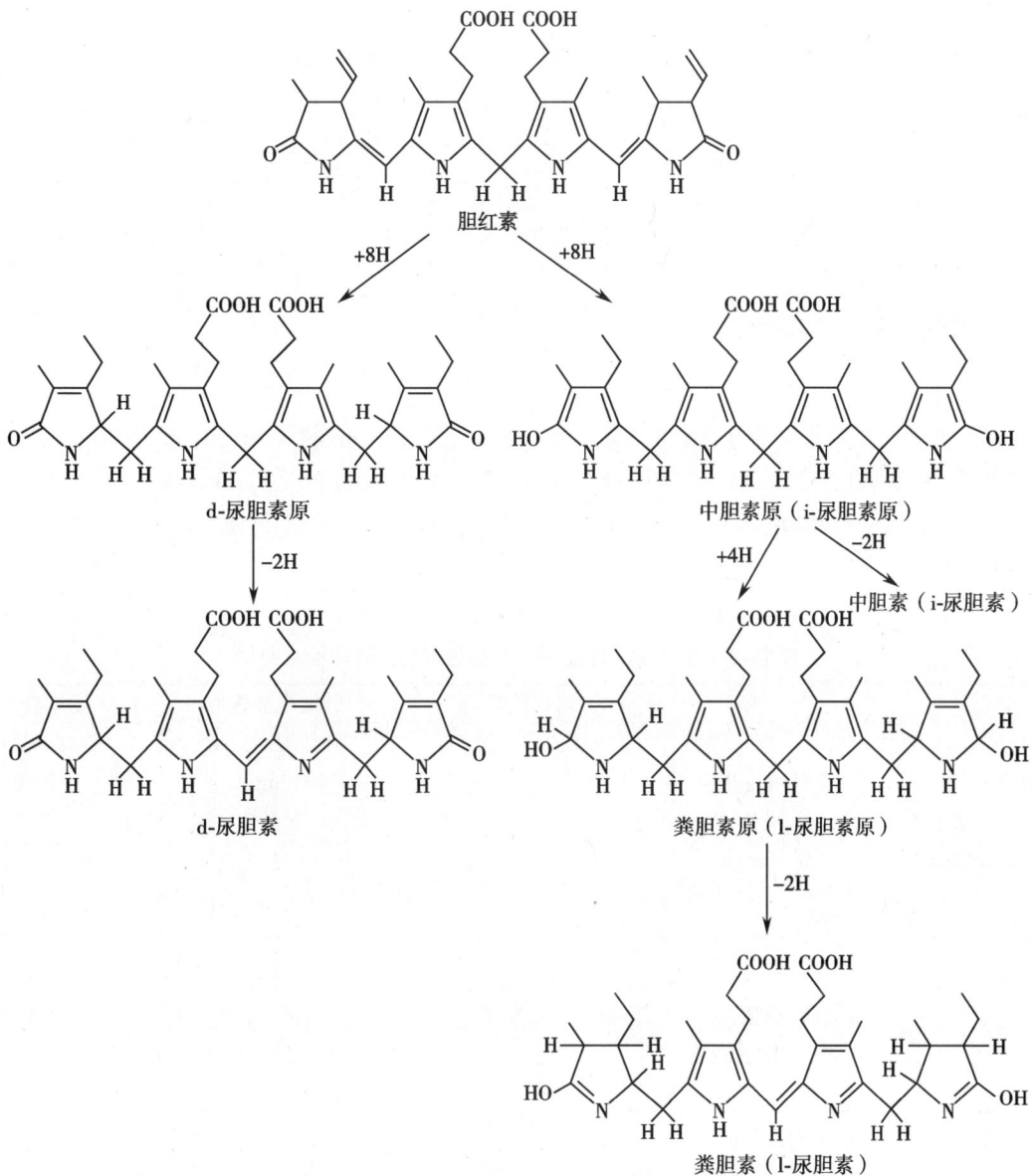

图 19-10　胆素原和胆素的生成

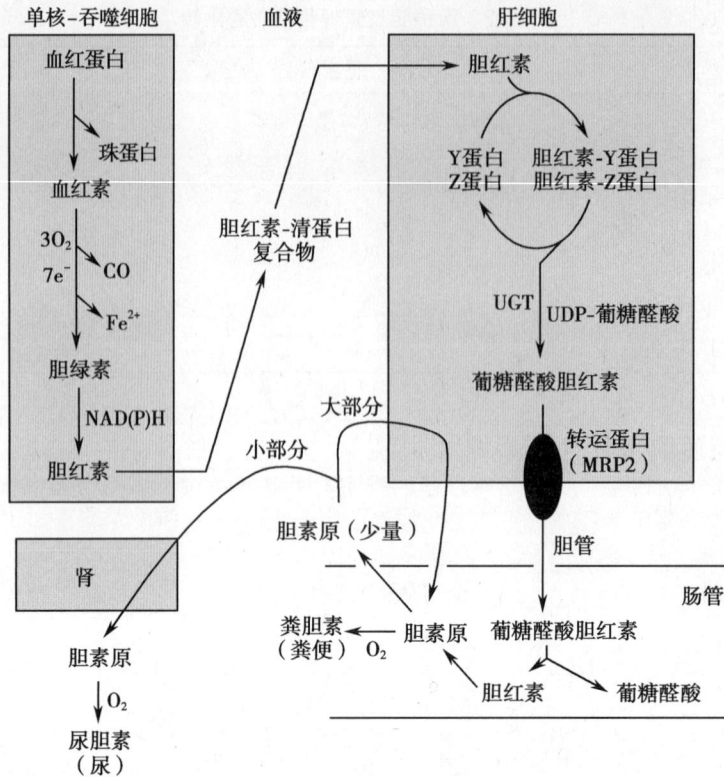

图 19-11　胆红素的生成及胆素原的肠肝循环

五、高胆红素血症与黄疸

体内胆红素生成过多，或肝细胞对胆红素的摄取、转化及排泄能力下降，或其他原因引发的胆道阻塞等因素均可导致血浆胆红素含量增多，当血浆胆红素含量超过 17.1μmol/L（10mg/L）称为高胆红素血症。

过量的胆红素可扩散进入组织、黏膜造成黄染，这一体征称为黄疸（jaundice）。若血浆胆红素升高不明显，在 17.1～34.2μmol/L（10～20mg/L）之间时，肉眼见不到皮肤与巩膜黄染，称为隐性黄疸（jaundice occult）。

表 19-3　各种黄疸时血、尿、粪胆色素的实验室检查变化

指标	正常	溶血性黄疸	肝细胞性黄疸	阻塞性黄疸
主要病因		胆红素来源↑	肝处理能力↓	胆红素排泄↓
血清总胆红素	<10mg/L	>10mg/L	>10mg/L	>10mg/L
血清结合胆红素	极少	−	↑	↑↑
血清未结合胆红素	0～8mg/L	↑↑	↑	−
尿三胆				
尿胆红素	−	−	++	++
尿胆素原	少量	↑	不一定	↓
尿胆素	少量	↑	不一定	↓
粪胆素原	40～280mg/24h	↑	↓ 或正常	↓ 或 −
粪便颜色	正常	深	变浅或正常	完全阻塞时白陶土色

注："−"代表阴性，"++"代表强阳性

（王明臣）

第二十章
维　生　素

　　维生素(vitamin)是人体内不能合成,或合成量甚少、不能满足机体的需要,必须由食物供给,以维持正常生命活动的一类低分子量有机化合物,是人体的重要营养素之一。

　　维生素不是机体组织的组成成分,也不是供能物质,然而在调节人体物质代谢、生长发育和维持正常生理功能等方面却发挥着极其重要的作用。按照维生素溶解特性的不同,可分为脂溶性维生素(lipid-soluble vitamin)和水溶性维生素(water-soluble vitamin)两大类。

第一节　脂溶性维生素

脂溶性维生素:主要有维生素 A、D、E 和 K(图 20-1、图 20-2、表 20-1)。
共同特点如下:

　　1. 均为非极性疏水性异戊二烯衍生物;

　　2. 不溶于水,溶于脂质及有机溶剂;

　　3. 在食物中与脂质共存,常随脂质被吸收;

　　4. 吸收的脂溶性维生素在血液中与脂蛋白或特异的结合蛋白相结合而运输;

　　5. 作用方式多样,既能直接参与特定的代谢过程,如维生素 A 参与视觉传导,也可调控基因的表达;

　　6. 在体内具有一定储量。如果脂质吸收障碍和食物中长期缺乏可引起相应的缺乏症,摄入过多则可发生中毒。

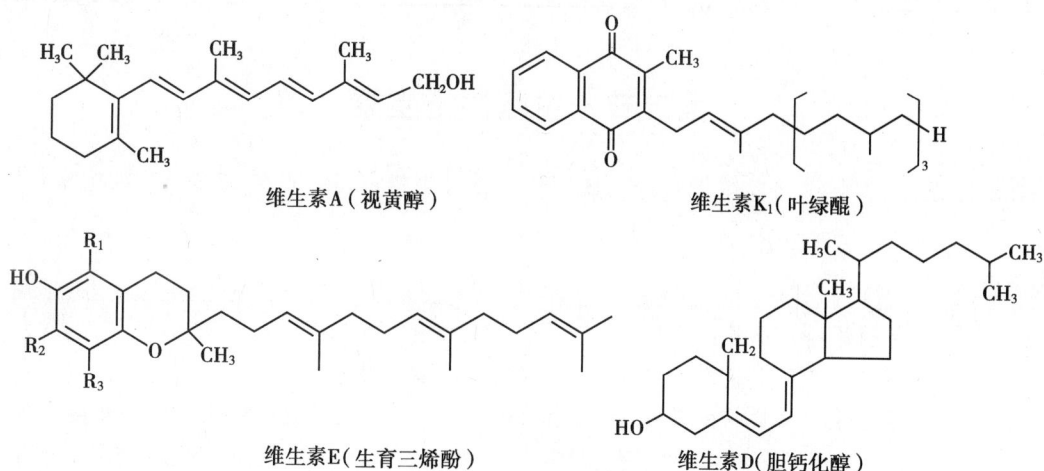

图 20-1　脂溶维生素的结构

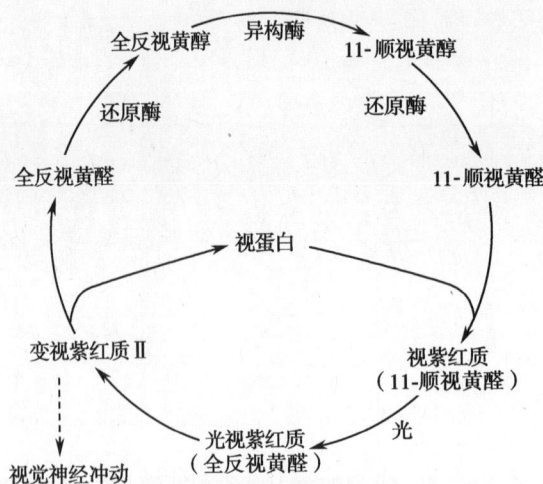

图 20-2 视循环

表 20-1 脂溶性维生素的分类、活性形式、生理功能、缺乏症与需要量

名称	别名	来源	活性形式	生理功能	缺乏症	每日摄取量*
维生素A	视黄醇、抗干眼病维生素	肝、肉、蛋、奶等，植物中含维生素A原	视黄醇、视黄醛和视黄酸	1. 参与视觉传导 2. 调控基因表达和细胞生长与分化 3. 抗氧化 4. 抑制肿瘤生长	夜盲症、干眼病	EAR: 560μg/d（成人男性），480μg/d（成人女性）
维生素D	胆钙化醇、麦角钙化醇、抗佝偻病维生素	鱼油、蛋黄、肝，紫外线照射下由人体皮肤的7-脱氢胆固醇合成	1, 25-二羟维生素D$_3$	1. 调节钙磷代谢 2. 影响细胞分化	佝偻病（儿童），软骨病和骨质疏松症（成人）	EAR: 8μg/d
维生素E	生育酚	植物油、油性种子和麦芽	生育酚各类衍生物	1. 脂溶性抗氧化剂 2. 调节基因表达 3. 促进血红素的合成	溶血性贫血（新生儿、早产儿）	AI: 14mg/d
维生素K	植物甲萘醌、叶绿醌、凝血维生素	深绿色蔬菜、植物油、肠道细菌合成	2-甲基-1,4-萘醌	1. 凝血因子合成所必需的辅酶 2. 对骨代谢具有重要作用 3. 对减少动脉钙化具有重要作用	易出血	AI: 80μg/d

第二节　水溶性维生素

水溶性维生素：主要包括 B 族维生素（B$_1$、B$_2$、PP、泛酸、生物素、B$_6$、叶酸与 B$_{12}$）和维生素 C（图 20-3、表 20-2）。

共同特点：

1. 易溶于水，可随尿排出体外；

2. 体内很少蓄积，一般不发生中毒现象，必须经常从食物中摄取；

3. 作用比较单一，主要构成酶的辅助因子，如 TPP、FMN/FAD、NAD$^+$/NADP$^+$ 等，直接影响某些酶的催化活性；

4. 食物中长期缺乏、吸收障碍或食物外的维生素供给不足可引起相应的缺乏症，一般不发生中毒。

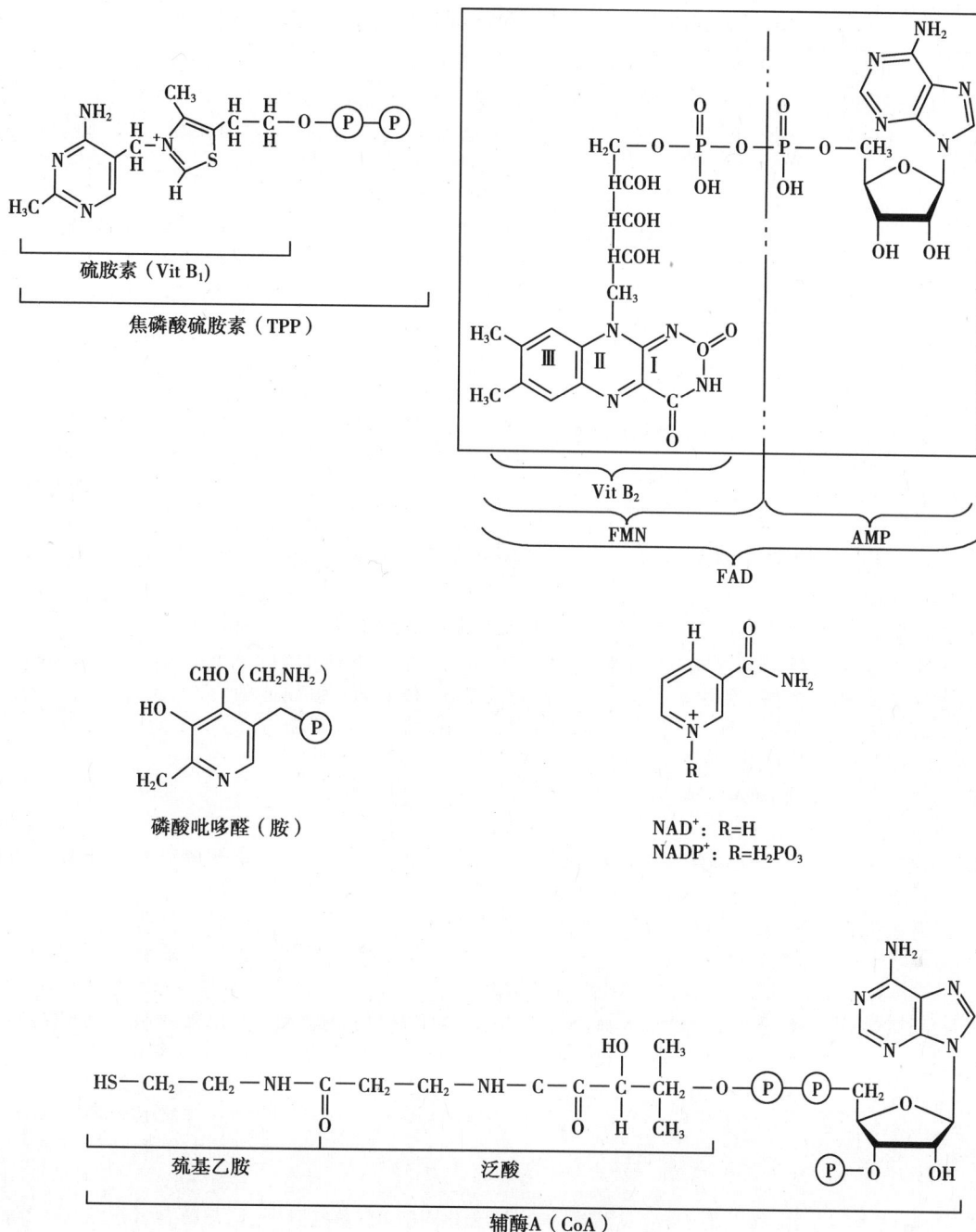

图 20-3 B 族维生素构成重要辅酶的结构

引起维生素缺乏症的常见原因：

1. 维生素摄入不足；
2. 机体吸收利用率降低；
3. 维生素需要量增高；
4. 食物以外的维生素供给不足。

表 20-2 水溶性维生素的分类、活性形式、生理功能、缺乏症与需要量

名称	别名	来源	活性形式	生理功能	缺乏症	每日摄取量*
维生素 B_1	硫胺素	豆类和种子外皮、胚芽、酵母和瘦肉	TPP	1. 在体内能量代谢中发挥重要的作用 2. 在神经传导中起一定作用 3. 胆碱酯酶抑制剂	脚气病、浮肿、心力衰竭等	EAR: 1.2mg/d（成人男性），1.0mg/d（成人女性）
维生素 B_2	核黄素	奶与奶制品、肝、蛋类和肉类等	FMN、FAD	1. 参与呼吸链，脂肪酸和氨基酸的氧化以及三羧酸循环 2. 参与烟酸和维生素 B_6 的代谢 3. 参与体内抗氧化防御系统	口角炎、唇炎、阴囊炎、眼睑炎、畏光等	EAR: 1.4mg/d（成人男性），1.2mg/d（成人女性）
维生素 PP	尼克酸、尼克酰胺、抗癞皮病维生素	广泛存在于自然界	NAD^+、$NADP^+$	是多种不需氧脱氢酶的辅酶，发挥递氢体的作用	癞皮病、痴呆	EAR: 12mg/d（成人男性），10mg/d（成人女性）
泛酸	遍多酸、维生素 B_5	广泛存在于动、植物组织中	CoA、ACP	构成酰基转移酶的辅酶，参与糖、脂质、蛋白质代谢及肝的生物转化作用	易疲劳、胃肠功能障碍、肢神经痛综合征	AI: 5.0mg/d
生物素	维生素 H、维生素 B_7、辅酶 R	肝、肾、酵母、蛋类、花生、牛乳、鱼类、啤酒等，肠道细菌也可合成	生物素	1. 体内多种羧化酶的辅基，参与 CO_2 固定，为脂肪与碳水化合物代谢所必需 2. 参与细胞信号转导、基因表达调控 DNA 损伤修复等	很少出现缺乏症	AI: 40μg/d
维生素 B_6	吡哆醛、吡哆胺、抗皮炎维生素	肝、鱼、肉类、全麦、坚果、豆类、蛋黄、酵母等	磷酸吡哆醛、磷酸吡哆胺	1. 是转氨酶、脱羧酶等多种酶的辅酶，在代谢中发挥重要作用 2. 终止类固醇激素作用的发挥	未发现缺乏的典型病例。缺乏时可见低血色素小细胞贫血、脂溢性皮炎	EAR: 1.2mg/d
叶酸	蝶酰谷氨酸	酵母、肝、水果、绿叶蔬菜，肠菌合成	5, 6, 7, 8- 四氢叶酸（FH_4）	是一碳单位转移酶的辅酶，参加嘌呤、胸腺嘧啶核苷酸等多种物质的合成	巨幼红细胞贫血、高同型半胱氨酸血症，孕妇缺乏，可造成胎儿脊柱裂和神经管缺陷	EAR: 320μg/d
维生素 B_{12}	钴胺素、抗恶性贫血维生素	由微生物合成，酵母和动物肝含量丰富	甲钴胺素、5′-脱氧腺苷钴胺素	1. 催化同型半胱氨酸甲基化生成甲硫氨酸 2. 催化琥珀酰 CoA 的生成	正常膳食者很难发生缺乏症，但缺乏时可见巨幼红细胞贫血、髓鞘质变性退化	EAR: 2.0μg/d
维生素 C	L-抗坏血酸	广泛存在于新鲜蔬菜和水果中	L-抗坏血酸	1. 参与体内多种羟化反应 2. 参与体内氧化还原反应 3. 增强机体免疫力	维生素 C 缺乏症（坏血病）、胆固醇增多	EAR: 85mg/d

*: 1. EAR（estimated average requirement）即平均需要量：是指某一特定性别、年龄及生理状况群体中的所有个体对某种营养素需要量的评价值

2. AI（adequate intake）即适宜摄入量：是通过观察或实验获得的健康群体某种营养素的摄入量

（朱月春）

第二十一章
钙、磷及微量元素

无机元素对维持人体正常生理功能必不可少，按人体每日需要量的多寡可分为微量元素（trace element, microelement）和常量元素（macroelement）。

微量元素指在人体中存在量低于人体体重的 0.01%、每日需要量在 100mg 以下的化学元素。微量元素绝大多数为金属元素，主要包括铁、碘、铜、锌、锰、硒、氟、钼、钴、铬、钒、锡、镍、硅等。

常量元素是指人体含量高于体重的 0.01%、且每日需要量在 100mg 以上的化学元素主要有钠、钾、氯、钙、磷、镁等。

第一节 钙、磷代谢

钙（calcium）是人体内含量最多的无机元素之一，成人含量约为 30mol（1 200g/70kg）。人体内 99% 以上的钙分布于骨中，是构成骨和牙的主要成分，起着支持和保护作用。成人血浆中的钙含量为 2.25～2.75mmol/L（9～11mg/dl），血钙的正常水平对于维持骨骼内骨盐的含量、血液凝固过程和神经肌肉的兴奋性具有重要的作用。

正常成人含磷（phosphorus）约 19.4mol（600g），主要分布于骨（约占 85.7%），其次为各组织细胞（约 14%），仅少量（约 0.03%）分布于体液。成人血浆中无机磷的含量约为 1.1～1.3mmol/L（3.5～4.0mg/dl）。磷除了构成骨盐成分、参与成骨作用外，还是核酸、核苷酸、磷脂、辅酶等重要生物分子的组成成分，发挥各自重要的生理功能。

正常人血液中钙和磷的浓度相当恒定，每 100ml 血液中钙与磷含量之积为一常数，即 $[Ca] \times [P] = 35～40$。因此，血钙降低时，血磷会略有增加。正常人体内钙、磷代谢维持动态平衡（图 21-1，见文末彩插）。钙磷代谢紊乱可引起多种疾病。调节钙和钙代谢的主要激素有活性维生素 D、甲状旁腺激素和降钙素（表 21-1）。

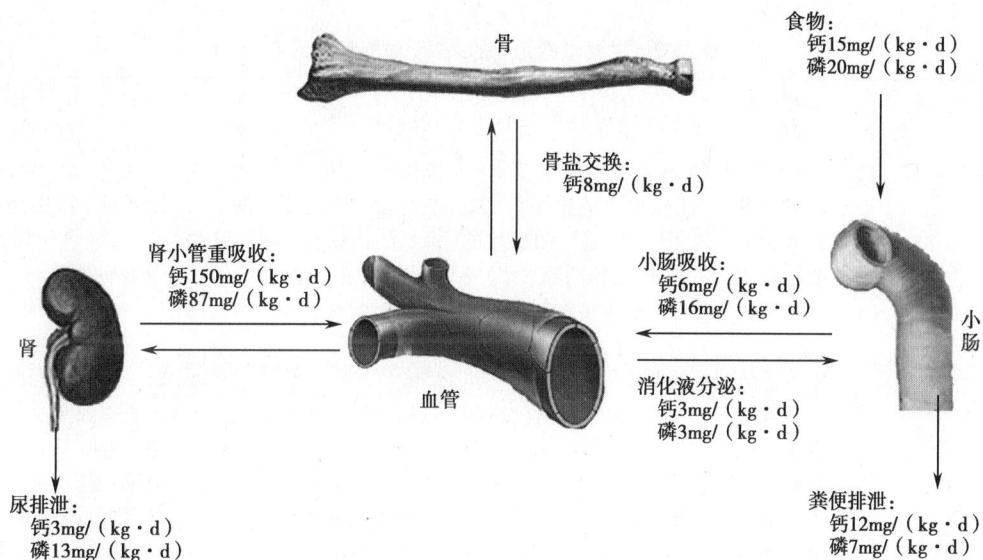

图 21-1 人体内钙磷代谢与动态平衡

表 21-1 钙和磷代谢受三种激素的调节

激素	靶器官	小肠钙吸收	溶骨	成骨	尿钙	尿磷	血钙	血磷	临床意义
活性维生素D $1,25\text{-}(OH)_2D_3$	小肠和骨	↑↑	↑		↓	↓	↑	↑	缺乏:儿童佝偻病,成人骨软化症,中老年骨质疏松 中毒:高血钙症,尿路结石
甲状旁腺激素 PTH	骨和肾	↑	↑↑	↓	↓	↑	↑	↓	降低:甲状腺手术切除所致的甲状旁腺功能减退症、肾功能衰竭和甲状腺功能亢进所致的非甲状旁腺性高血钙症 增高:原发性甲状旁腺功能亢进、异位性甲状旁腺功能亢进、继发于肾病的甲状旁腺功能亢进
降钙素 CT	骨和肾	↓	↓↓	↑	↑	↑	↓	↓	降低:重度甲状腺功能亢进、甲状腺发育不全 增高:甲状腺细胞良性腺瘤、甲状腺癌、恶性贫血、急性或慢性肾功能衰竭、甲状腺功能亢进

第二节 微量元素

微量元素(trace element, microelement):指人体每日需要量在 100mg 以下的化学元素。主要包括铁、碘、铜、锌、锰、硒、氟、钼、钴、铬、钒、锡、镍、硅等。

多数微量元素能与蛋白质、酶的辅基、激素和维生素结合而发挥作用,如 50%～70% 的酶需要微量元素参与组成或作为必需的激活剂。一般膳食中并不缺乏,摄入不足可引起特征性生化紊乱、缺乏病或病理变化。若补给过多,则有害无益,甚至发生中毒症(表 21-2)。

必需微量元素缺乏的原因如下:

1. 饮食和饮水中供应不足;
2. 膳食中必需微量元素的吸收率降低;
3. 需要量增加;
4. 遗传性缺陷病。

表 21-2 主要微量元素的来源、功能和缺乏症

名称	占体重的%	体内总量	运输和储存形式	主要作用	每日需要量	主要食物来源	缺乏/过量引起的主要疾病或症状
铁	0.005 7%	4～5g	运铁蛋白和铁蛋白分别是铁的运输和储存形式 75% 的铁存在于铁卟啉化合物中,25% 存在于非铁卟啉含铁化合物中	1. 铁是血红蛋白、肌红蛋白、细胞色素系统、铁硫蛋白、过氧化物酶及过氧化氢酶等的重要组成部分,在气体运输、生物氧化和酶促反应中均发挥重要作用 2. 铁能增加人体对疾病的抵抗力,通过调节体温达到增强人体抵抗力的作用	成年男性和绝经后妇女每日约需铁 10mg 生育期妇女每日约需 15mg 儿童在生长发育期、妇女在妊娠哺乳期对铁的需要量增加	在菠菜、瘦肉、蛋黄、动物肝脏中含量较高	铁缺乏:是一种常见的营养缺乏病,特别是在婴幼儿、孕妇、哺乳期妇女和素食者中更易发生。1. 小细胞低血色素性贫血或缺铁性贫血 2. 组织缺铁和含铁酶活性降低,表现为上皮组织损害,如口炎、舌炎、浅表或萎缩性胃炎和胃酸缺乏等,并可导致皮肤干燥、毛发干枯及脱落、指甲薄易裂等

续表

名称	占体重的%	体内总量	运输和储存形式	主要作用	每日需要量	主要食物来源	缺乏/过量引起的主要疾病或症状
铁				3.铁在人体内能起到调节组织呼吸的作用，从而防止过度疲劳 4.促进人体发育，包括促进大脑和身体各种功能的发育			3.神经精神症状：如容易兴奋、烦躁、头痛等。少数有异食癖。 铁中毒：主要原因为持续摄入铁过多或误服大量铁剂。体内铁沉积过多可引起肺、肝、肾、心、胰等处的含铁血黄素沉着而出现血色素沉着症，并可导致栓塞性病变和纤维变性，出现肝硬化、肝癌、糖尿病、心肌病、皮肤色素沉着、内分泌紊乱、关节炎等
锌	0.003 3%	1.5~2.5g	清蛋白和金属硫蛋白分别参与锌的运输和储存	1.参加人体内许多金属酶的组成，锌是人机体中200多种酶的组成成分 2.参与体内多种物质的代谢，促进生长发育和组织再生、具有免疫调节、抗氧化、抗细胞凋亡和抗炎作用 3.人类基因组可编码300余种锌指蛋白。锌指结构在转录调控中起重要作用 4.维持器官和性功能的正常	每日需锌15~20mg，不同年龄人群锌的需要量不同，1~9岁需10mg，10岁以上为15mg，孕妇和哺乳期女性为20mg	锌在鱼类、肉类、动物肝肾中含量较高	1.锌缺乏可引起食欲不振等胃肠道症状，味觉异常，可表现为"异嗜癖" 2.缺锌可导致生长发育停滞、身材矮小，形如侏儒。可引起骨骼的异常，表现为下肢关节出现炎性改变 3.青少年缺锌可出现性发育缓慢、性成熟延迟、性器官呈幼稚型、性功能下降、精子减少等；女性可出现月经不正常或停止，无生育能力等 4.锌缺乏时，还可出现贫血、伤口愈合缓慢、皮肤粗糙、肢端皮炎、易患感冒等。孕妇缺锌甚止可引起胎儿畸形
铜	1.4×10⁻⁴%	80~110mg	血液中约60%的铜与铜蓝蛋白紧密结合，其余的与清蛋白疏松结合或与组氨酸形成复合物	1.铜是体内多种酶的辅基，含铜的酶多以氧分子或氧的衍生物为底物。如细胞色素氧化酶、胞质超氧化物歧化酶等 2.铜蓝蛋白可催化 Fe^{2+} 氧化成 Fe^{3+}，后者转入运铁蛋白，有利于铁的运输 3.铜通过增强血管生成素对内皮细胞的亲和力、增加血管内皮生长因子和相关细胞因子的表达与分泌，促进血管生成	成人每日需铜约1~3mg，孕妇和成长期的青少年可略有增加	铜在动物肝脏、肾、鱼、虾、蛤蜊中含量较高；果汁、红糖中也有一定含量	1.人体内缺少铜可引起小细胞低色素性贫血 2.缺铜可导致骨骼改变，临床表现为骨质疏松，易发生骨折 3.缺铜可能引发冠心病、白癜风病等病症 4.女性缺铜元素有可能导致不孕症的出现 5.铜摄入过多也会引起中毒现象，如蓝绿粪便、唾液以及行动障碍等 6.铜代谢异常的遗传病：wilson病（肝豆状核变性），Menke病等

续表

名称	占体重的%	体内总量	运输和储存形式	主要作用	每日需要量	主要食物来源	缺乏/过量引起的主要疾病或症状
锰	$3.0\times10^{-5}\%$	$12\sim20mg$	大部分锰与血浆中γ-球蛋白和清蛋白结合而运输	1. 体内锰主要是多种酶的组成成分和激活剂。锰金属酶有精氨酸酶、RNA聚合酶等 2. 促进骨骼的生长发育 3. 体内正常免疫功能、血糖与细胞能量调节、生殖、消化、骨骼生长、抗自由基等均需要锰	成人每日需$2\sim5mg$	食物中茶叶、坚果、粗粮、干豆含锰最多，蔬菜和干鲜果中锰的含量略高于肉、乳和水产品，鱼肝、鸡肝含锰量比其肉多	1. 锰缺乏症状可影响生殖能力，有可能使后代先天性畸形 2. 锰缺乏可引起骨和软骨的形成不正常 3. 锰的缺乏可引起神经衰弱综合征，影响智力发育 4. 锰缺乏可导致胰岛素合成和分泌降低，影响糖代谢 5. 锰是一种原浆毒，可引起慢性神经系统中毒，表现为锥体外系的功能障碍，并可引起眼球集合能力减弱，眼球震颤、睑裂扩大等 6. 锰可抑制呼吸链中复合物Ⅰ和ATP酶的活性，造成氧自由基的过量产生。锰干扰多巴胺的代谢，导致精神病和帕金森神经功能障碍（锰疯狂）
硒	$2\times10^{-7}\%$	$14\sim21mg$	大部分硒与α和β球蛋白结合，小部分与VLDL结合而运输主要以含硒蛋白质形式存在	1. 硒以硒代半胱氨酸形式参与多种重要硒蛋白的组成 2. 硒和维生素E都是抗氧化剂，二者相辅相成，可减慢因氧化而引起的衰老变化的速度 3. 活化免疫系统，可能具有预防癌症的作用 4. 硒是维持心脏正常功能的重要元素 5. 硒是构成谷胱甘肽过氧化物酶的活性成分，能防止胰岛β细胞氧化破坏，使其功能正常，促进糖份代谢、降低血糖和尿糖 6. 硒的解毒、排毒，与金属的结合的能力很强	成人日需要量在$30\sim50\mu g$	富含硒的食品有啤酒酵母、小麦胚芽、大蒜、芦笋、蘑菇、芝麻及海产品等	1. 世界上不同地区的土壤中含硒量不同，影响食用植物中硒的含量，从而影响人类硒的摄取量 2. 缺硒可引发很多疾病，如糖尿病、心血管疾病等 3. 克山病和大骨节病都被认为是由于地域性生长的农作物中含硒量低引起的地方病 4. 缺少硒元素还会导致精神萎靡不振，精子活力下降，易患感冒等
碘	$4.3\times10^{-5}\%$	$25\sim50mg$	主要以碘化物的形式被吸收和转运	1. 促进生物氧化，甲状腺素能促进三羧酸循环中的生物氧化，协调生物氧化和磷酸化的偶联、调节能量转换 2. 调节蛋白质合成和分解，促进糖和脂肪代谢，甲状腺素能加速糖的吸收利用，促进糖原和脂肪分解氧化，调节血清胆固醇和磷脂浓度等	成人每日需碘$100\sim300\mu g$	海带、紫菜、海鱼、海盐等中含量丰富	不同年龄人缺碘可引起不同的缺乏症： 1. 成人缺碘可引起甲状腺肿大（甲状腺肿），严重可致发育停滞、痴呆 2. 胎儿期缺碘可致死胎、早产及先天畸形 3. 新生儿期缺碘则表现为甲状腺功能低下

名称	占体重的%	体内总量	运输和储存形式	主要作用	每日需要量	主要食物来源	缺乏/过量引起的主要疾病或症状
碘				3. 增强酶的活力，甲状腺素能活化体内100多种酶，如细胞色素酶系、琥珀酸氧化酶系、碱性磷酸酶等 4. 促进生长发育，甲状腺素促进骨骼的发育和蛋白质合成，维护中枢神经系统的正常结构			4. 儿童和青春期缺碘则引起地方性甲状腺肿、地方性甲状腺功能减低症以及单纯性聋哑
钴	$2.0\times10^{-8}\%$	1.1mg	钴以维生素 B_{12} 和 B_{12} 辅酶形式运输和储存于肝脏	1. 钴的作用主要以维生素 B_{12} 和 B_{12} 辅酶形式发挥其生物学作用 2. 钴可激活很多酶，如能增加人体唾液中淀粉酶的活性，能增加胰淀粉酶和脂肪酶的活性等	人体对钴的需要量小于1μg/d	绿叶蔬菜含钴量较高，而奶和奶制品含钴量较低	1. 钴缺乏常表现为维生素B12缺乏的一系列症状，可引起巨幼红细胞贫血 2. 甲状腺素的合成可能需要钴，钴能抵抗碘缺乏产生的影响 3. 经常注射钴或者暴露于含有过量的钴的环境中，就有可能引起钴中毒
氟	$3.0\times10^{-8}\%$	2～6g	氟主要与球蛋白结合，少量以氟化物形式运输	1. 氟可防止龋齿。氟能与羟磷灰石吸附，取代其羟基形成氟磷灰石，从而加强对龋齿的抵抗作用 2. 氟还可直接刺激细胞膜中G蛋白，启动细胞内cAMP或磷脂酰肌醇信号系统，引起广泛生物效应 3. 氟对骨骼的作用主要在于氟可以增强骨骼，预防骨质疏松症等骨症	氟的生理需要量每日为0.5～1.0mg	氟的主要来源是饮用水。食物以鳕鱼、鲑鱼、沙丁鱼等海鲜类食物居多	1. 缺氟可导致龋齿 2. 缺乏可引起骨质疏松、骨骼生长缓慢等 3. 氟过量可出现氟中毒现象。氟中毒的主要症状为"氟骨症"和"氟斑牙"，以及白内障，并影响肾上腺、生殖腺等多种器官的功能
铬	$1.1\times10^{-6}\%$	6mg	主要以铬化合的形式转运	三价的铬是对人体有益的元素，而六价铬毒性较大。 1. 体内葡萄糖耐量因子的重要组成成分，它能增强胰岛素的生物学作用，可通过活化葡萄糖磷酸变位酶而加快体内葡萄糖的利用，并促使葡萄糖转化为脂肪 2. 影响脂质代谢：铬能抑制胆固醇的生物合成，降低血清总胆固醇和甘油三酯（三酰甘油）含量以及升高高密度脂蛋白胆固醇含量。老年人缺铬时易患糖尿病和动脉粥样硬化 3. 促进蛋白质代谢和生长发育	每日需要量为30～40μg	谷类、豆类、海藻类、啤酒酵母、乳制品和肉类是铬的最好来源，尤以肝含量丰富	1. 因膳食因素所致铬摄取不足而引起的缺乏症未见报道。若铬缺乏，主要表现为胰岛素的有效性降低，造成葡萄糖耐量受损，血清胆固醇和血糖上升 2. 但过量可出现铬中毒。六价铬的毒性比三价铬高约100倍，但不同化合物毒性不同。临床上铬及其化合物主要侵害皮肤和呼吸道，出现皮肤黏膜的刺激和腐蚀作用，如皮炎、溃疡、咽炎、胃痛、胃肠道溃疡，伴有周身酸痛、乏力等，严重者发生急性肾功能衰竭

名称	占体重的%	体内总量	运输和储存形式	主要作用	每日需要量	主要食物来源	缺乏/过量引起的主要疾病或症状
铬				4. 铬中毒是指人体内的血液和尿液中铬的含量超过正常标准,主要表现为胰岛素的有效性降低,造成葡萄糖耐量受损,血清胆固醇和血糖上升			
钒	$1.4×10^{-6}$%	25mg	血液中约95%的钒以离子状态(VO^{2+})与转铁蛋白结合而运输	1. 钒可能通过与磷酸和Mg^{2+}竞争结合配体干扰细胞的生化反应过程 2. 促进骨骼及牙齿生长,协助脂肪代谢的正常化,协助神经和肌肉的正常运作等	每日需要量为60μg	日常食用的蔬菜韭菜、西红柿、茄子等含比较丰富的钒,坚果和海产品等钒含量次之,而肉类和水果中的钒含量则比较少	1. 人体钒缺乏引起的症状尚不清楚。最被认可的钒缺乏研究(1987年)为钒缺乏的山羊表现出流产率增加和产奶量降低 2. 钒因食物摄入引起的中毒十分罕见,且不易在体内蓄积,但每天摄入量过大(10mg以上或每克食物中含钒10~20μg),可发生中毒,通常表现为生长缓慢、腹泻、摄入量减少等
硅	$1.4×10^{-6}$%	18mg	血液中的硅不与蛋白质结合,几乎全部以非解离的单晶硅的形式存在	1. 硅是胶原组成成分之一,在胶原形成过程中脯氨酸的羟基化需脯氨酰羟化酶,而此酶具有最大活性时则需要硅的存在;硅可使糖胺聚糖互相连结,连接的糖胺聚糖可与蛋白质结合形成纤维结构,可增加结缔组织的弹性和强度,并维持其结构的完整性 2. 硅参与骨的钙化作用,在钙化初始阶段起作用,食物中的硅能增加钙化的速度	每日需要量为20~50mg	燕麦、薏米、玉米、稻谷等天然谷物含有丰富的硅,动物肝脏、肉类、蔬菜以及水果也含有硅	1. 人和动物血管壁中硅含量与粥样硬化程度呈反比 2. 经呼吸道长期吸入大量含硅的粉尘,可引起硅沉着病
镍	$1.4×10^{-5}$%	6~10mg	镍主要与清蛋白结合而运输	1. 镍可激活多种酶,包括葡萄糖-6-磷酸脱氢酶、乳酸脱氢酶、异柠檬酸脱氢酶、苹果酸脱氢酶和谷氨酸脱氢酶等 2. 镍参与激素作用和生物大分子的结构稳定性及新陈代谢 3. 镍参与多种酶蛋白的组成,并具有刺激造血、促进红细胞生成的作用	每日生理需要量为25~35μg	丝瓜、蘑菇、大豆以及茶叶等镍的含量较高,肉类和海产类镍含量较多,植物性食品镍的含量比动物性食品高	1. 缺镍可引起葡萄糖-6-磷酸脱氢酶、乳酸脱氢酶、异柠檬酸脱氢酶、苹果酸脱氢酶和谷氨酸脱氢酶等合成减少、活性降低,影响NADH的生成、糖的无氧酵解、三羧酸循环等代谢 2. 人体内严重缺乏镍时,可影响到铁的功能的发挥,导致骨髓的造血功能降低,易患上贫血症 3. 同时它又是胰岛素辅酶的组成部分,缺乏时还会影响糖类的代谢,也易导致糖尿病的生成 4. 镍是最常见的致敏性金属元素

续表

名称	占体重的%	体内总量	运输和储存形式	主要作用	每日需要量	主要食物来源	缺乏/过量引起的主要疾病或症状
钼	7.0×10^{-6}%	9mg	钼以钼酸根的形式与血液中的红细胞松散结合而转运	1. 钼是三种含钼酶（黄嘌呤氧化酶、醛氧化酶和亚硫酸盐氧化酶）的辅基 2. 促进骨骼及牙齿生长，协助脂肪代谢的正常化，协助神经和肌肉的正常运作	成人适宜摄入量为每日60μg	最高可耐受摄入量为每日350μg。 动物肝脏、绿豆、纳豆、蛋、牛奶、糙米和肉类等食物均含有钼	1. 缺钼可导致儿童和青少年生长发育不良、智力发育迟缓 2. 缺钼与克山病、肾结石和大骨节病等疾病的发生有关 3. 缺钼使得亚硝酸还原成氧降低，与亚硝酸在体内富集有关
锡	4.3×10^{-5}%		锡主要以游离的形式存在于血液中	1. 胸腺能合成抗肿瘤的锡化合物，具有抑制癌细胞的生成的作用 2. 锡因其促进蛋白质和核酸的合成而有利于身体的生长发育，并影响血红蛋白的功能和促进伤口的愈合	3.5μg	正常饮食的食物中所含锡能满足人体的需要。脏腑类和谷类是锡的良好来源。	1. 缺锡可导致蛋白质和核酸代谢的异常，从而阻碍生长发育，若严重缺锡发生在儿童，有可能导致侏儒症的发生 2. 食用锡污染的水果罐头，可出现恶心、呕吐、腹泻等急性胃肠炎症状 3. 锡冶炼工人在高锡烟尘浓度环境中工作，可能发生锡尘肺 4. 锡中毒可引起血清中钙含量降低

（汪　渊）

第二十二章
癌基因和抑癌基因

导致基因水平细胞癌变原因 {

1. 原癌基因或抑癌基因结构或表达调控异常，原癌基因活化或抑癌基因失活

2. 基因组维护基因突变失活，导致基因组不稳定，间接通过增加基因突变频率、使原癌基因或抑癌基因突变引发肿瘤发生

}

第一节 癌 基 因

原癌基因与病毒癌基因 {

原癌基因：原癌基因及其表达产物是细胞正常生理功能重要组成部分，原癌基因编码的蛋白质在正常条件下并不具致癌活性，原癌基因突变活化或表达水平升高有致癌活性，转变为癌基因。癌基因是导致细胞发生恶性转化和诱发癌症的基因

病毒癌基因：肿瘤病毒（RNA肿瘤病毒和DNA肿瘤病毒）基因组中的癌基因，不编码病毒结构功能蛋白。急性转化逆转录病毒含有癌基因，能迅速在几天内诱发肿瘤。慢性转化逆转录病毒不含有癌基因，将其基因组插入宿主细胞原癌基因附近，激活原癌基因诱发肿瘤。DNA病毒癌基因是基因组不可或缺的，病毒复制是必需的

}

一、原癌因是人类基因组中具有正常功能的基因

表 22-1　原癌基因的特点

1. 进化上高度保守

2. 广泛存在生物界，从单细胞酵母、无脊椎生物到脊椎动物和人类正常细胞

3. 维持正常细胞生理功能、调控细胞生长、增殖和分化

4. 某些因素（如放射线、有害化学物质等）作用下，原癌基因结构异常或表达失控，变为癌基因，细胞生长增殖和分化异常，恶性转化成肿瘤

表 22-2　原癌基因的分类及其功能举例

类别	癌基因	基因产物与功能
SRC 家族	SRC LCK	产物具有酪氨酸激酶活性，激活能促进细胞增殖
RAS 家族	H-RAS K-RAS N-RAS	编码低分子量 G 蛋白。突变后其 GTP 酶活性丧失，RAS 处于持续活化状态，导致细胞内增殖信号持续开放

续表

类别	癌基因	基因产物与功能
MYC 家族	*C-MYC* *N-MYC* *L-MYC*	编码 MYC 蛋白,作为转录因子直接调节其他基因转录;或与 MAX 蛋白形成异二聚体,与特异顺式作用元件结合,活化靶基因转录。MYC 蛋白促进细胞增殖

二、某些病毒的基因组中含有癌基因

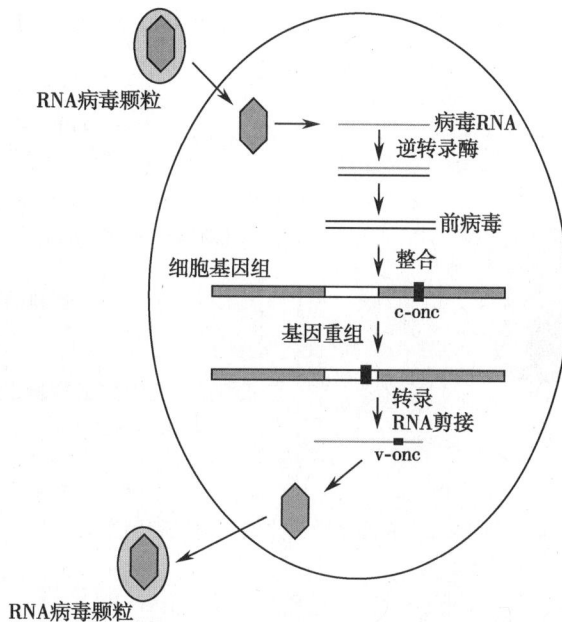

图 22-1　RNA 病毒从宿主细胞基因组获得癌基因过程示意图

三、原癌基因有多种活化机制

表 22-3　原癌基因四种活化机制

1. 基因突变导致原癌基因编码蛋白质持续激活。碱基替换、缺失或插入,激活原癌基因
2. 基因扩增致原癌基因过量表达。基因扩增可致编码产物过量表达,细胞发生转化
3. 染色体易位致原癌基因表达增强或产生新融合基因。染色体易位使原癌基因易位至强的启动子或增强子附近,转录水平极大提高。染色体易位导致新的融合基因
4. 获得启动子或增强子致原癌基因表达增强。染色体易位使原癌基因获得增强子被活化。前病毒 DNA 恰好整合到原癌基因附近或内部,致原癌基因表达成为病毒启动子或增强子控制对象,致该原癌基因过度表达

　　不同癌基因有不同激活方式,一种癌基因有几种激活方式。两种或更多原癌基因活化有协同作用,抑癌基因失活产生协同作用(图 22-2)。

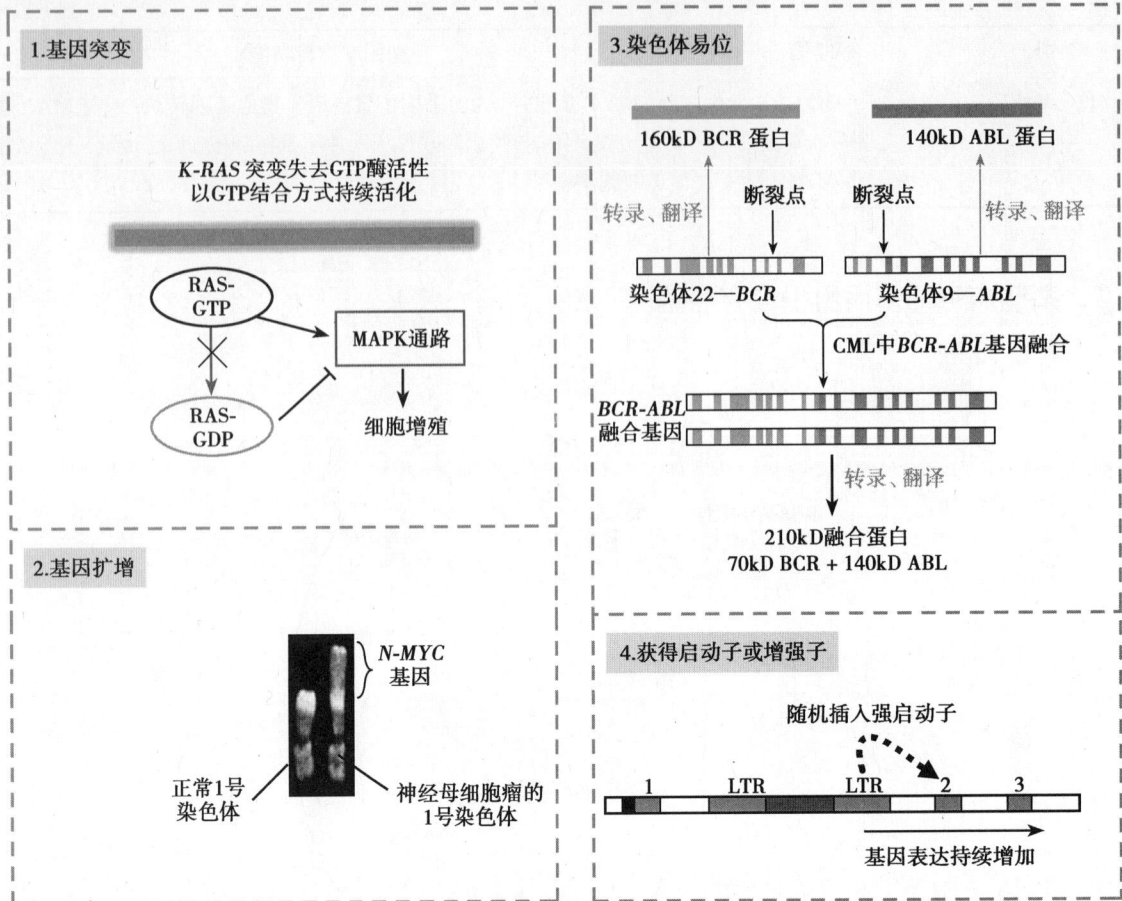

图 22-2　原癌基因活化的四种机制示意图

四、原癌基因编码的蛋白质与生长因子密切关系

生长因子(growth factor)是一类由细胞分泌的、类似于激素的信号分子,具有调节细胞生长与分化的作用。多数为肽类或蛋白质类物质(表 22-4)。

表 22-4　常见生长因子举例

生长因子名称	组织来源	功能
表皮生长因子(EGF)	唾液腺、巨噬细胞、血小板等	促进表皮和上皮细胞生长,尤其消化道上皮细胞增殖
肝细胞生长因子(HGF)	间质细胞	促进细胞分化和细胞迁移
促红细胞生成素(EPO)	肾	调节红细胞发育
类胰岛素生长因子(IGF)	血清	促进硫酸盐掺入软骨组织促进软骨细胞分裂、对多种组织细胞起胰岛素样作用
神经生长因子(NGF)	颌下腺含量高	营养交感和某些感觉神经元、防止神经元退化
血小板源生长因子(PDGF)	血小板、平滑肌细胞	促进间质和胶质细胞生长、促血管生成
转化生长因子 α(TGF-α)	肿瘤细胞、巨噬细胞、神经细胞	作用类似 EGF,促细胞恶性转化
转化生长因子 β(TGF-β)	肾、血小板	对某些细胞增殖促进和抑制双向作用
血管内皮生长因子(VEGF)	低氧应激细胞	促进血管内皮细胞增殖和新生血管形成

表 22-5　三种生长因子作用模式（据产生细胞与靶细胞间关系）

1. **内分泌方式**
   生长因子由细胞分泌，通过血液运输，作用于远端靶细胞

2. **旁分泌方式**
   细胞分泌生长因子作用于邻近其他类型细胞，对合成、分泌生长因子细胞自身不发生作用，因其缺乏相应受体

3. **自分泌方式**
   生长因子作用在合成和分泌该生长因子细胞本身

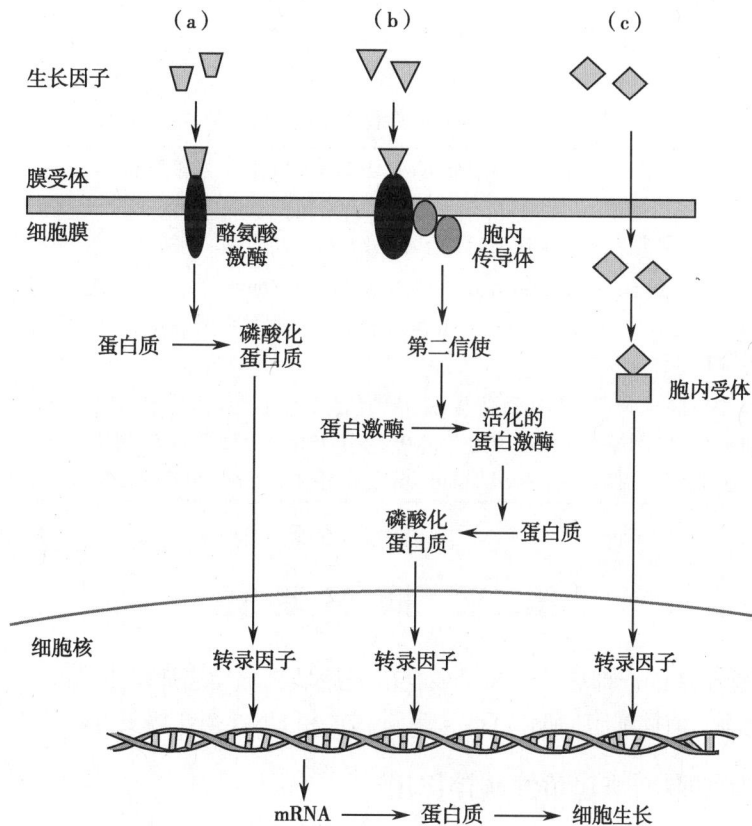

图 22-3　生长因子通过细胞内信号转导发挥功能

（a）生长因子作用于膜表面酪氨酸蛋白激酶受体，生长因子与这类受体结合使其酪氨酸激酶活化，进一步使胞内相关蛋白被直接磷酸化。这些被磷酸化的蛋白质再活化核内的转录因子，引发基因转录；（b）生长因子作用于膜上的受体，产生第二信使，使蛋白激酶活化，活化的蛋白激酶使胞内相关蛋白质磷酸化。这些被磷酸化的蛋白质再活化核内的转录因子，促进基因转录，调节生长与分化；（c）生长因子与胞内相应受体结合后，形成生长因子 - 受体复合物，后者进入胞核活化相关基因促进细胞生长

表 22-6　原癌基因编码蛋白质分类及功能举例

类别	癌基因名称	作用
细胞外生长因子	*SIS*	PDGF-2
	INT-2	FGF 同类物，促进增殖
跨膜生长因子受体	*EGFR*	EGF 受体，促进增殖
	HER2	EGF 受体类似物，促进增殖
	FMS	CSF-1 受体，促进增殖
	KIT	SCF 受体，促进增殖
	TRK	NGF 受体

续表

类别	癌基因名称	作用
细胞内信号转导分子	SRC、ABL	与受体结合转导信号
	RAF	MAPK 通路重要分子
	RAS	MAPK 通路重要分子
核内转录因子	MYC	促进增殖相关基因表达
	FOS、JUN	促进增殖相关基因表达

五、癌基因是肿瘤治疗的重要分子靶点

表 22-7　癌基因是肿瘤治疗重要分子靶点

1. BRAF（v-raf murine sarcoma viral oncogene homolog B1）　BRAF 编码丝 / 苏氨酸激酶，MAPK 信号通路的分子，调控细胞增殖、分化。*BRAF* 基因突变，60% 黑素瘤 *BRAF* 突变，第 600 位氨基酸由缬氨酸突变为谷氨酸（V600E），BRAF 持续激活。维莫非尼（Vemurafenib）作用 V600E 突变，阻断突变 BRAF 活性，抑制肿瘤生长

2. HER2（human epidermal growth factor receptor-2）　HER2 是蛋白酪氨酸激酶活性的表皮生长因子受体，激活下游信号通路，促进细胞增殖和抑制细胞凋亡。*HER2* 基因在 30% 乳腺癌中发生扩增或过度表达。注射用曲妥珠单抗（赫赛汀，Herceptin）单克隆抗体抑制 HER2 过度表达

3. BCR-ABL　慢性髓性白血病（CML）9 号染色体与 22 号染色体发生易位，产生癌基因 *BCR-ABL*，编码蛋白质持续活化蛋白酪氨酸激酶，促细胞增殖，增加基因组不稳定。CML 患者 95% 伴随 *BCR-ABL* 融合基因，一些急性淋巴白血病患者也存在 *BCR-ABL* 融合基因。伊马替尼（Gleevec, imatinib）是特异性酪氨酸激酶抑制剂

第二节　抑癌基因

　　抑癌基因称肿瘤抑制基因。抑癌基因部分或全部失活显著增加癌症发生风险。抑癌基因对细胞增殖负性调控，抑制细胞增殖、调控细胞周期检查点、促进凋亡和 DNA 损伤修复等。

一、抑癌基因对细胞增殖起负性调控作用

表 22-8　常见的抑癌基因及编码产物

名称	染色体定位	相关肿瘤	编码产物及功能
TP53	17p13.1	多种肿瘤	转录因子 p53，细胞周期负调节和 DNA 损伤后凋亡
RB	13q14.2	视网膜母细胞瘤、骨肉瘤	转录因子 p105 RB
PTEN	10q23.3	胶质瘤、膀胱癌、前列腺癌、子宫内膜癌	磷脂类信使去磷酸化，抑制 PI3K/AKT 通路
P16	9p21	肺癌、乳腺癌、胰腺癌、食管癌、黑素瘤	p16 蛋白，细胞周期检查点负调节
P21	6p21	前列腺癌	抑制 CDK1、2、4 和 6
APC	5q22.2	结肠癌、胃癌等	G 蛋白，细胞黏附与信号转导
DCC	18q21	结肠癌	表面糖蛋白（细胞黏附分子）
NF1	7q12.2	神经纤维瘤	GTP 酶激活剂
NF2	22q12.2	神经鞘膜瘤、脑膜瘤	连接膜与细胞骨架蛋白质
VHL	3p25.3	小细胞肺癌、宫颈癌、肾癌	转录调节蛋白
WT1	11p13	肾母细胞瘤	转录因子

二、抑癌基因有多种失活机制

表 22-9　抑癌基因常见三种失活方式

1. 基因突变导致抑癌基因编码的蛋白质功能丧失或降低　抑癌基因发生突变使其编码蛋白质发生功能失去突变。如抑癌基因 *TP53* 突变

2. 杂合性丢失导致抑癌基因彻底失活　一对杂合等位基因变成纯合状态现象叫杂合性丢失。杂合性丢失是肿瘤细胞异常遗传学现象，杂合性丢失区域就是抑癌基因所在区域。*RB* 等位基因发生杂合性丢失时，抑癌基因 *RB* 彻底失活，抑癌作用失去，导致视网膜母细胞瘤

3. 启动子区甲基化导致抑癌基因表达抑制　抑癌基因启动子区 CpG 岛高度甲基化，抑癌基因不表达或低表达。70% 散发肾癌患者存在抑癌基因 *VHL* 启动子区甲基化失活；家族性腺瘤息肉 *APC* 基因启动子区高度甲基化转录被抑制，*APC* 基因失活，引起 β- 连环蛋白积累，结肠癌发生

三、抑癌基因在肿瘤发生发展中具有重要作用

（一）RB 主要通过调控细胞周期检查点而发挥其抑癌功能

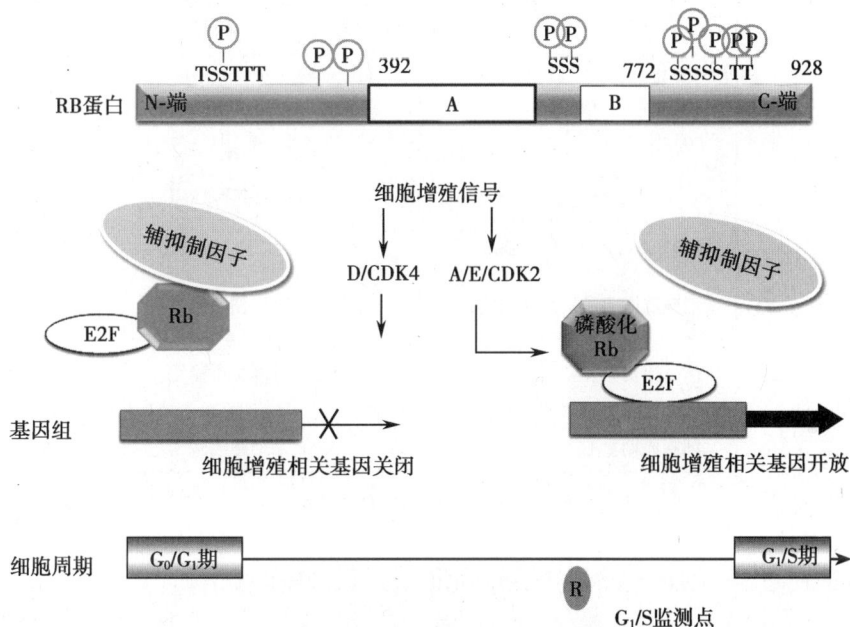

图 22-4　RB 磷酸化与细胞周期控制

　　RB 蛋白存在磷酸化和去磷酸化两种不同状态，去磷酸化或者低磷酸化状态有活性，磷酸化 RB 蛋白失活。正常情况下，细胞处在 G_1 期，细胞内 RB 为低磷酸化状态，低磷酸化 RB 结构域结合 E2F-1 并使之失活，S 期产物二氢叶酸还原酶、胸苷激酶、DNA 聚合酶 α 合成受限，细胞周期进展抑制，细胞不能通过 G_1/S 期检查点。*RB* 基因失活，RB 蛋白为高磷酸化状态，高磷酸化 RB 不与 E2F-1 结合，E2F-1 促进某些基因转录，细胞通过 G_1/S 检查点。*RB* 基因缺失致细胞周期失控，细胞异常增殖。

（二）*TP53* 主要通过调控 DNA 损伤应答和诱发细胞凋亡而发挥其抑癌功能

表 22-10　p53 蛋白与肿瘤

基因结构
　　TP53 基因位于染色体 17p13.1，全长 16～20kb，含有 11 个外显子，转录 2.8kb 的 mRNA

蛋白结构
　　1. *TP53* 基因表达产物 p53 蛋白由 393 个氨基酸构成
　　2. 在正常细胞内以同源 4 聚体的形式存在

3. 含 3 个主要功能区　①转录激活结构域;②DNA 结合结构域,多数 *TP53* 基因突变都发生在编码其 DNA 结合结构域,是 p53 发挥其生物学功能的分子结构基础;③寡聚结构域、富含脯氨酸区和核定位序列等多个结构域

正常生理功能

1. 监视细胞染色体 DNA 完整性。野生型 p53 蛋白对维持细胞正常生长、抑制恶性增殖起重要作用,获"基因组卫士"

2. 细胞染色体 DNA 受损坏时,p53 表达水平迅速升高,p53 蛋白中某些丝氨酸残基被磷酸化激活。激活的 p53 核转位,调控下游靶基因转录

3. DNA 修复失败,p53 蛋白激活一些靶基因 *BAX* 转录致细胞凋亡,阻断癌变

TP53 突变与肿瘤

1. *TP53* 是人类肿瘤中突变最广泛的肿瘤抑制基因

2. *Tp53* 突变后,DNA 损伤不能有效修复并不断累积,基因组不稳定,肿瘤发生

3. 突变的 p53 与野生型 p53 形成杂 4 聚体,不具备 DNA 结合能力,一个等位基因发生突变时,另一正常等位基因将功能性失活

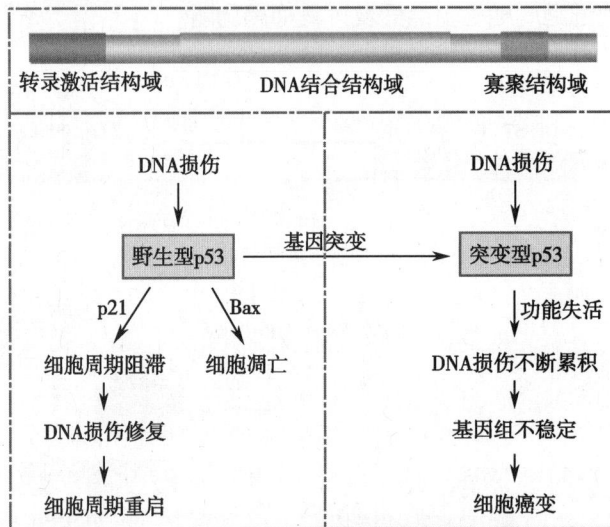

图 22-5　p53 的结构与功能

(三) *PTEN* 主要通过抑制 PI3K/AKT 信号通路而发挥其抑癌功能

表 22-11　PTEN 与肿瘤

基因结构

人 *PTEN* 基因定位于染色体 10q23.3,含 9 个外显子和 8 个内含子,编码 5.15kb 的 mRNA

蛋白结构

1. PTEN 蛋白由 403 个氨基酸残基组成,分子量约为 56kD

2. PTEN 包括 3 个结构功能域　①N- 端磷酸酶结构区由第 1～185 位氨基酸构成,第 5 外显子编码,是 PTEN 发挥肿瘤抑制活性的主要功能区。该区可与整合素、酪氨酸激酶、黏着斑激酶等形成复合物,参与细胞生长调节。另外,PTEN 与肌动蛋白纤维细丝局部黏附,在肿瘤浸润、转移、血管生成中起一定作用;②C2 区由第 186～351 位氨基酸构成,PTEN 通过 C2 区结合于膜磷脂,参与 PTEN 在胞膜的有效定位和胞内细胞信号转导,对 C2 区进行诱变,导致 PTEN 肿瘤抑制活性降低;③C- 端区由羧基端的 50 个氨基酸残基组成,该区调节 PTEN 自身稳定性和酶活性具有重要作用

PTEN 与肿瘤抑制

1. PTEN 有磷脂酰肌醇 -3,4,5- 三磷酸(PIP$_3$)3- 磷酸酶活性,将 PIP$_3$ 转化成 PIP$_2$,PIP$_3$ 是 PI3K/Akt 信号通路成员,介导胰岛素、表皮生长因子等细胞生长因子刺激的细胞增殖。高表达 PTEN,降低 PIP3 水平,抑制细胞生长

2. PTEN 催化黏着斑激酶(focal adhesion kinase, FAK)去磷酸化,抑制整联蛋白介导的细胞铺展和迁移,PTEN 表达抑制或失活与肿瘤细胞的转移相关

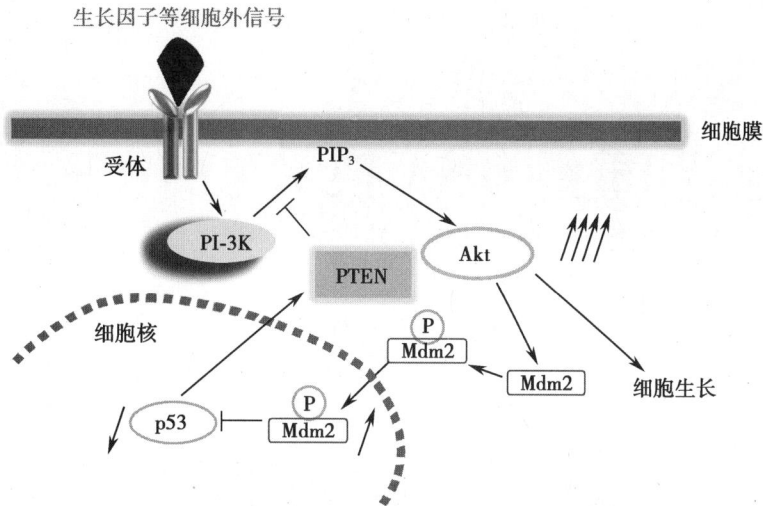

图 22-6　*PTEN* 通过阻断 PI3K/AKT 信号通路抑制细胞的生长增殖

四、肿瘤发生发展涉及癌基因和抑癌基因的共同参与

肿瘤发生与多种异常基因协同作用相关,是逐步发展的过程。例如,结肠癌的发生发展过程可分为 6 个阶段,每一阶段都与某种基因异常改变相关(图 22-7)。

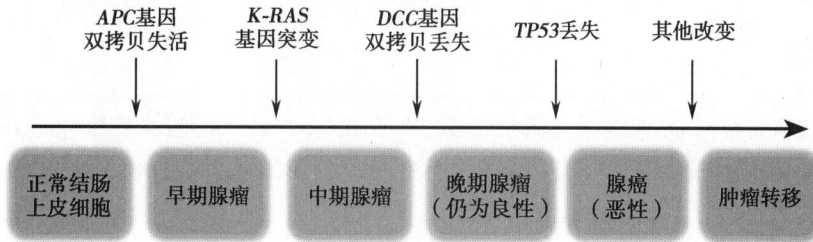

图 22-7　从基因角度认识结肠癌的发生和发展

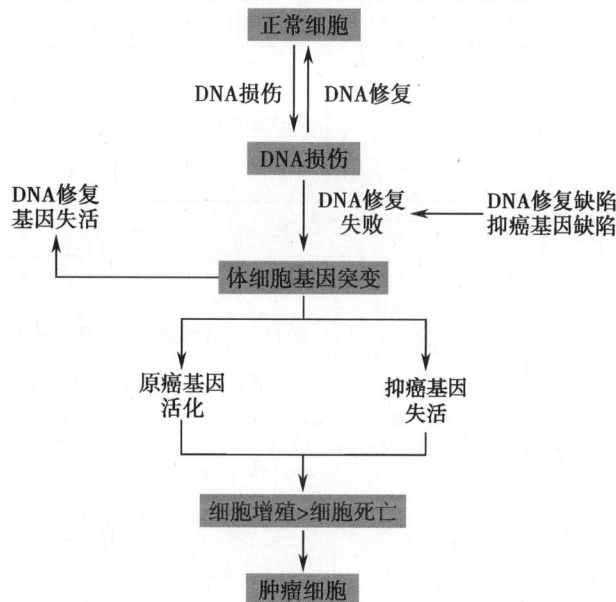

图 22-8　促进正常细胞向肿瘤细胞转化因素

抑癌基因过量表达诱导细胞发生凋亡,原癌基因激活抑制凋亡,细胞凋亡异常与肿瘤的发生发展密切相关。

(汪长东)

第二十三章
DNA 重组和重组 DNA 技术

DNA 重组（DNA recombination）是指 DNA 分子内或分子间发生的遗传信息的重新共价组合过程，包括同源重组、特异位点重组和转座重组等类型，广泛存在于各类生物中，构成了基因变异、物种进化或演变的遗传基础；体外通过人工 DNA 重组可获得重组体 DNA，是基因工程中的关键步骤。

第一节　自然界的 DNA 重组和基因转移

一、同源重组

发生在两个相似或相同 DNA 分子之间核苷酸序列互换的过程，又称基本重组（general recombination）。利用同源重组的原理进行基因敲除或基因敲入（也称基因打靶），是将遗传改变引入靶生物体的一种有效方式。

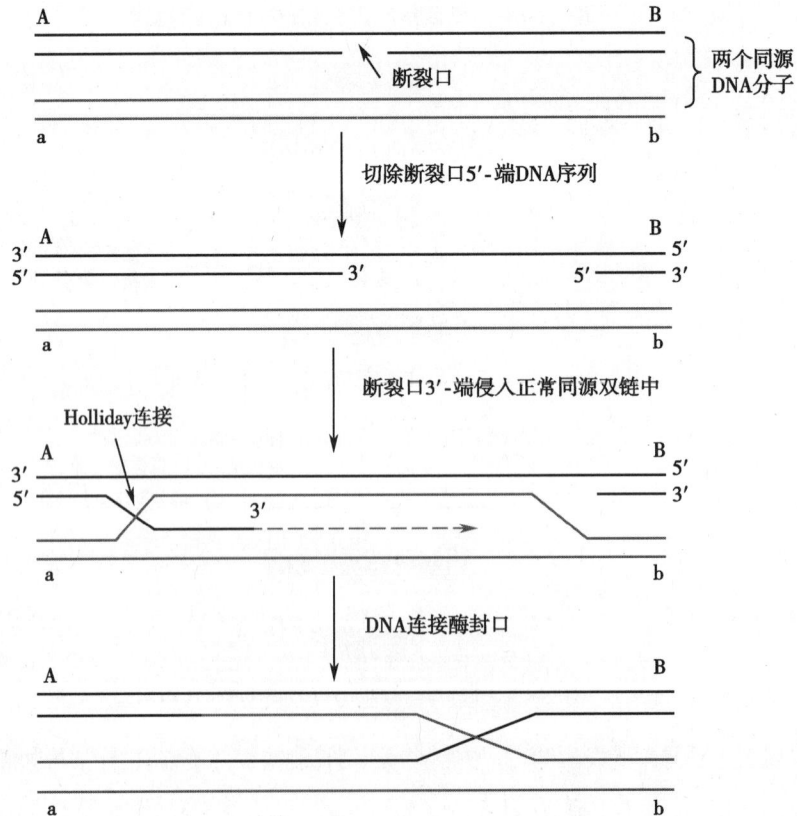

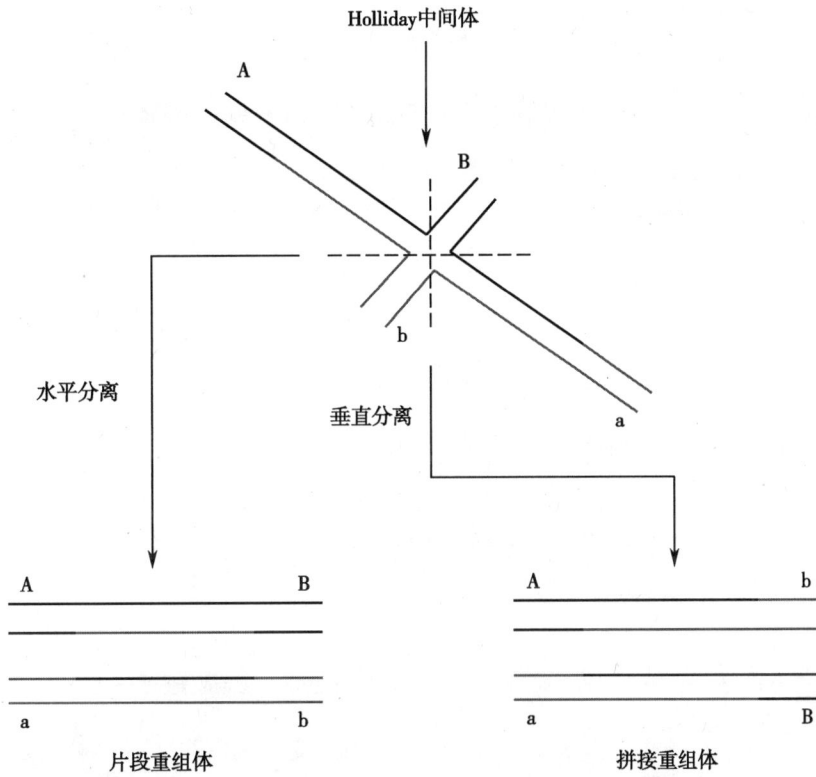

图 23-1　同源重组的 Holliday 模型

二、位点特异性重组

发生在至少拥有一定程度序列同源性片段间 DNA 链的互换过程,也称保守的位点特异性重组(conservative site-specific recombination)。

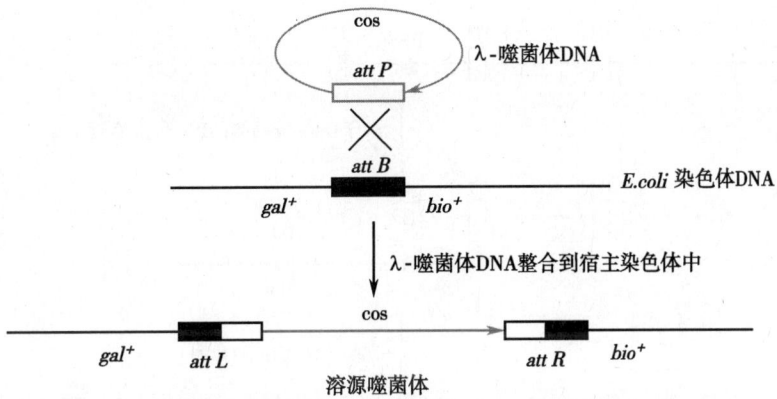

图 23-2　λ噬菌体 DNA 与大肠杆菌基因组 DNA 的位点特异性重组

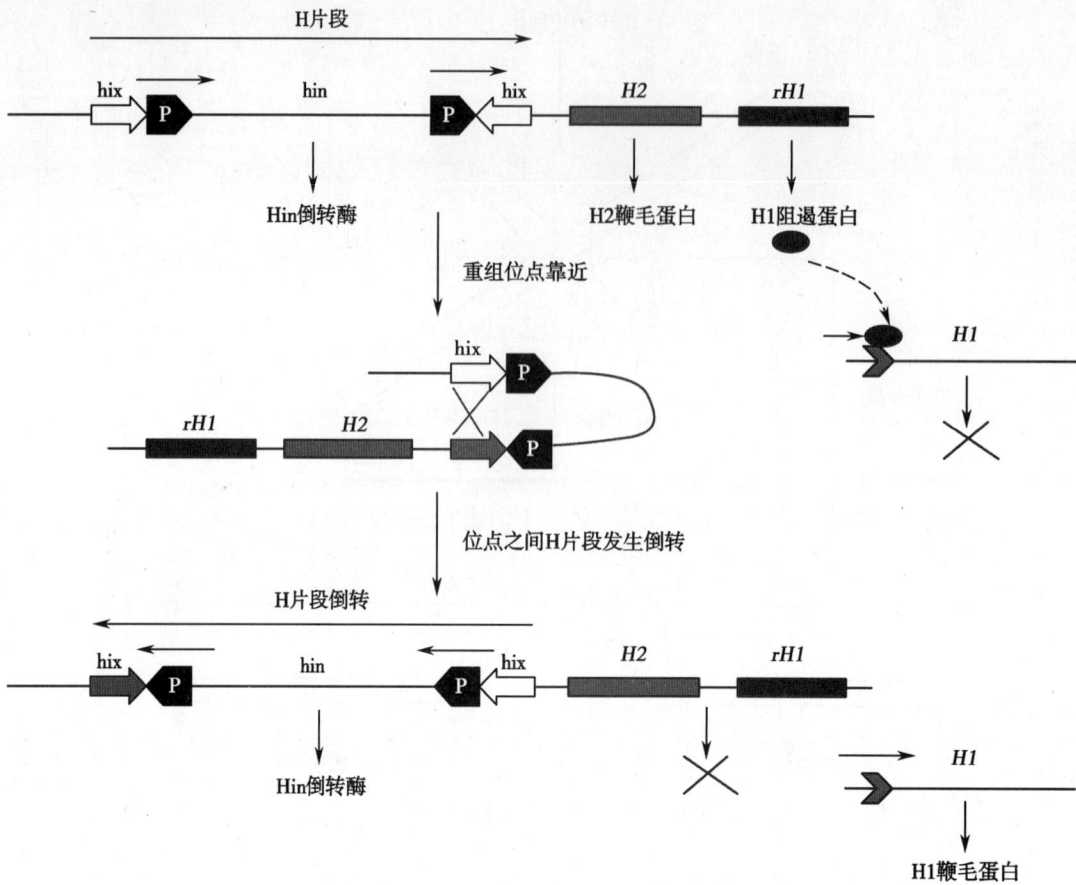

图 23-3　沙门菌 H 片段倒位决定鞭毛相转变
hix 为 14bp 的反向重复序列; *rH1* 为 H1 阻遏蛋白编码基因; P 代表启动子

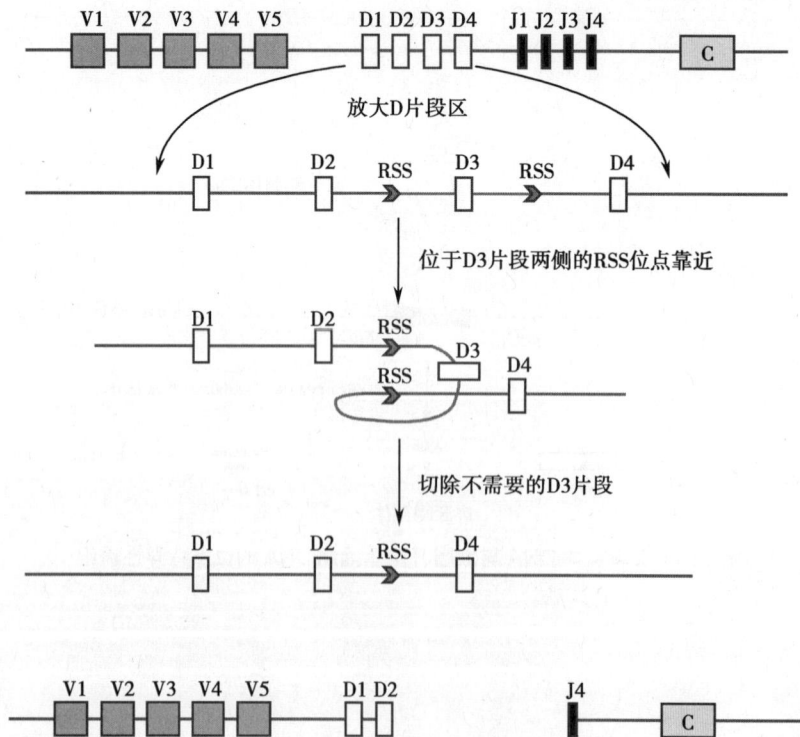

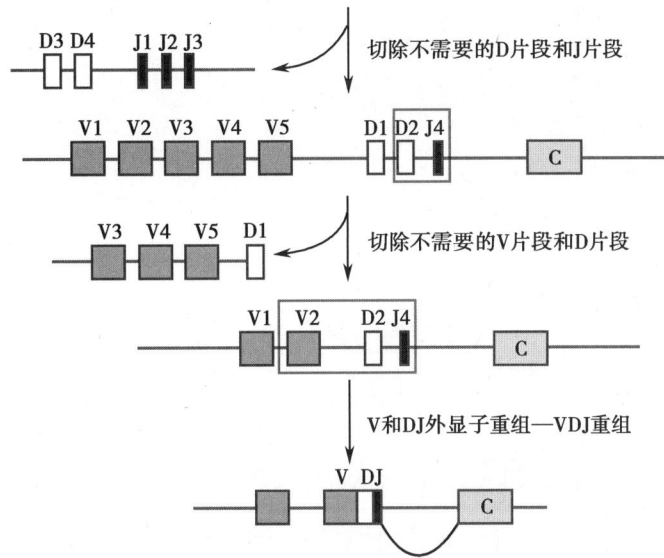

图 23-4　免疫球蛋白基因 V-D-J 重排过程

三、转座重组

　　大多数基因在基因组内的位置是固定的，但有些基因可以从一个位置移动到另一位置。这些可移动的 DNA 序列包括插入序列和转座子。由插入序列和转座子介导的基因移位或重排称为转座（transposition）。

（一）插入序列

　　能在基因（组）内部或基因（组）间改变自身位置的一段 DNA 序列。通常是转座子的一种，只携带与自身转座有关的编码基因，具有独特的结构特征：两端是反向重复序列（inverted repeat，IR），中间是一个转座酶（transposase）编码基因，后者的表达产物可引起插入序列（insertion sequence，IS）转座。典型的 IS 两端各一个 9～41bp 的反向重复序列，反向重复序列侧翼连接有短的（4～12bp）、不同的 IS 所特有的正向重复序列。

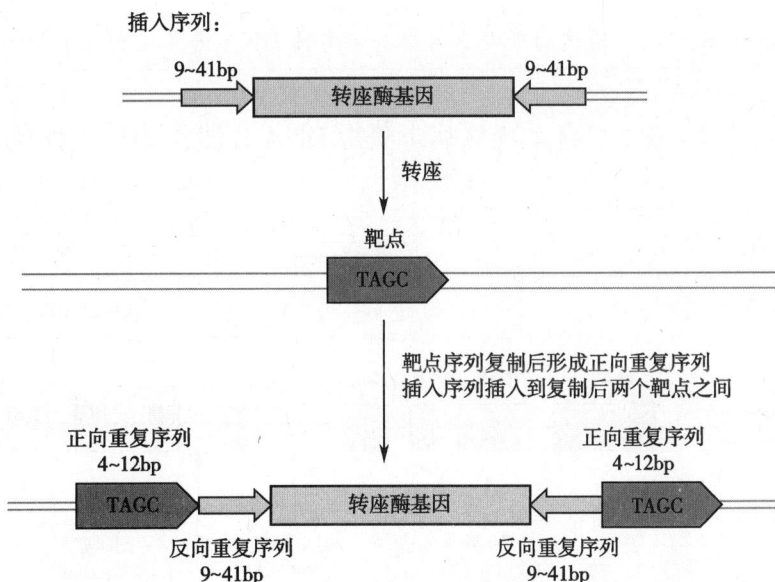

图 23-5　IS 的保守性转座

（二）转座子

能将自身或其拷贝插入基因组新位置的 DNA 序列，一般属于复合型转座子（composite transposon），有一个中心区域，两边侧翼序列是插入序列（IS），除有与转座有关的编码基因外，还携带其他基因如抗生素抗性基因等。

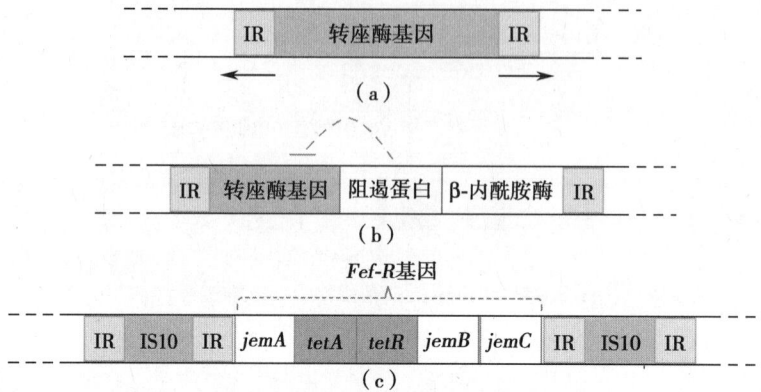

图 23-6　细菌的可移动元件

（a）IS：转座酶编码基因两侧连接反向重复序列（IR）；（b）转座子 Tn3：含有转座酶、β- 内酰胺酶及阻遏蛋白编码基因；（c）转座子 Tn10：含四环素抗性基因（*Ref-R* 基因）及两个相同的插入序列 IS101

四、接合、转化和转导

接合作用（conjugation）是指细菌的遗传物质在细菌细胞间通过细胞 - 细胞直接接触或细胞间桥样连接的转移过程。

转化作用（transformation）是指受体菌通过细胞膜直接从周围环境中摄取并掺入外源遗传物质引起自身遗传改变的过程，受体菌必须处于敏化状态，这种敏化状态可以通过自然饥饿、生长密度或实验室诱导而达到。

转导作用（transduction）是指由病毒或病毒载体介导外源 DNA 进入靶细胞的过程。

五、细菌可通过 CRISPR/Cas 系统从病毒获得 DNA 片段作为获得性免疫机制

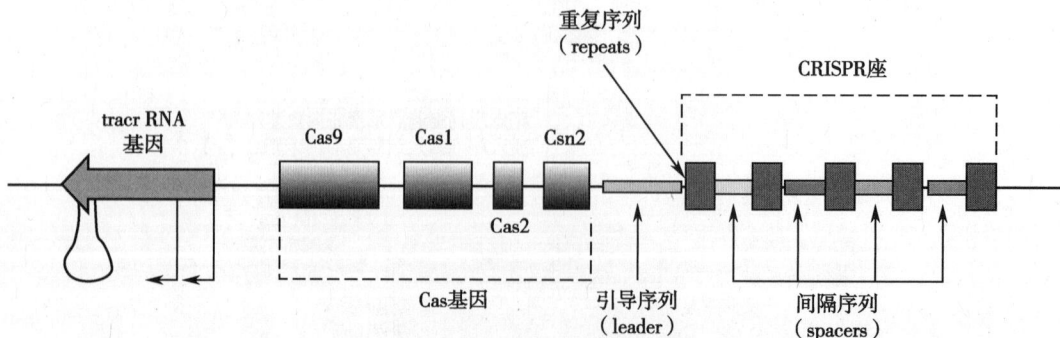

图 23-7　CRISPR 座结构特征

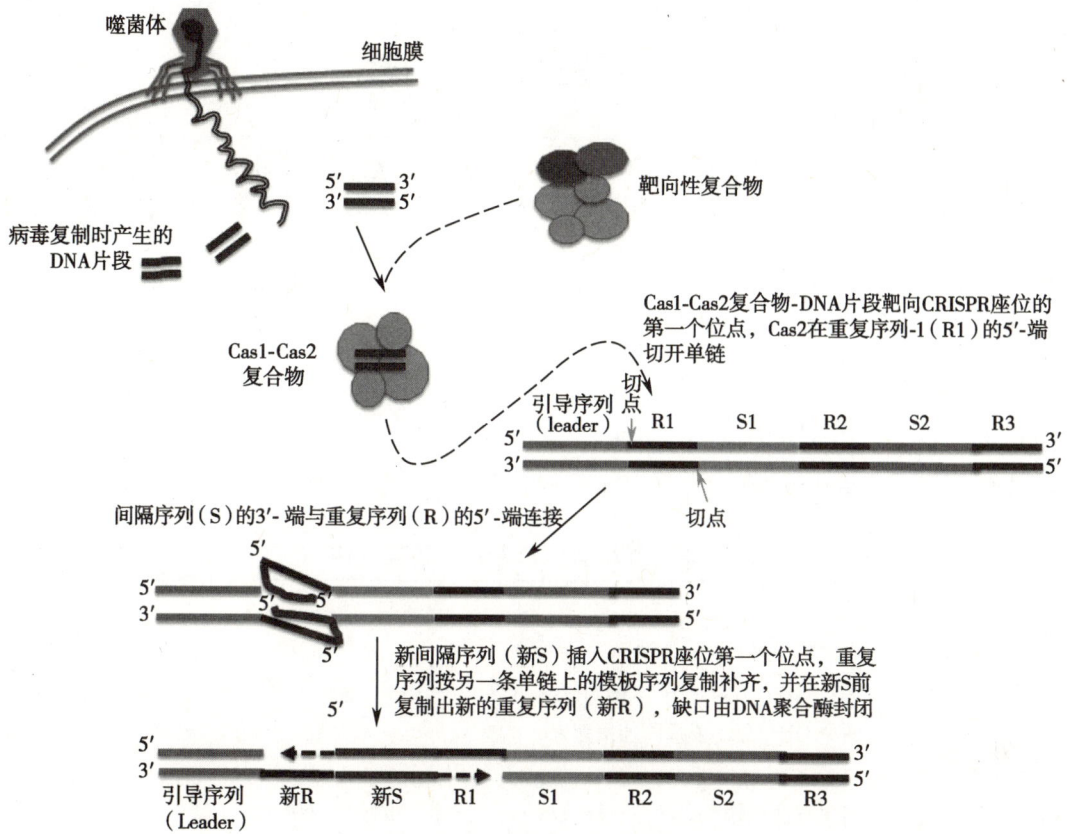

图 23-8   DNA 片段插入 CRISPR 阵列

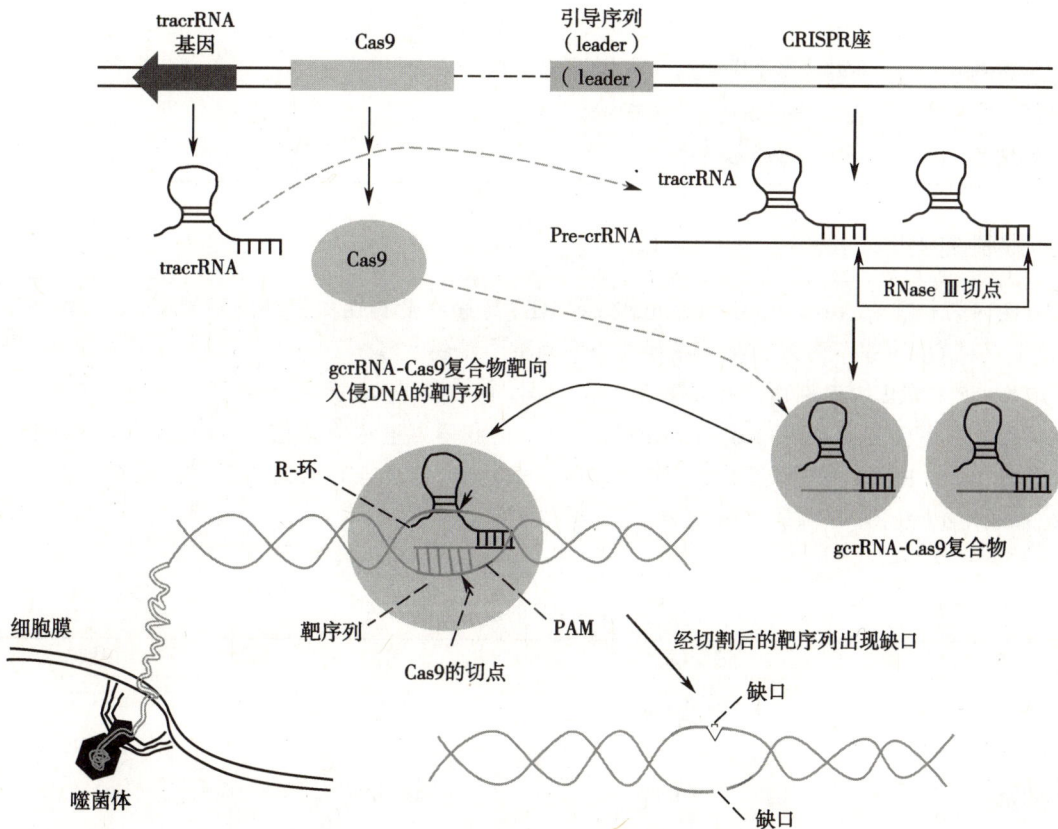

图 23-9   CRISPR/Cas9 系统的获得性免疫机制

第二节　重组 DNA 技术

重组 DNA 技术又称分子克隆（molecular cloning）、DNA 克隆（DNA cloning）或基因工程（genetic engineering），是指通过体外操作将不同来源的两个或两个以上 DNA 分子重新组合，并在适当细胞中增殖形成新功能 DNA 分子的方法，其主要过程包括：在体外将目的 DNA 片段与能自主复制的遗传元件（又称载体）连接，形成重组 DNA 分子，进而在受体细胞中复制、扩增及克隆化，从而获得单一 DNA 分子的大量拷贝。

一、重组 DNA 技术中常用的工具酶

（一）常用工具酶具有各自功能

表 23-1　重组 DNA 技术中常用的工具酶

工具酶	功能
限制性内切核酸酶（RE）	识别特异序列，切割 DNA
DNA 连接酶	催化 DNA 中相邻的 5'- 磷酸基团和 3'- 羟基末端之间形成磷酸二酯键，使 DNA 切口封合或使两个 DNA 分子或片段连接起来
DNA 聚合酶 I	具有 5'→3' 聚合、3'→5' 外切及 5'→3' 外切活性，用于合成双链 cDNA 分子或片段连接；缺口平移法制作高比活性探针；DNA 序列分析；填补 3'- 末端
Klenow 片段	又名 DNA 聚合酶 I 大片段，具有完整 DNA 聚合酶 I 的 5'→3' 聚合及 3'→5' 外切活性，但缺乏 5'→3' 外切活性。常用于 cDNA 第二链合成、双链 DNA 的 3'-端标记等
逆转录酶	是以 RNA 为模板的 DNA 聚合酶，用于合成 cDNA，也用于替代 DNA 聚合酶 I 进行缺口填补、标记或 DNA 序列分析等
多聚核苷酸激酶	催化多聚核苷酸 5'- 羟基末端磷酸化或标记探针等
末端转移酶	在 3'- 羟基末端进行同质多聚物加尾
碱性磷酸酶	切除末端磷酸基团

（二）限制性内切核酸酶

限制性内切核酸酶（restriction endonuclease，RE）简称为限制性内切酶或限制酶，是一类核酸内切酶，能识别双链 DNA 分子内部的特异序列并裂解磷酸二酯键。

同尾酶：有些 RE 所识别的序列虽然不完全相同，但切割 DNA 双链后可产生相同的单链末端（黏端），这样的酶彼此互称同尾酶（isocaudarner），所产生的相同黏端称为配伍末端（compatible end）。

同裂酶：有些 RE 虽然来源不同，但能识别同一序列（切割位点可相同或不同），这样的两种酶称同切点酶（isoschizomer）或异源同工酶。

表 23-2　Ⅱ型 RE 的识别位点举例

RE	识别位点	RE	识别位点
Apa I	GGGCC'C	Sma I	CCC'GGG
	C'CCGGG		GGG'CCC
BamH I	G'GATCC	Sau3A I	GATC'
	CCTAG'G		CTAG

续表

RE	识别位点	RE	识别位点
Pst I	CTGCA'G	*Not* I	GC'GGCCGC
	G'ACGTC		CGCCGG'CG
*Eco*R I	G'AATTC	*Sfi* I	GGCCNNN'NGGCC
	CTTAA'G		CCGGN'NNNCCGG

'代表切割位点；N 代表任意碱基

二、重组 DNA 技术中常用的载体

载体（vector）是为携带目的外源 DNA 片段、实现外源 DNA 在受体细胞中无性繁殖或表达蛋白质所采用的一些 DNA 分子，按其功能可分为克隆载体和表达载体两大类，有的载体兼有克隆和表达两种功能。

（一）克隆载体

是指用于外源 DNA 片段的克隆和在受体细胞中扩增的 DNA 分子，一般应具备的基本特点：①至少有一个复制起点使载体能在宿主细胞中自主复制，并能使克隆的外源 DNA 片段得到同步扩增；②至少有一个选择标志（selection marker），从而区分含有载体和不含有载体的细胞；③有适宜的 RE 单一切点，可供外源基因插入载体。

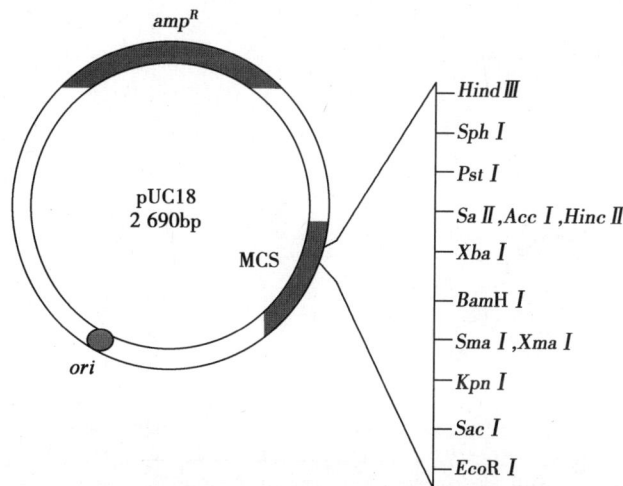

图 23-10　pUC18 质粒克隆载体图谱

（二）表达载体

用来在宿主细胞中表达外源基因的载体，依据其宿主细胞的不同可分为原核表达载体（prokaryotic expression vector）和真核表达载体（eukaryotic expression vector），它们的区别主要在于为外源基因提供的表达元件。

原核表达载体：该类载体用于在原核细胞中表达外源基因，由克隆载体发展而来，除了具有克隆载体的基本特征外，还有供外源基因有效转录和翻译的原核表达调控序列，如启动子、核糖体结合位点即 SD 序列（Shine-Dalgarno sequence）、转录终止序列等。

真核表达载体：该类载体用于在真核细胞中表达外源基因，也是由克隆载体发展而来的，除了具备克隆载体的基本特征外，所提供给外源基因的表达元件是来自真核细胞的。质粒真核表达载体一般具备的特点包括：①含有必不可少的原核序列；②真核表达调控元件；③真核细胞复制起始序列；④真核细胞药物抗性基因。

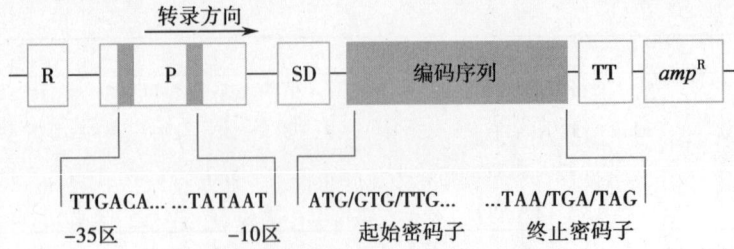

图 23-11　原核表达载体的基本框架

R：调节序列；P：启动子；SD：SD 序列；TT：转录终止序列；amp^R：氨苄青霉素抗性基因

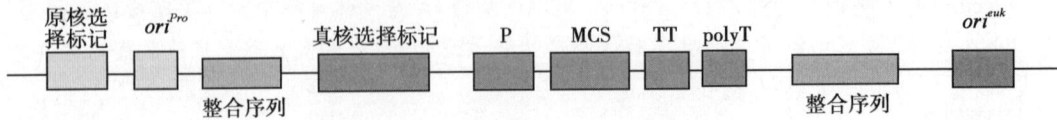

图 23-12　真核表达载体的基本组成

ori^{Pro}：原核复制起始序列；P：启动子；MCS：多克隆位点；TT：转录终止序列；ori^{euk}：真核复制起始序列。
注意不是所有真核表达载体都有整合序列

三、重组 DNA 技术的基本原理及操作步骤

DNA 克隆过程：①目的 DNA 的分离获取（分）；②载体的选择与准备（选）；③目的 DNA 与载体的连接（连）；④重组 DNA 转入受体细胞（转）；⑤重组体的筛选及鉴定（筛）。

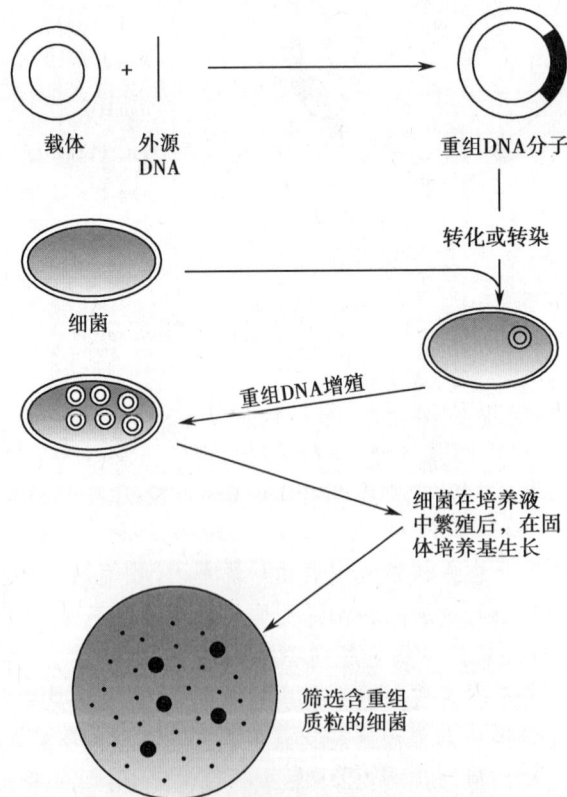

图 23-13　以质粒为载体的 DNA 克隆过程

（一）目的 DNA 的分离获取

化学合成法：直接合成目的 DNA 片段，通常用于小分子肽类基因的合成，其前提是已知某基因的核苷酸序列，或能根据氨基酸序列推导出相应核苷酸序列。一般先合成两条完全互补的单链，经退火形成双链，然后克隆于载体。

文库法：关于两种文库的构建和从文库中筛选目的 DNA/cDNA 的方法已经基本商业化，可以根据具体需求从公司订购。

PCR 法：一种高效特异的体外扩增 DNA 的方法。使用 PCR 法的前提是：已知待扩增目的基因或 DNA 片段两端的序列，并根据该序列合成适当引物。

（二）载体的选择与准备

表 23-3　不同载体的克隆容量及适宜宿主细胞

载体	插入 DNA 片段的适宜长度	宿主细胞
质粒	<5～10kb	细菌,酵母
λ 噬菌体 DNA 载体	～20kb	细菌
黏粒	～50kb	细菌
BAC	～400kb	细菌
YAC	～3Mb	酵母

BAC: bacterial artificial chromosome,细菌人工染色体；YAC: yeast artificial chromosome,酵母人工染色体

（三）目的 DNA 与载体连接

黏端连接：依靠酶切后的黏性末端进行连接,连接效率高,且具有方向性和准确性。

平端连接：目的 DNA 两端和线性化载体两端均为平端,其连接结果有三种：载体自连、载体与目的 DNA 连接和 DNA 片段自连,连接效率都较低。

黏-平端连接：目的 DNA 和载体通过一端为黏端、另一端为平端的方式进行连接。连接效率介于黏端和平端连接之间。

（四）重组 DNA 转入受体细胞

转化：是指将外源 DNA 直接导入细菌、真菌的过程,例如,重组质粒导入大肠杆菌。然而,只有细胞膜通透性增加的细菌才容易接受外源 DNA,这样的细菌称作感受态细胞（competent cells）。

转染：是指将外源 DNA 直接导入真核细胞（酵母除外）的过程。

感染：是指以病毒颗粒作为外源 DNA 运载体导入宿主细胞的过程。

（五）重组体的筛选与鉴定

重组 DNA 分子导入宿主细胞后,可通过载体携带的选择标记或目的 DNA 片段的序列特征进行筛选和鉴定,从而获得含重组 DNA 分子的宿主细胞。筛选和鉴定方法主要有遗传标志筛选法、序列特异性筛选法、亲和筛选法等。

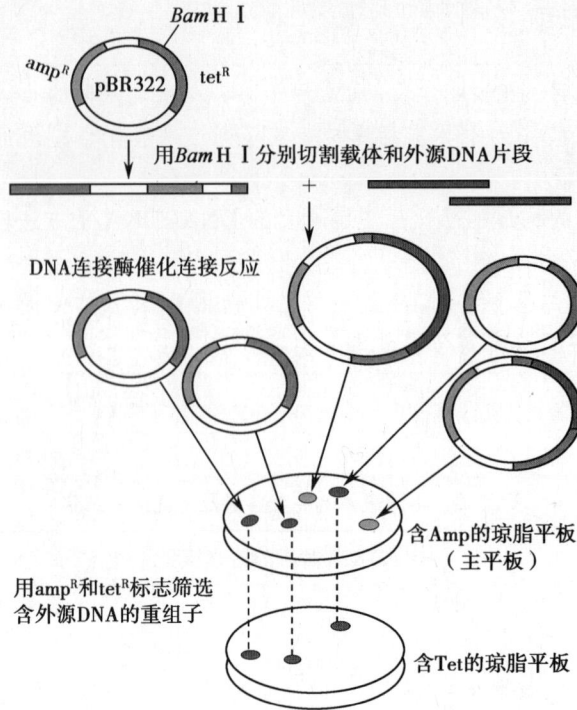

图 23-14 插入失活筛选含重组载体的宿主细胞

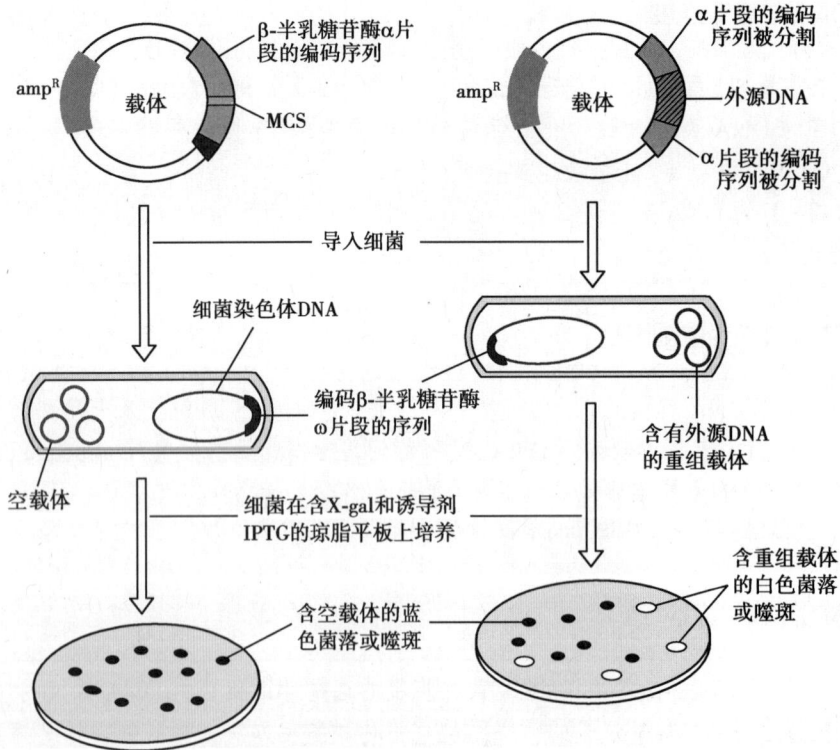

图 23-15 α 互补筛选（蓝白筛选）

RE 酶切法: 针对初筛为阳性的克隆,提取其重组 DNA,以合适的 RE 进行酶切消化,经琼脂糖凝胶电泳便可判断有无目的 DNA 片段的插入及插入片段的大小。

PCR 法: 利用序列特异性引物,经 PCR 扩增,可鉴定出含有目的 DNA 的阳性克隆。

核酸杂交法:直接筛选和鉴定含有目的 DNA 的克隆,常用方法是菌落或噬斑原位杂交法。

DNA 测序法: 该法是最准确的鉴定目的 DNA 的方法。

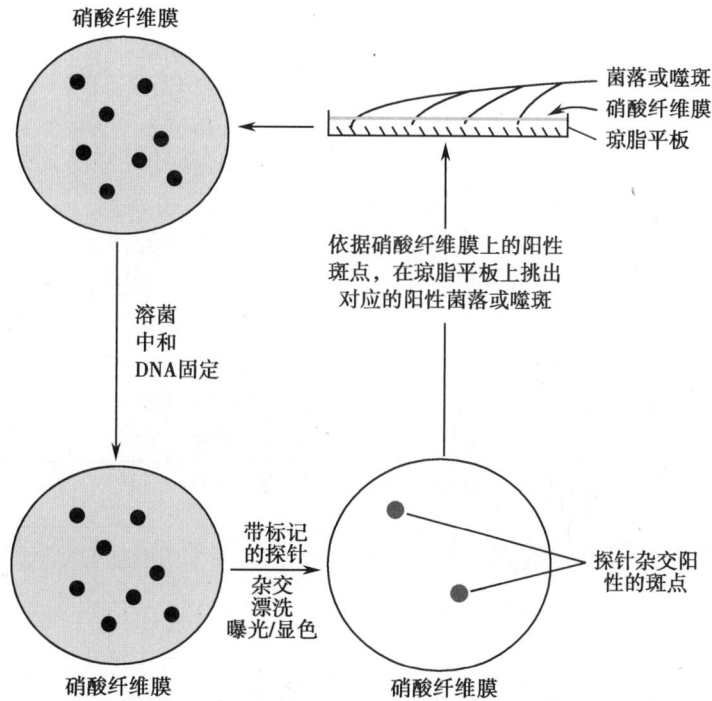

图 23-16　菌落或噬斑核酸原位杂交筛选重组体

(六) 克隆基因的表达

1. 原核表达体系

E.coli 是当前采用最多的原核表达体系。

原核表达载体的必备条件:①含 E.coli 适宜的选择标志;②具有能调控转录、产生大量 mRNA 的强启动子;③含适当的翻译控制序列;④含有合理设计的多克隆位点(multiple cloning site, MCS)。

优点:培养方法简单、迅速、经济而又适合大规模生产工艺。

缺点:①缺乏转录后加工机制;②表达产物不能被正确的折叠或糖基化修饰;③表达的蛋白质常常形成不溶性包含体;④很难表达大量的可溶性蛋白质。

2. 真核表达体系

优势:①具有转录后加工机制;②具有翻译后修饰机制;③表达的蛋白质不形成包含体(酵母除外);④表达的蛋白质不易被降解。

缺点:操作技术难、费时、费用高。

第三节　重组DNA技术在医学中的应用

表23-4　利用重组DNA技术制备的部分蛋白质/多肽类药物及疫苗

产品名称	主要功能
组织纤溶酶原激活剂	抗凝血,溶解血栓
凝血因子VⅢ/IX	促进凝血,治疗血友病
粒细胞-巨噬细胞集落刺激因子	刺激白细胞生成
促红细胞生成素	促进红细胞生成,治疗贫血
多种生长因子	刺激细胞生长与分化
生长激素	治疗侏儒症
胰岛素	治疗糖尿病
多种白细胞介素	调节免疫,调节造血
肿瘤坏死因子	杀伤肿瘤细胞,调节免疫,参与炎症
骨形态形成蛋白	修复骨缺损,促进骨折愈合
人源化单克隆抗体	利用其结合特异性进行临床诊断,肿瘤靶向治疗
重组乙肝疫苗(HBsAg VLP)	预防乙型肝炎
重组HPV疫苗(L1 VLP)	预防HPV感染
重组B亚单位霍乱菌苗	口服预防霍乱

VLP:类病毒颗粒;HBsAg:乙肝病毒表面抗原;L1 HPV:人乳头瘤病毒衣壳蛋白

（王丽颖　孙　巍）

第二十四章
常用分子生物学技术的原理及其应用

第一节　分子杂交与印迹技术

印迹技术（blotting）是指将电泳分离后的变性核酸（DNA 或 RNA）或蛋白质转移并固相化至特定膜上，再利用相应探针（标记的核酸片段）或抗体进行分子杂交的技术，包括 DNA 印迹（Southern blotting）、RNA 印迹（Northern blotting）和蛋白质印迹（Western blotting）。

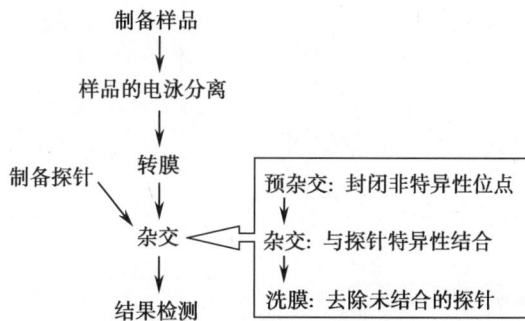

图 24-1　印迹技术的基本流程

表 24-1　印迹技术的种类与应用

种类	Southern blotting	Northern blotting	Western blotting
待测样品	变性 DNA	变性 RNA	变性蛋白质
样品分离方法	琼脂糖凝胶电泳		聚丙烯酰胺凝胶电泳
转移和固相化至膜	硝酸纤维素膜（NC 膜） 正电荷尼龙膜		硝酸纤维素膜（NC 膜） 聚偏二氟乙烯膜（PVDF 膜）
检测用分子	探针（放射性核素 / 生物素 / 荧光素标记的 DNA 或 RNA 片段）		一抗及放射性核素 / 酶 / 荧光素标记二抗
反应原理	碱基互补配对结合		抗原 - 抗体特异结合
检测方法	放射自显影、底物显色、化学发光、荧光		
应用	基因组 DNA 定性定量分析、重组质粒 / 噬菌体分析	mRNA 和非编码 RNA 定量分析	细胞中特异蛋白质的定性和半定量分析

表 24-2　核酸探针标记的种类

种类	同位素标记	非同位素标记
标记物	放射性核素（如 ^{32}P，^{3}H 等）	生物素、地高辛、荧光素
标记方法	核酸合成的酶促反应、T4 多核苷酸激酶反应	化学法、酶促法
检测方法	放射自显影	底物显色、化学发光、荧光

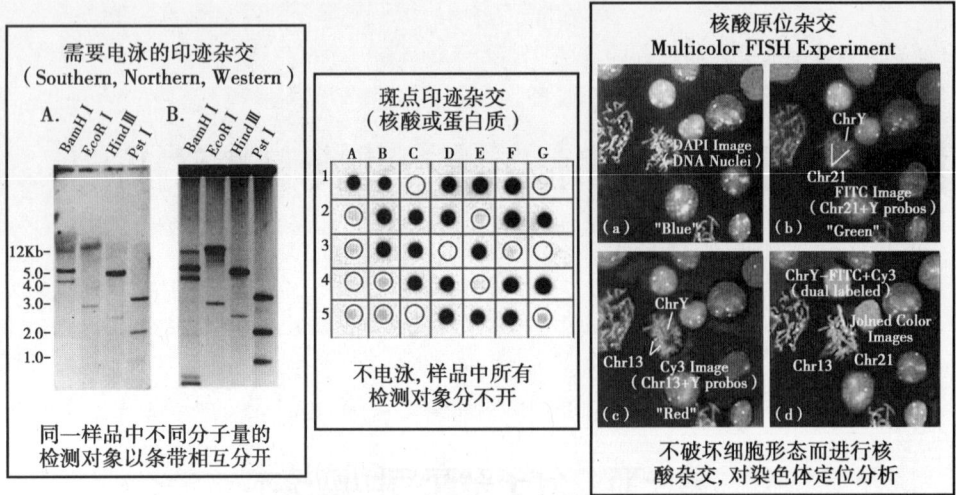

图 24-2　几种杂交结果的比较

第二节　PCR 技术的原理与应用

聚合酶链反应（polymerase chain reaction，PCR）用于体外扩增特定 DNA 片段。以待扩增的 DNA 分子为模板，以一对与模板互补的寡核苷酸片段为引物，循环进行变性、退火和延伸三步骤反应，在耐热 DNA 聚合酶作用下，大量合成子代双链 DNA 片段。

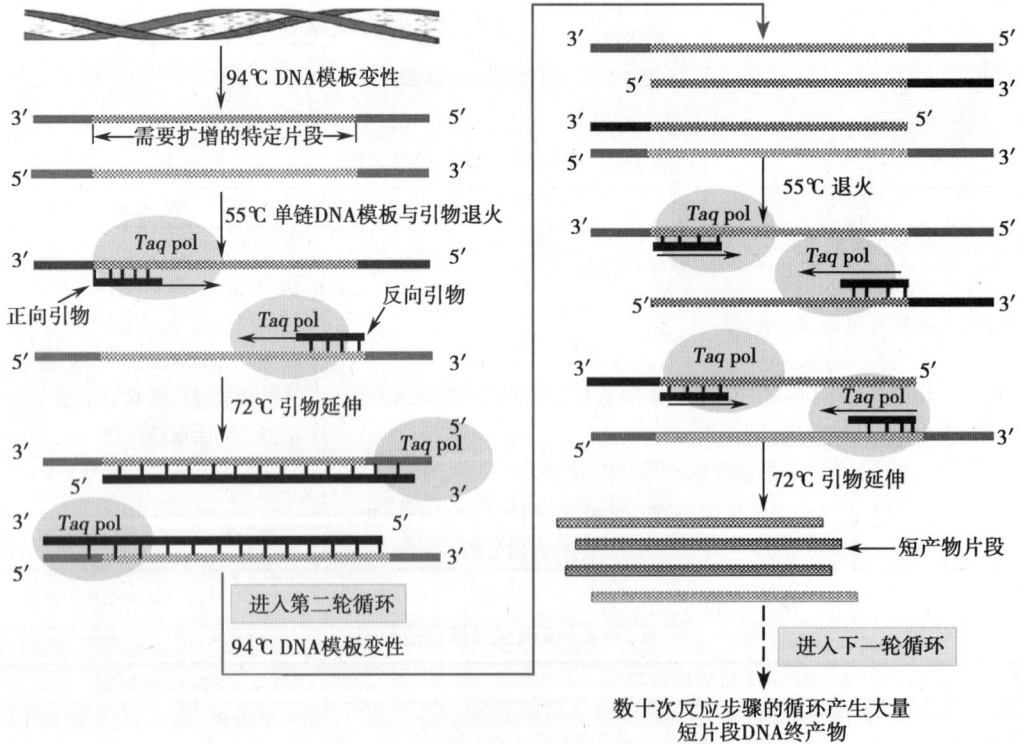

图 24-3　PCR 技术的原理

表 24-3　PCR 技术的特点与应用

		温度	发生的分子事件
PCR 反应步骤（25～30 个循环）	变性	95℃	DNA 模板的双链分离成为单链
	退火	50～60℃（低于 *Tm* 5℃）	一对引物分别与 DNA 模板互补结合
	延伸	72℃	耐热 DNA 聚合酶以 dNTP 为原料，在引物 3'- 端添加与模板互补的核苷酸，沿 5'→3' 方向延伸子链
PCR 的优点			特异性强、灵敏度高
PCR 的缺点			存在平台效应（plateau effect），不适用于定量分析
PCR 的用途			体外扩增基因、设计突变位点、微量核酸分析、核酸序列测定、基因突变分析等

表 24-4　PCR 的衍生技术

中文名称	英文名称	特点
逆转录 PCR	reverse transcription PCR	以 mRNA 为模板，先反转录成 cDNA，再进行 PCR
原位 PCR	in situ PCR	在组织切片 / 细胞涂片单个细胞内先进行 PCR 扩增目的基因，再做核酸分子杂交，可直接在细胞中定位观察
重组 PCR	recombinant PCR	设计两对含有部分重叠区域的引物，将两段 DNA 拼接成一整段 DNA
不对称 PCR	asymmetric PCR	用一对不等量引物进行 PCR，获得大量单链 DNA 产物
多重 PCR	multiplex PCR	用两对以上引物同时扩增多个靶序列
反向 PCR	reverse PCR	扩增一对引物之外两侧的 DNA 序列
锚定 PCR	anchored PCR	仅已知模板的一端引物序列，另一端加上 polyG 后采用 polyC 通用引物，进行 PCR
巢式 PCR	nested PCR	两次 PCR，第一次扩增较大区域的 DNA 片段，从中再选择较小区域的 DNA 片段进行第二次扩增
实时定量 PCR	real time PCR	表 24-5

表 24-5　实时定量 PCR 的原理、分类及应用

原理		在 PCR 反应体系中加入荧光基团，通过专用 PCR 仪实时监测荧光信号积累，记录 PCR 扩增中子链 DNA 的含量，检测结果为实时动态扩增曲线，可对反应起始的模板 DNA 精确定量
分类	非引物探针类	采用非特异性结合双链 DNA 的荧光染料（荧光强度在结合后远强于游离状态）；廉价简便；常用 SYBR Green
	引物探针类	使用荧光标记引物为探针；特异性更高；常用 TaqMan 探针法、分子信标探针法、荧光共振能量转移探针法
应用	肿瘤诊疗及预后评估	检测基因的突变、重排、易位、表达量，用于肿瘤诊断、鉴别、分型、分期、治疗及预后评估
	多态性分析	可检测单核苷酸多态性，预测个体药物反应性差异、指导个体化治疗
	病原体检测	用于细菌、病毒、支原体、衣原体检测

第三节　DNA 测序技术

表 24-6　经典 DNA 测序法

方法	双脱氧测序法（dideoxy sequencing）/ 链终止法（chain-termination method）/Sanger 法	化学降解测序法（chemical degradation sequencing）

续表

原理	采用放射性核素标记的 2′,3′-双脱氧核苷三磷酸（ddNTP）作为 DNA 链延伸的终止剂。在 4 种反应体系中分别加入 4 种不同 ddNTP 底物（A、G、C、T），DNA 聚合酶催化下结合在待测序列 DNA 模板上的引物延伸，可得到终止于相应特定碱基的一系列不同长度的 DNA 片段，后者经电泳分离加以判别、读出序列	采用放射性核素标记待测序 DNA 片段的末端后，以专一性化学试剂特异性降解，可产生 4 套含有长短不一 DNA 片段的混合物，最后通过其所带的标记读出序列
特点	全自动 DNA 序列分析的基础	费用高、难以实现自动化，现已弃用

表 24-7　全自动 DNA 测序技术

方法	第一代	新一代 高通量测序			更新一代 DNA 单分子测序
	全自动激光荧光 DNA 测序	454 测序	Solexa/Illumina 测序	SOLiD 测序	实时荧光单分子技术（SMRT）
原理	四色荧光标记 ddNTP、Sanger 法反应后，检测荧光信号	检测 dNTP 聚合释放的 PPi 经连续反应转化产生的荧光信号	检测 DNA 聚合酶催化合成中掺入的荧光标记单核苷酸	检测荧光标记寡核苷酸探针连接至 DNA 链释放的光学信号	实时监控每个波导孔内不同荧光素标记的 dNTP 聚合时释放的荧光信号
PCR	需要	乳液 PCR	桥式 PCR	乳液 PCR	—
电泳	毛细管电泳	—	—	—	—
序列读长	1kb	100～110bp	30～450bp		10kb
优点	序列读长长，准确率高	微量化、高通量、低成本			高通量，低成本，长序列产出
缺点	单序列检测、成本高	序列读长短			非检测特异性背景

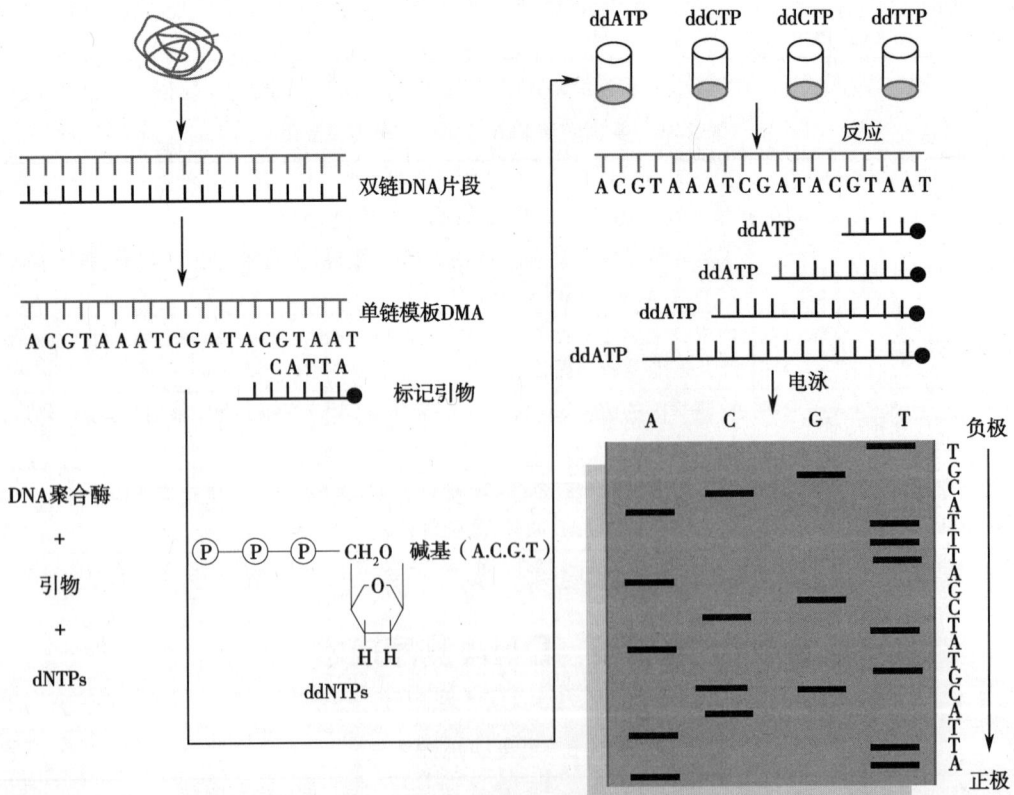

图 24-4　Sanger 双脱氧法测序原理

第四节　生物芯片技术

生物芯片技术(biochip)是指将大量生物大分子(核酸片段、蛋白质)高度密集排列于固相支持物(玻片、硅片等)的表面,然后与已标记的待测生物样品杂交,通过检测系统高效地检测并分析杂交信号的强度,从而对样品中靶分子进行定性定量分析。生物芯片包括基因芯片(gene chip)和蛋白质芯片(protein chip)。

表 24-8　生物芯片的分类

种类	基因芯片(gene chip)	蛋白质芯片(protein chip)
原理	核酸分子的碱基互补配对原则	抗原 - 抗体、受体 - 配体之间的亲和反应
固定化的探针	不同 DNA 片段点阵排列	不同蛋白质分子点阵排列
样品制备	用荧光标记待测的 DNA 混合物或 RNA 混合物	用荧光标记待测的蛋白质混合物
应用	基因差异表达、基因诊断、司法鉴定等	蛋白质差异表达、信号通路分析、药物开发、疾病诊断等

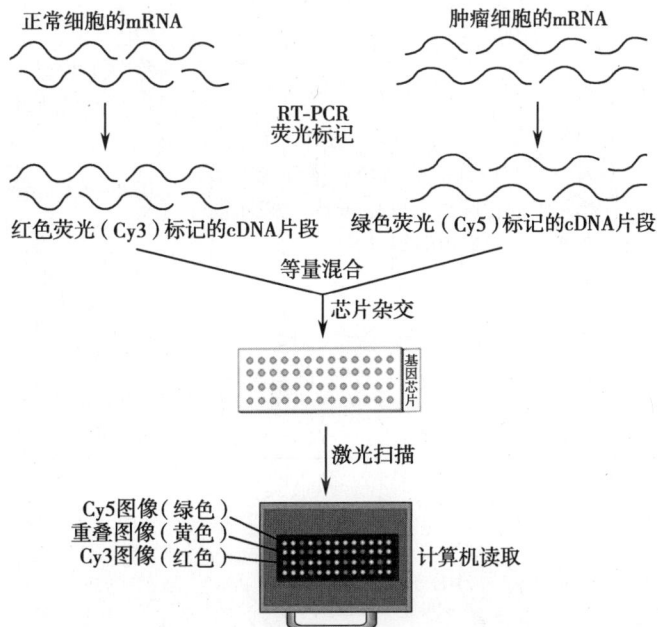

图 24-5　基因芯片工作流程示意图

第五节　蛋白质的分离、纯化与结构分析

表 24-9　蛋白质的分离纯化方法

种类		原理	特点
物理法	透析	透析袋用具有超小微孔的膜制成,可将大分子蛋白质与小分子化合物分开	透析袋上的微孔一般只允许分子量为 10kD 以下的化合物通过。用于浓缩蛋白质、盐析后除盐
	超滤	应用正压或离心力使蛋白质溶液透过有一定截留分子量的超滤膜	简便且回收率高,是蛋白质溶液浓缩的常用方法

	种类	原理	特点
沉淀法	有机溶剂沉淀	破坏蛋白质表面水化膜而使蛋白质沉淀	常用丙酮、乙醇,需在 0～4℃低温下进行,避免变性
	盐析	中和蛋白质表面电荷、破坏水化膜,各种蛋白质在不同盐浓度及 pH 下析出程度不同	常用硫酸铵、硫酸钠或氯化钠等,可初步分离蛋白质
	免疫沉淀	抗体特异识别和结合相应抗原,形成抗原抗体复合物	用于从蛋白质混合溶液中分离获得抗原蛋白
电泳法	SDS-聚丙烯酰胺凝胶(SDS-PAGE)	SDS 分子覆盖于蛋白质颗粒表面消除电荷差异,使其泳动速率取决于颗粒大小;聚丙烯酰胺凝胶具有分子筛效应	用于分离分子量大小不同的蛋白质
	等点聚焦电泳(IEE)	蛋白质在高于或低于其 pI 的溶液中为带电的颗粒,在电场中能向正极或负极移动,泳动至与其自身 pI 值相等的 pH 区域	可用于分离 pI 不同的蛋白质
	双向凝胶电泳	第一向 IEE + 第二向 SDS-PAGE	在二维平面上分离等电点和分子量差异的复杂蛋白质混合物
层析法	凝胶过滤	颗粒大小、电荷多少及与特定分子亲和力不同的待分离的蛋白质组分在流动相和固定相两相中反复分配,并以不同速度流经固定相而得以分离	又称分子筛层析,分离大小不同的蛋白质。层析柱内填满带有小孔的颗粒,多由葡聚糖制成
	离子交换层析		层析管内填充阴(或阳)离子交换树脂颗粒,吸引和分离溶液中的含负(或正)电的蛋白质
	亲和层析		利用酶-底物、受体-配体、抗体-抗原的特异可逆的识别结合而分离蛋白质
超速离心		密度与形态不同的蛋白质沉降系数(S)不同	在 500 000g(即地心引力单位)的重力作用下,蛋白质在溶液中逐渐沉降,直至其浮力与离心所产生的力相等时沉降停止

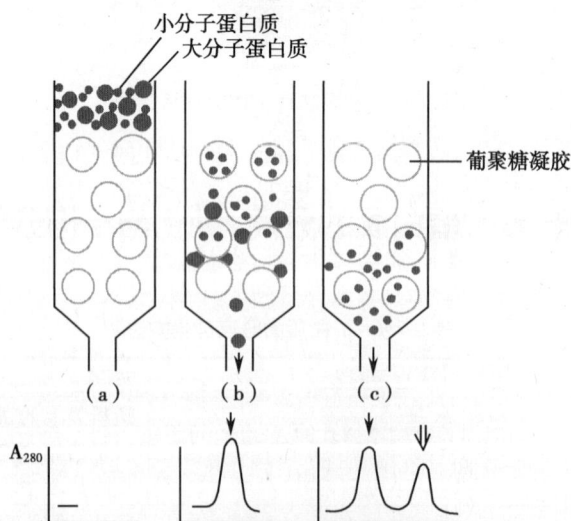

图 24-6　凝胶过滤分离蛋白质

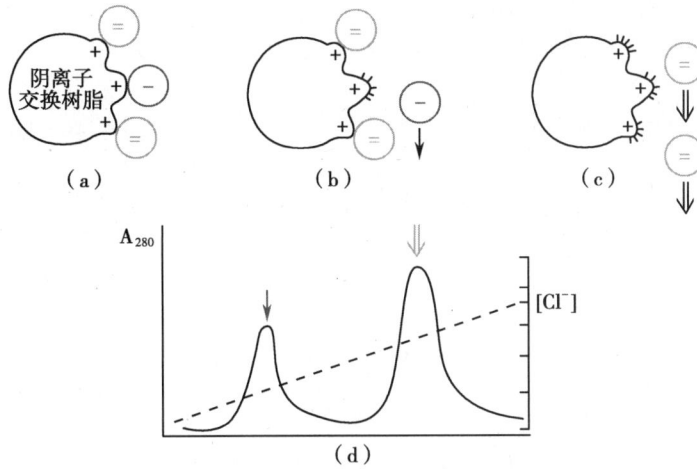

图 24-7 离子交换层析分离蛋白质

表 24-10 蛋白质结构分析

结构测定		方法
一级结构	确定蛋白质氨基酸组分	盐酸水解 + 离子交换层析
	测定氨基端和羧基端的氨基酸残基	氨基端：二硝基氟苯作用于肽链 α- 氨基生成二硝基苯氨基酸，分离后以丹酰氯处理 + 鉴定 羧基端：羧肽酶水解 + 鉴定
	测定肽链序列	酶解获得肽图：胰蛋白酶 / 胰凝乳蛋白酶 / 溴化氰酶解 + 层析 / 电泳 / 质谱鉴定 Edman 降解法分析序列：异硫氰酸苯酯与冷稀酸先后作用于肽段游离 α- 氨基生成异硫氰酸苯酯衍生物 + 层析鉴定
空间结构	测定蛋白质二级结构	圆二色光谱法
	解析三维空间结构	X 射线衍射、磁共振、冷冻电镜技术
	预测蛋白质空间结构	生物信息学

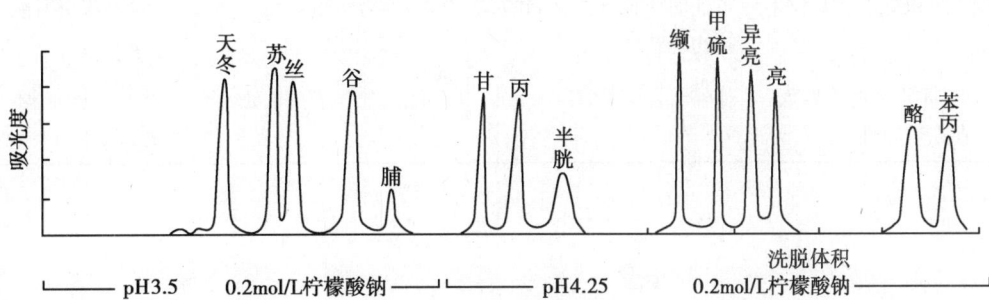

图 24-8 离子交换层析分析蛋白质的氨基酸组分

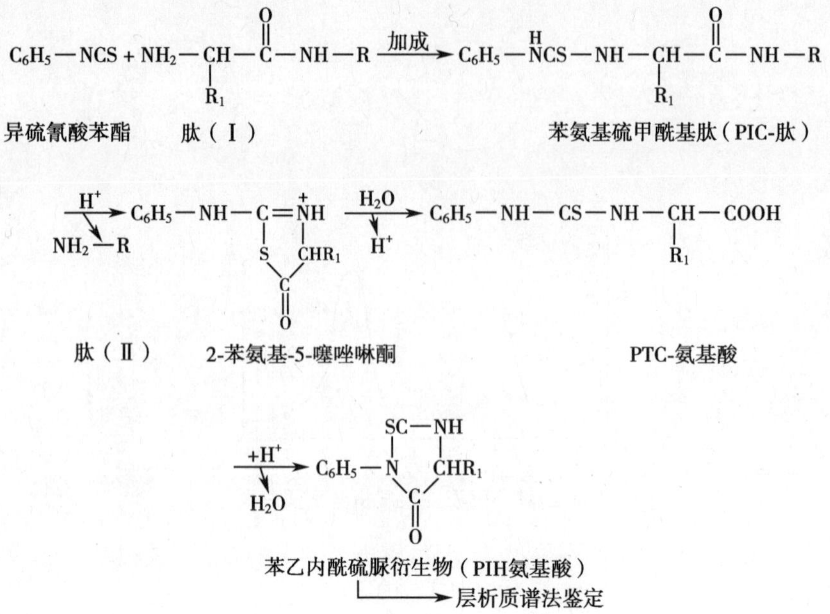

$$C_6H_5-NCS + NH_2-CH-C-NH-R \xrightarrow{\text{加成}} C_6H_5-NCS-NH-CH-C-NH-R$$

异硫氰酸苯酯　　肽（Ⅰ）　　　　　　　　　　苯氨基硫甲酰基肽（PIC-肽）

$$\xrightarrow[NH_2-R]{H^+} C_6H_5-NH-C=NH \xrightarrow[H^+]{H_2O} C_6H_5-NH-CS-NH-CH-COOH$$

肽（Ⅱ）　2-苯氨基-5-噻唑啉酮　　　　　　　PTC-氨基酸

$$\xrightarrow[H_2O]{+H^+} C_6H_5-N \quad CHR_1$$

苯乙内酰硫脲衍生物（PIH氨基酸）
　　　　　　　→ 层析质谱法鉴定

图 24-9　肽的氨基酸末端测定法

第六节　生物大分子相互作用研究技术

表 24-11　蛋白质 - 蛋白质相互作用的常用研究方法

方法	酵母双杂交 （yeast two-hybrid system）	标签蛋白沉淀 （tagged protein pull-down）	免疫共沉淀 （co-immunoprecipitation）	荧光共定位 （fluorescence co-localization）
原理	分别把 A 蛋白、B 蛋白与酵母转录因子 GAL4 的 DNA 结合区（BD）、转录激活区（AD）相融合，如果 A、B 蛋白相互作用则下游基因表达	以带有标签（GST，His 等）的纯化融合 A 蛋白为钓饵，体外与纯化 B 蛋白或含有 B 的细胞裂解液孵育，亲和纯化标签 -A-B 复合物，变性电泳后可见 A、B 蛋白出现在同一泳道	细胞在非变性条件下被裂解时，蛋白质 - 蛋白质相互作用被保留。用抗蛋白 A 的抗体把 A-B 复合物沉淀下来，变性电泳后可见 A、B 蛋白出现在同一泳道	用抗蛋白 A、B 的两种抗体（标有不同荧光素），对完整的细胞进行免疫荧光染色，将两种颜色的图像叠加观察双色是否重叠
优点	钓取大量未知的相互作用蛋白质	可证明两种蛋白之间的直接物理结合	体内结合实验	体内实验并且能亚细胞定位
缺点	酵母与高等生物差异大，可能存在假阳性	体外结合实验	不能区分直接 / 间接结合	并非结合证据，只提示两者共定位

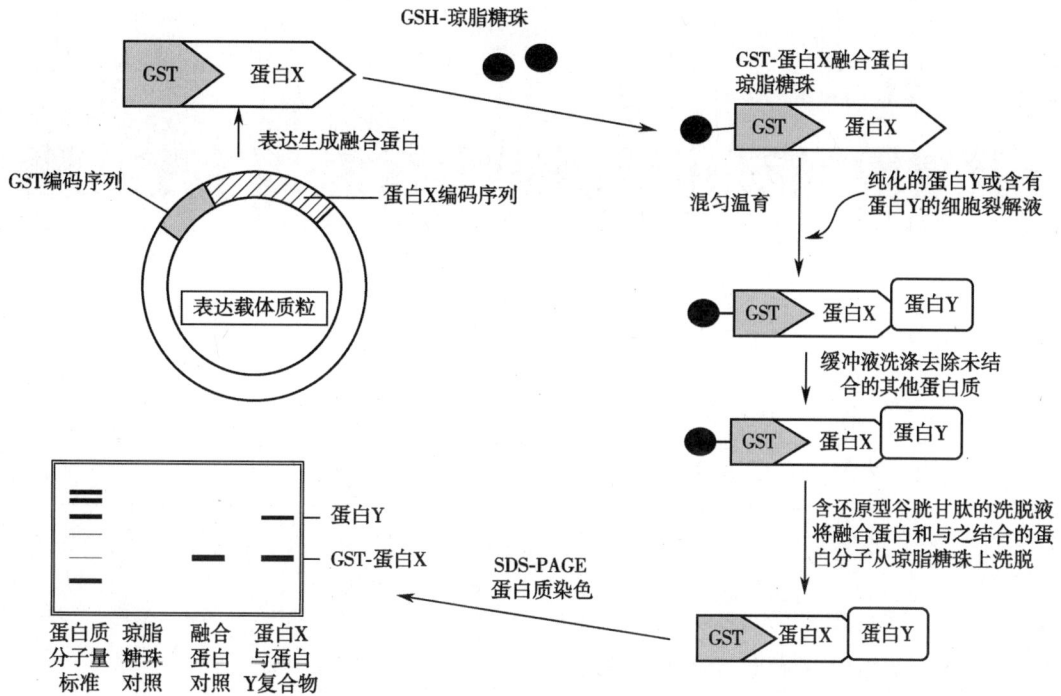

图 24-10　标签融合蛋白沉淀实验流程示意图

表 24-12　DNA- 蛋白质相互作用的常用研究方法

方法	电泳迁移率变动分析（EMSA）	染色质免疫沉淀（ChIP）
原理	非变性电泳时，寡核苷酸探针 - 蛋白质复合物的迁移速率慢于游离探针，表现为条带滞后，如果再加入蛋白质的抗体，则寡核苷酸探针 - 蛋白质 - 抗体复合物的条带将更加滞后	活细胞状态下用交联剂固定蛋白质 -DNA 复合物，随机切断染色质，用抗体将蛋白质 -DNA 复合物沉淀下来，再进行 PCR 扩增检测相应的 DNA 序列
优点	证明转录因子和顺式作用元件直接的物理结合，用竞争实验可明确结合位点	体内结合实验
缺点	体外结合实验	不能区分直接 / 间接结合

（李　霞）

第二十五章
基因结构功能分析和疾病相关基因鉴定克隆

表 25-1　基因结构与功能分析技术总表

基因结构	分析技术
基因结构分析	
一级结构	双脱氧法、化学降解法、全自动激光荧光 DNA 测序、焦磷酸测序、循环芯片测序、单分子测序等
转录起点	cDNA 克隆测序、5′-RACE、数据库
启动子结构	PCR 结合测序、核酸 - 蛋白质相互作用、生物信息学
基因编码序列	cDNA 文库、RNA 剪接、数据库
基因拷贝数	DNA 印迹、实时定量 PCR 技术
基因表达产物	
转录水平	核酸杂交法、PCR、基因芯片和高通量测序
翻译水平	蛋白质印迹技术、酶联免疫吸附试验、免疫组化实验、流式细胞术、蛋白质芯片和双向电泳
基因的生物学功能	
功能获得	转基因、基因敲入
功能缺失	基因敲除、基因沉默
功能鉴定	随机突变筛选

第一节　基因结构分析

一、鉴定基因的顺式元件是了解基因表达的关键

顺式作用元件（*cis*-acting element）存在于基因旁侧序列中能影响基因表达的序列。顺式作用元件包括启动子、增强子、绝缘子、沉默子调控序列和可诱导元件等，它们的作用是参与基因表达的调控。顺式作用元件本身不编码任何蛋白质，仅仅提供一个作用位点，要与反式作用因子相互作用而起作用。

表 25-2　基因启动子结构分析技术

	PCR 技术	酶足迹法 （DNA 酶Ⅰ/ 核酸外切酶Ⅲ）	化学足迹法 （羟自由基足迹法 / 体内足迹法）	电泳迁移率变动分析	染色质免疫沉淀技术
中文名称					
英文名称	polymerase chain reaction	enzymatic footprinting	chemical footprinting	electrophoretic mobility shift assay，EMSA	chromatin immunoprecipitation，ChIP

续表

		将标记 DNA 与核抽提物或特异因子进行结合反应后，DNase I / 核酸外切酶 III 无法切割受到蛋白质保护的 DNA- 蛋白质结合区段，因而在电泳上形成空白区域，对该区域 DNA 进行克隆和测序	将标记 DNA 与核抽提物或特异因子进行结合反应后，能切断 DNA 脱氧核糖骨架的化学试剂无法接近受到蛋白质保护的 DNA- 蛋白质结合区段，因而电泳上形成空白区域，对该区域 DNA 进行克隆和测序	将标记 DNA 与核抽提物或特异因子结合后，进行电泳、曝光、显像（见第二十章）	蛋白质与染色体 DNA 结合的同时，将染色体 DNA 切割成小片段，再用特异性抗体进行免疫沉淀（见第二十章）
原理	PCR 扩增启动子，经测序分析启动子序列结构				
优点	简单、直接	鉴定蛋白质结合区 DNA 的精确序列	足迹更小，利于精确定位蛋白质与 DNA 的结合位点	鉴定蛋白与 DNA 序列特异性结合的能力	是细胞内结合实验
缺点	已知基因的启动子序列	是体外结合实验	是体外结合实验	是体外结合实验，且只能确定 DNA 序列中含有核蛋白结合位点	只能确定 DNA 序列中含有核蛋白结合位点

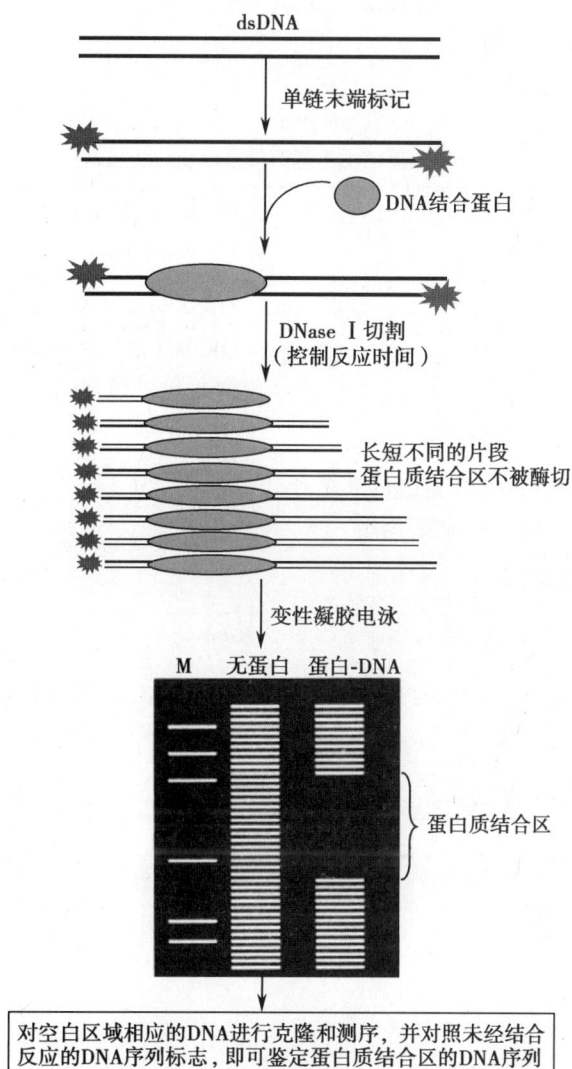

图 25-1 DNase 酶 I 足迹法原理

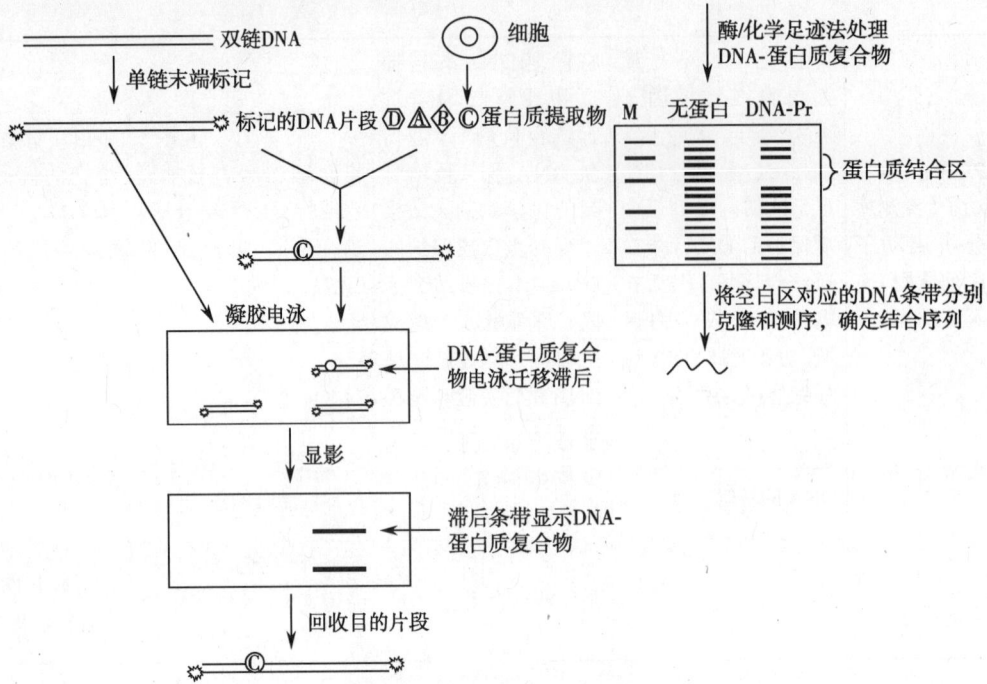

图 25-2　EMSA 的基本原理

表 25-3　真核生物基因转录起点分析技术

方法	cDNA 克隆直接测序	5'-cDNA 末端快速扩增（5'-RACE）	5'-末端基因表达系列分析（5'-SAGE）	帽分析基因表达（CAGE）
原理	对 mRNA 逆转录形成的全长 cDNA 进行克隆，再对其 5'-末端进行测序	mRNA 的 5'-末端去除磷酸和帽子结构，加 5'-RACE 接头后逆转录合成 cDNA，巢式 PCR 后对其 5'-末端进行测序	mRNA 的 5'-末端去除磷酸和帽子结构，再加含 Mme I 和另一内切酶切点的接头引物逆转录，通过酶切和连接得到 5'-末端片段串联连接序列	mRNA 逆转录合成 cDNA 第一链，3'-末端加含 Mme I 和另一种内切酶切点的接头，合成 cDNA 第二链，Mme I 酶切，再加第三种内切酶的接头，PCR 用后两种酶酶切，纯化后串联连接测序
引物标记	无	无	生物素	生物素
优点	操作简单，特定基因 TSS 序列	可同时获得多个基因的 TSS 序列	可同时获得多个基因的 TSS 序列	可同时获得多个基因的 TSS 序列
缺点	需全长 cDNA，难以平行分析多个基因	需扩增基因片段	操作复杂	操作复杂

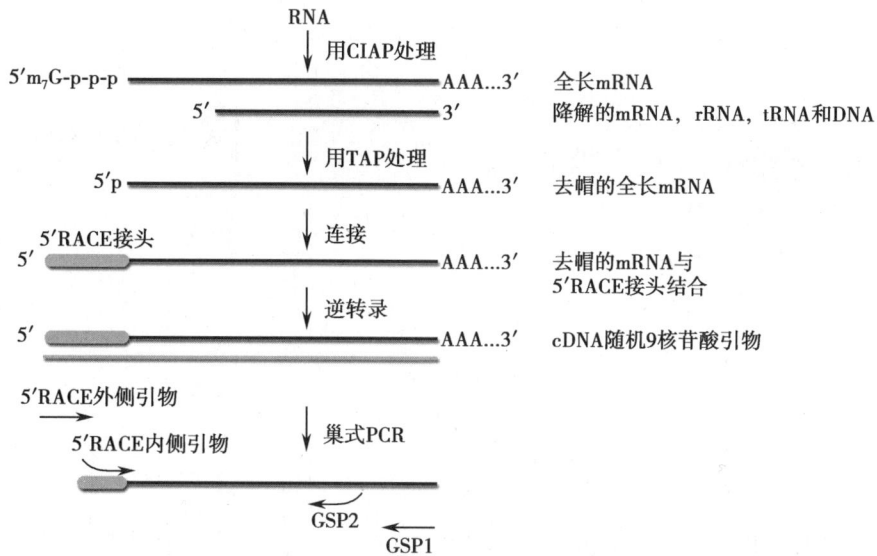

图 25-3　5′-RACE 鉴定 TSS 的原理

二、检测基因的拷贝数是了解基因表达丰度的重要因素

常用的技术包括 DNA 印迹、实时定量 PCR 技术等，详见第二十四章。

三、分析基因表达的产物可采用组学方法和特异性测定方法

表 25-4　检测 RNA 表达的主要技术

主要技术	核酸杂交技术			PCR 技术		芯片技术
	RNA 印迹	核糖核酸酶保护实验	RNA 原位杂交	逆转录 PCR	实时定量 PCR	基因芯片
英文名称	Northern blot	ribonuclease protection assay，RPA	RNA in situ hybridization，RNA ISH	RT-PCR	real-time quant-itative PCR	gene chip
特点	单个样品分析，准确率高，辅助验证 RFDD-PCR、cDNA 芯片等检测结果的准确性	多个样品分析，可对 RNA 进行定量分析及结构特征研究，灵敏度和分析效率更高	单个样品分析，通过显微设备观察记录光学信号，可对 RNA 进行定性、定位和定量分析	单个样品分析，定性及半定量分析	单个样品分析，定量分析、简单快速、高特异性和灵敏度	高通量分析多个样品，成本高

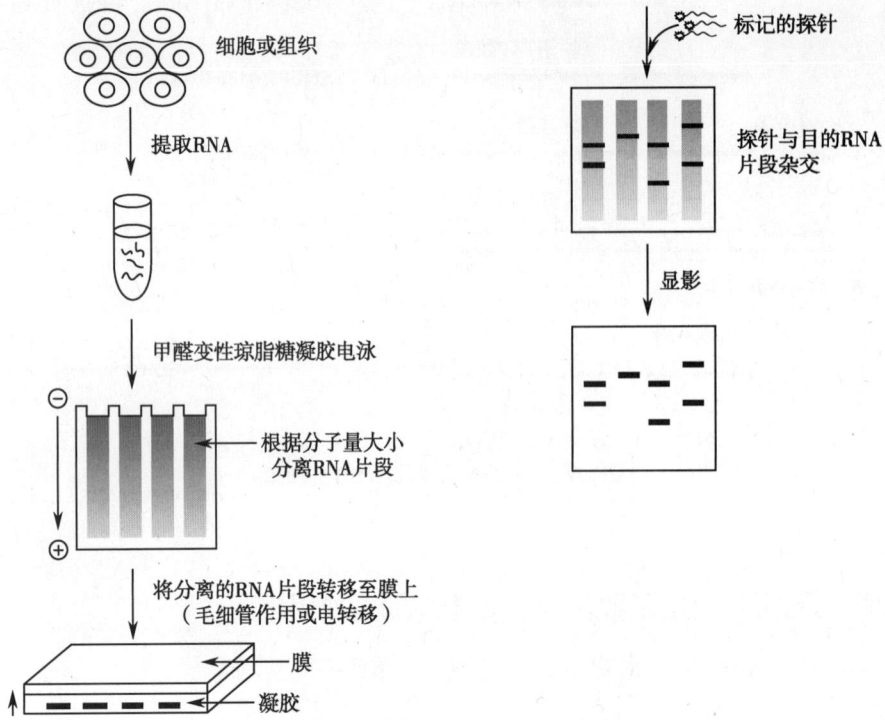

图 25-4　RNA 印迹的基本原理

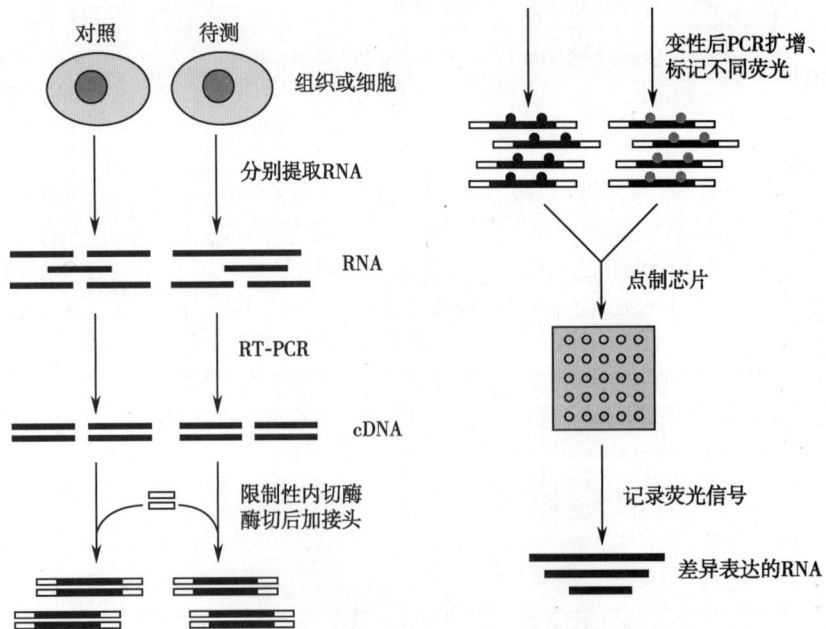

图 25-5　限制性酶切片段差异显示（RFDD-PCR）实验流程图

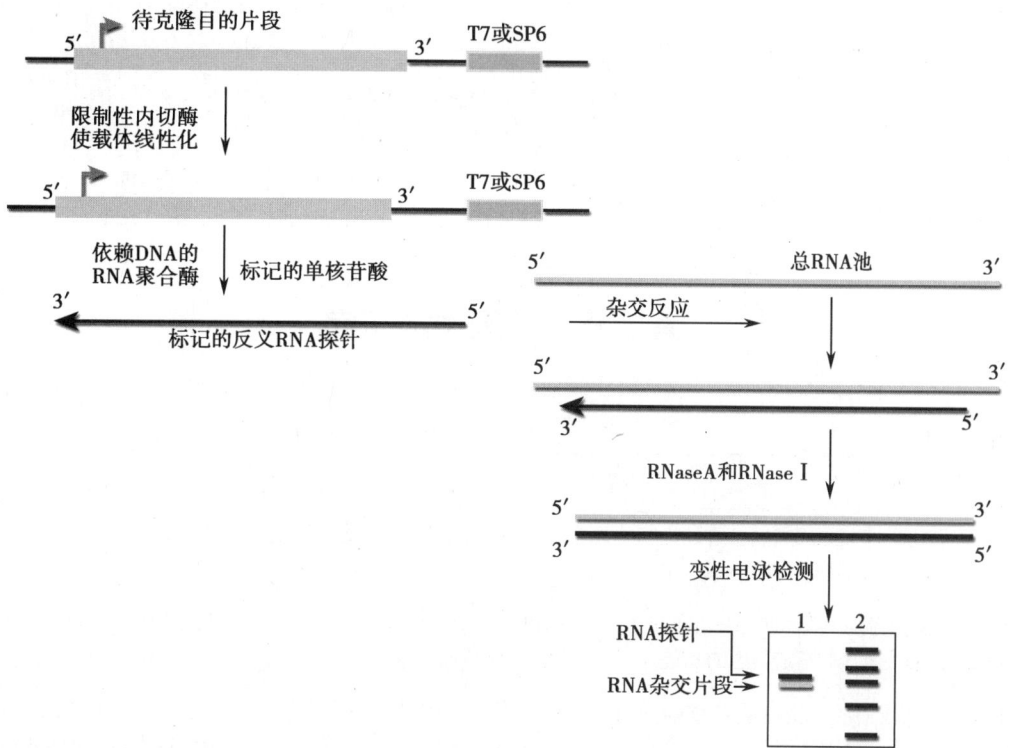

图 25-6　核糖核酸酶保护实验的原理

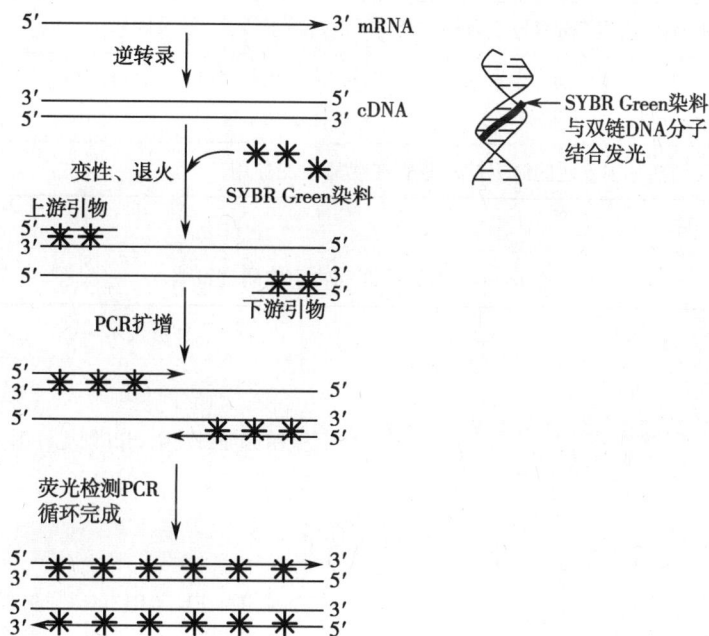

图 25-7　SYBR Green 实时定量 PCR 分析原理示意图

表 25-5 检测蛋白质 / 多肽表达的主要技术

中文名称	蛋白质印迹	酶联免疫吸附试验	免疫组化实验	流式细胞术	蛋白质芯片	蛋白质表达谱
英文名称	Western blot	ELISA	immunohistochemistry	flow cytometry	protein chip	protein expression profile
特点	是体外结合实验	是体外结合实验	是细胞内结合实验	是细胞内结合实验	是体外结合实验	是体外结合实验

第二节 基因功能研究

表 25-6 基因功能研究的主要手段

研究手段	特点	技术 / 工具
生物信息学	利用共享资源数据库,通过生物信息学序列比对,预测基因功能,这是新基因功能研究的第一步	BLAST 和 FASTA 是常用的双序列比对工具
细胞水平	通过细胞水平上的基因功能获得或基因功能缺失,观察细胞生物学行为的变化,来鉴定基因的功能	基因重组技术,基因沉默技术
生物大分子相互作用	通过蛋白质与蛋白质或 DNA 的相互作用,了解基因产物的生物学途径,研究基因功能	亲和层析、免疫共沉淀、酵母双杂交技术、噬菌体展示技术
整体水平	利用基因修饰动物从整体水平研究基因功能,是鉴定基因功能的最终解决方案	转基因动物,基因敲除动物

表 25-7 基因产物蛋白质功能的三个不同水平的描述

生化水平	主要描述基因产物参与了何种生化过程,如属于激酶、转录因子等
细胞水平	主要论述基因产物在细胞内的定位和参与的生物学途径,例如,某蛋白质定位于核内,参与 DNA 的修复过程,有可能并不了解确切的生物化学功能
整体水平	主要包括基因表达的时空性及基因在疾病中的作用

表 25-8 基因修饰动物整体研究策略

分类	分析技术
功能获得策略	
转基因	受精卵显微注射、ES 细胞注射
基因敲入	基因打靶
功能失活策略	
基因敲除	ZFN、TALEN、CRISPR/Cas9
基因沉默	RNA 干扰、miRNA、反义 RNA、核酶
随机突变筛选	乙基亚硝基脲诱变、基因捕获

A.转基因小鼠

原核

待转入基因

受精卵

植入假孕母鼠子宫

检测子代是否存在转移基因或基因敲除/敲入

B.基因打靶

含外源基因的打靶载体
（外源基因与目的基因同源）

胚胎干细胞（ES）

同源重组敲除/敲入基因

筛选基因敲除/敲入的ES

将筛选的ES注入细胞

植入假孕母鼠子宫

胚泡

通过杂合子后代交配，获得纯合子转基因或基因敲除/敲入动物

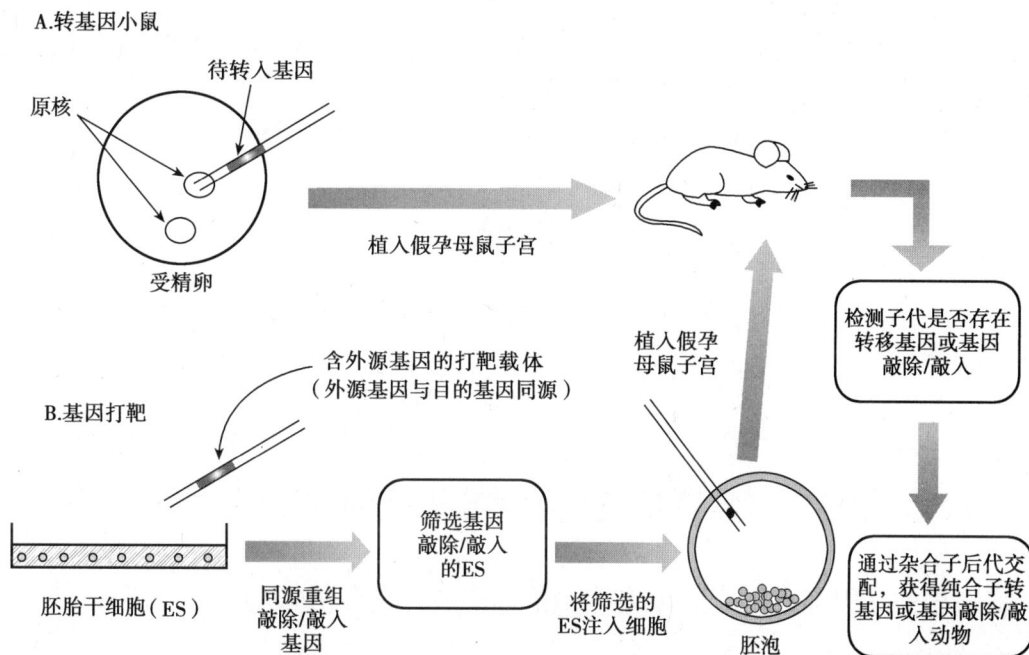

图25-8 制备转基因和基因打靶小鼠的原理

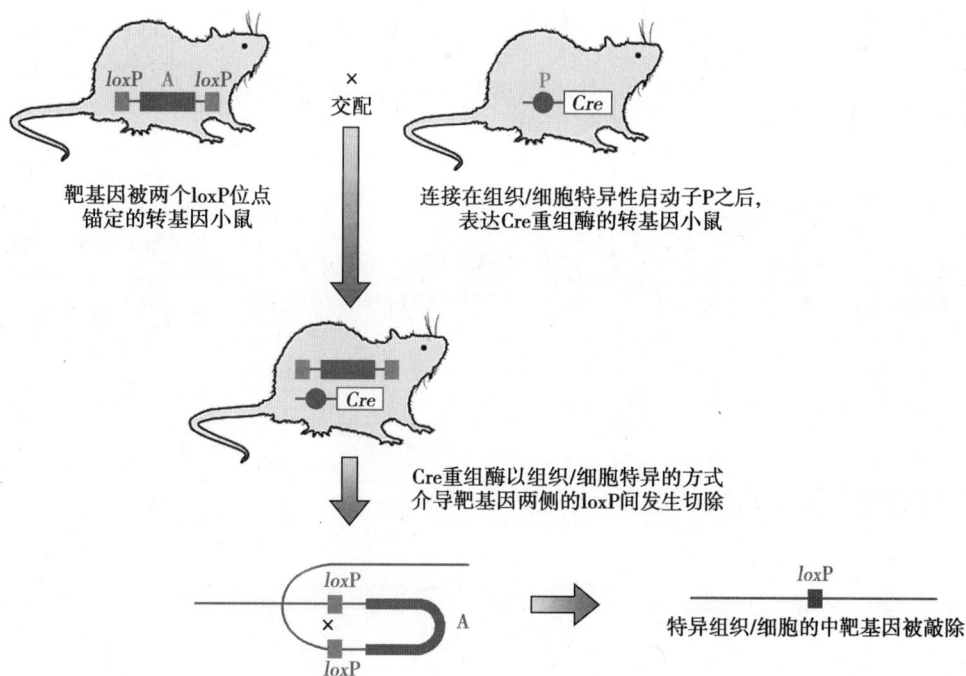

loxP A loxP

×

交配

P Cre

靶基因被两个loxP位点锚定的转基因小鼠

连接在组织/细胞特异性启动子P之后，表达Cre重组酶的转基因小鼠

Cre

Cre重组酶以组织/细胞特异的方式介导靶基因两侧的loxP间发生切除

loxP

×

A

loxP

loxP

特异组织/细胞的中靶基因被敲除

图25-9 Cre/loxP系统条件敲除靶基因的原理

第三节　疾病相关基因鉴定和克隆原则

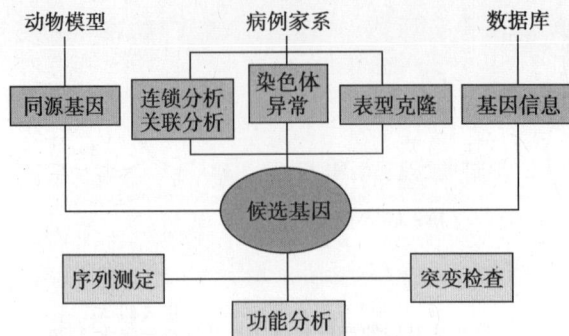

图 25-10　疾病相关基因鉴定克隆策略示意图

第四节　疾病相关基因鉴定克隆的策略和方法

一、疾病相关基因鉴定和克隆可采用不依赖染色体定位的策略

表 25-9　不依赖染色体定位的疾病相关基因克隆策略

策略	功能克隆（functional cloning）	表型克隆（phenotype cloning）	动物模型
原理	在掌握或部分了解基因功能产物蛋白质的基础上，鉴定蛋白质编码基因，进而克隆该基因	基于对疾病表型和基因结构或基因表达的特征联系已有所认识的基础上来分离鉴定疾病相关基因	基于人类的部分疾病，已经有相应的动物模型，采用动物模型来分离鉴定疾病相关基因
手段	1. 依据蛋白质的氨基酸序列信息，筛查 cDNA 文库，"钓出"目的基因 2. 用蛋白质的特异性抗体，获得 mRNA 分子，最终克隆未知基因 3. 用蛋白质特异性抗体筛查可表达的 cDNA 文库，筛选出可与该抗体反应的表达蛋白质的阳性克隆，进而获得候选基因	1. 从疾病的表型出发，比较疾病 DNA 与正常 DNA 的不同，直接对产生变异的 DNA 片段进行克隆 2. 针对已知基因，通过比较患者和正常对照间该基因表达的差异来确定该基因是否为该疾病相关基因 3. 针对未知基因，通过比较疾病和正常组织中的所有 mRNA 的表达种类和含量间的差异，从而克隆疾病相关基因	1. 如果动物某种表型的突变基因定位于染色体的某一部位，而具有相似人类疾病表型的基因很有可能存在于人染色体的同源部位 2. 当疾病基因在动物模型上已完成鉴定，可以采用荧光原位杂交来定位分离人的同源基因
特点	1. 采用的是从蛋白质到 DNA 的研究路线 2. 针对的是一些对影响疾病的功能蛋白具有一定了解的疾病	1. 依据的是 DNA 或 mRNA 的改变与疾病表型的关系发现疾病相关基因 2. 表型克隆是疾病相关基因克隆领域中一个新的策略	肥胖相关的瘦蛋白基因的克隆就是采用动物模型鉴定克隆疾病相关基因的成功例证

二、定位克隆是鉴定疾病相关基因的经典方法

表 25-10　基因定位的基本方法

基本方法	基本原理	基本特征
体细胞杂交	将来源不同的两种细胞融合成一个新细胞。在融合过程中人类染色体逐渐丢失，最后只剩一条或几条，即可定位基因	通过融合细胞的筛查定位基因
染色体原位杂交	将染色体 DNA 变性，与带有标记的互补 DNA 探针杂交，显影后可将基因定位于某染色体及染色体的某一区段。如果用荧光染料标记探针，即为荧光原位杂交（fluorescence in situ hybridization，FISH）	在细胞水平直接进行基因定位

续表

基本方法	基本原理	基本特征
染色体异常	对于任何已知与染色体异常直接相关的疾病来说,染色体的异常本身就成为疾病定位克隆的一个绝好的位置信息	可提供疾病基因定位的替代方法
连锁分析	根据基因在染色体上呈直线排列,不同基因相互连锁成连锁群的原理,即应用被定位的基因与同一染色体上另一基因或遗传标记相连锁的特点进行定位	定位疾病未知基因的常用方法

表 25-11　定位克隆的基本程序和成功例证

定位克隆的基本程序	1. 精确确定染色体上的候选区域 2. 构建目的区域的物理图谱 3. 确定疾病相关基因
定位克隆的成功例证	假肥大型肌营养不良基因的克隆

三、确定常见病的基因需要全基因组关联分析和全外显子测序

全基因组的关联研究(genome-wide association study,GWAS)是一种在无假说驱动的条件下,通过扫描整个基因组观察基因与疾病表型之间关联的研究手段。

全外显子测序(whole exon sequencing)技术可对全基因组外显子区域 DNA 富集从而进行高通量测序,它选择性地检测蛋白编码序列,实现定位克隆。

四、生物信息数据库贮藏丰富的疾病相关基因信息

电子克隆(in silico cloning)是人们通过已获得的序列与数据库中核酸序列及蛋白质序列进行同源性比较,或对数据库中不同物种间的序列比较分析、拼接,预测新的全长基因等,进而通过实验证实,从组织细胞中克隆该基因。

电子克隆可提高克隆新基因的速度和效率,但往往难以真正地克隆基因,而是一种电子辅助克隆。

(李　燕)

第二十六章
基因诊断和基因治疗

第一节 基因诊断

利用分子生物学和分子遗传学的技术,从 DNA/RNA 水平检测分析遗传信息携带分子的序列、变异及表达状态,从而在分子水平上对疾病作出诊断的方法,称为基因诊断(gene diagnosis)。基因诊断具有高特异性、高灵敏度、高稳定性、诊断范围广、临床应用前景好等优点。基因诊断的基本策略包括检测已知的能产生某种特定功能蛋白的基因、检测与某种遗传标志连锁的致病基因以及检测表型克隆基因。

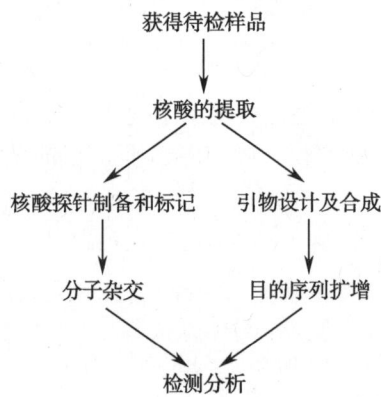

```
获得待检样品
      ↓
   核酸的提取
    ↙      ↘
核酸探针制备和标记   引物设计及合成
    ↓              ↓
  分子杂交        目的序列扩增
    ↘          ↙
      检测分析
```

图 26-1 基因诊断的基本步骤

表 26-1 基因诊断的优势

优势	主要内容
特异性强	基因诊断是以基因结构及其表达产物为检测对象,而各基因的碱基序列是特异的;基因检测采用的分子生物学方法亦是高度特异的,可以检测出 DNA 片段的缺失、插入、重排,甚至单个碱基的突变,从而作出特异性诊断
灵敏度高	基因诊断常使用的 PCR 技术和核酸杂交的技术手段,可以检测微量标本(如一根头发、一滴血迹)中的靶标基因
可进行快速和早期判断	应用分子生物学技术进行基因水平的检测,在表型未发生改变的情况下进行准确的早期诊断。基因诊断的过程简单且直接,如采用细菌培养技术对感染性疾病作出诊断通常需要数天的时间,而采用基因诊断技术只需数个小时
适用性强、诊断范围广	基因诊断不仅能对某些疾病作出确切的诊断,还能对有遗传病家族史的人或胎儿是否携带致病基因作出预警诊断。基因诊断也可用于评估个体对多基因病的易感性和患病风险,以及进行疾病相关状态的分析(如疾病的发病类型和阶段、是否具有抗药性等)。此外,基因诊断还可以快速检测不易在体外培养和在实验室中培养安全风险较大的病原体(如 HIV 病毒、肝炎病毒、流行性感冒病毒等)

表 26-2　基因诊断的基本方法——核酸分子杂交

方法	原理	特点及应用
DNA 印迹法	又称 Southern 印迹，可以区分正常和突变样品的基因型，并可获得基因缺失或插入片段大小等信息。一般可以显示 50～20 000bp 的 DNA 片段，片段大小的信息是该技术诊断基因缺陷的重要依据	实验结果可靠，但操作烦琐，费时费力，而且要使用放射性核素
Northern 印迹法	通过标记的 DNA 或 RNA 探针与待测样本 RNA 杂交，对组织或细胞的总 RNA 或 mRNA 进行定性或定量分析，及基因表达分析	对样品 RNA 纯度要求非常高
斑点杂交	核酸探针与支持物上的 DNA 或 RNA 样品杂交，以检测样品中是否存在特异的基因或表达产物，可用于基因组中特定基因及其表达产物的定性与定量分析	简便、快速、灵敏和样品用量少，但无法测定目的基因的大小，特异性较低，有一定比例的假阳性
原位杂交	将细胞生物学技术与核酸杂交技术相结合的一种核酸分析方法，核酸探针与细胞标本或组织标本中核酸杂交，可对特定核酸序列进行定量和定位分析	能显示目的核酸序列的空间定位、数量及类型。也可以用于感染的细菌或病毒等病原体的检测
荧光原位杂交（FISH）	将荧光素或生物素等标记的寡聚核苷酸探针与细胞或组织变性的核酸杂交，可对待测 DNA 进行定性、定量或相对定位分析	可获得传统显带技术所无法检测到的染色体信息。可用于鉴别染色体数目和结构的异常

表 26-3　特异、快速的基因诊断方法——PCR 技术

方法	原理	特点及应用
直接采用 PCR 技术	裂口 PCR（gap-PCR）：设计并合成一组序列上跨越突变（缺失或插入）断裂点的引物，从扩增片段的大小直接判断是否存在缺失或插入突变	简便灵敏，更适用于临床诊断
	多重 PCR：在一次 PCR 反应中加入多种引物进行扩增，每对引物扩增的产物长度不一。根据电泳图谱上不同长度 DNA 片段存在与否，判断基因片段是否发生缺失或突变	检测 DNA 缺失的常用方法，实用可靠
PCR- 等位基因特异性寡核苷酸分子杂交	首先使用 PCR 扩增受检者的目标 DNA 片段，然后应用包含突变位点在内的正常和突变的寡核苷酸探针。分别与待检 DNA 样品的 PCR 扩增产物进行杂交和检测。正常人只能与正常序列的 ASO 探针杂交，突变纯合子只能与突变序列的 ASO 探针杂交，而突变杂合子则能与两种探针产生杂交信号	检测点突变的有效技术
	反向点杂交：改进的 ASO 技术，将针对各种突变和正常序列的 ASO 探针固定在杂交膜上，而将原来在 ASO 杂交体系中固定在膜上的 PCR 产物改为液相进行杂交	一次检测可以同时筛查多种突变
PCR- 限制性片段长度多态性	PCR-RFLP：将 PCR 与限制性片段长度多态性（RFLP）结合起来的技术。首先将突变基因 PCR 扩增，然后经过相应的内切酶消化后，进行琼脂糖凝胶电泳分离即可分辨各种限制性片段的大小或位置，或者将限制性酶切产物与核素标记探针进行杂交，进行放射自显影，从而区分各种片段，解读出目标样品之间 DNA 分子水平的实际差异	快速、简便地对已知突变进行基因诊断
	引物介导的限制性分析 PCR（PCR-PIRA）：在设计引物时引入错配碱基，以消除或产生新的酶切位点，该错配的结果最终表现在酶解的限制性片段长度的差异	人工地引入酶切位点，分析对象是已知基因
	巢式 PCR- 限制性片段多态性（nested PCR-RFLP）：设计高度保守序列的引物对待检测物种 DNA 进行 PCR 扩增，对 PCR 产物进行 RFLP 分析	省时，可用于流行病学调查和临床常规检测
PCR- 单链构象多态性	即 PCR-SSCP，首先是用 PCR 扩增待测 DNA 片段，扩增产物变性后成为单链 DNA，然后进行非变性聚丙烯酰胺凝胶电泳，通过迁移率分析检测基因突变	对于较小 DNA 片段突变分析比较灵敏
PCR- 变性高效液相色谱	即 PCR-DHPLC，利用待测样品 DNA 在 PCR 扩增过程的单链产物可以随机与互补链相结合而形成双链的特性，依据最终产物中是否出现异源双链来判断待测样品中是否存在点突变。在给定的部分变性洗脱条件下，这些异源双链 DNA 片段可以在液相色谱柱中呈现出不同的滞留时间，出现"变异"洗脱峰的样品可进一步通过 DNA 直接测序确定样品的突变位点和性质	发现和确定新的或未知突变类型

GCCCTGTGGGGCAAGGTGAACGTGGA

CGGGACACCCCGTTCCACTTGCACCT

正常

基因组
DNA

GCCCTGTGGGGCTAGGTGAACGTGGA

CGGGACACCCCGATCCACTTGCACCT

突变

GTGGGGCAAGGTGAAC　　　　　GTGGGGCTAGGTGAAC

正常探针　　　　　　　　　　　突变探针

1　　●　○　●

2　　○　●　●
　　　A　B　C

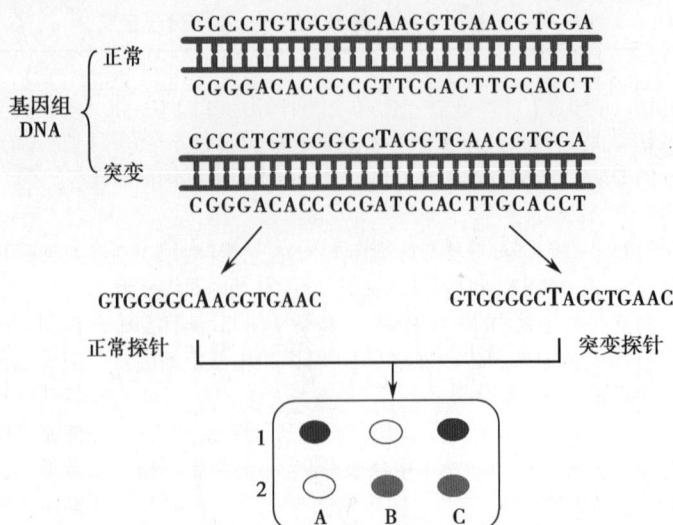

图 26-2　β 地中海贫血 CD17 点突变的 ASO 分子杂交

1：正常探针检测孔；2：突变探针检测孔。每一纵行排列的两个点
样斑代表一个样品，杂交时沿上下中线剪成两张膜片，分别与正常
（上半部分）和突变（下半部分）探针杂交。三个样品的检测结果分
别为正常（A）、突变纯合子（B）和突变杂合子（C）

表 26-4　基因诊断的医学应用

应用	主要内容及举例
遗传性疾病诊断和风险预测	遗传性单基因病的诊断性检测（如地中海贫血、血友病 A、迪谢内肌营养不良症等）；遗传筛查和产前诊断；某些恶性肿瘤诊断
多基因常见病的预测性诊断	肿瘤抑制基因和癌基因的突变分析；预测性基因诊断结果是开展临床遗传咨询最重要的依据
传染病病原体检测	病原微生物的现场快速检测，确定感染源；病毒或致病菌的快速分型，明确致病性或药物敏感性；需要复杂分离培养条件，或目前尚不能体外培养的病原微生物的鉴定
疾病的疗效评价和用药指导	测定人体的特定基因多态性或其单倍型，可预测不同个体对药物的代谢情况或疗效，从而指导临床用药。对不同药物代谢基因靶点进行药物遗传学检测，为实现个体化用药提供技术支撑
DNA 指纹鉴定	是法医学个体识别的核心技术。针对人类 DNA 遗传差异进行个体识别和亲子鉴定

表 26-5　我国部分代表性常见单基因遗传病基因诊断举例

疾病	致病基因	突变类型	诊断方法
α 地中海贫血	α 珠蛋白	缺失为主	gap-PCR、DNA 杂交、DHPLC
β 地中海贫血	β 珠蛋白	点突变为主	反向点杂交、DHPLC
血友病 A	凝血因子Ⅷ	点突变为主	PCR-RFLP
血友病 B	凝血因子Ⅸ	点突变、缺失等	PCR-STR 连锁分析
苯丙酮尿症	苯丙氨酸羟化酶	点突变	PCR-STR 连锁分析、ASO 分子杂交
马方综合征	原纤蛋白	点突变、缺失	PCR-VNTR 连锁分析、DHPLC

RFLP: restriction fragment length polymorphism, 限制性片段长度多态性；STR: short tandem repeat, 短串联重复序列；VNTR: variable number of tandem repeats, 可变数目串联重复序列

等位基因STR位点D13S317的PCR分析
PCR产物大小/bp

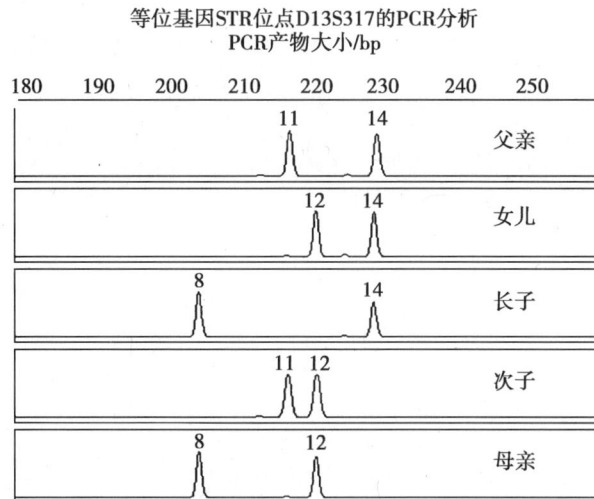

图26-3　STR等位基因在家族中遗传示意图
此图以D13S317位点为例，3个子女基因型的一个等位基因来自于父亲，另外一个等位基因来自于母亲

第二节　基因治疗

> 基因治疗（gene therapy）是以基因转移为基础，通过一定方式将正常基因或有治疗作用的 DNA 片段导入疾病受累靶器官或靶细胞，使之成为宿主细胞遗传物质的一部分，以矫正或置换致病基因的治疗方法。它针对的是疾病的根源，即异常的基因本身。基本策略有基因置换、基因添加、基因干预、自杀基因治疗和基因免疫治疗等。

表26-6　基因治疗的基本策略

策略	原理	特点
缺陷基因精确的原位修复	基因矫正：将致病基因的异常碱基序列进行纠正，而正常部分予以保留 基因置换：用正常基因通过重组原位替换致病基因（或变异基因）	不涉及基因组的改变，是最为理想的治疗方法，尚处于研究阶段
基因增补	不删除异常基因，而在基因组的某一位点额外插入正常基因，在体内表达出功能正常的蛋白质，达到治疗疾病的目的	目前临床上使用的主要策略
基因沉默或失活	有些疾病是由于某一或某些基因的过度表达引起的，利用反义核酸、核酶、肽核酸、基因敲除、RNAi、micro RNA 等技术，降解相应的 mRNA 或抑制其翻译，从而阻断致病基因的异常表达，以达到治疗疾病的目的	需要抑制的靶基因一般为过度表达的癌基因或者是病毒复制周期中的关键基因
自杀基因	将编码某些特殊酶类的基因导入肿瘤细胞，其编码的酶能够使无毒或低毒的药物前体转化为细胞毒性代谢物，诱导细胞产生"自杀"效应，从而达到清除肿瘤细胞的目的	诱发细胞"自杀"死亡

表26-7　基因治疗的基本程序

步骤	主要内容
1. 选择治疗基因	弄清引起某种疾病的突变基因，然后用其对应的正常基因或经改造的基因作为治疗基因（如生长因子、多肽类激素、细胞因子、可溶性受体，以及受体、酶、转录因子的正常基因都可作为治疗基因）
2. 选择携带治疗基因的载体	逆转录病毒载体：优点是基因转移效率高、细胞宿主范围较广泛、DNA 整合效率高；缺点是有感染病毒的可能，增加了肿瘤发生机会
	腺病毒载体：优点是不整合到染色体基因组，安全性高、转染率高、可用细胞范围广；缺点是基因组大、构建复杂，不能长期表达，免疫原性强而易被排斥

续表

步骤	主要内容	
3. 选择靶细胞	靶细胞应易于从人体内获取,生命周期较长;易于在体外培养及易受外源性遗传物质转化;离体细胞经转染和培养后回植体内易成活;最好具有组织特异性,或治疗基因在某种组织细胞中表达后能够以分泌小泡等形式进入靶细胞。目前能成功用于基因治疗的靶细胞主要造血干细胞、淋巴细胞、皮肤成纤维细胞、肌细胞和肿瘤细胞等	
4. 将治疗基因导入人体	通过间接体内疗法或直接体内疗法进行体内基因递送	间接体内疗法:将靶细胞从体内取出、体外培养,将携带有治疗基因的载体导入细胞内,筛选出接受了治疗基因的细胞,繁殖扩大后再回输体内,使治疗基因在体内表达相应产物
		直接体内疗法:将外源基因直接注入体内有关的组织器官,使其进入相应的细胞并进行表达
	基因导入细胞的方法有生物学和非生物学法两类	生物学法:病毒载体所介导的基因导入,是通过病毒感染细胞实现的,其特点是基因转移效率高,但安全问题需要重视
		非生物学法:用物理或化学法,将治疗基因表达载体导入细胞内或直接导入人体内,操作简单、安全,但是转移效率低
5. 治疗基因表达的检测	被导入基因的表达状态可以用 PCR、RNA 印迹、蛋白印迹及 ELISA 等方法去检测。对于导入基因是否整合到基因组以及整合的部位,可以用 DNA 印迹技术进行分析	

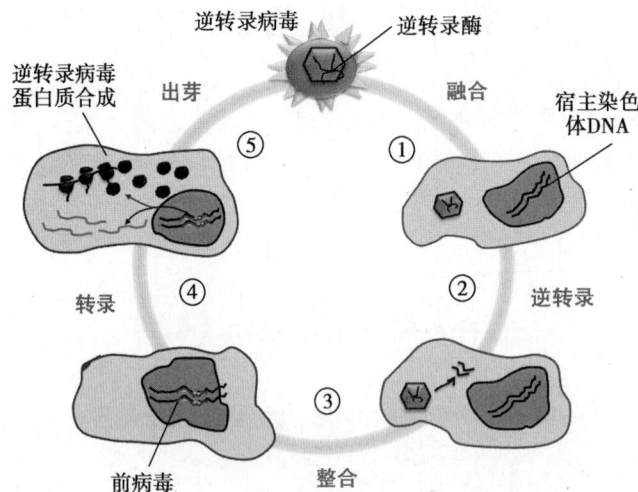

图 26-4 逆转录病毒的生活周期示意图

表 26-8 基因治疗中基因导入细胞的常用方法

名称	操作方法	用途及优缺点
直接注射法	将携带有治疗基因的非病毒真核表达载体(多为质粒)溶液直接注射入肌组织,亦称为裸 DNA 注射法	无毒无害,操作简便,目的基因表达时间可长达至 1 年以上;仅限于在肌组织中表达,导入效率低,需要注射大量 DNA
基因枪法	采用微粒加速装置,使携带治疗基因的微米级金或钨颗粒获得足够能量,直接进入靶细胞或组织。又被称为生物弹道技术(biolistic technology)或微粒轰击技术(particle bombardment technology)	操作简便、DNA 用量少、效率高、无痛苦、适宜在体操作,尤其适于将 DNA 疫苗导入表皮细胞,获得理想的免疫反应;但目前不宜用于内脏器官的在体操作
电穿孔法	在直流脉冲电场下细胞膜出现 105~115nm 的微孔,这种通道能维持几毫秒到几秒,在此期间质粒 DNA 通过通道进入细胞,然后胞膜结构自行恢复	可将外源基因选择性地导入靶组织或器官,效率较高,但外源基因表达持续时间短
脂质体(liposome)	利用人工合成的兼性脂质膜包裹极性大分子 DNA 或 RNA,形成的微囊泡穿透细胞膜,进入细胞	脂质体可被降解,对细胞无毒,可反复给药;DNA 或 RNA 可得到有效保护,不易被核酸酶降解;操作简单快速、重复性好。但体内基因转染效率低,表达时间短,易被血液中的网状内皮细胞吞噬

表 26-9　基因治疗的医学应用

应用	基本方案及举例
单基因遗传病	通过一定的方法把正常的基因导入到患者体内，表达出正常的功能蛋白。如将人IX因子基因与逆转录病毒载体重组后转移到血友病 B 患者自体的皮肤成纤维细胞中，使患者血中IX因子浓度升高，出血症状及出血次数都明显减少
多基因病	主要在恶性肿瘤治疗中，针对癌基因表达的各种基因沉默、针对抑癌基因的基因增补、针对肿瘤免疫反应的细胞因子基因导入和针对肿瘤血管生成的基因失活等。其他的包括：利用过表达 VEGF 基因促进血管生成治疗冠心病、针对病毒复制基因的基因沉默治疗艾滋病等
病毒感染性疾病	将基因导入免疫细胞，增强机体免疫应答，促进机体清除病毒感染细胞和游离病毒；利用基因干预技术（如反义 RNA、RNAi 等），抑制病毒基因组的复制和蛋白质合成

表 26-10　基因治疗中的问题

问题	主要内容
安全性	基因治疗中，内、外源性基因的重组，有可能引起细胞基因突变、原癌基因的激活或抑癌基因的失活，从而导致细胞恶变；若外源基因的产物在宿主体内大量出现，而该产物又不是体内原来存在的，则有可能导致严重的免疫反应
体内表达目的基因的可控性	向体内导入的外源性基因，必须具有特异性和可控性，才能真正达到基因治疗的目的，这方面的研究目前还不尽如人意
目的基因转移效率不高	缺乏高效、靶向性的基因转移系统。提高基因转移效率，构建安全、高效、靶向、可控的载体是一长期而又迫切需要解决的难题
靶细胞生物学特性改变	靶细胞经体外长期培养和增殖后，细胞生物学特性有可能发生改变。如体外试验已证实肿瘤浸润淋巴细胞能特异性杀伤肿瘤细胞，回输体内后，除少部分分布在肿瘤组织外，更多的是集结在肝和肾脏中，而且基因表达效率也降低了。因此，研究体细胞移植和重建的生物学，是今后基因治疗研究的一个重要方向
伦理	生殖细胞的基因治疗将有可能永久的改变某个个体后代的遗传结构，对于在生殖细胞中进行基因操作的问题上，人们的意见更加分歧
缺乏准确的疗效评价	目前的基因治疗临床试验中，限于伦理问题，多选择常规治疗失败或晚期肿瘤患者，尚难以客观地评价治疗效果

（黄　刚）

第二十七章
组学与系统生物医学

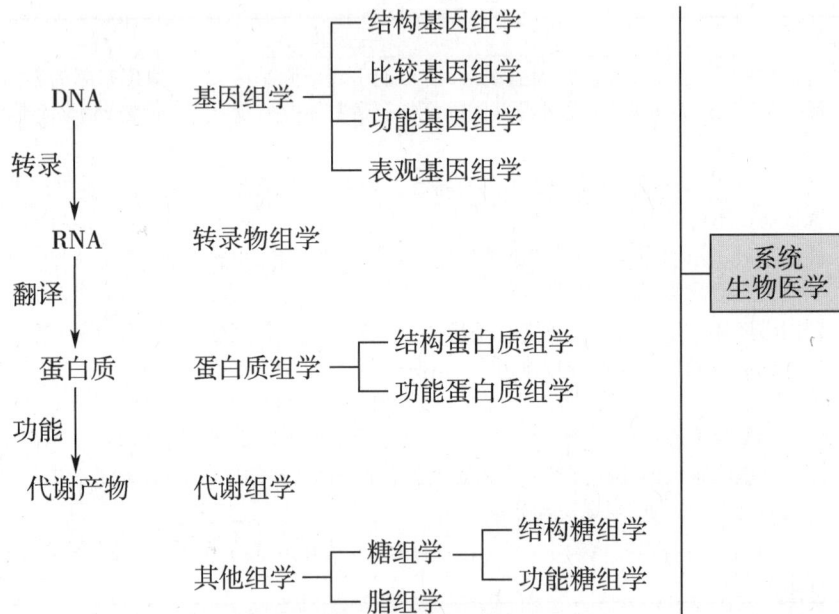

DNA ─ 基因组学 ┬ 结构基因组学
                ├ 比较基因组学
                ├ 功能基因组学
                └ 表观基因组学

转录 ↓

RNA ─ 转录物组学

翻译 ↓

蛋白质 ─ 蛋白质组学 ┬ 结构蛋白质组学
                    └ 功能蛋白质组学

功能 ↓

代谢产物 ─ 代谢组学

其他组学 ┬ 糖组学 ┬ 结构糖组学
          │   └ 功能糖组学
          └ 脂组学

系统
生物医学

第一节 基因组学

表 27-1 基因组学的主要领域

	结构基因组学 structural genomics	比较基因组学 comparative genomics	功能基因组学 functional genomics	表观基因组学 epigenomics
主要研究内容	构建人类基因组图谱,包括遗传图谱、物理图谱、序列图谱和转录图谱	比较不同生物的基因组的相似性和差异性	基因组的表达、基因组功能、基因组表达调控网络及机制	基因组水平上,研究表观遗传修饰
研究意义	解析 DNA 序列和结构	阐明物种进化关系;预测基因功能	整体水平阐明基因表达差异	阐明基因组序列未改变情况下基因表达机制
研究思路和方法	1. 绘制基因组草图 遗传图、物理图 2. 绘制转录图谱 构建 EST 文库 3. 构建序列图谱 构建 BAC 克隆系、鸟枪法测序 4. 生物信息学 建立数据库、数据分析	1. 种间比较 比对基因组序列 2. 种内比较 单核苷酸多态性、拷贝数多态性	1. 全基因组扫描预测新基因预测 计算机辅助 2. 搜索同源基因 BLAST 等 3. 基因功能验证 转基因、基因过表达、基因沉默、基因敲除等,结合表型变化。 4. 基因表达模式描述 借助转录组、蛋白质组学技术和方法	1. 表观遗传的测序 甲基化分析,组蛋白分析等 2. 生物信息学 建立数据库、数据分析

表 27-2 遗传图和物理图

	遗传图 genetic map	物理图 physical map
作图内容	确定连锁的遗传标志位点在一条染色体上的排列顺序及它们之间相对遗传距离所作的图谱	把遗传图谱中克隆群上的 DNA 片段按实际的物理位置进行排序所构建的图谱
图距表示方法	厘摩尔根(cM):两个遗传标记间的重组率	碱基对(bp):kb、Mb
常用标记	遗传标记 1. 限制性片段长度多态性(RFLP) 2. 可变数目串联重复序列(VNTR) 3. 单核苷酸多态性(SNP)	物理标记 序列标签位点(STS)

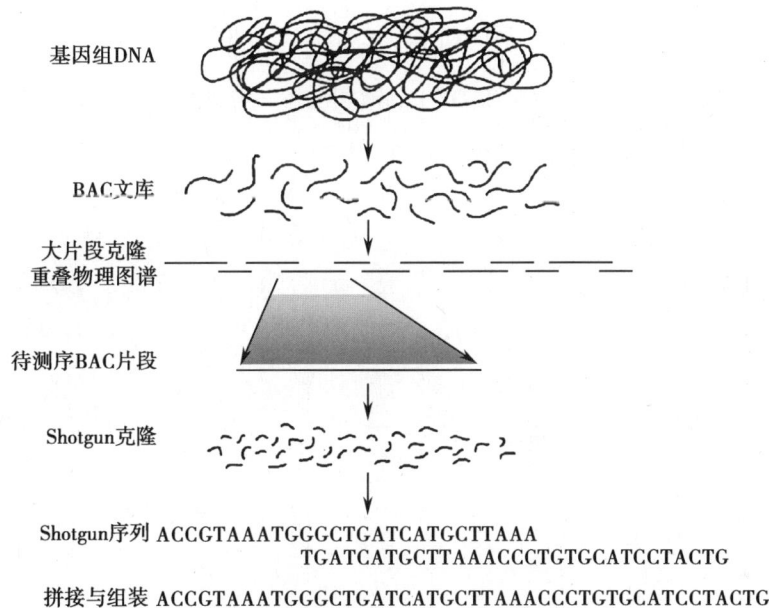

基因组DNA

BAC文库

大片段克隆
重叠物理图谱

待测序BAC片段

Shotgun克隆

Shotgun序列 ACCGTAAATGGGCTGATCATGCTTAAA
　　　　　　　　TGATCATGCTTAAACCCTGTGCATCCTACTG

拼接与组装 ACCGTAAATGGGCTGATCATGCTTAAACCCTGTGCATCCTACTG

图 27-1　BAC 文库的构建与鸟枪法测序流程示意图

第二节　转录物组学

转录物组学
transcriptomics

— 转录物组(transcriptome):生命单元转录出来的全部转录本,包括mRNA、rRNA、tRNA和非编码RNA

— 转录物组学:整体水平上研究细胞编码基因(编码RNA和蛋白质)转录产生的全部转录物的种类、结构和功能及其相互作用的科学

— 研究对象:生物大分子RNA

— 研究内容:大规模基因表达谱分析和功能注释

— 主要任务:揭示不同情况下基因差异表达的信息

— 主要技术:微阵列(microarray)、基因表达系列分析(SAGE)、大规模平行信号测序系统(MPSS)等

— 特点:受到内外多种因素调节,动态、可变

第三节　蛋白质组学

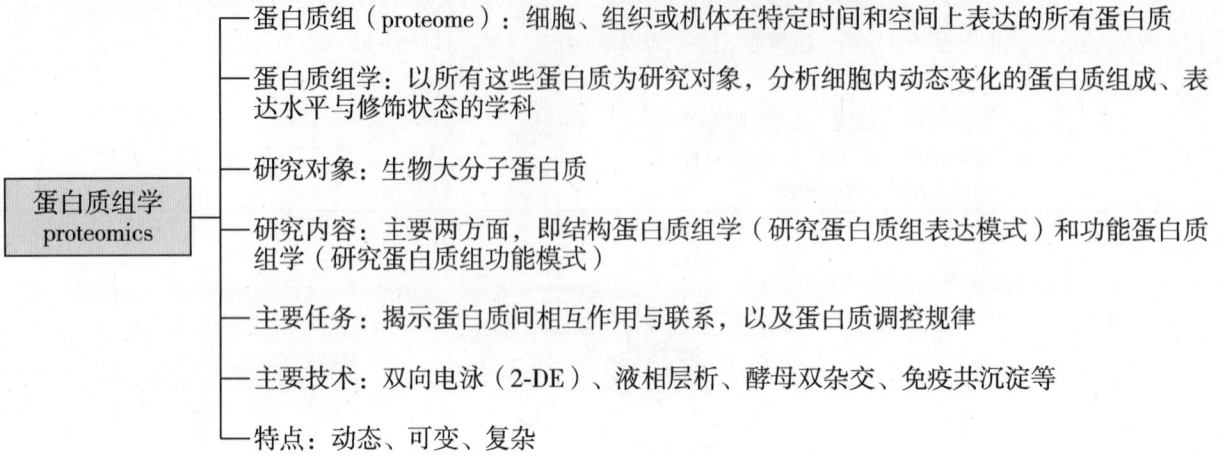

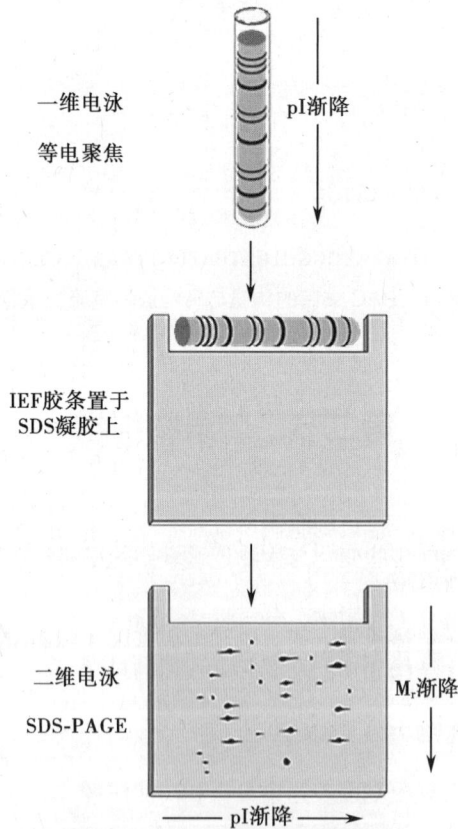

蛋白质组学
proteomics

- 蛋白质组（proteome）：细胞、组织或机体在特定时间和空间上表达的所有蛋白质

- 蛋白质组学：以所有这些蛋白质为研究对象，分析细胞内动态变化的蛋白质组成、表达水平与修饰状态的学科

- 研究对象：生物大分子蛋白质

- 研究内容：主要两方面，即结构蛋白质组学（研究蛋白质组表达模式）和功能蛋白质组学（研究蛋白质组功能模式）

- 主要任务：揭示蛋白质间相互作用与联系，以及蛋白质调控规律

- 主要技术：双向电泳（2-DE）、液相层析、酵母双杂交、免疫共沉淀等

- 特点：动态、可变、复杂

一维电泳

等电聚焦

pI渐降

IEF胶条置于
SDS凝胶上

二维电泳

SDS-PAGE

M_r渐降

pI渐降

图 27-2　蛋白质的 2-DE 示意图

（1）样品分离　2-DE　　挖取蛋白质点　　肽混合物

（2）胰酶消化

（3）肽层析　　q1　q2

（4）MS

相对信号强度

516.27（2+）

m/z

（5）MS/MS

LLEAAAQSTK
516.27（2+）

a2　S Q A A E L L　y7　y8

b2　y4　y5 y6

y3　y9

m/z

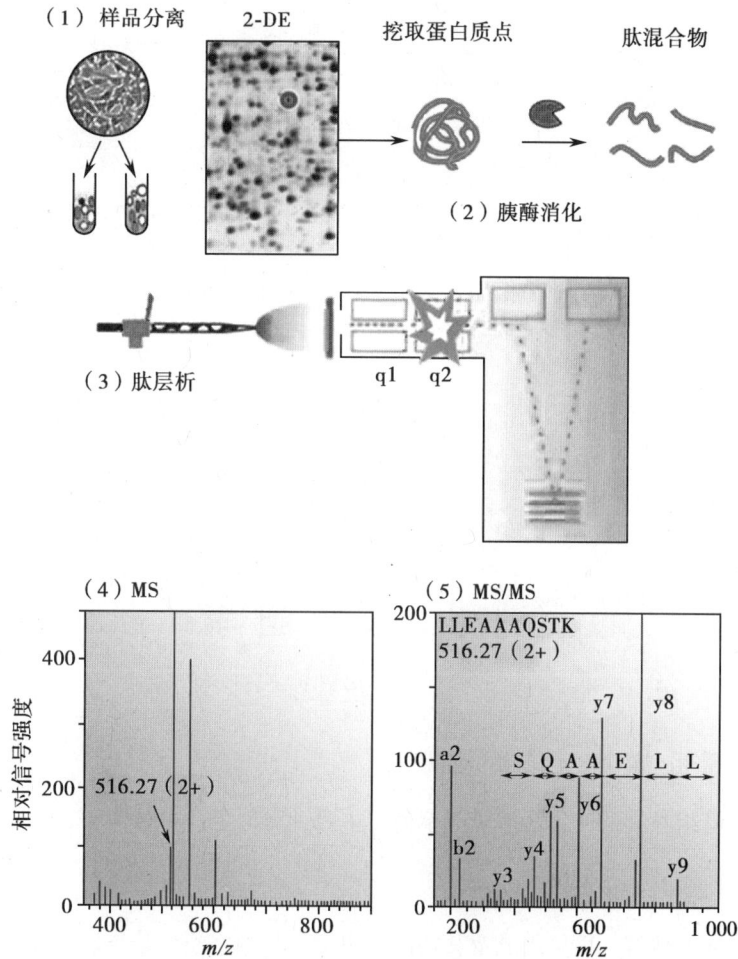

图 27-3　基于 2-DE-MALDI-MS 的蛋白质组分析技术路线图

第四节　代 谢 组 学

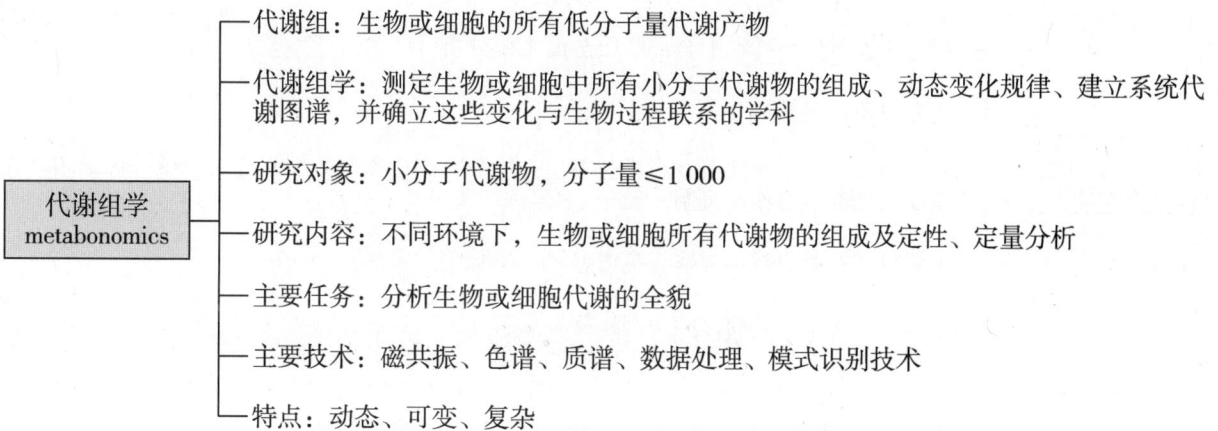

代谢组学
metabonomics

—代谢组：生物或细胞的所有低分子量代谢产物

—代谢组学：测定生物或细胞中所有小分子代谢物的组成、动态变化规律、建立系统代谢图谱，并确立这些变化与生物过程联系的学科

—研究对象：小分子代谢物，分子量≤1 000

—研究内容：不同环境下，生物或细胞所有代谢物的组成及定性、定量分析

—主要任务：分析生物或细胞代谢的全貌

—主要技术：磁共振、色谱、质谱、数据处理、模式识别技术

—特点：动态、可变、复杂

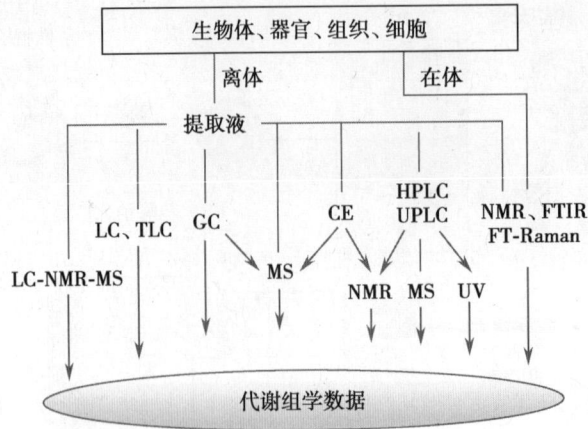

图 27-4 代谢组学研究的技术系统及手段

第五节 其 他 组 学

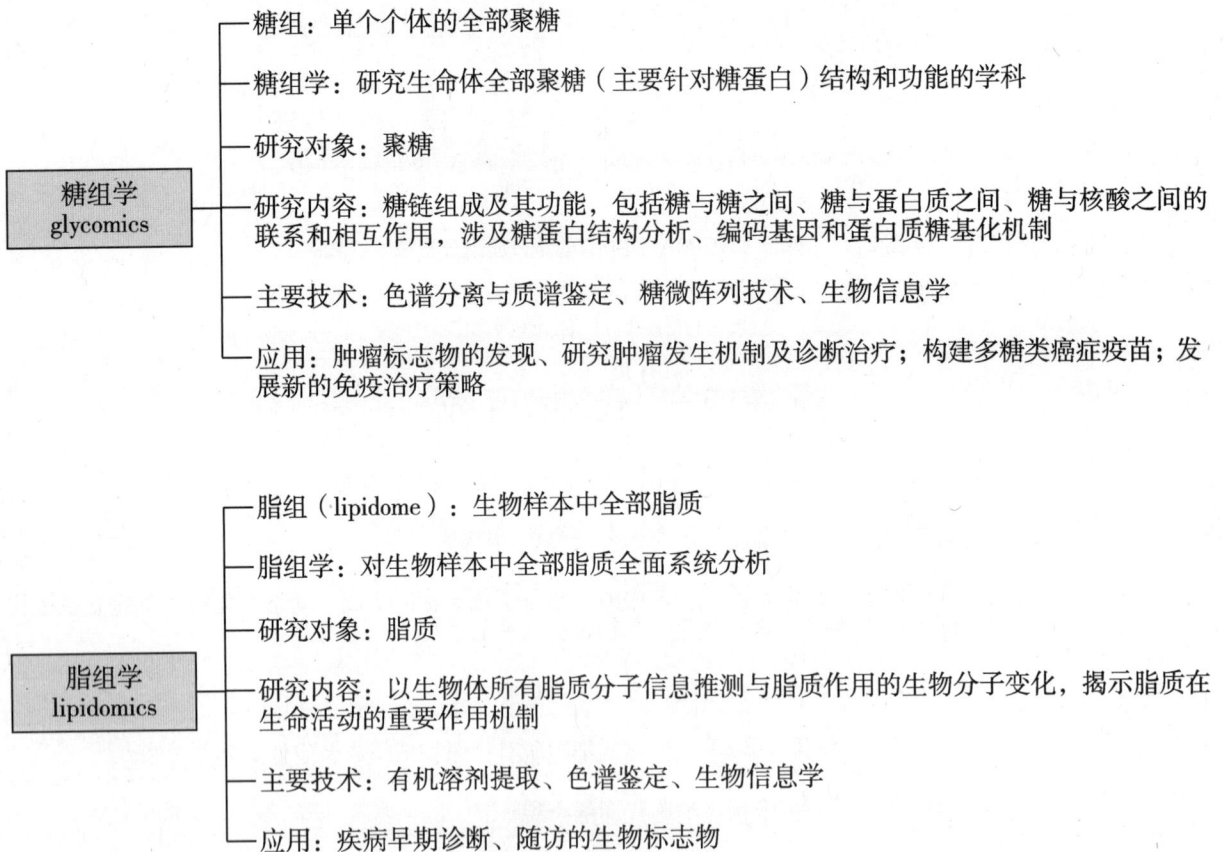

糖组学 glycomics
- 糖组：单个个体的全部聚糖
- 糖组学：研究生命体全部聚糖（主要针对糖蛋白）结构和功能的学科
- 研究对象：聚糖
- 研究内容：糖链组成及其功能，包括糖与糖之间、糖与蛋白质之间、糖与核酸之间的联系和相互作用，涉及糖蛋白结构分析、编码基因和蛋白质糖基化机制
- 主要技术：色谱分离与质谱鉴定、糖微阵列技术、生物信息学
- 应用：肿瘤标志物的发现、研究肿瘤发生机制及诊断治疗；构建多糖类癌症疫苗；发展新的免疫治疗策略

脂组学 lipidomics
- 脂组（lipidome）：生物样本中全部脂质
- 脂组学：对生物样本中全部脂质全面系统分析
- 研究对象：脂质
- 研究内容：以生物体所有脂质分子信息推测与脂质作用的生物分子变化，揭示脂质在生命活动的重要作用机制
- 主要技术：有机溶剂提取、色谱鉴定、生物信息学
- 应用：疾病早期诊断、随访的生物标志物

第六节 系统生物医学及其应用

系统生物医学（systems biomedicine）是采用组学生物技术、计算机数学建模和基因生物技术等规模化、系统化与高通量化研究生物医学的学科，强调机体组成要素和表型的整体性。

疾病基因组学：运用定位克隆技术发现和鉴定疾病基因，阐明疾病发病机制

药物基因组学：鉴定基因序列的变异和基因多态性，预测药物反应性，指导个体化用药

分子医学
molecular medicine

疾病转录物组学：发现和鉴定在疾病条件下表达异常的转录本，作为新的疾病标志物、药物新靶点等

疾病蛋白质组学：发现和鉴定在疾病条件下表达异常的蛋白质，作为新的疾病标志物、药物新靶点等；对信号途径蛋白质分子的变化进行分析，为药物设计提供合理靶点

医学代谢组学：发现和筛选疾病新的标志物，实现疾病早期预警、早期诊断，并发展新的有效的诊断方法

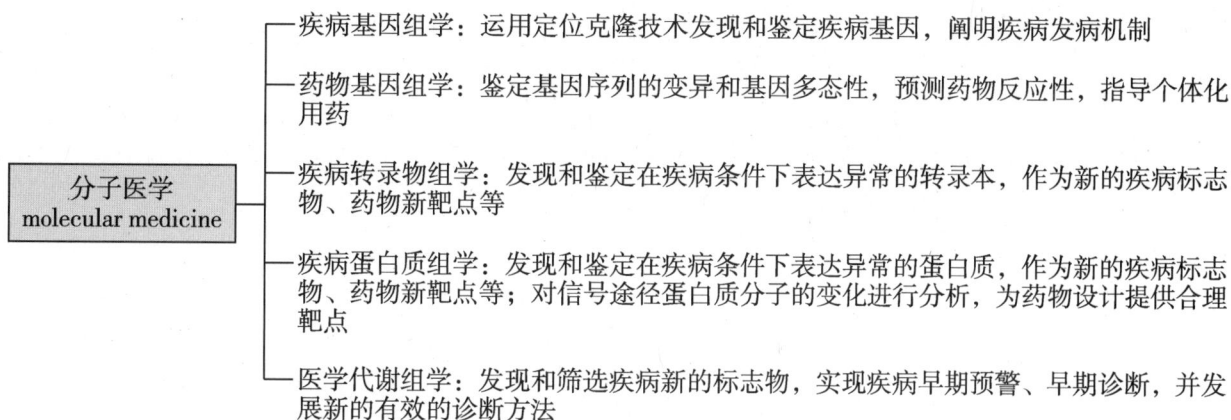

精准医学（precision medicine）：依据个人基因组信息，制订最佳的个性化治疗方案，以期达到疗效最大化和副作用最小化，旨在全面推动个体基因组研究。

转化医学（translational medicine）：以临床问题为导向，开展基础 - 临床联合攻关，将基因组学等分子生物学研究成果迅速有效地转化为可在临床实际应用的理论、方法、技术和药物。

（闫　萍）

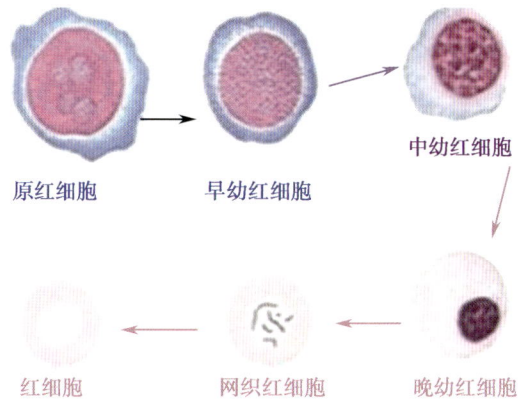

图 18-12　红细胞发育过程及形态变化

原红细胞　早幼红细胞　中幼红细胞　晚幼红细胞　网织红细胞　红细胞

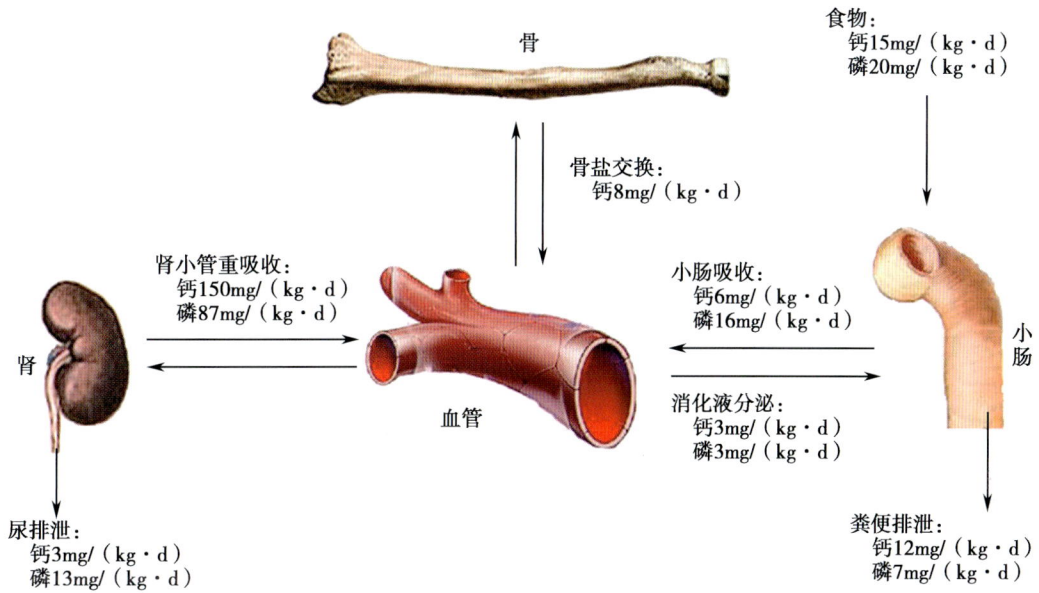

骨

食物：
钙15mg/（kg·d）
磷20mg/（kg·d）

骨盐交换：
钙8mg/（kg·d）

肾小管重吸收：
钙150mg/（kg·d）
磷87mg/（kg·d）

小肠吸收：
钙6mg/（kg·d）
磷16mg/（kg·d）

肾

血管

小肠

消化液分泌：
钙3mg/（kg·d）
磷3mg/（kg·d）

尿排泄：
钙3mg/（kg·d）
磷13mg/（kg·d）

粪便排泄：
钙12mg/（kg·d）
磷7mg/（kg·d）

图 21-1　人体内钙磷代谢与动态平衡